新能源
工程材料学

黄伟颖 陈荐 胡雪 李聪 编著

湖南师范大学出版社

·长沙·

图书在版编目(CIP)数据

新能源工程材料学 / 黄伟颖等编著.--长沙:湖南师范大学出版社，2024.4

ISBN 978-7-5648-5301-3

Ⅰ.①新… Ⅱ.①黄… Ⅲ.①新能源—材料技术 Ⅳ.①TK01

中国国家版本馆 CIP 数据核字(2024)第 024309 号

新能源工程材料学

Xinnengyuan Gongcheng Cailiaoxue

黄伟颖 等 编著

◇出 版 人:吴真文

◇责任编辑:孙雪姣

◇责任校对:王 璞

◇出版发行:湖南师范大学出版社

　　　　　地址/长沙市岳麓区 邮编/410081

　　　　　电话/0731-88873071 88873070

　　　　　网址/https://press. hunnu. edu. cn

◇经销:新华书店

◇印刷:长沙雅佳印刷有限公司

◇开本:787 mm×1092 mm 1/16

◇印张:19.5

◇字数:420 千字

◇版次:2024 年 4 月第 1 版

◇印次:2024 年 4 月第 1 次印刷

◇书号:ISBN 978-7-5648-5301-3

◇定价:62.00 元

前　言

　　新能源工程材料的选择和应用是现代工程设计和制造的关键环节。材料科学的进步推动了工程技术的发展，反之亦然。本书旨在为读者提供一个全面而深入的视角，以理解和应用各类工程材料。

　　第一章着重于材料的基础结构，从原子层面到宏观层面展开。从材料的基本结构和层次开始，涵盖原子结构与键合、材料的晶体结构，以及纳米材料的特殊结构。此外，对材料的同素异构和同分异构现象也进行了详细讨论。这为理解材料的物理和化学性能奠定了坚实的基础。

　　随后，书中转向探讨工程材料的性能，包括其力学性能和物理、化学性能。通过对不同类型材料的分析，我们可以看到材料性能如何影响其在实际应用中的表现。

　　书中的后续章节深入探讨了特定类型的材料，包括金属功能材料、工具钢材料、铝合金材料、铜合金材料、镁合金材料、高分子材料、先进陶瓷材料、复合材料以及新型材料。这些章节不仅讨论了各类材料的基本知识和特性，还探讨了它们的制备工艺、加工技术，以及在工程中的应用。

　　本书的特色之一是对材料科学的最新进展，如纳米材料、储氢材料、航空航天材料、超导材料以及核能材料的深入探讨。这些内容不仅展示了材料科学的前沿动态，也为读者提供了未来学习和研究的方向。

　　最后，每章的思考与习题部分旨在加深读者对材料科学原理和应用的理解，并提供实践中的应用案例分析。

　　总体而言，《新能源工程材料学》是一本全面、深入且实用的工程材料学教科书。它适合作为高等院校材料科学与工程专业的教材，也适合工程技术人员和研究人员作为参考书使用。

目　录

第 1 章　新能源工程材料的结构

新能源工程材料的各种性能与材料的化学、物理组成结构是密切相关的。材料的结构可以通过外界条件加以改变,从而实现对材料性能的控制。想要更好地开发和使用材料,必须了解工程材料的结构。

1.1　材料结构及其层次

材料的结构是指材料内部各组成单元之间的相互联系和相互作用方式。根据材料组成单元的空间尺度,材料的结构可分为原子尺度结构、显微结构、宏观结构等层次。材料的结构决定材料的性能,改变材料的结构可以控制材料的性能。图 1-1 为材料结构的尺度范围。

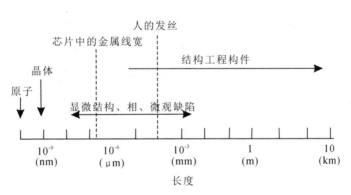

图 1-1　材料结构的尺度范围

原子尺度的结构包括原子的类型、原子间的结合键、原子的排列(或堆操)方式及原子尺度缺陷,尺度约为 10^{-10} m。原子尺度的结构是决定材料类型和性能的基本要素。原子的类型决定了材料的组成成分及基本类型,原子之间的结合键特性决定了材料的物理、化学方面的性能,原子在空间的排列方式决定着材料的聚集状态(晶体或非晶体),原子尺度缺陷对材料的强度有很大影响。原子级的结构与材料宏观性能之间的关系是材料科学的基本问题。

材料的显微结构是指在光学显微镜下可分辨出的结构,其尺度范围为 $10^{-8} \sim 10^{-4}$ m。结构组成单元是该尺度范围的各个相、颗粒或微观缺陷的集合状态,反映的是在这个尺度范围内材料中所含的相和微观缺陷的种类、数量、形貌及相互之间的关系信息。通过工艺过程可对材料的显微结构进行控制,如凝固过程的控制和钢的热处理工艺。

宏观结构($>10^{-4}$ m)是指人们用肉眼或借助放大镜所能观察到的结构范围,结构组成单元是相或颗粒,大的孔洞、裂纹的缺陷。材料的宏观结构同样对其性能有影响。

诺贝尔物理学奖获得者 R. Feyneman 在 20 世纪 60 年代预言:如果我们对物体微小规模上的排列加以某种控制的话,就能使物体得到大量异乎寻常的特性,就会看到材料的性能产生丰富的变化,现在的纳米材料就是如此。纳米材料和普通的金属、陶瓷及其他固体材料都是原子组成的,只不过这些原子排列成了纳米级的原子团,成为组成这些新材料的结构粒子或结构单元。纳米材料在宏观上显示出许多奇妙的特性,应用纳米技术可操纵数千个分子或原子制造新型材料或微型器件。以下将重点讨论材料的原子尺度结构,其他层次的结构问题在后续的章节中分别论述。

1.2 原子结构与键合

1.2.1 原子的结构

原子可以看成由原子核及分布在核周围的电子所组成。原子核内有中子和质子,核的体积很小,却集中了原子的绝大部分质量。电子绕着原子核在一定的轨道上旋转,它们的质量虽可忽略,但电子的分布却是原子结构中最重要的问题。图 1-2 所示为钠原子结构中 K、L 和 M 量子壳层中的电子分布。

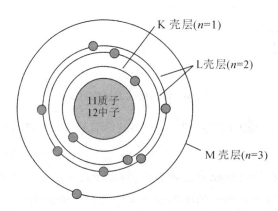

图 1-2 钠原子结构中 K、L 和 M 量子壳层中的电子分布

量子力学的研究发现,电子的旋转轨道不是任意的,它的确切途径也是测不准的。

薛定谔方程成功地解决了电子在核外运动状态的变化规律,方程中引入了波函数的概念,以取代经典物理中圆形的闭定轨道,解得的波函数(习惯上又称原子轨道)描述了电子在核外空间各处位置出现的概率,相当于给出了电子运动的"轨道"。这一轨道是由4个量子数所确定的,它们分别为主量子数、次量子数、磁量子数及自旋量子数。4个量子数中最重要的是主量子数 $n(=1,2,3,4,\cdots)$,它是确定电子离核远近和能级高低的主要参数。

在紧邻原子核的第一壳层,电子的主量子数 $n=1$,而 $n=2,3,4$ 分别代表电子处于第二、三、四壳层。随 n 的增加,电子的能量依次增加。在同一壳层上的电子,又可依据次量子数 l 分成若干个能量水平不同的亚壳层。$l=0,1,2,3,\cdots$,这些亚壳层习惯上以 s、p、d、f 表示。量子轨道并不一定总是球形的,次量子数反映了轨道的形状,s、p、d、f 各轨道在原子核周围的角度分布不同,故又称角量子数或轨道量子数(全名为轨道角动量量子数)。次量子数也影响着轨道的能级,n 相同而 l 不同的轨道,它们的能级也不同,能量水平按 s、p、d、f 顺序依次升高。各壳层上亚壳层的数目随主量子数不同而异。磁量子数以 m 表示,$m=0,\pm1,\pm2,\pm3,\cdots,\pm l$,确定了轨道的空间取向,s、p、d、f 各轨道依次有1、3、5、7种空间取向。在没有外磁场的情况下,处于同一亚壳层而空间取向不同的电子具有相同的能量,但是在外加磁场下,这些不同空间取向轨道的能量会略有差别。第四个量子数即自旋量子数(全名为自旋角动量量子数)$m_s=+1/2,-1/2$,表示在每个状态下可以存在自旋方向相反的两个电子,这两个电子也只是在磁场下才具有略微不同的能量。于是,在 s、p、d、f 的各个亚壳层中可以容纳的最大电子数分别为2、6、10、14,各壳层能容纳的电子总数分别为2、8、18、32,也就是相当于 $2n^2$。

原子处于基态时,核外电子排布规律必须遵循以下三条规则。

(1)泡利不相容原理。一个原子轨道最多只能容纳两个电子,且这两个电子的自旋方向必须相反。

(2)能量最低原理。在不违背泡利不相容原理的条件下,电子优先占据能量较低的原子轨道,使整个原子体系的能量最低。

(3)洪特规则。在能量高低相等的轨道上,电子尽可能占据不同的轨道,且电子自旋平行。

1.2.2　材料粒子的键合方式

工程材料是由各种物质组成的,物质都是由粒子(原子、分子或离子)通过一定的键合方式聚集而成的。组成物质的粒子间的相互作用力称为结合键。物质的粒子种类及相互间的键合方式是不同的,形成的键也具有不同的特性。键的特性又决定了材料的物理、化学等方面的性能以及聚集状态和结构。工程材料的物质粒子的结合键主要有离子键、共价键、金属键、分子键和氢键。其中,前三种键称为化学键,后两种键称为物理键。

1. 离子键

金属与非金属组成的化合物是通过离子键而结合的。正电性的金属原子与负电性的非金属原子接触时,前者释放出最外层电子变成正离子,后者获得电子变成负离子,正、负离子由静电引力作用而相互结合形成离子化合物或离子晶体,这种相互作用就称为离子键。图 1-3 为 NaCl 的离子键结合示意图。离子键无方向性和饱和性,在各方向上都可以和相反电荷的离子相吸引,一个离子可以同时和几个异号离子相结合。例如,在 NaCl 晶体中,每个 Cl^- 周围都有 6 个 Na^+,每个 Na^+ 周围也有 6 个 Cl^- 等距离排列着。

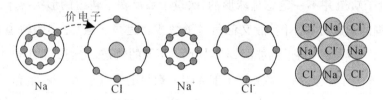

图 1-3　NaCl 的离子键结合示意图

离子键有很强的结合力,因此,离子晶体的熔点、沸点、强度与硬度高,热膨胀系数小,但脆性大。离子化合物在常温下的电导率很低,典型的离子化合物是无色透明的。大部分盐类、碱类和金属氧化物是离子化合物,部分陶瓷材料(MgO、Al_2O_3、ZrO_2)及钢中的一些非金属夹杂物也以离子键方式结合。

2. 共价键

共价键是由两个或两个以上的原子通过共有最外层电子的方式实现结合,共有的电子通常是成对的。共价键具有方向性和饱和性。共价键的结合力大,共价晶体的强度和硬度高,脆性大,熔点和沸点高。为使电子运动产生电流,必须破坏共价键,破坏共价键需高温、高压,因此,共价键材料具有很好的绝缘性。

元素周期表中同族非金属元素原子通过共价键形成分子或晶体,如两个氢核同时吸引一对电子而形成稳定的氢分子。单质硅、金刚石等属于共价晶体。1 个硅原子与 4 个在其周围的硅原子共享其外能级壳层的电子,使外层能级壳层获得 8 个电子,每个硅原子通过 4 个共价键与 4 个邻近原子结合,构成正四面体,如图 1-4 所示。金刚石是自然界中最坚硬的固体,这种晶体由碳原子直接构成,每个碳原子与其相邻原子共有 4 个原子,形成 4 个共价键,构成正四面体。金刚石中碳原子间的共价键非常牢固,其熔点高达 3750 ℃。锗、锡、铅等元素也可构成共价晶体。SiC、Si_3N_4 等陶瓷和一些聚合物是以共价键形成的化合物,即共价化合物。

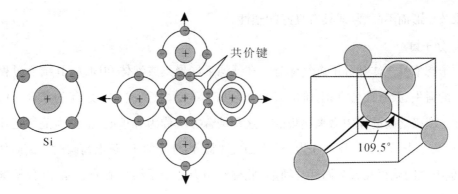

图 1-4　硅原子形成的四面体

3. 金属键

金属原子的外层价电子数较少,电离能也很小,极易失去最外层价电子而成为正离子。脱离原子的自由电子形成所有原子共有的"电子云",固态金属正是依靠各正离子和自由电子的相互作用使金属原子紧密地结合在一起,这种结合方式称为金属键(图 1-5)。

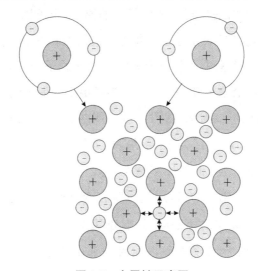

图 1-5　金属键示意图

金属材料都具有金属键,金属键决定了金属的性能。当金属中有电位差时,自由电子就要向着高电位方向移动,形成电流;自由电子定向移动受到正离子的阻碍较小,就表现出良好的导电性。金属中热能传递不仅依靠正离子的振动,而且依靠自由电子的运动,故金属有良好的导热性。

金属之所以有光泽,是由于自由电子容易被可见光激发,跳到离原子核较远的高能级,当它重新跳回原来的低能级时,就把所吸收的可见光的能量以电磁波的形式辐射出来,从而表现出金属的光泽。在正离子的周围充满了自由电子,故各个方向上的结合力相同。固态金属各层原子发生相对位移时,金属键的结合力仍可保持,故金属可发生较大的永久变形而不断裂,即具有良好的塑性。

4. 分子键

原子态惰性气体和分子态气体分子在低温下能聚集成液体和固体,其结合过程中没有电子的得失、共有或公有化,价电子的分布几乎不变,原子或分子之间的结合是依靠分子或原子偶极之间的作用力来实现的。这种结合方式称为分子键,也称为范德瓦耳斯力(van der Waals force)。图 1-6 为分子键示意图。当分子的正、负电荷瞬时分离时便形成偶极,偶极之间就存在着范德瓦耳斯力,此种作用力使分子结合成分子晶体(分子键的名称即由此而来)。

分子键是电中性的分子之间的长程作用力,其结合力很弱,由此所形成的固体熔点低,硬度也低,耐热性差,一般不具有导电能力。

5. 氢键及氢键晶体

氢原子在分子中与一个 A 原子键合时,还能形成与另一个 B 原子的附加键,这个键称为氢键。这个 B 原子可以是在同一个分子中的原子,也可以是在别的分子中的原子。若 B 和 A 都是电负性(电负性表示原子获得电子的能力)很强的原子(如 F、O、N 等),那么氢键也就较强。氢键的产生主要是由于氢原子与 A 原子间形成共价键时,共有电子对向 A 原子强烈偏移,这样氢原子几乎变成一个半径很小的带正电荷的核,因此,这个氢原子还可以和 B 原子相吸引形成附加键(图 1-7),所以从这个意义上说,氢键可以看成是带有方向性的很强的范德瓦耳斯力。氢键的结合能大约有 0.2×10^5 J/mol,比起离子键、共价键等化学键来说这是很小的,但在许多情况下具有重要作用。例如,铁电晶体磷酸二氢钾(KH_2PO_4)就有氢键的结合,在过居里点时相变过程所产生的自发极化与质子 H^+ 的有序排列密切有关。又如许多含 OH^- 的陶瓷晶体内部的结合、陶瓷表面水蒸气的吸附等都有氢键的作用。因为氢原子和它配对的那个原子比较靠近一些,故一般写成 A—H…B—。以氢键结合起来的晶体称为氢键晶体,冰就是这种晶体的例子。

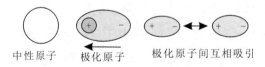

中性原子　　极化原子　　极化原子间互相吸引

图 1-6　分子键示意图

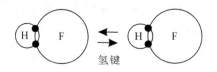

氢键

图 1-7　HF 氢键示意图

1.3　材料的晶体结构

固态物质按其原子或分子的聚集状态可分为晶体和非晶体两大类。晶体中,原子、分子或离子以一种有规则的、周期性的方式在三维空间中排列。这种规则的排列赋予晶体特定的外形和对称性,以及其他特性,如光学和电学性质。非晶体中原子或分子的排列没有长程的规则性或周期性。这种材料通常没有明显的几何形状,其物理性质在各个方向上相对一致。晶体中原子或原子团的排列方式称为晶体的结构。原子或分子的键合方式决定了材料的性质,而晶体结构则是键合的表现形式,晶体结构对于理解和预测材料的性能至关重要。本节重点讨论材料的晶体结构。

1.3.1　理想晶体结构

1. 晶格

晶体中原子或原子团排列的周期性规律,可以用一些在空间有规律分布的几何点来表示[图 1-8(a)],沿任一方向上相邻点之间的距离就等于晶体沿该方向的周期。这样的几何点的集合就构成空间点阵(简称"点阵"),每个几何点称为点阵的结点或阵点。点阵是原子或原子团分布规律的一种几何抽象。

通过连接点阵的各个结点,可以形成一个空间网络,这种网络称为晶格[图 1-8(b)]。显然,在某一空间点阵中,各结点在空间的位置是一定的,而通过结点所作的空间网络则因直线的取向不同可有多种形式。因此,必须强调指出,结点是构成空间点阵的基本要素。

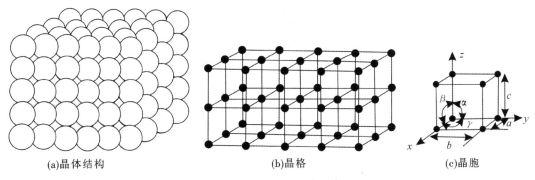

|(a)晶体结构|(b)晶格|(c)晶胞|

图 1-8　晶体、晶格和晶胞示意图

空间点阵具有周期性和重复性,图 1-8(b)所示的晶格可以看成是由最小的单元——平行六面体沿三维方向重复堆积(或平移)而成的。这样的平行六面体称为晶胞,如图1-8(c)所示。晶胞的大小和形状可用其 3 条棱 a、b、c 的长度和棱边夹角 α、β、γ 来描述,3 条棱边称为晶轴,其长度称为晶格常数。

从一切晶体结构中抽象出来的空间点阵可划分为 7 个晶系(三斜、单斜、正交、四方、六角、菱面体、立方),7 个晶系共有 14 种类型,如图 1-9 所示。这 14 种空间点阵,根据结点在其中分布的情况又可以分为 4 类。

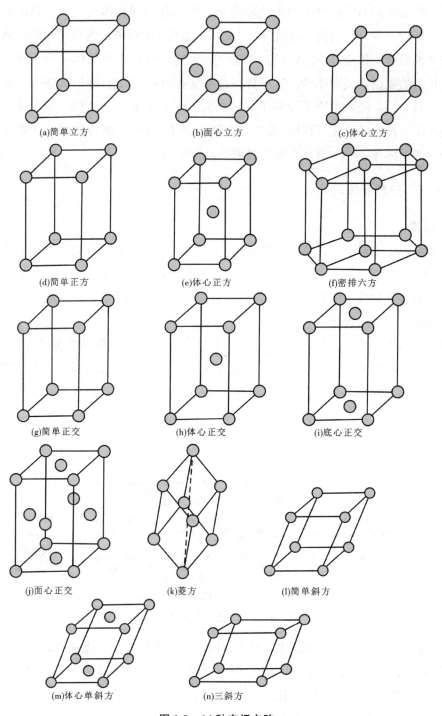

(a)简单立方　　(b)面心立方　　(c)体心立方
(d)简单正方　　(e)体心正方　　(f)密排六方
(g)简单正交　　(h)体心正交　　(i)底心正交
(j)面心正交　　(k)菱方　　(l)简单斜方
(m)体心单斜方　　(n)三斜方

图 1-9　14 种空间点阵

（1）简单点阵。仅在单位平行六面体的 8 个顶点上有结点，由于顶点上每一个结点分属于邻近的 8 个单位平行六面体，所以每一个简单点阵的单位平行六面体内只含 1 个结点。

（2）体心点阵。除了 8 个顶点外，在单位平行六面体的中心处还有一个结点，这个结点只属于这个单位平行六面体所有，故体心点阵的单位平行六面体内包含 2 个结点。

（3）底心点阵。除了 8 个顶点外，在单位平行六面体的上、下平行面的中心还各有一个结点，这个面上的结点是属于两个相邻单位平行六面体所共有的，所以底心点阵中，每个单位平行六面体内包含 2 个结点。

（4）面心点阵。除了 8 个顶点外，六面体的每一个面中心都各有一个结点，所以底心点阵中，每个单位平行六面体内包含 4 个结点。

2. 金属晶体结构

金属在固态下一般都是晶体。在金属晶体中，金属键使原子的排列尽可能地趋于紧密，构成高度对称的简单的晶体结构。最常见的金属晶体结构有体心立方、面心立方和密排六方 3 种。

（1）体心立方晶格

体心立方晶格的晶胞结构如图 1-10 所示。体心立方晶格的晶胞是一个立方体，在立方体的 8 个顶点和中心各排列着一个原子。晶格常数 $a=b=c$，通常用 a 表示。在体心立方晶胞的空间对角线方向，原子互相接触排列，相邻原子的中心距恰好等于原子直径，所以原子半径 $r \approx \sqrt{3}a/4$。在这种晶胞中，每个顶点上的原子为周围 8 个晶胞共有，而体心原子完全属于这个晶胞，所以，每个体心立方晶胞中的原子数 $n=8 \times 1/8+1=2$ 个。属于此类结构的金属有 α-Fe（910 ℃以下纯铁）、V、Nb、Ta、Cr、Mo、W 等。

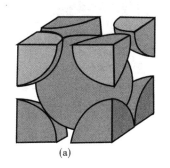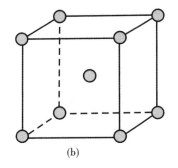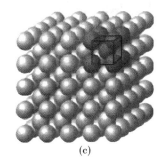

（a）　　　　　　　　　　（b）　　　　　　　　　　（c）

图 1-10　体心立方晶格

（2）面心立方晶格

面心立方晶格的晶胞结构如图 1-11 所示。面心立方晶格的晶胞也是一个立方体，晶胞的 8 个顶点各有一个原子，立方体 6 个面的中心各有一个原子。晶胞每个面的对角线上各原子彼此相互接触,所以其原子半径 $r \approx \sqrt{2}a/4$。又因每个面心原子属于 2 个晶胞所有,故每个面心立方晶胞的原子数 $n = 8 \times 1/8 + 6 \times 1/2 = 4$ 个。属于面心立方晶格的金属有 Al、γ-Fe(812~1394 ℃)、Ni、Pb、Pd、Pt、贵金属、奥氏体不锈钢等。

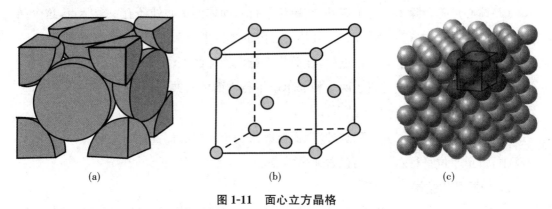

(a)　　　　　　　　　(b)　　　　　　　　　(c)

图 1-11　面心立方晶格

(3)密排六方晶格

密排六方晶格的晶胞结构如图 1-12 所示。密排六方晶格的晶胞是一个六方柱体。在晶胞的 12 个角上各有一个原子,上、下底面中心各有一个原子,晶胞内部有 3 个原子。每个角上的原子同属于 6 个晶胞共有。上、下底面中心的原子属 2 个晶胞共有,内部 3 个原子完全属于这个晶胞,所以每个密排六方晶胞的原子数 $n = 12 \times 1/6 + 2 \times 1/2 + 3 = 6$ 个。密排六方晶胞的晶格常数有 a(正六边形的边长)和 c(上、下底面的间距),c/a 称为轴比。属于密排六方晶格的金属有 Be、α-Ti、α-Co、Mg、Zn、Cd 等。

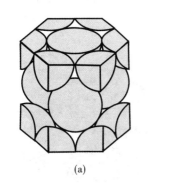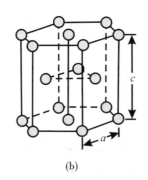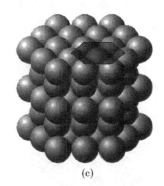

(a)　　　　　　　　　(b)　　　　　　　　　(c)

图 1-12　密排六方晶格

3. 晶向指数与晶面指数

在分析材料结晶、塑性变形和相变时,常常涉及晶体中某些原子在空间排列的方向(晶向)和某些原子构成的空间平面(晶面)。为区分不同的晶向和晶面,需采用一个统一的标号来标定它们,这种标号称为晶向指数与晶面指数。

（1）晶向指数确定方法

①以晶格中某结点为原点，取点阵常数为三坐标轴的单位长度，建立右旋坐标系，确定欲求晶向上任意两个点的坐标。

②末点坐标减去始点坐标，如果始点放在坐标原点可以简化计算。

③将上述 3 个坐标差值化为最小整数 u、v、w，加上一个方括号即为所求的晶向指数 $[uvw]$，如有某一数为负值，则将负号标注在该数字的上方。

图 1-13 为体心立方晶格中几个主要的晶向指数。

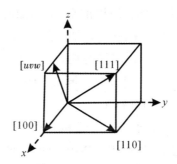

图 1-13　体心立方晶格中几个晶向指数

（2）晶面指数确定方法

①建立如前所述的参考坐标系，但原点应位于待定晶面之外，以避免出现零截距。

②求出待定晶面在三轴的截距，如果该晶面与某轴平行，则截距为无穷大。

③取各截距的倒数并按比例化为 3 个最简整数 h、k、l，加圆括号，即得到晶面指数 (hkl)，如有某一数为负值，则将负号标注在该数字的上方。

图 1-14 为体心立方晶格中几个主要的晶面指数。

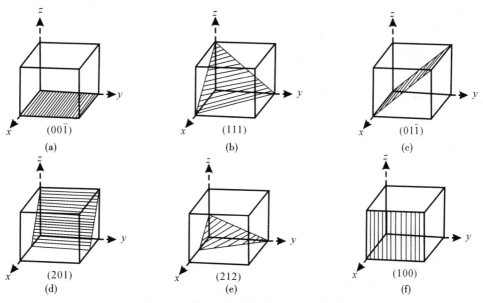

图 1-14　体心立方晶格中几个晶面指数

某一晶向指数或晶面指数并不只代表某一具体晶向或晶面,而是代表一组相互平行的晶向或晶面,即所有相互平行的晶向或晶面具有相同的晶向指数或晶面指数。晶向指数或晶面指数可以是负数,如$[11\bar{1}]$或$(11\bar{1})$。

同一直线有相反的两个方向,其晶向指数的数字和顺序完全相同,只是符号相反,它相当于用-1乘晶向指数中的 3 个数字,如$[123]$与$[\bar{1}\bar{2}\bar{3}]$方向相反。当两个晶面指数的数字和顺序完全相同而符号相反时,则这两个晶面相互平行,它相当于用-1乘以某一晶面指数中的各个数字。

在立方晶系中,由于原子排列具有高度的对称性,故存在许多原子排列相同但不平行的对称晶面(或晶向),这些晶面(或晶向)归结为同一晶面(或晶向)族,分别用$\{uvw\}$和$[hkl]$表示。例如,$[100]$、$[010]$、$[001]$以及方向与之相反的$[\bar{1}00]$、$[0\bar{1}0]$、$[00\bar{1}]$共 6 个晶向上的原子排列完全相同,只是空间位向不同,属于同一晶向族$[100]$。属于$\{111\}$晶面族的晶面为(111)、$(\bar{1}11)$、$(1\bar{1}1)$和$(11\bar{1})$。

由于在不同晶面和晶向上的原子排列方式和紧密程度不同,从而导致原子之间的结合力不同,使晶体在不同晶向上的物理、化学性能有所差异,这种现象称为各向异性。例如,具有体心立方晶格的 α-Fe 单晶体,在立方体体对角线方向$[111]$上,弹性模量 $E=290000$ MPa,而沿立方体一边方向$[001]$的 $E=1350000$ MPa。同样,沿原子密度最大晶向的屈服强度、磁导率等,也显示出明显的优越性。但在实际金属材料中,通常见不到这种各向异性特征。例如,上述 α-Fe 的弹性模量,不论方向如何,E 均在 210000 MPa 左右,这是因为一般固态金属均是由多晶体组成的。

4. 配位数与致密度

配位数是每个原子周围最近邻的原子数。显然,配位数越大,原子排列越紧密。体心立方晶胞中,无论是体心的原子,还是角上的原子,周围都有 8 个最近邻的原子,所以其配位数是 8。面心立方晶胞中每个原子周围有 12 个最近邻的原子,所以其配位数是12。密排六方晶胞每个原子周围有 12 个最近邻的原子,所以其配位数是 12。

致密度是晶胞中原子所占的体积分数。体心立方结构的致密度为 0.68,面心立方与密排六方结构致密度为 0.74。

以上分析表明,面心立方与密排六方的配位数与致密度均高于体心立方,故称为最紧密排列。

1.3.2 实际晶体结构

1. 单晶体与多晶体

晶格位向完全一致的晶体称为单晶体。单晶材料具有独特的化学、光学和电学性能,在半导体、磁性材料、高温合金材料等方面得到广泛的应用。

工业上使用的金属材料除专门制备外都是多晶体。如图 1-15 所示,多晶体是由许多位向不同、外形不规则的小晶体构成的,这些小晶体称为晶粒,晶粒内部的晶格取向相同,晶粒与晶粒间的界面称为晶界。

多晶体的晶粒大小取决于制备及处理方法。晶粒大小对材料性能有较大影响,在常温下,晶粒越小,材料的强度、塑性、韧性就越好。

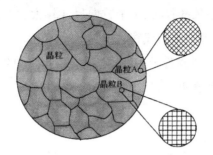

图 1-15　多晶体示意图

2. 晶体缺陷

实际晶体结构中往往存在缺陷,缺陷是一种局部原子排列的破坏。晶体缺陷不仅会影响晶体的物理和化学性质,而且还会影响发生在晶体中的过程,如扩散、烧结、化学反应性等。按缺陷的几何形状,晶体缺陷主要有点缺陷、线缺陷、面缺陷和体缺陷。

(1)点缺陷

点缺陷是一种在三维方向上尺寸都很小(远小于晶体或晶粒的线度)的缺陷,又称零维缺陷,典型代表有空位、间隙原子和置换原子,如图 1-16 所示。最常见空位是正常的晶格结点上未被原子占据。间隙原子是处在晶格间隙中的原子。置换原子是指占据正常的晶格结点上的异类原子。

空位和间隙原子的形成是由于原子在以各自的平衡位置为中心不停地做热振动的结果。各个原子在不同的瞬间,其振动能量不相同,当某些原子振动的能量高到足以克服周围原子对它的束缚作用时,就可能离开原来的平衡位置,跳到晶格间隙处,形成间隙原子,原来的位置上则形成空位。空位和间隙原子的数目随温度的升高而增加。冷变形或高能粒子的轰击也可以产生点缺陷。

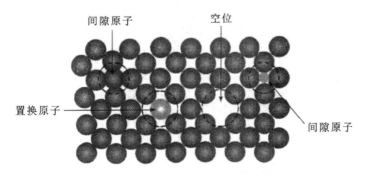

图 1-16　空位、间隙原子和置换原子

在点缺陷附近，由于原子间作用力的平衡被破坏，使周围的其他原子离开原来的平衡位置，这种现象称为晶格畸变。晶格畸变使金属的强度、硬度增加。

（2）线缺陷

线缺陷是指在两个方向尺寸很小、一个方向尺寸较大（与晶体或晶粒线度相比）的缺陷，又称为一维缺陷。位错是典型的线缺陷。

位错是指晶体中某处一列或若干列原子发生了有规律的错排现象。位错最基本的类型有刃型位错（图1-17）和螺型位错（图1-18）。

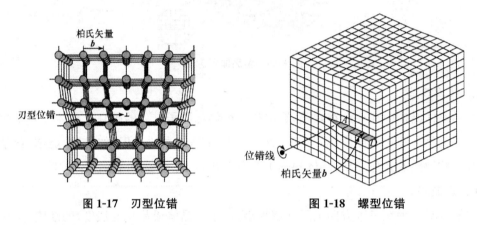

图1-17　刃型位错　　　　　　　图1-18　螺型位错

刃型位错的某一原子面在晶体内部中断，这个原子平面中断处的边缘就是一个刃型位错，就像刀刃一样将晶体上半部分切开，如同沿切口强行楔入半原子面，将刃口处的原子列称为刃型位错线。

螺型位错是由于剪切力的作用，使晶体相邻原子面发生一个原子间距的相对滑移，两层相邻原子发生了错排现象。

实际晶体中的位错通常都是混合位错（图1-19），混合位错可分解为刃型位错分量与螺型位错分量。

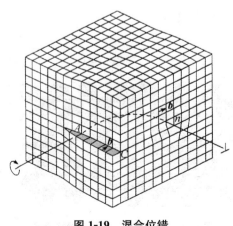

图1-19　混合位错

晶体中的位错总是力图从高能位置转移到低能位置,在适当条件下(包括外力作用),位错会发生运动。

位错对晶体的生长、扩散、相变、塑性变形、断裂等许多物理、化学性质都有很大影响。

(3)面缺陷

面缺陷是指在一个方向尺寸很小、另两个方向尺寸较大的缺陷,又称为二维缺陷,如晶粒间界、晶体表面层错等。

晶界是位向不同的晶粒间的过渡区。因受相邻晶粒内原子排列位向不同的影响,晶界处及其附近原子的排列是不规则的(图 1-20),因而引起晶格畸变。

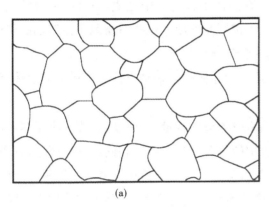
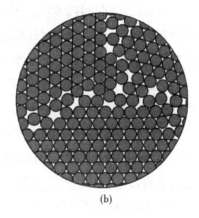

(a)　　　　　　　　　　　　　(b)

图 1-20　晶界

(4)体缺陷

如果缺陷在三维方向上尺度都较大,那么这种缺陷就称为体缺陷,又称为三维缺陷,如沉淀相、空洞等。

1.3.3　合金的晶体结构

合金是两种或两种以上的金属元素,或金属元素与非金属元素组成的具有金属性质的物质。例如,工业上广泛应用的碳素钢和铸铁主要是由铁和碳组成的合金,黄铜是由铜和锌组成的合金,硬铝是由铝、铜、镁组成的合金。与组成它的纯金属相比,合金不仅具有较高的力学性能和某些特殊的物理、化学性能,而且价格低廉。此外,还可调节其组成的比例,获得一系列性能不同的合金,以满足不同性能要求。

组成合金最基本的、独立的单元称为组元,组元可以是元素或稳定的化合物。由两个组元组成的合金称为二元合金,由三个组元组成的合金称为三元合金,由三个以上组元组成的合金称为多元合金。

合金中晶体结构和化学成分相同,与其他部分有明显分界的均匀区域称为相。只由一种相组成的合金为单相合金,由两种或两种以上相组成的合金为多相合金。用金相观察方法,在金属及合金内部看到的组成相的大小、方向、形状、分布及相间结合状态称为组织。合金的性能取决于它的组织,而组织的性能又取决于其组成相的性质。为了了解合金的组织和性能,首先必须研究固态合金的相结构。

合金的基本相结构可分为金属固溶体和金属化合物两大类。

1. 金属固溶体

合金在固态下由组元间相互溶解而形成的相称为固溶体,即在某一组元的晶格中包含其他组元的原子,前一组元称为溶剂,其他组元为溶质。固溶体是不同组元以原子尺度均匀混合而成的单相晶态物质。均匀混合与非均匀混合(或机械混合)不同,前者为单相,非均匀混合为两相或多相。固溶体可以在晶体生长过程中生成,也可以从溶液或焙体中析晶时形成,还可以通过烧结过程由原子扩散而形成。根据溶质原子在溶剂晶格中占据的位置,可将固溶体分为置换固溶体和间隙固溶体。

由溶质原子代替一部分溶剂原子而占据溶剂晶格中某些结点位置形成的固溶体,称为置换固溶体,如图 1-21(a)所示。

形成置换固溶体时,溶质原子在溶剂晶格中的最高含量(溶解度)主要取决于两者的晶格类型、原子直径差及它们在元素周期表中的位置。晶格类型相同,原子直径差越小,在元素周期表中的位置越靠近,则溶解度越大,甚至可以任何比例溶解而成无限固溶体。反之,若不能满足上述条件,则溶质在溶剂中的溶解度是有限的,这种固溶体称为有限固溶体。因此,无限固溶体中溶剂和溶质都是相对的。

有限固溶体则表示溶质只能以一定的限量溶入溶剂,超过这一限度即出现第二相。溶质的溶解度和温度有关,温度升高,溶解度增加。

直径很小的非金属元素的原子溶入溶剂晶格结点的空隙处,就形成了间隙固溶体。间隙固溶体如图 1-21(b)所示。

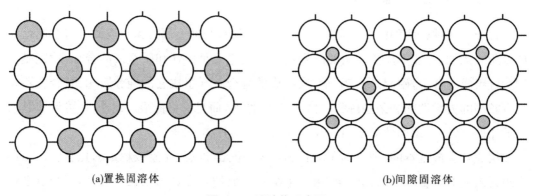

(a)置换固溶体　　　　(b)间隙固溶体

图 1-21　固溶体示意图

能否形成间隙固溶体,主要取决于溶质原子和溶剂原子的尺寸。研究表明,只有当溶质元素与溶剂元素的原子直径比小于 0.59 时,间隙固溶体才有可能形成。此外,形成间隙固溶体还与溶剂金属的性质及溶剂晶格间隙的大小和形状有关。

在固溶体中,溶质原子的溶入导致晶格畸变(图 1-22)。溶质原子与溶剂原子的直径差越大,溶入的溶质原子越多,晶格畸变就越严重。晶格畸变使晶体变形的抗力增大,材料的强度、硬度提高,这种现象称为固溶强化。

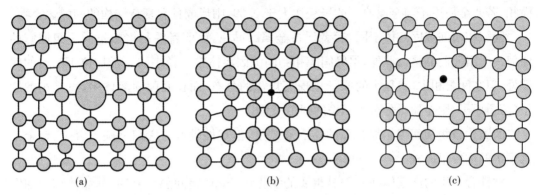

$$\text{(a)} \qquad\qquad \text{(b)} \qquad\qquad \text{(c)}$$

图 1-22 形成固溶体时的晶格畸变

2. 金属化合物

两组元组成的合金中,在形成有限固溶体的情况下,如果溶质含量超过其溶解度时,将会出现新相,若新相的晶体结构不同于任一组元,则新相是组元间形成的化合物,称为金属化合物或金属间化合物。金属化合物中有金属键参与作用,因而具有一定的金属性质。

固溶体中的组元之间不存在确定的物质量比,而形成金属化合物的元素之间要按一定的或大致一定的物质量比化合,可用化学分子式来表示。固溶体的组成可以改变,其性质随之发生变化;大部分化合物的组成和性质是一定的,也有部分金属化合物的成分可在一定范围内变化。

常见的金属化合物有正常价化合物、电子化合物和间隙化合物。

(1)正常价化合物

正常价化合物是由元素周期表中位置相距甚远、电化学性质相差很大的两种元素形成的。这类化合物的特征是严格遵守化合价规律,可用化学式表示,如 Mg_2Si、Mg_2Sn 等。

正常价化合物具有高的硬度和脆性,能弥散分布于固溶基体中,可对金属起到强化作用。

(2)电子化合物

电子化合物是由第 I 族或过渡族元素与第 II ~ V 族元素形成的金属化合物,它们不遵守原子价规律,而服从电子浓度(组元价电子数与原子数的比值)规律。电子浓度不同,所形成金属化合物的晶体结构也不同。电子化合物的结合键为金属键,熔点一般较高、硬度高、脆性大,是有色金属中的重要强化相。

(3)间隙化合物

间隙化合物是由过渡族金属元素与硼、碳、氮、氢等原子直径较小的非金属元素形成的化合物。若非金属原子与金属原子半径之比小于 0.59,则形成具有简单晶体结构的间隙相;若非金属原子与金属原子的半径比大于 0.59,则形成具有复杂结构的间隙化合物。

间隙相与间隙固溶体不同,后者保持金属的晶格,而前者的晶格则不同于组成它的任何一个组元的晶格。此外,尽管间隙相和间隙固溶体中直径小的原子均位于晶格的间隙处,但在间隙相中,直径小的原子呈现有规律的分布;而在间隙固溶体中,直径小的原子(溶质原子)则是随机分布于晶格的间隙位置。

间隙化合物和间隙相都有高的熔点和硬度,但塑性较低。它们是硬质合金、合金工具钢中的重要组成相。

铁碳合金中的渗碳体(Fe_3C)是重要的强化相,Fe_3C 是间隙化合物,其晶体结构如图 1-23 所示。

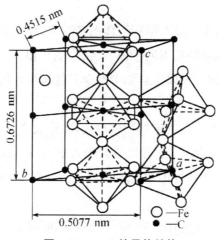

图 1-23 Fe_3C 的晶体结构

1.4 纳米材料的结构

1.4.1 纳米材料的基本概念

纳米是一个长度单位,简写为 nm。1 nm=10^{-9} m,即 1 m 的十亿分之一,1 μm 的千分之一,相当于 10 个氢原子连起来的长度,大约是一根头发直径的万分之一。纳米材料是指晶粒尺寸为纳米级(1~100 nm)的超细材料,它的微粒尺寸大于原子簇,小于通常的微粒。在纳米材料中,纳米晶粒和由此而产生的高浓度晶界是它的两个重要特征;界面原子占极大比例,而且原子排列互不相同,界面周围的晶格结构互不相关,从而构成与晶态、非晶态均不同的一种新的结构状态。

1984 年,德国萨尔兰大学的 Gleiter 和美国阿贡实验室的 Siegel 相继成功地制得了纯物质的纳米细粉。Gleiter 在高真空的条件下将粒径为 6 nm 的 Fe 粒子原位加压成型,烧结得到纳米微晶块体,从而使纳米材料进入了一个新的阶段。1990 年 7 月,在美国召开的第一届国际纳米科学技术会议上,正式宣布纳米材料科学为材料科学的一个新分支。

纳米晶粒中的原子排列已不能处理成无限长程有序,通常大晶体的连续能带分裂成接近分子轨道的能级。高浓度晶界及晶界原子(图 1-24)的特殊结构导致材料的力学性能、磁性、介电性、超导性、光学乃至热力学性能的改变。这一现象称为纳米效应。

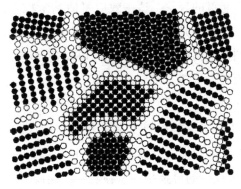

图 1-24　纳米材料的晶界

1.4.2　纳米效应

1. 纳米材料的表面效应

纳米材料的表面效应是指纳米粒子的表面原子数与总原子数之比随粒径的变小而急剧增大后所引起的性质上的变化,如图 1-25 所示。

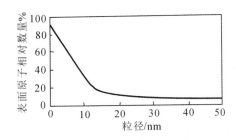

图 1-25　表面原子相对数量与粒子直径的关系

从图 1-25 中可以看出,粒径在 10 nm 以下,随着粒径的减小,表面原子的比例将迅速增加。当粒径降到 1 nm 时,表面原子数比例达到 90% 以上,原子几乎全部集中到纳米粒子的表面。由于纳米粒子表面原子数增多，表面原子配位数不足和高的表面能，使这些原子易与其他原子相结合而稳定下来，故具有很高的化学活性。

2. 纳米材料的体积效应

在一定条件下，当材料粒子的尺寸变小时，会引起材料物理、化学性质发生突变，这种现象称为体积效应。当颗粒尺寸与传导电子的波长相当或更小时，金属微粒均失去原有的光泽而呈黑色（光的吸收特性变化）；磁性超微颗粒在尺寸小到一定范围时，会失去铁磁性，而表现出顺磁性或超顺磁性；非铁磁性也可转化为铁磁性。随着纳米粒子的直径减小，能级间隔增大，电子移动困难，电阻率增大，从而使能隙变宽，金属导体将变为绝缘体。

3. 纳米材料的量子尺寸效应

纳米材料的量子尺寸效应指纳米粒子尺寸下降到某一定值时，费米能级附近的电子能级由连续能级变为分立能级的现象。这一效应可使纳米粒子具有高的光学非线性、特异催化性、光催化性质等。例如，光吸收显著增加、超导相向正常相转变、金属熔点降低、增强微波吸收等。利用纳米材料的量子尺寸效应可制造具有一定频宽的微波吸收纳米材料，用于电磁波屏蔽、隐身飞机等。

4. 界面相关效应

与单晶材料相比，由于纳米结构材料中有大量的界面，纳米结构材料具有反常高的扩散率，它对蠕变、超塑性等力学性能有显著影响；可以在较低的温度下对材料进行有效掺杂，并可使不混溶金属形成新的合金相，出现超强度、超硬度、超塑性等。

纳米材料的发展对武器装备的研制具有重要的影响。纳米含能材料（如纳米推进剂、纳米炸药）、纳米隐身材料、军用纳米电磁材料以及纳米传感器材料将是重点开展研究的领域。利用纳米材料可望制造出轻质、高强度、热稳定的材料，用于飞机、火箭、空间站，可大大降低成本。美国国家航空航天局预估，在航天器采用纳米材料后，发射费用可以从每磅1万美元降低到200美元，并可制造出成本只有6万美元、大小如一辆汽车的航天器。

1.5　材料的同素异构与同分异构

1.5.1　晶体的同素异构

自然界中有许多元素具有同素异构特性，即同种元素具有多种晶格形式。当温度等外界条件改变时，晶格类型可以发生转变。同种晶体材料中，不同类型晶体结构之间的转变称为同素异构转变。

在金属材料中，铁的同素异构转变比较典型。铁在结晶后继续冷却至室温的过程中，先后发生两次晶格转变，可表示为

$$\delta\text{-Fe} \xrightarrow{1394\ ℃} \gamma\text{-Fe} \xrightarrow{912\ ℃} \alpha\text{-Fe}$$
（体心立方）　　　　（面心立方）　　　　（体心立方）

这种相变是在固态下进行的,也称为固态相变。在高压下(150 kPa),铁还可具有密排六方结构的 ε-Fe。铁的同素异构转变是钢铁能够进行热处理的内因和根据,也是钢铁材料性能多种多样、用途广泛的主要原因之一。

一些陶瓷材料,如二氧化硅、氧化铝、氧化钛等化合物,也具有同素异构转变,也称为多形性转变。晶格结构变化将伴随材料密度增加或减少,体积也就随之膨胀或缩小。体积变化如果不均匀,就会产生较大的内应力,从而可能导致材料在转变温度下发生开裂。例如,四方系的氧化锆(冷却)在 1000 ℃时多形转变为单斜系氧化锆,其体积膨胀可使材料破裂。

化学成分相同的物质,以不同的晶体结构存在,其性能可能会产生很大的差异。例如,碳可分别以石墨和金刚石的晶体结构存在,其性质显著不同。金刚石是四面体三维共价网络结构[图 1-26(a)],具有异常高的强度。石墨是六边形二维层状结构[图 1-26(b)],层间力比较弱,容易断开,具有良好的润滑性。

1984 年发现的 C_{60} 是继金刚石和石墨之后碳元素的第 3 个同素异构晶体。C_{60} 是由 12 个五边形碳环和 20 个六边形碳环组成的具有高度对称的足球式笼架空心结构,有 60 个顶角,60 个碳原子各占一角[图 1-26(c)]。此类碳结构称为富勒烯,又称为巴基球或足球烯。C_{60} 的物理性质相对稳定,熔点大于 700 ℃。

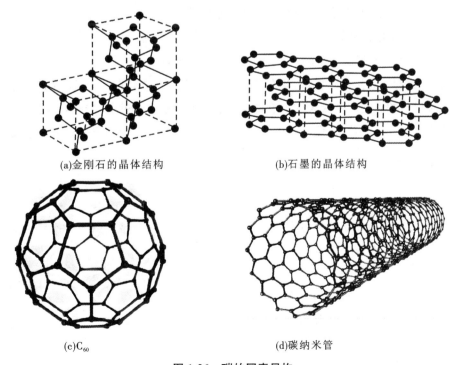

(a)金刚石的晶体结构　　　　　　(b)石墨的晶体结构

(c)C_{60}　　　　　　　　　　(d)碳纳米管

图 1-26　碳的同素异构

1991 年发现的碳纳米管[图 1-26(d)]由呈六边形排列的碳原子构成数十层的同轴圆管,层与层之间保持固定的距离,约为 0.34 nm,直径一般为 2~20 nm。碳纳米管的韧性很高,导电性极强,场发射性能优良,兼具金属性和半导体性,强度比钢高 100 倍,密度只有钢的 1/6。因为性能奇特,它被称为未来的"超级纤维",碳纳米管有望用于多种高科技领域。例如,应用碳纳米管作为增强剂和导电剂可制造性能优良的汽车防护件,作为催化剂载体可显著提高催化剂的活性和选择性。碳纳米管较强的微波吸收性能,使它可作为吸收剂制备隐身材料、电磁屏蔽材料或暗室吸波材料。

1.5.2 有机化合物及高聚物的同分异构

把化学成分相同而组成原子排列不同的分子结构的现象称为同分异构。有机化合物是以碳、氢、氧等原子为主,通过共价键方式联系起来的一类化合物。一般来说,有机物的结构比单质或无机化合物要复杂得多,所以,它们的同分异构现象十分普遍。

有机物除了由于原子互相连接的方式和次序不同引起的异构体外,还可以由于原子本身在空间的排列方式(构型或构象)不同引起同分异构。

在有机低分子物质中,丙醇和异丙醇、甲醚和乙醇就是结构异构体,它们的化学成分相同,但分子结构不同。

高分子是由低分子聚合而成,所以低分子的有机化合物的同分异构现象也将直接带入高分子聚合物中。同一种高聚物,由于结晶条件不同,可形成几种不同的晶型。例如,聚乙烯的稳定晶型是正交晶型,但在拉伸时,能形成三斜或单斜晶型;又如,聚丙烯在不同温度下结晶时,可形成单斜、六方和菱方 3 种晶型,聚丁烯-1 可形成菱方、四方和正方 3 种晶型。这是高分子表现出来的类似单质的同"素"异构现象。

值得注意的是,无论何种材料,其性能都是由组织结构决定的。所以,同素异构或同分异构都将对材料的性能产生极大的影响,特别是高分子化合物的同分异构,有时甚至改变了物质的种类及属性。因此,合理地利用同素(分)异构现象,对工程而言是非常有意义的。

思考与习题

1. 讨论物质粒子键合方式与性质的相互关系。
2. 常见的金属晶体结构有哪几种? 它们的原子排列和晶格常数有什么特点?
3. 单晶体与多晶体有何差别?
4. 分析纯金属与合金晶体结构的异同。
5. 什么是位错? 位错有哪几种类型?
6. 分析金属化合物与金属固溶体在结构和性质方面的差异。
7. 举例说明何谓同素异构现象。
8. 说明材料的纳米效应。

第 2 章　新能源工程材料的性能

当针对机器设备或其他制件进行选材时，首先必须考虑的就是材料的相关性能。材料的性能，是指用来表征材料在给定外界条件下的行为参量，当外界条件发生变化时，同一种材料的某些性能也会随之变化。通常金属材料的性能包括以下两个方面。

1. 使用性能

即为了保证零件、工程构件、工具等的正常工作，材料所应具备的性能。它包括物理、化学等方面的性能。金属材料的使用性能决定了其应用范围、安全可靠性、使用寿命等。

2. 工艺性能

即反映材料在被制成各种零件、构件和工具的过程中，材料适应各种冷、热加工的性能。它主要包括铸造、压力加工、焊接、切削加工、热处理等方面的性能。

2.1　新能源工程材料的力学性能

材料的力学性能主要是指强度、刚度、塑性、韧性、硬度等。

2.1.1　强度

强度是指材料在外力作用下抵抗永久变形和断裂的能力。根据外力的作用方式，有多种强度指标，如抗拉强度、抗弯强度、抗剪强度等。其中以拉伸试验所得强度指标的应用最为广泛。它是把一定尺寸和形状的金属试样（图 2-1）装夹在试验机上，然后对试样逐渐施加拉伸载荷，

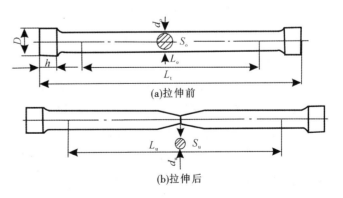

(a)拉伸前

(b)拉伸后

图 2-1　钢的圆截面标准拉伸试样

直至把试样拉断为止,根据试样在拉伸过程中承受的载荷和产生的变形量之间的关系,可测出该金属的力-延伸曲线(图 2-2)。在力-延伸曲线上可以确定以下性能指标。

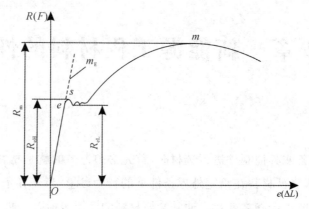

图 2-2 退火低碳钢的力-延伸(应力-延伸率)

1. 屈服强度

从力-延伸曲线上可以看到,当应力增加至超过一定数值后,试样必定保留部分不能恢复的残余变形,即塑性变形。在外力达到 F_s 时曲线出现一个小平台。此平台表明不增加载荷试样仍继续变形,好像材料已经失去抵抗外力的能力而屈服了。我们称试样屈服时的应力为材料的屈服强度,单位为 MPa。屈服强度分为上屈服强度 R_{eH} 和下屈服强度 R_{eL}。上屈服强度 R_{eH} 是试样发生屈服而力发生首次下降前的最大应力;下屈服强度 R_{eL} 是试样发生屈服期间的最小应力,如图 2-2 所示。

$$R_{eL} = \frac{F_e}{S_o}$$

很多金属材料,如大多数合金钢、铜合金及铝合金的力-延伸曲线不出现平台,脆性材料(如普通铸铁、镁合金等)甚至断裂之前也不发生塑性变形,因此工程上规定试样发生某一微量塑性变形(0.2%)时的应力作为该材料的屈服强度,称为规定塑性延伸强度 R_p,规定变形量为 0.2% 时用符号 $R_{p0.2}$ 表示。要求严格时,也可规定变形量为 0.1%、0.05%,并相应以符号 $R_{p0.1}$、$R_{p0.05}$ 表示。

2. 抗拉强度 R_m

试样在屈服时,由于塑性变形而产生加工硬化,所以只有载荷继续增大,变形才能继续增加,直到增到最大载荷 F_m。这一阶段,试样沿整个长度均匀伸长,当载荷达到 F_m 后,试样就在某个薄弱部分形成"缩颈",如图 2-1(b)所示。此时,不增加载荷试样也会发生断裂。F_m 是试样承受的最大外力,相应的应力即为材料的抗拉强度,以 R_m 表示,单位为 MPa,代表金属材料抵抗最大塑性变形的能力,即

$$R_m = \frac{F_m}{S_o}$$

材料的 $R_{p0.2}$（或 R_{eL}）、R_m 均可在材料手册或有关资料中查得，一般机器构件都是在弹性状态下工作的，不允许微小的塑性变形，所以在机械设计时应采用 $R_{p0.2}$ 或 R_{eL} 作为强度指标，并加上适当的安全系数。对于脆性材料，由于在断裂前没有显著的塑性变形，通常用抗拉强度 R_m 作为强度指标，并使用安全系数。

由上述可知，强度是表征金属材料抵抗过量塑性变形或断裂的物理性能。

R_{eL}/R_m 的比值称为屈强比，是一个有意义的指标。比值越大，越能发挥材料的潜力，从而能够减小结构的自重。但为了使用安全，也不宜过大，适合的比值为 0.65～0.75。

3. 疲劳强度

某些机器零件，如轴、弹簧、齿轮、叶片等，在交变载荷长期作用下工作，很多情况是在工作应力峰值低于弹性极限的情况下突然破坏的。在多次交变载荷作用下的破坏现象，称为疲劳。交变载荷可以是大小交变、方向交变，或同时改变大小和方向。

金属材料的疲劳破坏过程，首先是在其薄弱部位，如在有应力集中或缺陷（划伤、夹渣、显微裂纹等）处产生微细裂纹。这种裂纹是疲劳源，而且一般出现在零件表面上，进而形成疲劳扩展区。当此区达到某一临界尺寸时，零件就在甚至低于弹性极限的应力下突然脆断。最后的脆断区称为最终破断区。图 2-3(a) 所示为典型疲劳断口（汽车后轴）的宏观照片，图 2-3(b) 所示为典型断口三个区域的示意图。

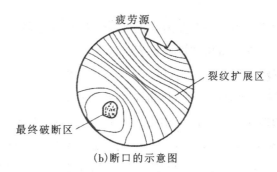

（a）汽车后轴的断口　　　　　　（b）断口的示意图

图 2-3　疲劳断口的特征

测定材料的疲劳强度时，要用较多的试样，在不同交变载荷下进行试验，得到疲劳曲线，如图 2-4 所示。从图中可以看出，随循环次数增加，应力降低。当应力降到某一值后，曲线变成水平直线，这就意味着材料可以经受无限次循环载荷而不发生疲劳断裂。把试样承受无限次应力循环或达到规定的循环次数才断裂的最大应力，作为材料的疲劳强度 S。对在弯曲循环载荷下测定的疲劳强度用符号 k_{-1} 表示，而在剪切循环载荷下测定的疲劳强度用 τ_{-1} 表示。

图 2-4 所示为钢铁材料的疲劳曲线，在应力循环次数达到 10^7 次时，出现水平直线。所以对于钢铁材料，把循环次数达到 10^7 次时的最大应力作为疲劳强度。有色金属和合金的疲劳曲线不出现水平直线，因此工程上规定将循环次数到 10^7 次时的最大应力作为

它们的疲劳强度。材料的 S 与 R_m 是紧密相关的。对钢来说,其关系为 $S=(0.45\sim0.55)R_m$。可见,材料的疲劳强度随其抗拉强度增高而增高。根据疲劳的特点和总的循环次数,可以将疲劳分为高周疲劳($N>10^4$)和低周疲劳($N\leqslant10^4$)。高周疲劳时,重要的性能是疲劳强度。如果零件的工作应力低于材料的疲劳强度时,则在理论上不会发生疲劳断裂;而低周疲劳时,材料的疲劳抗力不仅与强度有关,而且与塑性有关。零件的疲劳强度除了取决于材料的成分及其内部组织外,与零件的表面状态及其形状也有很大

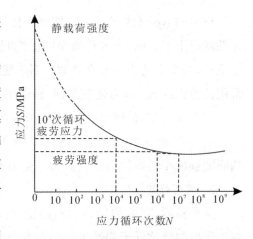

图 2-4　钢铁材料的疲劳曲线

的影响。表面应力集中(划伤、损伤、腐蚀斑点等)会使疲劳寿命大大减低。提高零件寿命的方法是:①设计上减小应力集中,转接处避免锐角连接;②使零件具有较小的表面粗糙度值;③强化表面,如渗碳、渗氮、表面滚压等,在零件表面造成残余压应力,以抵消一部分拉应力,降低零件表面实际拉应力峰值,从而提高零件的疲劳强度。

2.1.2　刚度

刚度是指材料在受力时抵抗弹性变形的能力。它表征了材料弹性变形的难易程度。材料的刚度通常用弹性模量 E 来衡量。

材料在弹性范围内,应力 σ 与应变 ε 的关系服从胡克定律:$\sigma=E\varepsilon$(或 $\tau=G\gamma$)。ε(或 γ)为应变,即单位长度的变形量,$\varepsilon=\Delta L/L$。

弹性模量 $E=\sigma/\varepsilon$,由图 2-2 可以看出,弹性模量是力-延伸曲线上的斜率,即 $\tan\alpha=E$,斜率越大,弹性模量越大,弹性变形越不容易进行。因此 E、G 是表示材料抵抗弹性变形能力和衡量材料"刚度"的指标。弹性模量越大,材料的刚度越大,即具有特定外形尺寸的零件或构件保持其原有形状与尺寸的能力也越大。

弹性模量的大小主要取决于金属键,与显微组织的关系不大。合金化、热处理、冷变形等对它的影响很小。生产中一般不考虑也不检验它的大小,基体金属一经确定,其弹性模量值就基本上确定了。在材料不变的情况下,只有改变零件的截面尺寸或结构,才能改变它的刚度。

在设计机械零件时,若要求刚度大的零件,应选用具有高弹性模量的材料。钢铁材料的弹性模量较大,所以对要求刚度大的零件,通常选用钢铁材料。例如,镗床的镗杆应有足够的刚度,如果刚度不足,当进给量大时,镗杆的弹性变形就会增大,镗出的孔就会偏小,因而影响加工精度。

要求在弹性范围内对能量有很大吸收能力的零件(如仪表弹簧),一般使用软弹簧材

料铍青铜、磷青铜制造，应具有极高的弹性极限和低的弹性模量。

表 2-1 中列出了常用金属的弹性模量。

表 2-1　常用金属的弹性模量

金属	弹性模量 E/MPa	剪切模量 G/MPa	金属	弹性模量 E/MPa	剪切模量 G/MPa
铁	214000	84000	铝	72000	27000
镍	210000	84000	铜	132400	49270
钛	118010	44670	镁	45000	18000

2.1.3　塑性

塑性是指金属材料在载荷作用下断裂前发生不可逆永久变形的能力。评定材料塑性的指标通常是断后伸长率和断面收缩率。

1. 断后伸长率 A

试样拉断后，标距的伸长量与原始标距之比的百分率称为断后伸长率，用 A 表示。

$$A = \frac{L_u - L_o}{L_o} \times 100\%$$

式中：L_o——试样原始标距长度；L_u——拉断后试样的标距长度（图 2-1）。

在材料手册中常见 A 和 $A_{11.3}$ 两种符号，分别表示用 $L_o = 5d_o$ 和 $L_o = 10d_o$（d_o 为试样直径）两种不同长度试样测定的伸长率。必须说明，同一材料所测得的 A 和 $A_{11.3}$ 的值是不同的，A 的值较大，而 $A_{11.3}$ 的值较小，如钢材的 A 值大约为 $A_{11.3}$ 的 1.2 倍。所以相同符号的伸长率才能进行相互比较。

2. 断面收缩率 Z

试样拉断后，缩颈处横截面积的缩减量与原始横截面积之比的百分率称为断面收缩率，用 Z 表示。

$$Z = \frac{S_o - S_u}{S_o} \times 100\%$$

式中：S_o——试样原始横截面积；S_u——试样拉断后缩颈处的横截面积（图 2-1）。

断面收缩率不受试样标距长度的影响，因此能更可靠地反映材料的塑性。

对必须承受强烈变形的材料，塑性指标具有重要的意义。塑性优良的材料，其冷压成形性好。此外，重要的受力零件也要求具有一定塑性，以防止超载时发生断裂。

一般来说，断后伸长率达 5％或断面收缩率达 10％的具有高收缩率的材料，可承受高的冲击吸收能量。

2.1.4　韧性

1. 冲击韧度

机械零部件在服役过程中不仅受到静载荷或动载荷作用，而且受到不同程度的冲击载荷作用,如锻锤、压力机、铆钉枪等。在设计和制造受冲击载荷的零件和工具时,必须考虑所用材料的冲击吸收能量或冲击韧度。

目前最常用的冲击试验方法是摆锤式一次冲击试验,冲击试验原理如图 2-5 所示。

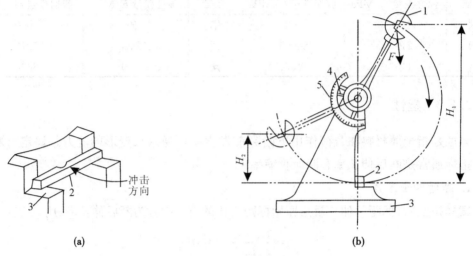

图 2-5 冲击试验原理

1——摆锤 2——试样 3——机架 4——指针 5——刻度盘

欲测定的材料先加工成标准试样,然后放在试验机的机架上,试样缺口背向摆锤冲击方向(图 2-5),将具有一定重力 F 的摆锤举至一定高度 H_1,使其具有势能(FH_1),然后摆锤落下冲击试样;试样断裂后摆锤上摆到高度 H_2,在忽略摩擦和阻尼等条件下,摆锤冲断试样所做的功,称为冲击吸收能量,以 $KV(KU)$ 表示,则有 $KV(KU)=FH_1-FH_2=F(H_1-H_2)$。

冲击吸收能量除以试样断口处横截面积 S_N,即得到冲击韧度,用 a_K 表示,单位为J/cm²。

$$a_K = KV(KU)/S_N$$

对一般常用钢材来说,所测冲击吸收能量越大,表示材料的韧性越好。但由于测出的冲击吸收能量的组成比较复杂,所以有时测得的 $KV(KU)$ 值及计算出来的 a_K 值不能真正反映材料的韧脆性质。

长期生产实践证明 $KV(KU)$、a_K 的值对金属材料在不同条件下韧脆转化和材料的组织缺陷十分敏感,能灵敏地反映材料的品质、宏观缺陷和显微组织方面的微小变化,因而冲击试验是生产上用来检验材料冶炼和热加工质量的有效办法之一。

2. 断裂韧度

前面讨论的力学性能,都是假定材料是均匀、连续、各向同性的。以这些假设为依据的设计方法称为常规设计方法。根据常规设计方法分析认为是安全的设计,有时会发生意外断裂事故。在研究这种在高强度金属材料中发生的低应力脆性断裂的过程中,发现前述假设是不成立的。实际上,材料的组织远非是均匀、各向同性的,组织中有微裂纹,还会有夹杂、气孔等宏观缺陷,这些缺陷可看成是材料中的裂纹。当材料受外力作用时,这些裂纹的尖端附近便出现应力集中,形成一个裂纹尖端的应力场。根据断裂力学对裂纹尖端应力场的分析,裂纹尖端附近应力场的强弱主要取决于一个力学参数,即应力强度因子 K_I,单位为 $MN \cdot m^{-3/2}$。

$$K_I = Y\sigma\sqrt{a}$$

式中:Y——与裂纹形状、加载方式及试样尺寸有关的量,是个无量纲的系数;σ——外加拉应力(MPa);a——裂纹长度的一半(m)。

对某一个有裂纹的试样(或机件),在拉伸外力作用下,Y 值是一定的。当外加拉应力逐渐增大,或裂纹逐渐扩展时,裂纹尖端的应力强度因子 K_I 也随之增大;当 K_I 增大到某一临界值时,试样(或机件)中的裂纹会产生突然失稳扩展,导致断裂。这个应力强度因子的临界值称为材料的断裂韧度,用 K_{Ic} 表示。

断裂韧度是用来反映材料抵抗裂纹失稳扩展,即抵抗脆性断裂能力的性能指标。当 $K_I < K_{Ic}$ 时,裂纹扩展很慢或不扩展;当 $K_I \geqslant K_{Ic}$ 时,则材料发生失稳脆断。这是一项重要的判断依据,可用来分析和计算一些实际问题。例如:若已知材料的断裂韧度和裂纹尺寸,便可以计算裂纹扩展以致断裂的临界应力,即机件的承载能力;或者已知材料的断裂韧度和工作应力,就能确定材料中允许存在的最大裂纹尺寸。

断裂韧度是材料固有的力学性能指标,是强度和韧性的综合体现。它与裂纹的大小、形状、外加应力等无关,主要取决于材料的成分、内部组织和结构。

2.1.5　硬度

硬度是指材料抵抗局部变形,特别是塑性变形、压痕或划痕的能力。硬度是材料的一个重要指标,试验方法简便、迅速,不需要破坏试样,设备也比较简单,而且对于大多数金属材料,可以从硬度值估算出它的抗拉强度,因此在设计图样的技术条件中大多规定材料的硬度值。检验材料或工艺是否合格,有时也采用硬度。因此,硬度试验在生产中应用广泛。

材料的硬度值是按一定方法测出的数据,不同方法在不同条件下测量的硬度值,因含义不同,其数据也不同,因此一般不能进行相互比较。工业生产中经常采用的硬度试验方法有以下几种。

1. 布氏硬度

布氏硬度试验方法是对一定直径的碳化钨合金球施加试验力压入所测材料表面(图 2-6),保持规定时间后,卸除试验力,测量表面压痕直径(图 2-7),然后按下式计算硬度,即

$$HBW = \frac{F}{A} = 0.102 \times \frac{2F}{\pi D(D - \sqrt{D^2 - d^2})}$$

式中:HBW——材料的布氏硬度值;F——试验力(N);A——压痕表面积(mm^2);D——

球直径(mm);d——压痕平均直径(mm)。

由于金属材料有软有硬,被测工件有薄有厚,尺寸有大有小,如果只采用一种标准的试验力 F 和球直径 D,就会出现对某些材料和工件不适应的现象。因此,在进行布氏硬度试验时,要求使用不同的试验力和球直径,建立 F 和 D 的某种选配关系,以保证布氏硬度的不变性。

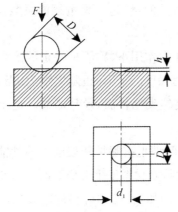
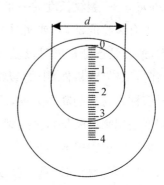

图 2-6　布氏硬度测试示意图　　图 2-7　用读数显微镜测量压痕直径

根据金属材料种类、试样硬度范围和厚度的不同,按照表 2-2 中的规范选择球直径 D、试验力 F 及保持时间。

表 2-2　布氏硬度试验规范

材料	布氏硬度 HBW	试验力—球直径平方的比率 $0.102 \times F/D^2$	备注
钢、镍基合金、钛合金	150～650	30	压痕中心距试样边缘距离不应小于压痕平均直径的 2.5 倍;两相邻压痕中心距离不应小于压痕平均直径的 3 倍;试样厚度至少应为压痕深度的 8 倍。试验后试样支承面应无可见变形痕迹
铸铁	＜140	10	
铸铁	≥140	30	
铜和铜合金	＜35	5	
铜和铜合金	35～200	10	
铜和铜合金	＞200	30	
轻金属及其合金	＜35	2.5	
轻金属及其合金	35～80	5	
轻金属及其合金	35～80	10	
轻金属及其合金	35～80	15	
轻金属及其合金	＞80	10	
轻金属及其合金	＞80	15	
铅、锡	—	1	

符号 HBW 之前用数字标注硬度值,符号后面依次用数字注明球直径(mm)、试验力 (0.102 N)及试验力保持时间(s)(10～15 s 不标注)。例如:500 HBW 5/750,表示用直

径为 5 mm 的碳化钨合金球在 7355 N 试验力作用下保持 10~15 s,测得的布氏硬度值为
500。目前,布氏硬度主要用于检验铸铁、非铁金属以及经退火、正火和调质处理的钢材。

2. 洛氏硬度

洛氏硬度试验是目前应用最广的硬度试验方法。它是采用直接测量压痕深度来确
定硬度值的。洛氏硬度试验原理如图 2-8 所示。用顶角为 120°金刚石圆锥体或直径为
1.5875 mm 或 3.175 mm 的碳化钨合金球作为压头,先施加的初始试验力 F_0,再加上主
试验力 F_1,其总试验力为 $F=F_1+F_0$。图 2-8 中 1 为压头受到初始试验力 F_0 后压入试
样的位置;2 为压头受到总试验力 F 后压入试样的位置且经规定的保持时间。卸除主试
验力 F_1,仍保留初始试验力 F_0,试样弹性变形的恢复使压头上升到 3 的位置。此时压头
受主试验力作用压入的深度为 h,即 1 位置至 3 位置。金属越硬,h 值越小。洛氏硬度值
为

$$HR=N-\frac{h}{s}$$

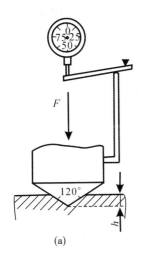
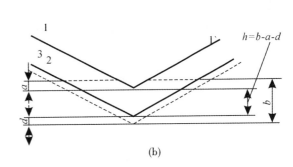

图 2-8 洛氏硬度试验原理

使用金刚石压头时,常数 N 和 S 为 100 和 0.002 mm;使用碳化钨合金球压头时,常
数 N 和 S 为 130 和 0.002 mm。

为了能用一种硬度计测定从软到硬的材料硬度,采用了不同的压头和总试验力组成
几种不同的洛氏硬度标度,每一个标度用一个字母在洛氏硬度符号 HR 后加以注明。我
国常用的是 HRA、HRBW、HRC 三种,试验条件(GB/T 230.1—2018)及应用范围见表
2-3。洛氏硬度值标注方法为在硬度符号前面注明硬度数值,如 52 HRC、70 HRA 等。

洛氏硬度 HRC 可以用于测试硬度很高的材料,操作简便迅速,而且压痕很小,几乎
不损伤工件表面,故在钢件热处理质量检查中应用最多。但由于压痕小,硬度值代表性

就差些。如果材料有偏析或组织不均匀的情况,则所测硬度值的准确性差。故需在试样不同部位测定三点,取其算术平均值。

表 2-3 常用的三种洛氏硬度的试验条件及应用范围

硬度符号	压头类型	总试验力 F/N	适用范围	应用举例
HRA	120°金刚石圆锥体	588.4	20～95 HRA	硬质合金,表面淬硬层,渗碳层
HRBW	Φ1.5875 mm 球	980.7	10～100 HRBW	非铁金属,退火、正火钢等
部 HRC	120°金刚石圆锥体	1471	20～70 HRC	淬火钢,调质钢等

注:总试验力＝初始试验力+主试验力;初始试验力为 98.07 N。

3. 维氏硬度

为了更准确地测试金属零件的表面硬度或测试硬度很高的零件,常采用维氏硬度,其符号用 HV 表示。

维氏硬度试验也采用金刚石锥体,不过是正棱角锥,其试验原理如图 2-9 所示。F 的大小,可根据试样厚度和其他条件选用,一般试验力可用 10～1000 N。试验时,试验力 F 在试样表面压出正方形压痕,测量压痕两对角线平均长度 d(mm),以下式求出硬度值(式中 A_V 为压痕面积),即

$$HV = \frac{0.102F}{A_V} = 0.1891\frac{F}{d^2}$$

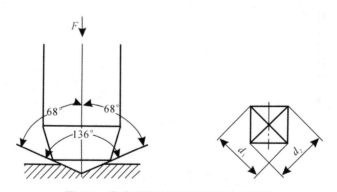

图 2-9 维氏硬度试验原理及压痕示意图

10 N 试验力特别适用于测试热处理表面层(如渗碳、渗氮层)的硬度。当试验力小于 1.961 N 时,压痕非常小,可用于测试金相组织中不同相的硬度,测得的结果称为显微维氏硬度,多以符号 HM 表示。维氏硬度试验方法及技术条件可参阅国家标准 GB/T 4340.1—2009。

材料的屈服强度在多数情况下可用 HV 近似地估算,即

$$R_{eL} = HV(0.1)n/3$$

式中:n——材料加工硬化系数。

对于高强度材料,可以近似认为 $n=0$,R_{eL}＝HV/3。

2.2　新能源工程材料的物理、化学性能

2.2.1　物理性能

材料的物理性能是指在重力、电磁场、热力(温度)等物理因素作用下,材料所表现的性能或固有属性。机械零件及工程构件在制造中所涉及的金属材料的物理性能主要包括密度、熔点、导电性、导热性、热膨胀性、磁性等。

1. 密度

同一温度下单位体积物质的质量称为密度(g/cm^3 或 kg/m^3),与水密度之比称为相对密度。根据相对密度的大小,可将金属分为轻金属(相对密度小于 4.5)和重金属(相对密度大于 4.5)。Al、Mg 等及其合金属于轻金属;Cu、Fe、Pb、Zn、Sn 等及其合金属于重金属。在机械制造业中,某些高速运转的零件、车辆、飞机、导弹以及航天器等,常要求在满足力学性能的条件下尽量减小材料质量,因而常采用铝合金、钛合金等轻金属。常用的金属材料的相对密度差别很大,如铜为 8.9,铁为 7.8,钛为 4.5,铝为 2.7 等。在非金属材料中,陶瓷的密度较大,塑料的密度较小,常用的聚乙烯、聚丙烯、聚苯乙烯等塑料的相对密度为 0.9～1.1。

2. 熔点

材料在缓慢加热时,由固态转变为液态并有一定潜热吸收或放出时的转变温度,称为熔点。熔点低的金属(如 Pb、Sn 等)可以用来制造钎焊的钎料、熔体和铅字等;熔点高的金属(如 Fe、Ni、Cr、Mo 等)可以用来制造高温零件,如加热炉构件、电热元件、喷气机叶片以及火箭、导弹中的耐高温零件。

非金属材料中的陶瓷(金属陶瓷)有较高的熔点,如石英(SiO_2)的熔点为 1670 ℃,MgO 的熔点为 2800 ℃,常用作耐火材料;而塑料和一般玻璃等非晶态材料,则没有熔点,只有软化点或称为玻璃化温度。

3. 导电性

材料传导电流的能力称为导电性。以电导率 g(单位 S/m)表示。纯金属中银的导电性最好,其次是铜、铝。工程中为减少电能损耗,常采用纯铜或纯铝作为输电导体;采用导电性差的材料(如 Fe-Cr、Ni-Cr、Fe-Cr-Al 等合金,碳硅棒)作为加热元件。

4. 导热性

材料传导热量的能力称为导热性,用热导率 l[单位 W/(m・K)]表示。热导率越大,导热性越好。纯金属的导热性比合金好,银、铜的导热性最好,铝次之。在非金属中,碳

(金刚石)的导热性最好。

合金钢的导热性比碳钢差,因此合金钢在进行热处理加热时的加热速度应缓慢,以保证工件或坯料内外温差小,减少变形和开裂倾向。另外,导热性差的金属材料,其切削加工也较困难。

5. 热膨胀性

材料因温度改变而引起的体积变化现象称为热膨胀性,一般用线膨胀系数来表示。常温下工作的普通机械零件(构件)可不考虑热膨胀性,但在一些特殊场合就必须考虑其影响。例如:工作在温差较大场合的长零(构)件(如火车导轨等)、精密仪器仪表的关键零件的热膨胀系数均要小。工程中也常利用材料的热膨胀性来装配或拆卸配合过盈量较大的机械零件。

6. 磁性

在磁场中能被磁化或导磁的能力称为导磁性或磁性。通常用磁导率 μ(单位 H/m)来表示。具有显著磁性的材料称为磁性材料。目前应用的磁性材料有金属和陶瓷两类。金属磁性材料也称为铁磁材料,常用的有 Fe、Co、Ni 等金属及其合金;陶瓷磁性材料通称为铁氧体。工程中常利用材料的磁性制造机械及电气零件。

2.2.2　化学性能

材料的化学性能是指材料抵抗其周围介质侵蚀的能力,主要包括耐蚀性和热稳定性。

1. 耐蚀性

金属材料在常温下抵抗周围介质侵蚀的能力称为耐蚀性。腐蚀包括化学腐蚀和电化学腐蚀两种类型。化学腐蚀一般是在干燥气体及非电解液中进行的,腐蚀时没有电流产生;电化学腐蚀是在电解液中进行的,腐蚀时有微电流产生。

根据介质侵蚀能力的强弱,对于不同介质中工作的金属材料的耐蚀性要求也不相同。例如:海洋设备及船舶用钢,需耐海水和海洋大气腐蚀;而贮存和运输酸类的容器、管道等,则应具有较高的耐酸性能。一种金属材料在某种介质、某种条件下是耐蚀的,而在另一种介质或条件下就可能不耐蚀。例如:镍铬不锈钢在稀酸中耐蚀,而在盐酸中则不耐蚀;铜及铜合金在一般大气中耐蚀,但在氨水中却不耐蚀。

2. 热稳定性

材料在高温下抵抗氧化的能力称为热稳定性。在高温(高压)下工作的锅炉、各种加热炉、内燃机中的零件等都要求具有良好的热稳定性。

思考与习题

1. 说明以下符号的意义和单位。

R_{eH}、R_{eL}、R_m、E、A、Z、R_{-1}、a_K、K_{Ic}。

2. 在测定强度时，R_{eL} 和 $R_{p0.2}$ 有什么不同？

3. 在设计机械零件时多用哪两种强度指标？为什么？

4. 设计刚度好的零件，应根据何种指标选择材料？采用何种材料为宜？材料的 E 越大，其塑性越差，这种说法是否正确？为什么？

5. 拉伸试样的原标距长度为 50 mm，直径为 10 mm，拉断后对接试样的标距长度为 79 mm，缩颈区的最小直径为 4.9 mm，求其断后伸长率和断面收缩率。

6. 标距不相同的断后伸长率能否进行比较？为什么？

7. 常用的硬度试验方法有哪几种？其应用范围如何？这些方法测出的硬度值能否进行比较？

8. 反映材料受冲击载荷的性能指标是什么？不同条件下测得的这种指标能否比较？怎样应用这种性能指标？

9. 疲劳破坏是怎样形成的？提高零件疲劳寿命的方法有哪些？为什么表面粗糙和零件尺寸增大能使材料的疲劳强度值减小？

10. 断裂韧度是表明材料何种性能的指标？为什么要求在设计零件时考虑这种指标？

11. 下列说法是否正确？如不正确请更正。

(1)机械在运行中各零件都承受外加载荷，材料强度高的不会变形，材料强度低的一定会变形。

(2)材料的强度高，其硬度就高，所以刚度就大。

(3)强度高的材料，塑性都低。

(4)弹性极限高的材料，所产生的弹性变形大。

12. 下列零件图样标注的硬度是否正确？如有错误，请改正。

(1)HBW600～650。

(2)HRC70～75。

(3)HRBW90 N/mm²。

(4)HB200～300 MN/m²。

13. 下列各种工件或钢材可用哪种硬度试验测定其硬度值(写出硬度符号)。

(1)钢车刀、锉刀。

(2)材料库中原材料。

(3)渗碳钢工件。

(4)铝合金半成品。

第 3 章 合金的结晶

合金是由两种或更多金属元素（或金属与非金属元素）混合而成的材料。通过将不同的金属元素组合在一起，可以改变合金的性质和特点，使其具有比单一金属更优越的力学性能和加工性能，其实际应用更加广泛。由于多组元素的加入，合金的结晶过程比纯金属复杂，这为材料性能的多变性提供了条件。为方便研究，通常运用合金相图来分析合金的结晶过程。相图是在各种成分合金结晶过程的测试基础上建立的，是表明合金系中各种合金相的平衡条件和相与相之间关系的一种简明示图，也称为平衡图或状态图。所谓平衡是指在一定条件下合金系中参与相变过程的各相的成分和质量分数不再变化所达到的一种状态。合金在极其缓慢冷却条件下的结晶过程，一般可认为是平衡的结晶过程。

3.1 相图的基本知识

3.1.1 相律

相律是表示合金系在平衡条件下，系统的自由度、组元数和平衡相数三者之间关系的定律。它们之间的关系为：

$$f=C-P+2$$

其中，f 表示系统的自由度，C 表示组元数，P 表示平衡相数。

自由度是表示合金系在不破坏平衡相数的条件下，可独立改变的、影响合金状态的因素数目，因素包括温度、压力以及合金成分，在恒压条件下，自由度减少一个，相律变为：

$$f=C-P+1$$

根据相律可以确定系统中可能存在的最多平衡相数。自由度最小值为 0，则单元系的最大平衡相数为 2 个，二元系为 3 个。相律还可以解释纯金属与二元合金的结晶差别。纯金属结晶时两相共存，自由度为 0，且只能在恒温条件下进行；而二元合金结晶时自由度为 1,可在变温条件下进行。

1. 相图的表示与建立

常压下,二元合金的相状态取决于温度和成分。因此二元合金相图可用温度-成分坐标系的平面图来表示。相图可通过实验和计算等方法建立。图 3-1 为铜镍二元合金相图建立示意图,它是一种最简单的基本相图。图中的每一点表示一定成分的合金在一定温度时的稳定相状态。

首先制备一系列不同成分的铜镍二元合金,在非常缓慢的冷却条件下,测定这些合金在平衡结晶过程中从液态到固态的冷却曲线,如图 3-1(a)所示,合金会释放结晶潜热,导致冷却速度减缓。从冷却曲线中可以确定结晶的起点和终点,然后将这些点标注在温度-成分坐标系中,以构建液相线和固相线。再把两条线分隔开的三个区间的相的状态——液相(L)、液相(L)+固相(α)、固相(α)标注在相区内,就得到了完整的铜镍二元合金相图,如图 3-1(b)所示。

相图中的纵坐标为温度,横坐标为质量分数,左端端点表示 100% 的纯铜,右端端点表示 100% 的纯镍,横坐标上的一点即代表一个成分的 Cu-Ni 合金。相图中的一点对应某一成分合金在某一温度下的相组成及相平衡关系,或者说该点代表某一合金在某一温度下所处的状态。液相线上方区域为单一的液相区,固相线下方区域为单一的固相区,两条线之间为液固两相共存区。

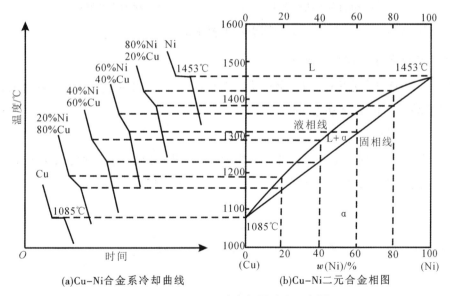

(a)Cu-Ni合金系冷却曲线   (b)Cu-Ni二元合金相图

图 3-1　Cu-Ni 二元合金相图建立示意图

2. 杠杆定律

在晶体学中,杠杆定律是用于计算合金或混合晶体中不同的相分数的定律,它是基于相图和质量守恒原理推导出来的。

在合金的结晶过程中,合金中各个相的成分及其相对量都在不断地变化。不同条件下各个相的成分及其相对量可通过杠杆定律求得。处于两相区的合金,不仅由相图可知两平衡相的成分,还可用杠杆定律求出平衡相的相对质量。

例如,合金成分为C_0,当结晶温度达到T_1时,结晶出的固相的相对量为Q_α,固相的成分为C_α;剩余液相的相对量为Q_L,液相的成分为C_L。具体确定各相成分及相的相对量的方法如下:

(1)两相区各相成分的确定

通过成分为C_0的合金线上相当于温度为T_1的点b作水平线abc,该水平线与液相线相交于点a,与固相线相交于点c,这两个点在成分坐标上的投影为C_L和C_α,表示在温度为T_1时剩余的液相成分和结晶的固相成分,如图3-2(a)所示。

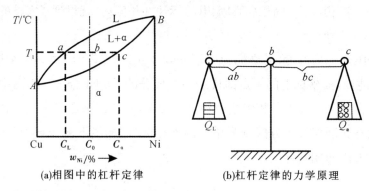

(a)相图中的杠杆定律   (b)杠杆定律的力学原理

图3-2   杠杆定律

(2)两相区各相相对量的确定

设图3-2(a)中成分为C_0的合金总质量为Q,在结晶温度为T_1时,合金剩余液相质量为Q_L,已结晶的固相质量为Q_α,即

$$Q = Q_L + Q_\alpha$$

当液、固两相达到平衡时符合杠杆力学原理,如图3-2(b)所示,即合金中液相与固相的质量比和水平线abc被合金线分成两线段的定长度成反比,表达式为:

$$\frac{Q_L}{Q_\alpha} = \frac{bc}{ab}$$

这样,可求得合金中液、固两相的相对量(相质量分数)为:

$$Q_L = \frac{bc}{ac} \times 100\%$$

$$Q_\alpha = \frac{ab}{ac} \times 100\%$$

式中:Q_L为液相的质量;Q_α为固相的质量;ab、bc、ab为线段长度,可用其成分坐标上的数字来衡量。

由于上述公式与力学中的杠杆定律相似,其中杠杆的支撑点为合金的原始成分(合金线),杠杆两端点表示该温度下两相的成分,两相的质量与杠杆臂长成反比,故称为杠杆定律。

由杠杆定律可以算出合金中液相和固相在合金中所占的相对质量(即质量分数 w)分别为:

$$w(\mathrm{L}) = \frac{Q_{\mathrm{L}}}{Q_{合金}} = \frac{bc}{ac}$$

$$w(\alpha) = \frac{Q_{\alpha}}{Q_{合金}} = \frac{ab}{ac}$$

这种相图是非常重要的,因为它提供了合金在不同温度和成分条件下的相变信息,有助于工程师和科学家设计和理解合金的性质和行为。通过这种方式,可以确定在特定温度和成分条件下,合金的相态以及相互关系,从而有助于合金的制备和应用。

3.1.2 二元合金的结晶

根据结晶过程中出现的不同类型的结晶反应,可把二元合金的结晶过程分为下列几种基本类型。

1. 匀晶反应的合金的结晶

两组元的液态和固态都能无限互溶,冷却时由液相结晶出单相固液体的过程称为匀晶转变。具有单一的匀晶转变的相图称为匀晶相图。如 Cu-Ni、Cu-Au、Au-Ag、Au-Pt、W-Mo、Fe-Ni 等合金系均形成匀晶相图。

Cu-Ni 相图为典型的匀晶相图。图 3-3 中 aa_1c 线为液相线,该线以上合金处于液相;ac_1c 为固相线,该线以下合金处于固相。L 为液相,是 Cu 和 Ni 形成的液溶体;α 为固相,是 Cu 和 Ni 组成的无限固溶体。图中有两个单相区和一个双相区(L+α 相区)。Fe-Cr、Au-Ag 合金也具有匀晶相图。

以 b 点成分的 Cu-Ni 合金(Ni 质量分数为 $b\%$)为例分析结晶过程,该合金的冷却曲线和结晶过程如图 3-3 所示。在 1 点温度以上,合金为液相 L。缓慢冷却至 1—2 温度之间时,合金发生匀晶反应:L→α,从液相中逐渐结晶出固溶体 α。到 2 点温度时,合金全部结晶为固溶体 α。2 点温度以下,固溶体 α 自然冷却。其他成分合金的结晶过程与其类似。

匀晶结晶有下列特点:

(1)与纯金属一样,固溶体从液相中结晶出来的过程中,也包括形核与长大两个过程,但固溶体更趋于呈树枝状长大。

(2)固溶体结晶是在一个温度区间内进行,即为一个变温结晶过程。

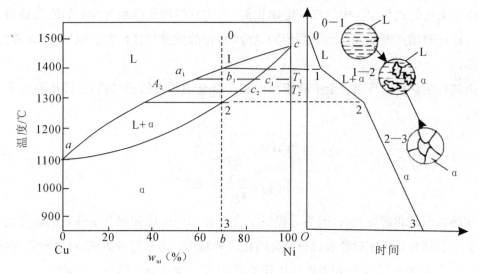

图 3-3 匀晶相图及其合金的结晶过程

(3)在两相区内,温度一定时,两相的成分(即 Ni 含量)是确定的。确定相成分的方法是:过指定温度 T_1 作水平线,分别交液相线和固相线于 a_1 点、c_1 点,则 a_1 点、c_1 点在成分轴上的投影点相应为 L 相和 α 相的成分。随着温度的下降,液相成分沿液相线变化,固相成分沿固相线变化。到 T_2 温度时,L 相及 α 相成分分别为 a_2 点、c_2 点在成分轴上的投影。

(4)在两相区,温度一定时,两相的质量比是一定的,例如在 T_1 温度时,两相的质量比可用下式表达:

$$\frac{Q_L}{Q_\alpha} = \frac{b_1 c_1}{a_1 b_1}$$

式中:Q_L 为 L 相的质量;Q_α 为 α 相的质量;$b_1 c_1$、$a_1 b_1$ 为线段长度,可用其横坐标上的数字来度量。

上式可改写为 $Q_L \cdot a_1 b_1 = Q_\alpha \cdot b_1 c_1$。它可用杠杆定律证明,如下:由图 3-2,设合金的质量 $Q_{合金}$,其中 Ni 的质量分数为 b,在 T_1 温度时 L 相中的 Ni 质量分数为 a,α 相中的 Ni 质量分数为 c,则有:

合金中含 Ni 的总质量=L 相中含 Ni 的质量+α 相中含 Ni 的质量

即:

$$Q_{合金}b = Q_L a + Q_\alpha c$$

因为

$$Q_{合金} = Q_L + Q_\alpha$$

所以

$$(Q_L + Q_\alpha)b = Q_L a + Q_\alpha c$$

化简后得:

$$\frac{Q_{\mathrm{L}}}{Q_\alpha}=\frac{c-b}{b-a}$$

其中 $c-b$ 为线段 bc 的长度，$b-a$ 为线段 ab 的长度，故得：

$$\frac{Q_{\mathrm{L}}}{Q_\alpha}=\frac{bc}{ab}$$

或

$$Q_{\mathrm{L}}\cdot ab=Q_\alpha\cdot bc$$

(5)固溶体结晶时成分是变化的，缓慢冷却时由于原子的扩散能充分进行，形成的是成分均匀的固溶体。如果冷却较快，原子扩散不能充分进行，则形成成分不均匀的固溶体。先结晶的树枝晶轴含高熔点组元较多，后结晶的树枝晶枝干含低熔点组元较多，结果造成在一个晶粒之内化学成分分布不均，这种现象称为枝晶偏析，如图 3-4 所示。枝晶偏析对材料的力学性能、抗腐蚀性能、工艺性能都不利。生产上为了消除其影响，常把合金加热到高温(低于固相线 100 ℃左右)，并进行长时间保温，使原子充分扩散，获得成分均匀的固溶体，这种处理称为扩散退火。

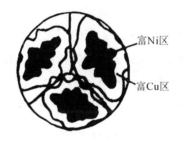

富Ni区

富Cu区

图 3-4　Cu-Ni 合金枝晶偏析示意图

2. 发生共晶反应的合金结晶

两组元在液态时无限互溶，而在固态时互相有限溶解，并在冷却过程中发生共晶转变的相图，称为共晶相图，例如 Pb-Sn 合金相图、Ag-Cu 合金相图等。现以 Pb-Sn 合金相图为例，对共晶相图及其合金的结晶过程进行分析。

Pb-Sn 合金相图(图 3-5)中，adb 为液相线，$acdeb$ 为固相线。合金系有三种相：Pb 与 Sn 形成的液溶体 L 相；Sn 溶于 Pb 中的有限固溶体 α 相；Pb 溶于 Sn 中的有限固溶体 β 相。相图中有三个单相区(L、α、β)；三个两相区(L+α、L+β、α+β)；一条 L+α+β 的三相共存线(水平线 cde)。这种相图称为共晶相图。d 点为共晶点，表示此点成分(共晶成分)的合金冷却到此点所对应的温度(共晶温度)时，共同结晶出 c 点成分的 α 相和 e 点成分的 β 相：

$$\mathrm{L}_d\xrightarrow{\text{恒温}}\alpha_c+\beta_e$$

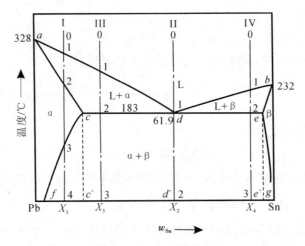

图 3-5　Pb-Sn 合金相图

这种由一种液相在恒温下同时结晶出两种固相的反应叫作共晶反应。所生成的两相混合物叫共晶体。发生共晶反应时有三相共存，它们各自的成分是确定的，反应是在恒温下进行的。水平线 cde 为共晶反应线，成分在 ce 之间的合金平衡结晶时都会发生共晶反应。

cf 线为 Sn 在 Pb 中的溶解度线（或 α 相的固溶线）。温度降低，固溶体的溶解度下降。Sn 含量大于 f 点的合金从高温冷却到室温时，从 α 相中析出 β 相以降低 α 相中 Sn 含量。从固态 α 相中析出的 β 相称为二次 β，常写作 $β_Ⅱ$。这种二次结晶可表达为：$α→β_Ⅱ$。

eg 线为 Pb 在 Sn 中溶解度线（或 β 相的固溶线）。Sn 含量小于 g 点的合金，冷却过程中同样发生二次结晶，析出二次 α，表达为 $β→α_Ⅱ$。

（1）合金Ⅰ的平衡结晶过程（图 3-6）

结合图 3-5 进行分析，液态合金冷却到 1 点温度以后，发生匀晶过程，至 2 点温度合金完全结合成 α 固溶体，随后的冷却（2—3 点间的温度），α 相不变。从 3 点温度开始，由于 Sn 在 α 中的溶解度沿 cf 线降低，从 α 中析出 $β_Ⅱ$，到室温时 α 中 Sn 含量逐渐变为 f 点。最后合金得到的组织为 $α+β_Ⅱ$。其组成相是 f 点成分的 α 相和 g 点成分的 β 相。运用杠杆定律，两相的质量分数 $w(α)$ 和 $w(β)$ 分别为：

$$w(α)=\frac{x_1 g}{fg}×100\%$$

$$w(β)=\frac{f x_1}{fg}×100\%[或 ω(β)=1-ω(α)]$$

合金室温组织由 α 和 $β_Ⅱ$ 组成，α、$β_Ⅱ$ 即为组成物。组织组成物是指合金组织中具有确定本质、一定形成机制的特殊形态的组成成分。组织组成物可以是单相，或是两相混合物。

合金Ⅰ是室温组织组成物 α 和 $β_Ⅱ$ 皆为单相，所以它的组织组成物的质量分数与组成相的质量分数相等。

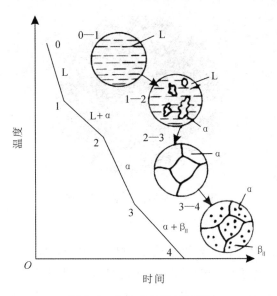

图 3-6　合金Ⅰ的结晶过程

（2）合金Ⅱ的结晶过程（图 3-7）

合金Ⅱ为共晶合金。合金从液态冷却到 1 点温度后，发生共晶反应：$L_d \xrightarrow{\text{恒温}}$
$(\alpha_c + \beta_e)$，经过一定时间到 1′时反应结束，全部转变为共晶体（$\alpha + \beta$）。从共晶温度冷却
至室温时，共晶体中的 α 和 β 均发生二次结晶，从 α 中析出 β_{II}，从 β 中析出 α_{II}。α 的成分
由 c 点变为 f 点，β 的成分由 e 点变为 g 点，两种相的质量分数依杠杆定律变化。

由于析出的 α_{II} 和 β_{II} 都相应地同 α 相和 β 相连在一起，共晶体的形态和成分不发生
变化。合金的室温组织全部为共晶体（图 3-8），即只含一种组织组成物（即共晶体）；而其
组成相仍为 α 相和 β 相。

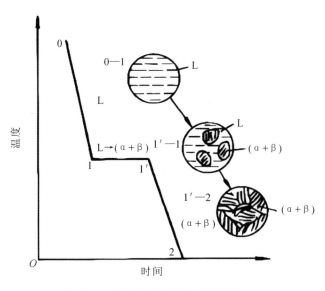

图 3-7　共晶合金的结晶过程示意图

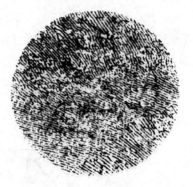

图 3-8　共晶合金组织的形态

(3)合金Ⅲ的结晶过程(图 3-9)

合金Ⅲ是亚共晶合金,合金冷却到 1 点温度后,由匀晶反应生成 α 固溶体,叫初生 α 固溶体。从 1 点到 2 点温度的冷却过程中,按照杠杆定律,初生 α 的成分沿 ac 线变化,液相成分沿 ad 线变化;初生 α 逐渐增多,液相逐渐减少。当刚冷却到 2 点温度时,合金由 c 点成分的初生 α 相和 d 点成分的液相组成。然后液相进行共晶反应,但此时初生 α 相不变化。经一定时间到 2′点共晶反应结束时,合金转变为 $\alpha_c+(\alpha_c+\beta_e)$。从共晶温度继续往下冷却,初生 α 中不断析出 β_{II},成分由 c 点降至 f 点;此时共晶体如前所述,形态、成分和总量保持不变。合金的室温组织为初生 $\alpha+\beta_{II}+(\alpha+\beta)$,如图 3-10 所示,合金的组成相为 α 和 β,它们各自的质量分数 $w(\alpha)$ 和 $w(\beta)$ 分别为:

$$w(\alpha)=\frac{x_3 g}{fg}\times 100\%$$

$$w(\beta)=\frac{f x_3}{fg}\times 100\%$$

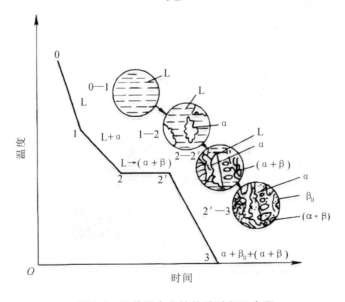

图 3-9　亚共晶合金的结晶过程示意图

图 3-10　亚共晶合金组织

　　合金的组织组成物为初生 α、$β_{II}$ 和共晶体(α+β)。它们的质量分数可两次应用杠杆定律求得。根据结晶过程分析,先求合金冷却到 2 点温度而尚未发生共晶反应时$α_c$和L_d相的质量分数。

　　其中,液相在共晶反应后全部转变为共晶体(α+β),因此这部分液相的质量分数就是室温组织中共晶体(α+β)的质量分数。

　　初生$α_c$在冷却过程中不断析出$β_{II}$,到室温后转变为$α_f$和$β_{II}$。按照杠杆定律,可求出$α_f$、$β_{II}$相对于$α_f+β_{II}$的质量分数(注意支点在 c_1 点),再乘以初生$α_c$在合金中的质量分数,求得$α_f$、$β_{II}$的质量分数。

　　合金Ⅲ在室温下的三种组织组成物的质量分数为:

$$w(α)=\frac{c_1g}{fg} \cdot \frac{hd}{cd}×100\%$$

$$w(β_{II})=\frac{fc_1}{fg} \cdot \frac{hd}{cd}×100\%$$

$$w(α+β)=\frac{hc}{cd}×100\%$$

　　成分在 cd 之间的所有亚共晶合金的结晶过程与合金Ⅲ相同,仅组织组成物和组成相的质量分数不同,从成分越靠近共晶点,合金中共晶体的含量越多。位于共晶点右边,成分在 de 之间的合金为过共晶合金(如图 3-5 中的合金Ⅳ)。它们的结晶过程与亚共晶合金相似,也包括匀晶反应、共晶反应和二次结晶等三个转变阶段;不同之处是初生相为 β 固溶体,二次结晶产物为

图 3-11　过共晶合金组织

$β+α_{II}$。所以室温组织为$β+α_{II}+(α+β)$(见图 3-11)。

由于各种成分的合金冷却时所经历的结晶过程不同,组织中所得到的组织组成物及其数量是不相同的。这是决定合金性能最本质的方面。

3. 过包晶反应的合金的结晶

两组元在液态无限互溶,在固态有限互溶,冷却时发生包晶反应的合金系,称为包晶系并构成包晶相图。例如 Ag-Pt 合金相图、Sn-Ag 合金相图、Sb-Sn 合金相图等。现以 Ag-Pt 合金相图(图 3-12)为例,对包晶相图及其合金的结晶过程进行分析。

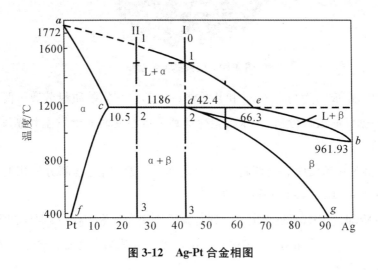

图 3-12 Ag-Pt 合金相图

(1)相图分析

相图中存在三种相:Pt 与 Ag 形成的 L 相;Ag 溶于 Pt 中的有限固溶体 α 相;Pt 溶于 Ag 中的有限固溶体 β 相,e 点为包晶点,e 点成分的合金冷却到 e 点所对应的温度(包晶温度)时发生以下反应:$L_d + \alpha_c \xrightarrow{\text{恒温}} \beta_e$。

这种由一种液相与一种固相在恒温下相互作用而转变为另一种固相的反应叫作包晶反应。发生包晶反应时三相共存,它们的成分确定,反应在恒温下平衡地进行。水平线 cde 为包晶反应线,cf 为 Ag 在 α 中的溶解度线,eg 为 Pt 在 β 中的溶解度线。

(2)典型合金的结晶过程

合金 I 的结晶过程如图 3-13 所示。液态合金冷却到 1 点温度以下时结晶出 α 固溶体,L 相成分沿 ad 线变化,α 相成分沿 ac 线变化。合金钢冷却到 2 点温度而尚未发生包晶反应前,由 d 点成分的 L 相与 c 点成分的 α 相组成。此两相在 e 点温度时发生包晶反应,β 相包围 α 而形成。反应结束后,L 相与 α 相正好全部反应耗尽,形成 e 点成分的 β 固溶体。温度继续下降时,从 β 中析出 α_{II}。最后室温组织为 $\alpha_{II} + \beta$。其组成相和组织组成物的成分和相对质量可根据杠杆定律来确定。

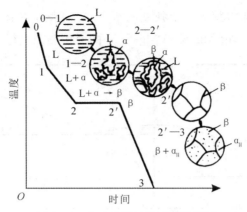

图 3-13　合金 I 的结晶过程示意图

4. 共析反应的合金的结晶

图 3-14 的下半部分为共析相图,其形状与共晶相图类似。d 点成分(共析成分)的合金从液相经过匀晶反应生成 γ 相后,继续冷却到 d 点温度(共析温度)时,在此恒温下发生共析反应,同时析出 c 点成分的 α 相和 e 点成分的 β 相:

$$\gamma_d \xrightleftharpoons{\text{恒温}} \alpha_c + \beta_e$$

由一种固相转变成完全不同的两种相互关联的固相,此两相混合物称为共析体。共析相图中各种成分合金的结晶过程的分析与共晶相图相似,但因共析反应是在固态下进行的,所以共析产物比共晶产物要细密得多。

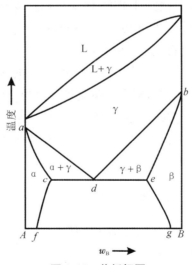

图 3-14　共析相图

5. 含有稳定化合物的合金的相图

在有些二元合金系中,组元间可能形成稳定化合物。稳定化合物具有一定的化学成分、固定的熔点,且熔化前不分解,也不发生其他化学反应。例如 Mg-Si 合金,就能形成稳定化合物 Mg_2Si。图 3-15 为 Mg-Si 合金相图,属于含有稳定化合物的相图。在分析这类相图时,可把稳定化合物看成一个独立的组元,并将整个相图分割成几个简单相图。因此,Mg-Si 相图可分为 Mg-Mg$_2$Si 和 Mg$_2$Si-Si 两个相图来进行分析。

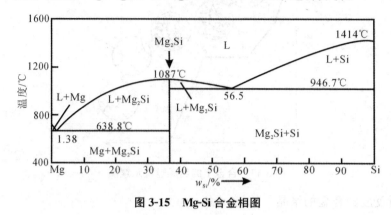

图 3-15　Mg-Si 合金相图

3.2　相图与金属性能之间的关系

合金性能取决于合金的成分和组织,而合金的成分与组织的关系可在相图中体现,可见,相图与合金性能之间存在着一定的关系。可利用相图大致判断出不同合金的性能。

3.2.1　相图与合金物理性能的关系

组织为两相机械混合物的合金,其强度、硬度与合金成分呈直线关系,是两相性能的算术平均值,如图 3-16(a)所示。由于共晶合金和共析合金的组织较细,因此其强度和硬度在共晶或共析成分附近偏离直线,出现奇点。

组织为固溶体的合金,随溶质元素含量的增加,合金的强度和硬度也相应增大,产生固溶强化。如果是无限互溶的合金,则在溶质质量分数为 50% 附近时,强度和硬度最高,强度和硬度与合金成分之间呈曲线关系,如图 3-16(b)所示。

形成稳定化合物的合金,其强度、硬度与成分关系的曲线在化合物成分处出现拐点,如图 3-16(c)所示。各种合金电导率的变化与力学性能的变化正好相反。

3.2.2　相图与工艺性能的关系

所谓工艺性能是铸造工艺性、焊接工艺性、压力加工工艺性以及热处理工艺性的通称。这些性能也与相图有着密切的关系,如根据相图可以判断合金的铸造性能,如图 1-17 所示。共晶合金的结晶温度低、流动性好、缩孔少、偏析倾向小,因而铸造性能最好,铸造合金多选用共晶合金(如铸铝和铸铁)。固溶体合金液、固相线的间隔越大,偏析倾向就越大,结晶时树枝晶就越发达,从而造成流动性下降、补缩能力下降、分散缩孔增加,因而铸造性能较差。

固溶体合金的压力加工性能好,因为固溶体强度低、塑性好、变形均匀。而两相混合物合金由于两相的强度不同,因此变形不均匀,变形量大时两相界面处易开裂。

　　相图也是制定热处理工艺的依据,热处理方式的选择、热处理参数的制定等都离不开相图。

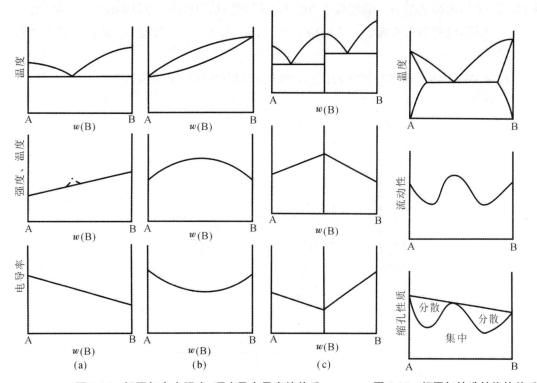

图 3-16　相图与合金强度、硬度及电导率的关系　　图 3-17　相图与铸造性能的关系

3.3　铁碳合金的结晶

3.3.1　铁碳相图

　　铁碳合金是碳素钢和铸铁的统称,是工业中应用最广的合金。铁碳相图是研究铁碳合金最基本的工具,是研究碳素钢和铸铁的成分、温度、组织及性能之间关系的理论基础,是制定热加工、热处理、冶炼和铸造等工艺的依据。

　　铁碳合金由过渡族金属元素铁与非金属元素碳组成,因碳原子半径小,它与铁组成合金时,能溶入铁的晶格间隙中,与铁形成有限溶解的间隙固溶体。当碳原子的溶入量超过铁的固溶度后,碳与铁将形成一系列稳定化合物,如 Fe_3C、Fe_2C、FeC 等,它们都可以作为纯组元看待。由实际使用发现,$w(C)>5\%$ 的铁碳合金脆性很大,使用价值很小,因此我们所讨论的铁碳合金相图实际上是 $Fe-Fe_3C$ 相图,是 $Fe-C$ 相图的一部分。$Fe-Fe_3C$ 相图是反映 $w(C)=0\sim6.69\%$ 的铁碳合金在缓慢冷却条件下,温度、成分和组织的转变规律图。

1. 铁碳合金的基本相

纯铁具有同素异构转变,它的冷却曲线如图 3-18 所示,可见在不同温度范围内固态纯铁具有不同的晶格类型。温度低于 912 ℃,纯铁为具有体心立方结构的 α-Fe;在 912～1394 ℃之间,纯铁为具有面心立方结构的 γ-Fe;在 1394～1538 ℃之间,纯铁为具有体心立方结构的 δ-Fe。

冷却曲线上的三条水平线分别代表纯铁的液固转变和同素异构转变:

1538 ℃	L ⟶ δ-Fe
1394 ℃	δ-Fe ⟶ γ-Fe
912 ℃	γ-Fe ⟶ α-Fe

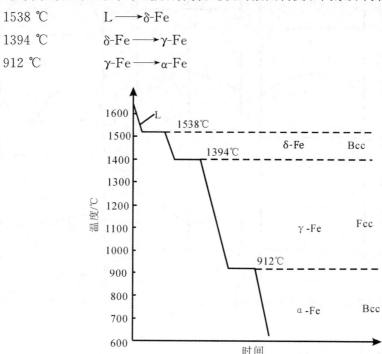

图 3-18 纯铁的同素异构转变

由于纯铁的强度、硬度较低,所以很少直接用作结构材料,通常加入碳和合金元素后成为应用最为广泛的结构材料。但纯铁具有高的磁导率,因此它主要用来制作各种仪器仪表的铁心。

自然界中碳以石墨和金刚石两种形态存在。铁碳合金中的碳有三种存在形式,一是进入不同晶体类型的铁晶格间隙中形成固溶体,二是和铁形成 Fe_3C,三是以石墨单质的形式存在于铸铁中。在通常使用的铁碳合金中,铁与碳主要形成 5 个基本相,如图 3-19 铁碳相图所示。

液相 用 L 表示,铁和碳在液态能无限互溶形成均匀的液溶体。

δ 相 它是碳与 δ-Fe 形成的间隙固溶体,具有体心立方结构,称为高温铁素体,常用 δ 表示。体心立方的晶格间隙小,最大溶碳量在 1495 ℃为 $w(C)=0.09\%$,对应于相图中的 H 点。

γ 相 它是碳与 γ-Fe 形成的间隙固溶体,具有面心立方结构,称为奥氏体,常用 γ 或

A 表示。面心立方的晶格间隙较大,最大溶碳量在 1148 ℃ 为 $w(C)=2.11\%$,对应于相图中的 E 点。奥氏体的强度、硬度较低,塑性、韧性较高,是塑性相,具有顺磁性。

α 相　它是碳与 α-Fe 形成的间隙固溶体,具有体心立方结构,称为铁素体,常用 α 或 F 表示。体心立方的晶格间隙很小,最大溶碳量在 727 ℃ 为 $w(C)=0.0218\%$,对应于相图中的 P 点。铁素体的性能与纯铁相差无几(强度、硬度低,塑性、韧性高),它的居里点(磁性转变温度)是 770 ℃。

中间相(Fe_3C)　它是铁与碳形成的间隙化合物,$w(C)=6.69\%$,称为渗碳体。渗碳体是稳定化合物,它的熔点为 1227 ℃(计算值),对应于相图中的 D 点。渗碳体的硬度很高,维氏硬度为 950~1050 YHV,但是塑性很低($\delta\approx0$),是硬脆相,在钢和铸铁中一般呈片状、网状、条状和球状。它的尺寸、形态和分布对钢的性能影响很大,是铁碳合金的重要强化相。渗碳体是介稳相,在一定条件下将发生分解,生成纯铁和石墨,该分解反应对铸铁有着重要意义。

Fe_3C 可发生磁性转变,在 230 ℃ 以上为顺磁性,在 230 ℃ 以下为铁磁性,该温度称为 Fe_3C 的磁性转变温度或居里点,常用 A_0 表示。

2. 铁碳相图分析

由如图 3-19 所示的铁碳相图可以看出,Fe-Fe_3C 相图由 3 个基本相图即包晶相图、共晶相图和共析相图组成。相图中有 5 个基本相:液相 L、高温铁素体 δ、铁素体 α、奥氏体 γ 和渗碳体。这 5 个基本相构成 5 个单相区,并由此形成 7 个两相区。

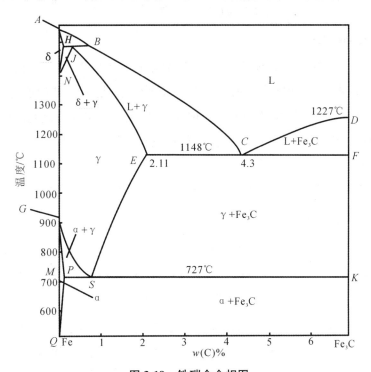

图 3-19　铁碳合金相图

相图中的特征点见表 3-1。

表 3-1　Fe-Fe₃C 相图中各点的温度、碳质量分数及含义

符号	温度 $T/℃$	$w(C)/\%$（质量分数）	含义
A	1538	0	纯铁的熔点
B	1495	0.53	包晶转变时液态合金的成分
C	1148	4.30	共晶点 $L_C \Longleftrightarrow A_E + Fe_3C$
D	1227	6.69	Fe_3C 的熔点
E	1148	2.11	碳在 γ-Fe 中的最大溶解度
F	1148	6.69	Fe_3C 的成分
G	912	0	γ-Fe $\Longleftrightarrow$ α-Fe 同素异构转变点(A_3)
H	1495	0.09	碳在 δ-Fe 中的最大溶解度
J	1495	0.17	包晶点 $L_B + \delta_H \Longleftrightarrow A_J$
K	727	6.69	Fe_3C 的成分
N	1394	0	δ-Fe $\Longleftrightarrow$ γ-Fe 同素异构转变点(A_4)
P	727	0.218	碳在 α-Fe 中的最大溶解度
S	727	0.77	共析点(A_1)$A_S \Longleftrightarrow F_F + Fe_3C$
Q	600	0.0057	600 ℃时碳在 α-Fe 中的溶解度
	（室温）	(0.0008)	

3. 相图中的特征线

匀晶转变线——液相析出单相的过程,开始温度为液相线,终止温度为固相线。图中 $ABCD$ 为液相线,其上全部为液相。$AHJECF$ 为固相线,表示液相消失。

异晶转变线——一种固相转变为另一种固相,发生晶格重构的过程。如 HN、JN 为 $\delta \to \gamma$ 转变开始线与终止线;GS、GP 为 $\gamma \to \alpha$ 转变的开始线和终止线。

三条水平线

①包晶转变线 HJB。$w(C)$ 在 $0.09\% \sim 0.53\%$ 之间的铁碳合金,在 1495 ℃发生包晶转变:

$$L_{0.53} + \delta_{0.09} \xrightarrow{1495\ ℃} \gamma_{0.17}$$

②共晶转变线 ECF。$w(C)$ 在 $2.11\% \sim 6.69\%$ 之间的合金,在 1148 ℃发生共晶反应:

$$L_{4.3} \xrightarrow{1148\ ℃} (\gamma_{2.11} + Fe_3C)$$

共晶反应产生的奥氏体与渗碳体的共晶组织称为莱氏体(Ld),$w(C)=4.3\%$ 的合金会得到 100% 的莱氏体;$w(C)=2.11\% \sim 4.3\%$ 的合金在共晶转变前先发生 $L \to \gamma$ 的匀晶转变,得到的组织称为亚共晶;$w(C)=4.3\% \sim 6.69\%$ 的合金在共晶转变前先发生 $L \to$

Fe_3C 的匀晶转变,得到的组织为过共晶组织。

③共析转变线 *PSK*。$w(C)=0.0218\%\sim6.69\%$ 之间的铁碳合金,在 727 ℃时会发生共析转变:$\gamma_{0.77} \xrightarrow{727 ℃} (\alpha_{0.0218}+Fe_3C)$ 转变产物为珠光体(P)。在相图上 *PS* 范围内的合金为亚共析钢,*SE* 范围内为过共析钢。

固溶线

①*ES* 线为碳在奥氏体中的固溶线,1148 ℃时 γ 中可溶解 2.11% 的碳。随着温度的下降,固溶度下降,碳会以渗碳体的形式析出,称为二次渗碳体,记为 Fe_3C_{II}。*E* 点既是 *C* 在 γ 中的最大固溶度点,也是钢和铸铁的分界点。

②*PQ* 线是碳在铁素体中的固溶线,727 ℃时 α 中可溶解 0.0218% 的碳,随温度下降析出三次渗碳体,记为 Fe_3C_{III}。*P* 点是钢和工业纯铁的分界点。

3.3.2 典型铁碳合金的平衡结晶过程

工业纯铁[$w(C)\leqslant0.0218\%$]

钢[$0.0218\%<w(C)\leqslant2.11\%$] $\begin{cases} 压共析钢[0.0218\%<w(C)<0.77\%] \\ 共析钢[w(C)=0.77\%] \\ 过共析钢[0.77\%<w(C)\leqslant2.11\%] \end{cases}$

白口铸铁[$2.11\%<w(C)<6.69\%$] $\begin{cases} 亚共晶白口铸铁[2.11\%<w(C)<4.3\%] \\ 共晶白口铸铁[w(C)=4.3\%] \\ 过共晶白口铸铁[4.3\%<w(C)<6.69\%] \end{cases}$

工业纯铁(图 3-20 中的合金 1)的室温平衡组织为铁素体(F),F 呈白色块状[图 3-21(a)]。由于其强度低、硬度低,不宜用作结构材料。

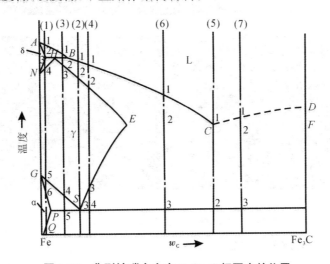

图 3-20 典型铁碳合金在 Fe-Fe₃C 相图中的位置

碳钢的强韧性较好,应用广泛。表 3-2 是几种碳钢的钢号和所含碳的质量分数。

表 3-2 几种碳钢的钢号和碳质量分数

类型	亚共析钢			共析钢	过共析钢	
钢号	20	45	60	T8	T10	T12
碳质量分数 $w(C)/\%$	0.20	0.45	0.60	0.80	1.00	1.20

下面对六种典型碳钢的平衡结晶过程进行分析。

1. 共析钢[$w(C)=0.77\%$]

碳质量分数为 0.77% 的钢叫共析钢,其冷却曲线和平衡结晶过程如图 3-22 所示。

合金冷却时,于 1 点起从 L 中结晶出 A,至 2 点全部结晶完了。在 2—3 点间 A 冷却不变。至 3 点时,A 发生共析反应生成 P。从 3′继续冷却至 4 点,P 皆不发生转变。因此共析钢的室温平衡组织全部为 P。P 呈层片状[图 3-21(c)]。共析钢的室温组织组成物全部是 P,而组成相为 F 和 Fe_3C,它们的质量分数为:

$$F(\%)=\frac{6.69-0.77}{6.69}\times100\%=88\%$$

$$Fe_3C(\%)=1-88\%=12\%$$

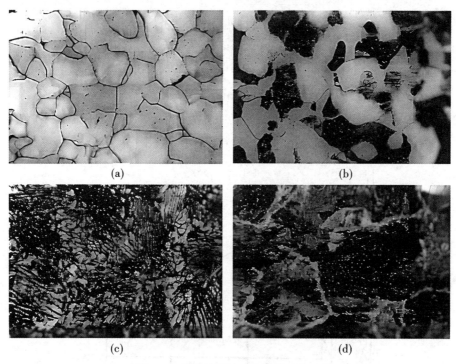

(a)

(b)

(c)

(d)

图 3-21 几种典型铁碳合金的室温平衡组织

2. 亚共析钢[$0.0218\%<w(C)<0.77\%$]

以 $w(C)$ 为 0.4% 的铁碳合金为例,其冷却曲线和平衡结晶过程如图 3-23 所示。

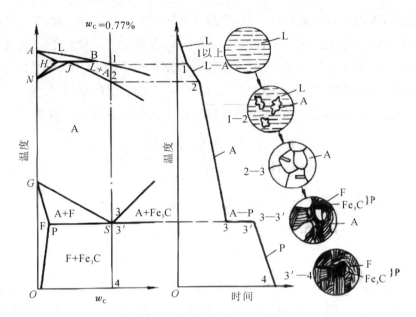

图 3-22 共析钢结晶过程示意图

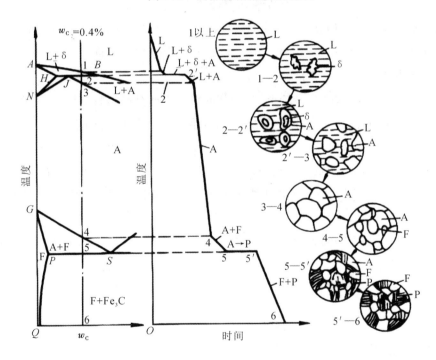

图 3-23 亚共析钢结晶过程示意图

合金冷却时,从 1 点起自 L 中结晶出 δ,至 2 点时,L 的 $w(C)$ 变为 0.53%,δ 的 $w(C)$ 变为 0.09%,发生包晶反应生成 $A_{0.17}$。反应结束后尚有多余的 L。2′ 点以下,自 L 中不断结晶出 A,至 3 点合金全部转变为 A。在 3—4 点间 A 冷却不变,从 4 点起,冷却时由 A 中析出 F,F 在 A 晶界处优先生核并长大,而 A 和 F 的成分分别沿 GS 和 GP 线变化。

至 5 点时,A 的 $w(C)$ 变为 0.77%,F 的 $w(C)$ 变为 0.0218%。此时 A 发生共析反应,转变为 P,而 F 不变化。从 $5'$ 点继续冷却至 6 点,合金组织不发生变化,因此室温平衡组织为 F+P。F 呈白色块状;P 呈层片状,放大倍数不高时呈黑色块状[图 3-21(b)]。碳质量分数大于 0.6% 的亚共析钢,室温平衡组织中的 F 常呈白色网状,包围在 P 周围。

$w(C)=0.4\%$ 的亚共析钢的组织组成物为 F 和 P,它们的质量分数为

$$w(P) = \frac{0.4-0.02}{0.77-0.02} \times 100\% = 51\%$$

$$w(F) = 1-51\% = 49\%$$

此种钢的组成相为 F 和 Fe_3C,它们的质量分数为

$$w(F) = \frac{6.69-0.4}{6.69} \times 100\% = 94\%$$

$$w(Fe_3C) = 1-94\% = 6\%$$

亚共析钢的碳含量可由其室温平衡组织来估算。若将 F 中的碳质量分数忽略不计,则钢中的碳质量分数全部在 P 中,因此由钢中 P 的质量分数可求出钢中碳的质量分数:

$$w(C) = w(P) \times 0.77\%$$

式中:$w(C)$ 表示钢中 C 的质量分数,$w(P)$ 表示钢中 P 的质量分数。由于 P 和 F 的密度相近,钢中 P 和 F 的质量分数可以近似用 P 和 F 的面积分数来估算。

3. 过共析钢[$0.77\% < w(C) < 2.11\%$]

以 $w(C)$ 为 1.2% 的铁碳合金为例,其冷却曲线和平衡结晶过程如图 3-24 所示。

合金冷却时,从 1 点温度起自 L 中结晶出 A,至 2 点全部结晶完成。在 2—3 点间 A 冷却不变,从 3 点起,由 A 中析出 Fe_3C_{II},并呈网状分布在 A 晶界上。至 4 点时 A 的碳质量分数降为 0.77%,4—$4'$ 发生共析反应 A 转变为 P,而 Fe_3C_{II} 不变化。在 $4'$—5 点冷却时组织不发生转变。因此室温平衡组织为 Fe_3C_{II}+P。在显微镜下,Fe_3C_{II} 呈网状分布在层片状 P 周围[图 3-21(d)]。

含 $1.2\%C$ 的过共析钢的组成相为 F 和 Fe_3C,组织组成物为 Fe_3C_{II} 和 P,它们的质量分数为

$$w(Fe_3C_{II}) = \frac{1.2-0.77}{6.69-0.77} \times 100\% = 7\%$$

$$w(P) = 1-7\% = 93\%$$

4. 共晶白口铸铁[$w(C)=4.3\%$]

合金在 1 点温度发生共晶反应(图 3-25),由 L 转变为高温莱氏体 Le,即(A+Fe_3C)。$1'$—2 点间,Le 中的 A 不断析出 Fe_3C_{II}。Fe_3C_{II} 与共晶 Fe_3C 相连,在显微镜下无法分解,但此时的莱氏体由 A+Fe_3C_{II}+Fe_3C 组成。由于 Fe_3C_{II} 的析出,至 2 点时 A 的碳质量分数降为 0.77%,并发生共析反应转变为 P;高温莱氏体 Le 转变成低温莱氏体 Le'(P+Fe_3C_{II}+Fe_3C)。从 $2'$ 至 3 点组织不变化。所以室温平衡组织仍为 Le',由黑色

条状或粒状 P 和白色 Fe_3C 基体组成(图 3-26)。

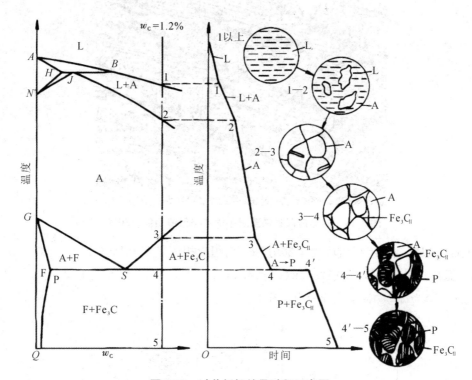

图 3-24　过共析钢结晶过程示意图

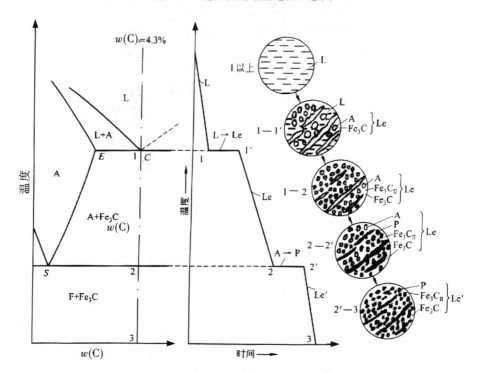

图 3-25　共晶白口铸铁结晶过程示意图

图 3-26　共晶白口铸铁室温平衡状态显微组织(130×)

共晶白口铸铁的组织组成物全部为 Le′,而组成相还是 F 和 Fe₃C。

5. 亚共晶白口铸铁[2.11%＜$w(C)$＜4.3%]

以 $w(C)$ 为 3% 的铁碳合金为例(图 3-27)。

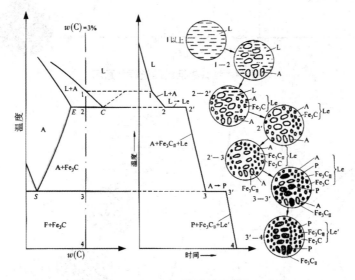

图 3-27　亚共晶白口铸铁结晶过程示意图

合金自 1 点温度起,从 L 中结晶出初生 A,至 2 点时 L 的碳质量分数变为 4.3%,A 的碳质量分数变为 2.11%,L 发生共晶反应转变为 Le,而 A 不参与反应,在 2′—3 点继续冷却时,初生 A 不断在其晶界上析出 Fe₃C$_{II}$,同时 Le 中的 A 也析出 Fe₃C$_{II}$。至 3 点温度时,所有 A 的碳质量分数均变为 0.77%,初生 A 发生共析反应转变为 P;高温莱氏体 Le 也转变为低温莱氏体 Le′。在 3′ 点以下到 4 点,冷却不引起转变。因此室温平衡组织为 P+Fe₃C$_{II}$+Le′。网状 Fe₃C$_{II}$ 分布在粗大块状 P 的周围,Le′ 则由条状或粒状 P 和 Fe₃C 基体组成(图 3-28)。

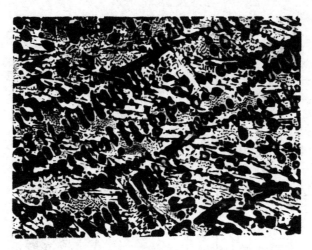

图 3-28　亚共晶白口铸铁室温平衡状态显微组织(130×)

亚共晶白口铸铁的组成相为 F 和 Fe_3C；组织组成物为 P、Fe_3C_{II} 和 Le'。组织组成物的质量分数可以二次利用杠杆定律求出。

先求在 $2'$ 温度共晶反应结束后初生 $A_{2.11}$ 和高温莱氏体(Le)的质量分数 $w(A)$、$w(Le)$：

$$w(A) = \frac{4.3-3}{4.3-2.21} \times 100\% = 59\%$$

$$w(Le) = 1-59\% = 41\%$$

在 $2'$ 温度以下的冷却过程中，高温 Le 全部转变为低温莱氏体(Le')，所以 Le' 的质量分数也是 41%。

再求 3 点温度时(共析反应前)由初生 $A_{2.11}$ 析出的 Fe_3C_{II} 和转变来的 $A_{0.77}$ 的质量分数 $w(Fe_3C_{II})$ 和 $w(A_{0.77})$：

$$w(Fe_3C_{II}) = \frac{2.11-0.77}{6.69-0.77} \times 59\% = 13\%$$

$$w(A_{0.77}) = \frac{6.69-2.11}{6.69-0.77} \times 59\% = 46\%$$

在 $3'$ 点共析反应完成之后，$A_{0.77}$ 转变为 P。所以 P 的质量分数是 46%。Fe_3C_{II} 没有变化，其质量分数为 13%。

6. 过共晶白口铸铁[4.3%＜$w(C)$＜6.69%]

过共晶白口铸铁冷却时先从 L 中结晶出 Fe_3C_I。冷却到共晶温度时剩余的 L 发生共晶反应，转变为 Le，到共析温度时 Le 转变为 Le'。所以过共晶白口铸铁的室温平衡组织为 Fe_3C_I+Le'。Fe_3C_I 呈长条状。

根据以上对铁碳合金结晶过程的分析可将组织标注在铁碳相图中，如图 3-30 所示。

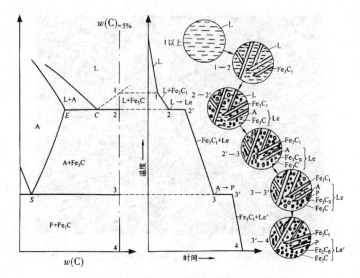

图 3-29　过共晶白口铸铁结晶过程示意图

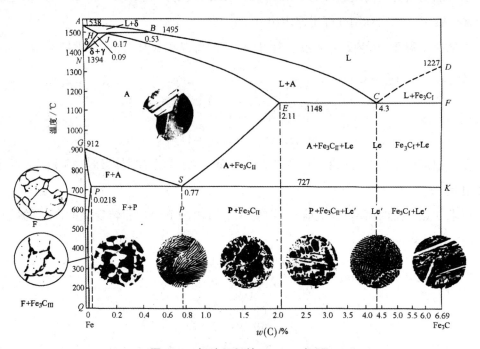

图 3-30　标注组织的 Fe-Fe₃C 相图

3.3.3　铁碳合金的成分—组织—性能关系

按照铁碳相图,铁碳合金在室温下的组织皆由 F 和 Fe₃C 两相组成,两相的质量分数由杠杆定律确定。随碳质量分数的增加,F 的量逐渐变少,由 100% 按直线关系变至 0%[$w(C)=6.69\%$时];Fe₃C 的量则逐渐增多,相应地由 0% 按直线关系变至 100%[图 3-31(c)]。

　　根据分析结果,由图 3-30 可知,在室温下,碳质量分数不同时,不仅 F 和Fe₃C 的质量分数变化,而且两相相互组合的形态即合金的组织也在变化。随碳质量分数增大,组织按下列顺序变化:F、F+P、P、P+Fe₃C$_{II}$ 、P+Fe₃C$_{II}$ +Le′、Le′、Le′+Fe₃C$_{I}$ 、Fe₃C。

　　各个区间的组织组成物的质量分数用杠杆定律求出,其数量关系如图 3-31(b)中相应垂直高度所示。$w(C)$小于 0.0218% 的合金的组织全部为 F;$w(C)$ 为 0.77% 时全部为 P;$w(C)$=4.3% 时全部为 Le′;$w(C)$ 为 6.69% 时全部为Fe₃C。在上述碳质量分数之间,则为相应组织组成物的混合物。

　　相图的形状与合金的性能之间存在一定的对应关系。铁碳合金的性能与成分的关系如图 3-31(d)所示。

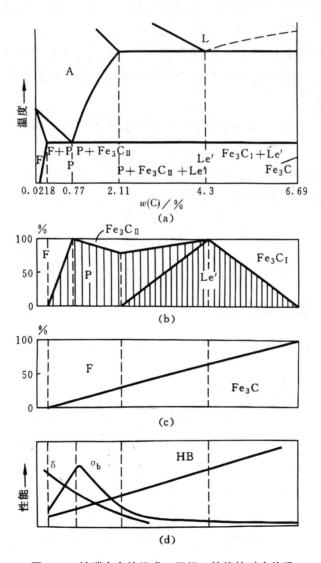

图 3-31　铁碳合金的组成—组织—性能的对应关系

硬度主要取决于组织中组成相或组织组成物的硬度和相对数量,而受它们的形态的影响相对较小,随碳质量分数的增加,由于硬度高的Fe_3C增多,硬度低的F减少,所以合金的硬度呈直线增大,由全部为F的硬度约80 HB增大到全部为Fe_3C时的约800 HB。

强度是一个对组织形态很敏感的性能。随碳质量分数的增加,亚共析钢中P增多而F减少。P的强度比较高,其大小与细密程度有关。组织越细密,则强度值越高。F的强度较低。所以亚共析钢的强度随碳质量分数的增大而增高。但当碳质量分数超过共析成分之后,由于强度很低的Fe_3C_{II}沿晶界出现,合金强度的增高变慢,到$w(C)$约0.9%时,Fe_3C_{II}沿晶界形成完整的网,强度迅速降低,随着碳质量分数的进一步增加,强度不断下降,到$w(C)$为2.11%,合金中出现Le'时,强度已降到很低的值。再增加碳质量分数时,由于合金基体都为脆性很高的Fe_3C,强度变化不大且值很低,趋于Fe_3C的强度(20~30 MPa)。

铁碳合金中Fe_3C是极脆的相,没有塑性。合金的塑性变形全部由F提供。所以随碳质量分数的增大,F量不断减少时,合金的塑性连续下降。到合金成为白口铸铁时,塑性就降到近于零了。

对于应用最广的结构材料亚共析钢,合金的硬度、强度和塑性可根据成分或组织作如下的估算:

硬度$\approx 80 \times w(F) + 180 \times w(P)$(HB)或硬度$\approx 80 \times w(F) + 800 \times w(Fe_3C)$(HB);

强度$(\sigma_b) \approx 230 \times w(F) + 770 \times w(P)$(MPa);

断后伸长率$(\delta) \approx 50 \times w(F) + 20 \times w(P)$(%)。

式中的数字相应为F、P或Fe_3C的大致硬度、强度和伸长率;符号$w(F)$、$w(P)$、$w(Fe_3C)$分别表示组织中F、P或Fe_3C的质量分数。

3.3.4 铁碳相图的工程应用

$Fe-Fe_3C$相图在生产中具有巨大的实际意义,主要应用在钢铁材料的选用和加工工艺的制定两个方面。

1. 在钢铁材料选用方面的应用

$Fe-Fe_3C$相图所表明的成分组织性能的规律,为钢铁材料的选用提供了根据。建筑结构和各种型钢需用塑性、韧性好的材料,因此选用碳质量分数较低的钢材。各种机械零件需要强度和耐磨性好的塑性及韧性都较好的材料,应选用碳质量分数适中的中碳钢。各种工具要用硬度高材料,则选碳质量分数高的钢种。纯铁的强度低,不宜用作结构材料,但由于其磁导率高,矫顽力低,可作软磁材料使用,例如作电磁铁的铁芯等。白口铸铁硬度高、脆性大,不能切削加工,也不能锻造,但其耐磨性好,铸造性能优良,适用于作要求耐磨、不受冲击、形状复杂的铸件,例如拔丝模、冷轧辊、货车轮、铧犁、球磨机的磨球等。

2. 在铸造工艺方面的应用

根据 Fe-Fe₃C 相图可以确定合金的浇铸温度。浇铸温度一般在液相线以上 50～100 ℃。从相图上可看出,纯铁和共晶白口铸铁的铸造性能最好,它们的凝固温度区间最小,因而流动性好,分散缩孔少,可以获得致密的铸件,所以铸铁在生产上总是选在共晶成分附近。在铸钢生产中,碳质量分数规定在 0.15%～0.6% 之间,因为这个范围内钢的结晶温度区间较小,铸造性能较好。

3. 在热锻、热轧工艺方面的应用

钢处于奥氏体状态时强度较低,塑性较好,因此锻造或轧制选在单相奥氏体区内进行。一般始锻、始轧温度控制在固相线以下 100～200 ℃ 范围内,温度高时,钢的变形抗力小,节约能源,设备要求的吨位低,但温度不能过高,防止钢材严重烧损或发生晶界熔化(过烧)。终锻、终轧温度不能过低,以免钢材因塑性差而发生锻裂或轧裂。亚共析钢热加工终止温度多控制在 GS 线以上一点,避免变形时出现大量铁素体,形成带状组织而使韧性降低。过共析钢变形终止温度应控制在 PSK 线以上一点,以便把呈网状析出的二次渗碳体打碎。终止温度不能太高,否则再结晶后奥氏体晶粒粗大,使热加工后的组织也粗大。一般始锻温度为 1150～1250 ℃,终锻温度为 750～850 ℃。

4. 在热处理工艺方面的应用

Fe-Fe₃C 相图对于制定热处理工艺有着特别重要的意义。一些热处理工艺如退火、正火、淬火的加热温度都是依据 Fe-Fe₃C 相图确定。

在运用 Fe-Fe₃C 相图时应注意以下两点:

①Fe-Fe₃C 相图只反映铁碳二元合金中相的平衡状态,如含有其他元素,相图将发生变化。

②Fe-Fe₃C 相图反映的是平衡条件下铁碳合金中相的状态,若冷却或加热速度较快时,其组织转变就不能只用相图来分析了。

思考与习题

1. 合金强化的主要机制有哪些?

2. 当对金属液体进行变质处理时,变质剂的作用是什么?

3. 试述结晶过程的一般规律,研究这些规律有何价值和实际意义?

4. 典型铸锭结构的三个结晶区分别是什么?

第4章 金属功能材料

　　金属材料是国民经济建设中重要的基础材料,科学技术的发展对金属材料提出了更高的要求,因此除了传统金属材料的发展外,新型金属材料也在不断地涌现。如各种金属功能材料、金属基复合材料、金属间化合物结构材料、金属类生态环境材料等。这里仅简单介绍金属功能材料、金属基复合材料和金属间化合物结构材料。

　　功能材料往往在能量与信息的显示、转换、传输、存储等方面具有独特功能,这些特殊功能是以它们所具有的优良的电学、磁学、光学、热学、声学等物理性能为基础的。功能材料对现代科学技术的进步和社会的发展起着巨大的作用。金属功能材料与无机非金属功能材料、有机功能材料一样具有多方面突出的物理性能,主要表现在导电性、磁性、导热性、热膨胀特性、弹性及一些特殊的性能,如马氏体相变引发的形状记忆特性、某些合金对氢具有超常吸收能力的特性等。它们在功能材料中占有重要地位,在工程实际中应用日益广泛。金属功能材料主要有金属磁性材料、金属催化材料、机敏金属材料、金属电子材料等。本章简单介绍磁性合金、电热合金、形状记忆合金、热膨胀与减振合金。

4.1　磁性合金特点及分类

　　磁性材料是指利用其较强的磁性在一定空间中建立磁场或改变磁场分布状态的一类功能材料。磁性材料有金属磁性材料和铁氧体陶瓷材料两类,金属磁性材料以合金为主,一般称为磁性合金。早期的磁性合金主要是软铁、硅钢片、铁氧体等。20世纪60年代以后,随着材料科学与技术的发展,出现了大量的高性能新型磁性材料,如非晶态软磁材料、纳米晶软磁材料、稀土永磁材料等,并广泛应用于电力、电子、电机、仪表、电子计算机、通信等领域,在工业生产与日常生活中起着举足轻重的作用。

　　磁性材料通常是根据矫顽力的大小进行分类,分为软磁材料(矫顽力 H_c 低于 10^2 A/m)、硬磁材料(H_c 高于 10^4 A/m)和半硬磁材料(H_c 介于 $10^2 \sim 10^4$ A/m 之间)。对软磁材料和硬磁材料的共同要求是有高的饱和磁感应强度和高的磁导率。此外,软磁材料应有小的磁滞损失和小的矫顽力。其磁滞回线所围的面积应该小,在交变磁场下还应有小的涡流损失,以达到最低的铁损。而用作永久磁铁的硬磁材料需要有较高的矫顽力和剩余磁感应强度,使它既难以磁化,又难以退磁,所以其磁滞回线所围的面积应该大。半硬磁材料的性能介于硬磁材料与软磁材料之间,材料既具有较高的剩磁(>0.9T,1 T$=$$1$ Wb/m^2,1 Wb$=1$ V$\cdot$s),又易于改变磁化方向,矫顽力在 $0.8 \sim 2.4$ kA/m 之间,此类材料主要用于磁滞电动机、继电器和磁离合器等。下面只介绍常用的软磁合金和硬磁合金。

4.1.1　软磁合金

软磁合金主要用于发电机、电动机、变压器、电磁铁、各类继电器与电感、电抗器的铁芯,以及通信、传感、记录仪器中的磁记录介质、磁芯等。软磁合金只有在外磁场作用下才显示出磁性,去掉外磁场就失去磁性。一般对软磁合金材料要求如下:有高的初始磁导率,在较小磁场作用下就能引起最大磁感,用于减小装置的重量和尺寸;还要求有低的矫顽力和高的磁感应强度(小的磁滞回线面积),使材料在交变磁场内使用时能量损耗小;有高的饱和磁感应强度 B_s,B_s 愈高说明材料所能发挥的磁力愈大。软磁合金种类很多,有工业纯铁、Fe-Si 合金、Fe-Co 合金、Fe-Ni 合金、Fe-Al 合金、Fe-Al-Si 合金等,工业纯铁在此不作介绍。

1. Fe-Si 软磁合金

Fe-Si 软磁合金又称硅钢,是用量最大的软磁材料,主要用于制造工频交流电磁场中强磁场条件下的电动机、发电机、变压器及其他电器,以及中、弱磁场和较高频率(达 10 kHz)条件下的音频变压器、高频变压器、电视机与雷达中的大功率变压器、大功率磁变压器,以及各种继电器、电感线圈、脉冲变压器、电磁式仪表等;电工硅钢片主要包括热轧硅钢片、冷轧无取向硅钢片、冷轧单取向硅钢片、电信用冷轧单取向硅钢片等几大类。我国牌号中分别用 DR、DW、DQ、DG 表示。供应态 Fe-Si 合金一般为薄板或薄带。板带厚度一般为 1 mm 以下,冷轧带材的厚度可低至 $0.02 \sim 0.05$ mm。

Fe-Si 合金为硅以置换方式固溶于基体铁中,低硅区的 Fe-Si 二元相图见图 4-1。常温下 Si 在 Fe 中的固溶量为 15%(质量分数,下同)。Si 可提高材料的最大磁导率,增大电阻率,还可显著改善磁性时效。但 Si 过多时,使材料变脆,加工性能变坏,饱和磁化强度减小。因此,工业应用的电工硅钢片中 Si 的含量一般控制在 $0.5\% \sim 4.8\%$。一般热轧硅钢中 Si$\leqslant 5\%$;冷轧硅钢的 Si 不超过 3.5%,否则材料冷轧十分困难。

Fe-Si 软磁合金最重要的性能指标是铁损 P_m。为减小涡流损耗 P_C,一般都将其制成薄板(即硅钢片);使用频率较高时,还要加工成更薄的带材,同时应提高合金的电阻率。为降低磁滞损耗 P_h,要提高最大磁导率,降低矫顽力,并改善合金的磁畴结构。剩余损耗 P_C 的起因是磁性时效,降低该项损耗的方法是去除引发磁性时效的间隙原子,使合金尽量纯净化。合金应具有高饱和磁感 B_s,以减少软磁材料用量,从而降低总的铁损,并可节约其他材料(如线圈铜导线等),减小设备体积,降低设备的成本。

随着生产技术的进步,硅钢的磁性能不断提高,主要依赖于合金元素硅的作用和晶粒取向。Fe-Si 软磁合金生产技术经历了三次重大改进。第一次是硅钢片的加工由热轧向冷轧转变。冷轧产品的 B_s 高,P_m 低,板材表面质量好。第二次是通过二次冷轧获取 Goss 织构的取向硅钢。取向硅钢的铁损明显低于无取向产品,经济效益显著,并迅速得到广泛应用。第三次采用一次冷轧生产取向硅钢,工艺简化,产品的 B_s 也达到更高的水平。一般,硅钢片制成的电磁元件成型之后,应进行在 $800\sim850$ ℃保温 $5\sim15$ min 的去应力退火处理,以消除加工过程中产生的应力,恢复材料磁性。

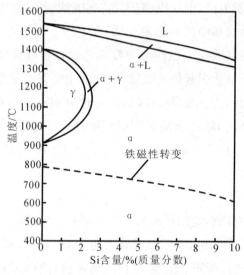

图 4-1 Fe-Si 合金相图

2. Fe-Co 软磁合金

钴使 B_s 明显提高,低于 75%Co 的铁-钴合金的 B_s 均大于纯铁。含 35%Co 的铁-钴合金 B_s 达 2.45 T,是迄今 B_s 最高的磁性材料。在磁场范围很宽的非饱和情况下,含 50%Co 的铁-钴合金具有更高的 B_s 值,国外牌号为 Per-mendur。工业生产中实际应用的铁-钴合金主要有(Fe50Co50)98.7V1.3 和 Fe64Co35Vl(或 Fe64Co35Cr1)。Fe50Co50 合金的国内牌号为 1J22,主要用于对饱和磁感要求很高的场合,其缺点是价格很高。

铁-钴合金的 B_s 高,在较强磁场下具有高的磁导率,适用于小型化、轻型化及较高要求的飞行器及仪器仪表元件的制备,还用于制造电磁铁极头和高级耳膜振动片等。由于铁-钴合金电阻率偏低,因而不适于高频场合,加入少量 V 和 Cr 可显著提高电阻率。

1J22 合金电阻率比二元铁-钴合金高 6 倍,达 $40\times10^{-8}\Omega\cdot m$,$B_s\geqslant2.2$ T,$H_c\leqslant128$ A/m,供应状态为 $0.05\sim1.0$ mm 厚的冷轧带材、$\Phi0.1\sim6.0$ mm 冷拉丝材、热轧材和热锻材等。合金经机加工后进行最终热处理,处理规范包括 $850\sim900$ ℃保温 $3\sim6$ h 和 1100 ℃保温 $3\sim6$ h 两种。由于铁-钴合金易于氧化,导致磁性恶化,热处理须在高真空或纯净氢气中进行。

3. Fe-Al 软磁合金

Fe-Al 软磁合金的铝含量一般不超过 16%。合金为体心立方点阵的单相固溶体。Al 在 10% 以上的固溶体冷却时会发生有序转变，形成 Fe_3Al。随着铝含量的增加，电阻率提高显著，含 16% Al 的合金电阻率高达 150 $\mu\Omega \cdot cm$，所以 Fe-Al 软磁合金适合于交流电磁场中使用。但铝降低合金的饱和磁感及居里温度，使合金具有冷脆性，不利于冷加工成型。Fe-Al 软磁合金依铝含量不同形成一个合金系列，主要有三类。其特点为：Al 含量小于 6% 的 Fe-Al 合金称为低铝合金，其磁性能与无取向含 4% Si 的硅钢相近，耐蚀性良好，可用于交流强磁场中；第二类是含约 12% Al 的导磁合金，其磁晶各向异性常数 K 接近于零，该合金磁导率高，μ_m 达 $25000\mu_0$（μ_0 为磁场常数，$4\pi \times 10^{-7}$），饱和磁感也比较高（1.45 T）；第三类是含 16% 左右 Al 的导磁合金，其磁晶各向异性常数 K 和磁致伸缩系数 A_s 同时接近零，具有高磁导率（μ_m 达 $50000\mu_0$），它是廉价的高导磁合金，但饱和磁感也较低（0.78 T），且不能冷加工，生产工艺较复杂。

4. Fe-Ni 软磁合金

Fe-Ni 合金是含 30%～90% Ni 的二元合金。随 Ni 含量的增加，磁导率增加，饱和磁感应强度下降。当接近 80% Ni 时，Fe-Ni 合金的 K_1 和 A 同时变为零，能获得高的磁导率。目前可大致分为以下几类：高导磁合金（又称坡莫合金）、中导磁中饱和磁感合金、恒导磁合金、矩磁合金、磁温度补偿合金，其中高导磁合金是最主要的一类。近年来，由于铁氧体材料的发展与硅钢特性的改善，该合金的用量逐渐减少。

坡莫合金在弱磁场下具有很高的初始磁导率和最大磁导率，有较高的电阻率，易于加工，可轧制成极薄带。因而适合在交流弱磁场中使用，如电信、仪器仪表中的各种音频变压器、互感器、磁放大器、音频磁头、精密电表中的动片与静片等。高导磁合金含 76%～82% Ni，并都添加合金元素成为三元或多元坡莫合金，以改进二元合金的不足。常用的合金元素包括钼、铜、铬、锰、硅等，代表性的多元坡莫合金有 Fe-Ni-Mo、Fe-Ni-Mo-Cu 等。我国的高镍高导磁合金有六个牌号：1J76、1J77、1J79、1J80、1J85 和 1J86。其基本性能：mm：125～187 $\mu H/m$；H_c：1.4～3.2 A/m；B_s：0.6～0.75 T；ρ：(55～62)$\times 10^{-8}$ $\Omega \cdot m$。

低镍和中镍的铁-镍合金的饱和磁感应强度约为 1 T，介于高磁饱和材料（B_s 约 2 T）和高导磁材料（B_s 为 0.8 T）之间，同时磁导率与矫顽力也介于二者之间。这类材料的电阻率较高，因而适用于较高的频率，主要应用于中、弱磁场范围。属于中镍合金的牌号有 1J46、1J50 和 1J54，Ni 含量分别为 46%、50% 和 54%，供应状态包括冷轧带材、冷拉丝材、冷拔管材、热轧扁材、棒材和锻材。1J46 和 1J50 合金主要用于制作小功率变压器、微电机、继电器、扼流圈和电磁离合器的铁芯，以及磁屏蔽罩、话筒振动膜等。1J54 合金具有高的电阻率与低的矫顽力，因此涡流损耗和磁滞损耗较低，主要用于脉冲变压器、音频和高频通信仪器等。含 36% Ni 的低镍合金电阻率 ρ 介于 1J50 和 1J54 合金之间，合金价格便宜，主要用于在要求高 B_s、对磁导率要求不高的条件下制备高频滤波器、脉冲变压器、灵敏断电器等,其居里温度仅为 230 ℃,因而使用温度低。

坡莫合金的成分位于超结构相 Ni_3Fe 附近,合金在 600 ℃以下的冷却过程中发生明显的有序化转变。为获得最佳磁性能,必须适当控制合金的有序化转变。因此,坡莫合金退火处理时,经 1200~1300 ℃保温 3 h 并缓冷至 600 ℃后必须急冷。钼可明显地提高合金的电阻率 ρ,降低二元坡莫合金软磁性能对热处理工艺的敏感性,从而大大简化了工艺,提高了合金性能的稳定性。铜作用与钼相似,二者常同时加入合金中。FeNi79Mo4 合金是目前广泛使用的高导磁合金,而 FeNi79Mo5 合金的磁导率达到更高水平,被称作超坡莫合金。

高导磁合金的矫顽力很低,一般在 4 A/m 以下。此时,杂质及应力等方面因素的影响也变得非常显著,必须予以充分注意。一般要选用较高纯度的原料;性能要求高的合金需采用真空感应炉;高导磁合金冷轧薄带一般要在高温(1100~1200 ℃,甚至到 1300 ℃)下在氢气氛中进行数小时的退火处理。保温后控制冷速至 300 ℃左右出炉空冷,冷速的控制至关重要。合金磁性能对应力极为敏感,使用时应避免冲击、振动及其他力的作用。

4.1.2 硬磁合金

硬磁合金通常经过一次性磁化后单独使用。它广泛应用于各种仪器仪表中,作为恒定磁场源,要保证它所建立的磁场足够强、稳定性高、受环境温度波动和时间推移等因素的影响小。硬磁合金最重要的性能指标是最大磁能积,它是材料退磁曲线上磁能积 $(B_m \cdot H_m)$ 的最大值。其他主要性能指标有剩磁 B_r、矫顽力 H_c 以及影响磁性能热稳定性的居里点 T_c 等。优良的硬磁合金应具有高的剩磁、矫顽力和最大磁能积。

硬磁材料的发展,始于 19 世纪 80 年代。首先出现含钨、铬的高碳合金钢硬磁合金。随后又研制出了钴钢、铝钢等,其矫顽力稍高。目前这类淬火马氏体型磁钢已极少用作硬磁材料,仅作为半硬磁材料使用。20 世纪 30 年代,人们成功地研制出 Alnico 硬磁合金。Alnico 合金经历制造技术上的重大进步后,其 $(BH)_m$ 已达到 100 kJ/m³ 水平,至今仍是一类重要的实用硬磁合金,主要用于对磁性热稳定性要求高的场合。1983 年,出现了以 Nd-Fe-B 合金为代表的第三代稀土永磁合金。其 $(BH)_m$ 高达 400 kJ/m³,是目前性能最高的硬磁材料。90 年代后,又发现了一种新型的纳米晶硬磁材料。

当前工业应用的永磁材料主要包括五个系列:Al-Ni-Co 系永磁合金、永磁铁氧体、Fe-Cr-Co 系永磁合金、稀土永磁材料和复合黏结永磁材料。其中铁氧体永磁材料属于陶瓷材料,该材料的最大特点是价格很低,至今仍是用量最大的永磁材料。下面介绍常用永磁合金的基本特性。

1. Al-Ni-Co 系永磁合金(Alnico)

Alnico 永磁合金以铁、镍、铝为主要成分,并少量添加钴、铜、钛、铌等合金元素。这类合金称为铸造磁钢,很脆,不能进行任何塑性加工。其特点是居里点高(750 ℃以上)、磁热稳定性好。但其低的矫顽力(48~120 kA/m)使$(BH)_{max}$一般不超过 100 kJ/m³。由于合金含有资源短缺的钴和镍,该合金部分已被永磁铁氧体、Nd-Fe-B 永磁合金所取代。Alnico5 磁钢经磁场热处理,磁感应强度提高到 1.29 T;同时 H_c 还提高了约 10%,而$(BH)_{max}$从 17 kJ/m³ 上升到 40 kJ/m³,升幅达 134%。定向凝固技术也可进一步提高了合金磁性能。

2. Fe-Cr-Co 系永磁合金

铁-铬-钴系永磁合金中含 23.5%~27.5%Cr、11.5%~21.0%Co。国家标准牌号有2J83,2J84,2J85 三种,其中 2J83 和 2J85 含 0.80%~1.10%Si,2J84 含 3.00%~3.50%Mo 和 0.5%~0.8%Ti。该合金可以通过成分调节将其低的单轴各向异性常数提高到Alnico 合金的水平。通过磁场处理、定向凝固+磁场处理,以及塑性变形与适当热处理的方法(形变时效)也可显著提高合金性能。其磁性能可达到 1.53T、66.5 kA/m、$(BH)_{max}$76 kJ/m³。

3. 稀土永磁合金

稀土永磁合金分为 R-Co 永磁和铁基稀土永磁两大类。R-Co 永磁,或称稀土 Co 永磁。R-Co 永磁包括两种,一是 1∶5 型 R-Co 永磁,如 SmCo5 单相与多相合金;二是 2∶17 型 R-Co 永磁,如 Sm2Co17 基合金。铁基稀土永磁,最具代表性的是 Nd-Fe-B 永磁合金。表 4-1 给出了各种类型稀土永磁材料的性能。

表 4-1　各种类型稀土永磁材料的性能对比

性能		RCo5	R2Col7	NdFeB 型
剩磁氏/T		6.88~0.92	1.08~1.12	1.18~1.25
矫顽力	H_{cb}/(kA/m)	680~720	480~544	760~920
	H_{cj}/(kA/m)	960~1280	496~560	800~1040
最大磁能积(BH)max/(kA/m³)		152~168	232~248	264~288
磁感应强度可逆温度系数 α(B)/(%/℃)		−0.05	−0.03	−0.126
回复磁导率 μ_{rec}		1.05~1.10	1.00~1.05	1.05
密度 d/(kg/m³)		8100~8300	8300~8500	7300~7500
硬度 HV		450~500	500~600	600
电阻率 ρ/($\Omega \cdot$ m)		5×10^{-3}	9×10^{-3}	14.4×10^{-3}
抗弯强度/($\times10^4$ Pa)		0.98~1.47	0.98~1.47	2.45

(1)R-Co 永磁合金 SmCo5 是最早发展的 RCo5 型永磁合金,它具有高的磁晶各向异性常数和理论磁能积。采用强磁场取向等静压和低氧工艺,SmCo5 的磁性可进一步提高,使 B_r 达 1.07 T、H_{cb} 达 851.7 kA/m、H_{cj} 达 1273.6 kA/m、6 kJ/m³、居里温度为 740 ℃。SmCo5 可在−50~150 ℃的温度范围内工作,是一种较为理想的永磁体,已得到一定的

应用。

用 Pr、Ce 或 Mm（混合稀土）取代部分 Sm，可适当降低成本。由此发展了 $(Sm-Pr)Co_5$ 永磁合金，并已得到应用。RCo_5 型合金中还有一种 $Sm(Co,Cu,Fe)_5$ 型磁体。用 Cu 取代部分 Co，可产生沉淀硬化效应；Fe 的加入可保持合金高的内禀矫顽力和提高饱和磁化强度。该合金具有价格优势，在微电机、电子计时器等领域已得到应用。

在 Sm-Co-Cu 系的基础上用 Fe 取代部分 Co 形成的 $Sm(Co_{1-x-y}Cu_xFe_y)_2$ 系合金，随着 Fe 含量的增多，内禀饱和磁化强度迅速提高。但 Fe 含量超过 10% 时，由于形成 Fe-Co 软磁相而导致矫顽力急剧下降，因此铁加入量不能过高。少量 Zr、Ti、Hf、Ni 等元素的加入可进一步提高合金的磁性能。目前实际应用的 2∶17 型合金是 Sm-Co-Cu-Fe-M 系（M=Zr、Ti、Hf、Ni），其中 Sm-Co-Cu-Fe-Zr 系永磁合金已有系列商品合金。此类合金的磁性能优于 $SmCo_5$，其 T_c 为 840～870 ℃，磁感温度系数也优于 $SmCo_5$，可在−60～350 ℃范围工作；原料价格较低，但制造工艺复杂，工艺成本高，广泛应用于制作精密仪器和微波器件。

（2）Nd-Fe-B 永磁合金 Nd-Fe-B 系合金是以 $Nd_2Fe_{14}B$ 化合物为基的一种不含 Co 的高性能永磁材料。自 1983 年问世以来发展极为迅速，目前此类材料磁性已达如下的水平：最大磁能积 407.6 kJ/m^3，矫顽力 2244.7 kA/m，是迄今为止磁性能最高的永磁材料，被誉为"磁王"。制造该合金所用的原材料丰富，价格便宜。图 4-2 是 Nd-Fe-B 三元系合金相图的室温截面（$x/\%$ 为摩尔分数）。在 Nd-Fe-B 三元系合金中存在三个三元化合物，即 $Nd_2Fe_{14}B$、$Nd_8Fe_{27}B_{24}$ 和 Nd_2FeB_3，整个室温截面可分为十个相区。实用的 Nd-Fe-B 三元合金的成分一般位于靠近当量 $Nd_2Fe_{14}B$ 化合物成分处。$Nd_2Fe_{14}B$ 相为四方结构，点阵常数 a 和 c 分别为 0.882 nm 和 1.224 nm，T_c 为 585 ℃，B_s 为 1.61 T，磁晶各向异性常数 $K_1=450$ kJ/m^3。目前工业上广泛应用的 Nd-Fe-B 系永磁体包括烧结磁体、热压磁体、铸造磁体、黏结磁体、注塑磁体等。

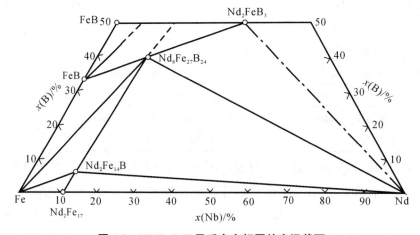

图 4-2 Nd-Fe-B 三元系合金相图的室温截面

Nd-Fe-B 磁体的居里温度低于 R-Co 系合金,剩磁温度系数较高且易于腐蚀。通过添加 Co、Al 取代部分 Fe,用少量 Ho、Dy 等重稀土取代部分 Nd,可明显降低剩磁温度系数,使之接近 2∶17 型稀土钴合金的水平。尽管 Nd-Fe-B 磁体的磁性能极高,但由于其剩磁温度系数高,目前仍难以取代 AlNiCo 和 R-Co 合金。随着磁体价格的下降,Nd-Fe-B 磁体已在许多应用场合取代了铁氧体永磁材料。

4.2 电热合金原理及常见电热合金

电性合金材料主要包括具有特殊导电性的导电合金、超导材料、电热合金、精密电阻合金和具有显著热电效应的热电偶材料。本节主要介绍电热合金。

电热合金是通过其自身电阻将电能转化成热能的合金。金属电热合金与石墨、碳化硅、二硅化钼等非金属材料是主要的电热转化材料。作为电热合金,首先要求具有高的电阻率和低的温度变化率。高电阻率可使设备重量轻、体积小,电阻率随温度变化率小有利于温度调节及控制。其次,需要合金具有一定的高温强度及高温下的化学和组织稳定性。此外,还要求材料易于加工、价格低。金属电热材料包括纯金属与合金两类。纯金属电热材料主要是钨、钼等,合金的性能优于纯金属,特别是单相、无相变合金最为理想。应用广泛的电热合金是 Ni-Cr 系、Fe-Cr-Al 系及 Fe-Mn-Al 系电热合金。

4.2.1 Ni-Cr 系合金

Ni80Cr20(质量分数,下同)是 Ni-Cr 系合金中最具代表性的合金,其熔点为 1400 ℃,室温电阻率 1.1 $\mu\Omega \cdot m$,最高使用温度为 1150 ℃,常用温度在 1000~1050 ℃。Ni-Cr 二元合金镍含量较高,晶体结构为面心立方,室温下铬的最大溶解度可达 30%。因此,Ni-Cr 二元合金是具有高的高温强度、无相变的单相固溶体合金。随着铬含量增加,合金电阻率大幅度升高,电阻温度系数降低。但当铬含量大于 20% 后,电阻率的增加开始变缓,电阻温度系数升高,而且加工性能变坏,因而铬含量一般控制在 20% 左右。Ni-Cr 系合金高温下氧化形成 NiO 和 Cr_2O_3 致密抗氧化保护层,显著降低氧扩散速度。因而,该合金具有良好的抗高温氧化性。

通常在二元合金中加入少量的硅、锆、铝、钡,微量的稀土(铈等)以及铁、钴、铌、钙等来进一步提高性能,使 Ni-Cr 系合金的最高使用温度提高至 1200 ℃ 以上,而碳、硫、磷、氧等的存在使合金性能降低,应消除这些元素的有害作用。

4.2.2 Fe-Cr-Al 系合金

Fe-Cr-Al 系电热合金是目前应用最广泛的电热合金。该合金的特点是不含镍,原料便宜,合金电阻率高,密度低。Fe-Cr-Al 系电热合金为具有体心立方点阵类型的单相铁基合金,其他成分为 $13\%\sim27\%Cr,3.5\%\sim7\%Al$。在电热合金成分附近,合金可能发生的相变,包括铬含量较低时的 Fe_3Al 有序转变和铬含量较高而铝含量较低时的相析出。合金中形成 σ 相后变脆,在常温下无法进行加工成型。有序转变也将对合金电阻率及其塑性加工带来不利影响。因而合金在成分选取及加工、热处理过程中应避免出现这两种转变。

随着铝和铬含量的增加,合金的电阻率升高,电阻温度系数降低,而且形成铝及铬的氧化物薄膜(以 Al_2O_3 为主)可有效地阻止氧化,明显提高合金的高温抗氧化能力。但合金中 Al、Cr 含量一般不高于 7% 和 27%。因为过高的铝含量($>7\%$)使得合金在强度增加的同时,塑性大幅度降低;较高的铬含量($>27\%$)在一定程度上能缓解铝的有害作用,但过高的铬含量会形成脆性的 σ 相。因此,含铬量较高的合金中,铝含量也可略高些,从而使合金的电性能与耐高温性能均较好,能在更高温度下使用。相反,当铬和铝的含量较低时,合金价格较低,使用温度略低。Fe-Cr-Al 电热合金的成分及性能见表 4-2。

表 4-2 Fe-Cr-Al 电热合金的成分及性能

合金	Cr/%	Al/%	其他/%	Fe	$\rho 300$ k/$\mu\Omega \cdot$ m	最高温度/℃	常用温度/℃
1Cr13Al4	13～15	3.5～5.5	C≤0.15		1.26	850	650～750
0Cr17Al5	16～19	4.0～6.0	C≤0.05 C≤0.06	余量	1.3	1000	850～950
0Cr25Al5	23～27	4.5～6.5	1.8～2.2Mo		1.45	1200	950～1100

Fe-Cr-Al 系电热合金的缺点是高温强度较差,高温下晶粒长大明显,使用后常有变形、变脆现象。添加微量稀土元素,可细化铸态晶粒,使晶界弯曲,抑制晶粒长大,还能增强氧化膜与基体的结合力,从而提高合金的使用温度及寿命。微量钛能阻止晶粒长大,钙、钡也可有效提高使用寿命。但碳对其冷加工性能有不利影响,一般被控制在 0.07% 以下。

4.2.3 Fe-Mn-Al 系合金

Fe-Mn-Al 系合金的突出特点是原料丰富、价格便宜。由于合金中含碳量较高,可用于含碳的环境中,如适用于具有还原性的渗碳、碳氮共渗等冶金处理炉的加热元件。但使用温度较低,一般不高于 850 ℃。该合金的成分范围是:$6.5\%\sim7.0\%Al$、$14\%\sim16\%Mn$、$0.1\%\sim0.15\%C$ 和余量的铁。

4.3 形状记忆合金原理及种类

合金在低温下被施加应力产生变形,应力去除后,形变保留,但加热会逐渐消除形变,并恢复到高温下的形状,即具有能够记忆高温所赋予的形状的功能,这种现象称为形状记忆效应(shape memory effect),简称 SME。具有形状记忆效应的合金称为形状记忆合金(shape memery alloy),简称 SMA。在 20 世纪 30 年代,Greninger 等人首先就在 Cu-Zn 合金中观察到形状记忆现象。随后发现 Cu-Al-Ni、Cu-Sn、Au-Cd 等合金也具有形状记忆效应,并对机理进行了研究。1963 年,Buehler 等人发现 Ti-Ni 合金具有良好的形状记忆效应,从此形状记忆合金作为一类重要的功能材料被广泛研究并开始应用。70 年代,人们发现了铜基形状记忆合金(Cu-Al-Ni)。80 年代又在铁基合金 Fe-Mn-Si 中发现了形状记忆效应,从而大大推动了形状记忆合金的研究开发工作。目前利用记忆效应进行工作的元件、机构和装置的应用领域遍及温度继电器、玩具、机械、电子、自动控制、机器人、医学应用等。

4.3.1　形状记忆原理

大部分形状记忆合金是利用热弹性马氏体相的形状记忆原理。马氏体相变的高温相(母相)与马氏体(低温相)具有可逆性。马氏体晶核随温度下降逐渐长大,温度回升时马氏体片又随温度上升而缩小,这种马氏体叫热弹性马氏体。在 M_s 以上某一温度对合金施加外力也可以引起马氏体转变,形成的马氏体叫应力诱发马氏体。有些应力诱发马氏体也属弹性马氏体,应力增加时马氏体长大,反之马氏体缩小,应力消除后马氏体消失,这种马氏体叫应力弹性马氏体。应力弹性马氏体形成时会使合金产生附加应变,当除去应力时,这种附加应变也随之消失,这种现象称为超弹性(伪弹性)。母相受力形成马氏体并发生形变,或先淬火得到马氏体,然后使马氏体发生塑性变形,变形后的合金受热(温度高于 A_s 时),马氏体发生逆转变,回复母相原始状态;温度升高至 A_s 时马氏体消失,合金完全回复到原来的形状。形状记忆材料应具备如下条件:马氏体相变是热弹性的;马氏体点阵的不变切变为孪生,亚结构为孪晶或层错;母相和马氏体均为有序点阵结构。

形状记忆效应有三种形式:第一种称为单向形状记忆效应,即将母相冷却或加应力,使之发生马氏体相变,然后使马氏体发生塑性变形,改变其形状,再重新加热到 A_s 以上,马氏体发生逆转变,温度升至 A_f 点,马氏体完全消失,材料完全恢复母相形状,见图 4-3(a)。一般情况下,形状记忆效应都是指这种单向形状记忆效应;第二种称为双向形状记忆效应(或可逆形状记忆效应),即有些合金在加热发生马氏体逆转变时,对母相有记忆效应,当从母相再次冷却为马氏体时,还回复原马氏体形状,见图 4-3(b)。第三种称为全方位形状记忆效应。Ti-Ni 合金系在热循环过程中,形状回复到与母相完全相反的形状,见图 4-3(c)。

图 4-4 给出了形状记忆效应和超弹性效应与温度、应力和滑移临界切应力间的关系。如前所述在温度低于 M_f 点的范围,表现出形状记忆效应。如果变形温度在 $M_s \sim A_s$ 之间,施加外力导致应力诱发马氏体形成。卸除外力后,由于温度低于 A_s,马氏体不能逆转

变回母相,需要加热升温至 A_f 以上,马氏体才能完全逆转变回母相。因此,在 $M_s \sim A_s$ 之间合金仍呈现形状记忆效应。温度在 $A_s \sim A_f$ 之间时,施加外力导致应力诱发马氏体形成。卸除外力后,由于温度介于 $A_s \sim A_f$ 之间,只能有一部分马氏体逆转变回母相。如此,在 $A_s \sim A_f$ 之间合金既不呈现完全的形状记忆效应,也不呈现完全的超弹性效应。当温度高于 A_f 时,表现出超弹性效应。但无论如何,施加的应力不能超出滑移临界切应力(图中实线 A),如果超出,则合金会发生塑性变形,形状记忆效应和超弹性效应都会被破坏。另一方面,若合金的滑移临界切应力很低,如图中的虚线(B)所示。在应力较小时,就会出现滑移,发生塑性变形,则合金不会出现伪弹性。反之,当临界应力较高(图中 A 线)时,应力未达到塑性变形的临界应力就出现了伪弹性。

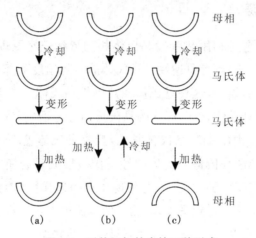

图 4-3　形状记忆效应的三种形式

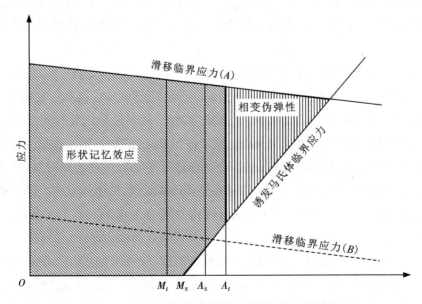

图 4-4　SME 与温度、应力和滑移临界切应力间的关系

4.3.2　常用形状记忆合金

目前已经发现了 20 多个合金系,共 100 余种合金具有形状记忆效应。其中,Ti-Ni 合金、铜基合金和铁基合金具有比较优异的综合应用性能。

1. Ti-Ni 基形状记忆合金

Ti-Ni 合金系是最有实用前景的形状记忆合金,它具有记忆效应优良、性能稳定、可靠性高、生物相容性好等一系列的优点,但成本高,加工困难。

Ti-Ni 合金中有三种金属间化合物:$TiNi$、Ti_2Ni 和 $TiNi_3$。$TiNi$ 的高温相是 CsCl 结构的体心立方晶体 B2。低温马氏体相是一种复杂的长周期堆垛结构 B19,属单斜晶系。在适当的条件下,Ti-Ni 合金中还会形成菱方点阵的 R 相。因此,当 R 相变出现时,Ni-Ti 合金的记忆效应是由两个相变阶段贡献的。当 R 相变不出现时,记忆效应是由母相直接转变成马氏体单一相变贡献的。除上述三个基本相外,随成分和热处理条件的不同,还会有弥散第二相析出。这些第二相的存在对 Ti-Ni 合金的记忆效应、力学性能有显著的影响。

合金化是调整 Ti-Ni 合金相变及记忆效应的重要手段。近年来在 Ti-Ni 合金基础上,加入 Nb、Cu、Fe、Mo、V、Cr 等元素,开发了 Ti-Ni-Cu、Ti-Ni-Nb、Ti-Ni-Fe、Ti-Ni-Cr 等新型合金。合金元素对 Ti-Ni 合金的相变点有明显影响,也使 A_s 降低。

Cu 在 Ti-Ni 合金中固溶度可高达 30%(摩尔分数)。用一定量的 Cu 置换 Ni 后,可使合金的价格降低,且保持较好的形状记忆效应和力学性能。随 Cu 含量的增加,M_s 点有升高的趋势,而 A_s 点则变化不大,使马氏体相变的温区($M_s \sim M_f$)和逆相变的温区($A_f \sim A_s$)都变窄。这对于制备一些应用要求窄滞后的记忆合金十分有利。

Nb 的加入使 A_s 高于室温,可得到很宽滞后的 Ni-Ti-Nb 形状记忆合金,经适当处理后相变滞后可达 150 ℃。这种宽滞后形状记忆合金构件可以在通常的气候条件下运输、储存,不需要保存在液氮中,安装时只需要加热到 70~80 ℃ 即可完成形状回复,为实际工程应用带来很大方便。这种形状记忆合金已用于航天航空、海军舰艇和海上石油平台。

Fe 使合金显现出明显的 R 相变,这时合金的相变过程明显分为两个阶段,即冷却时首先从母相(B2 结构)转变为 R 相,进一步冷却又使 R 相转变为马氏体。加热时的相变过程则相反。Ti50Ni47Fe3 是一个典型合金。同样,Co 也有类似的作用。

Ti-Ni 记忆合金是在一定的温度下发生马氏体相变和应力诱发马氏体相变。因此,合金的变形是在马氏体相还是在母相进行,变形时是否发生应力诱发马氏体相变等因素对合金的应力应变关系有很大的影响。一般可将 Ti-Ni 合金的应力、应变曲线按变形温度(T_d)与相变点的关系分为如图 4-5 所示的五种类型。各个类型的变形机制如下:在 $T_d < M_f$ 时,变形前的组织完全为马氏体,在应力作用下,首先是马氏体变体发生再取向产

生变形,卸载时由于 $T_d<M_f$,卸载后马氏体取向、组织不变,应变被保持下来。在 $M_f<T_d<M_s$ 时,变形前的组织由部分马氏体和部分母相组成,变形是通过马氏体变体的再取向和应力诱发生成马氏体两种机制进行,卸载时由于 $T_d<M_s$,卸载后通常不能发生马氏体逆转变,或只能发生少量的马氏体逆转变,应变被完全或大部分保持下来。在 $M_s<T_d<A_f$ 时,变形前的组织完全为母相,变形是通过应力诱发生成马氏体进行,卸载时,马氏体部分逆转变回母相,变形部分被消除。在 $A_f<T_d<M_d$ 时,变形前的组织完全为母相,变形是通过应力诱发生成马氏体进行,但卸除应力后,马氏体完全逆转变回母相,变形随之完全消失。需要指出的是,上述的应力-应变曲线是在将变形控制在马氏体再取向或应力诱发生成马氏体所能贡献出的最大应变以内的条件下得到的。若变形量超出这个限制,将会通过滑移和孪生的方式进一步变形,并在马氏体中引入位错、孪晶等缺陷。这些缺陷的存在会破坏马氏体的逆转变。在 $T_d=M_d$ 时,不能发生应力诱发马氏体相变,在应力作用下首先产生母相的塑性变形。由于不同温度下变形机制不同,合金在不同温度下屈服应力也不同。一般随温度升高,屈服应力也升高。

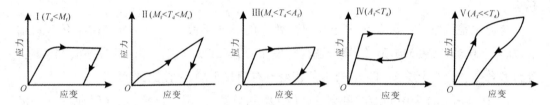

图 4-5　随变形温度和相变点变化的五种应力-应变曲线

由于第二相或夹杂的存在以及晶粒取向的不同等因素,从微观上看变形总是有不协同性,从而导致在局部晶界和相界上产生应力集中,最终导致裂纹形成和断裂。不同变形机制的记忆合金其疲劳性能是不同的。当应变循环机制是应力诱发马氏体相变时,疲劳寿命较短(约小于 10^4 次)。在弹性应变区循环时,疲劳寿命很长。总之,Ti-Ni 合金是所有记忆合金中抗疲劳性能最好的材料。如 Ti-50.8%Ni 合金在约 400 MPa 的应力下的疲劳寿命达 10^7 以上。Ti-Ni 记忆合金的记忆性能好且稳定。低周次时的可回复应变可达 6%;循环周次为 10^5 时,可回复应变可达 2%;循环周次为 10^7 时,可回复应变可达 0.5%。

2. Cu 系形状记忆合金

Cu 基记忆合金主要由 Cu-Zn 和 Cu-Al 两个二元系发展而来,Cu-Zn-Al 基和 Cu-Al-Ni 基形状记忆合金是最主要的两种 Cu 基记忆合金,它们具有良好的记忆性能、相变点可以在一定温度范围内调节,价格便宜和易于制造等特点。但是与 Ti-Ni 记忆合金相比,强度较低,稳定性及耐疲劳性能差,不具有生物相容性。Cu-Al-Ni 合金具有很多优点,如母相强度高,可回复应力大,抗热稳定性较好等,其最重要的特点是相变点较高,可在 100~200 ℃ 温度下服役。因此,在 Cu-Al-Ni 合金的基础上可以研制高温形状记忆合金。

目前 Cu-Zn-Al 合金已实用化,但该合金由于脆性 γ_2 相的析出使其加工性能极差,严重限制了其实用化。

Cu 基记忆合金的稳定性受到许多因素的影响。合金成分显著影响相变点 M_s 点,微量成分变化会使 M_s 点大幅度地变化。采用适当的处理方法可在一定范围内调整合金的相变点。通常提高淬火温度可使相变点有所提高,但幅度一般不超过 10 ℃。另一种方法是将淬火温度降低到略低于 β' 单相区的 $\alpha+\beta$ 两相区,使 M_s 显著降低。这时合金的组织是 β' 相基体中分布少量的 α 相,但不具有热弹性马氏体相变的 α 相过多不利于合金的形状记忆。

Cu 基记忆合金存在较为严重的马氏体稳定化现象,即淬火后合金的相变点会随着放置时间的延长而升高至一稳定值。严重时,马氏体不能发生逆转变,失去记忆效应。马氏体稳定化主要是由于淬火引入的过饱和空位偏聚在马氏体界面钉扎,甚至破坏了其可动性而造成的。采用适当的时效或分级淬火可以消除过饱和空位,从而消除马氏体的稳定化。

时效处理也是影响 Cu 基记忆合金稳定性的重要因素。通常母相的有序结构在高温时效过程中会发生变化,从而导致相变点的变化。将高温时效后的母相在较低温度时效,母相的有序结构又会复原,相变点也随之复原。例如:将 Cu26Zn4Al 记忆合金在 100~150 ℃进行时效后,M_s 点下降约 15 ℃。但是接着将其在较低温度进行时效,其 M_s 点又回升到未时效前的值。如果时效温度过高或时间过长,会发生贝氏体相变、析出第二相等过程,合金的记忆效应会被损害乃至完全丧失。

Cu 基记忆合金的稳定性还受到热循环(即相变循环)、热-力循环的影响。热循环对合金的相变点略有影响。在大多数情况下 M_s、A_f 升高,而 A_s 和 M_f 下降或保持不变,同时马氏体转变的量也会有所降低,即有部分马氏体失去热弹性。循环一定次数后,相变点与马氏体转变量都趋于稳定值。其主要原因是热循环导致合金内位错密度增加,使马氏体的形核更加容易,所以 M_s 升高。但位错本身及周围应力场影响热弹性马氏体转变,引起马氏体稳定化,使 A_f 升高,马氏体转变量降低。热-力循环对合金的记忆效应影响更大,随热-力循环的进行,M_s、A_s、A_f 等上升,且上升的幅度比热循环所引起的更大,M_f 则略有下降,相变热滞显著增大。同时,能可逆转变的马氏体的量也减少,即有一部分马氏体失去了热弹性。从微观结构看,热-力循环过程中合金的组织转变有显著的不均匀性,热-力循环后在马氏体内引入微孪晶和缠结位错,其缺陷的密度远高于热循环造成的。

Cu 基记忆合金的疲劳强度和循环寿命等力学性能远低于 Ni-Ti 记忆合金,主要原因是 Cu 基记忆合金弹性各向异性常数很大和晶粒粗大。因而,变形时易产生应力集中,导致晶界开裂。防止晶间断裂、提高其塑性和疲劳寿命的方法主要有两种:一是制备单晶或形成定向织构;二是细化晶粒。细化晶粒是目前采用的主要方法。通过添加合金元素、控制再结晶、快速凝固等方法来细化晶粒。目前普遍采用添加微量元素来细化晶粒。

通过加入对 Cu 固溶度影响很小的元素,如 B、Cr、Ce、Pb、Ti、V、Zr 等,再辅以适当的热处理,可以在不同的程度上达到细化晶粒的目的。例如,Cu-Zn-Al 合金经 b 相区固溶处理后平均晶粒尺寸约为 1 mm,加入 0.01%B,晶粒尺寸降至约 0.1 mm,加入 0.025%B,晶粒尺寸降至约 50 μm。晶粒细化显著地改善了合金的力学性能,例如晶粒尺寸由 60 μm 到 160 μm 时,伸长率提高 40%,断裂应力提高约 30%,疲劳寿命提高 10~100 倍,同时记忆效应保持良好。

3. Fe 系形状记忆合金

Fe 基形状记忆合金分为两类,一类基于热弹性马氏体相变,另一类基于非热弹性可逆马氏体相变。具有热弹性可逆马氏体相变的铁基形状记忆合金主要有 Fe-Pt、Fe-Pd 和 Fe-Ni-Co-Ti 等。热弹性马氏体相变的驱动力很小、热滞很小,在温度略低于 T_0 就形成马氏体,加热时又立刻进行逆相变,表现出马氏体随加热和冷却,分别呈现消、长现象。但由于含有极昂贵的 Pt、Pd 和 Co,工业应用受到限制。

Fe-Mn-Si 形状记忆合金,是一种实用性很强的新型形状记忆合金。它的弹性模量与强度均明显高于铜基和 Ni-Ti 形状记忆合金,合金原料丰富,价格低。另外,合金的马氏体相变及其逆相变的温度滞后大,一般在 100 ℃ 以上,使该合金用作管接头时实际操作过程简便。Fe-Mn-Si 合金在形状记忆效应机理方面,与 Ni-Ti 合金和铜基有明显不同。该合金的马氏体相变不是热弹性的,母相与马氏体相的晶体学可逆性是通过每相隔两个密排面有一个 (1/6)[112] 不全位错扫过来完成由 fcc 到 hcp 的结构转变。

Fe-Mn-Si 形状记忆合金的常用合金化元素为铬、镍。锰是奥氏体稳定元素,其含量应足够高。硅能有效地降低层错能,有利于不全位错的移动,抑制全位错的滑移,是合金具有形状记忆效应的保证。但硅降低合金的塑性,硅含量一般应控制在 6% 以下。Fe-Mn-Si 合金的缺点是抗蚀性很差,易于发生氧化、腐蚀。解决该问题的方法是向合金中加入铬。铬含量高于 7% 时,会形成 σ 相,导致合金变脆、难以加工。通过加入镍可抑制该相析出。

4.4 其他功能材料

4.4.1 热膨胀合金

大多数金属合金材料具有热胀冷缩的特性,但也有偏离正常热膨胀规律,具有特殊膨胀性能或"反常"膨胀特性的合金,这类金属合金材料称为热膨胀合金,包括低膨胀、定膨胀和高膨胀合金。低膨胀合金主要用于精密仪器、仪表中,作为对尺寸变化量要求很高的元件材料。定膨胀合金是热膨胀系数被限制在某些特定范围的合金,在电子、电信仪器中大量使用的真空电子元件同时采用玻璃、陶瓷、云母等绝缘材料和导电合金材料。

这两类材料的热膨胀性能要接近,实现匹配封接,从而保证元器件的气密性。定膨胀合金还广泛应用于晶体管和集成电路中作引线和结构材料,用量很大。高膨胀合金是具有较高热膨胀系数的合金,热膨胀系数一般不低于 15×10^6 K^{-1}。下面只介绍低膨胀合金和定膨胀合金。

1. 低膨胀合金

1896 年,法国人吉洛姆首先发现了含 36％Ni 的 Fe-Ni 合金,在室温附近热膨胀系数 α_T 仅为 10^{-6} K^{-1}、比 Fe-Ni 合金的"正常值"低一个数量级。该合金被称作因瓦合金(Invaralloy),表示尺寸几乎不随温度改变。1927 年发现了 Fe-Ni32Co4 低膨胀合金的 α_T 降到 0.8×10^{-6} K^{-1} 以下,被称作超因瓦合金。这两种合金,至今仍是主要的低膨胀合金。

(1)Fe-Ni36 因瓦合金

Fe-Ni 合金的热膨胀系数在一个较宽的镍含量区间内均低于正常热膨胀值。镍含量约在 36％时,因瓦合金的热膨胀系数达到最低值。因瓦合金具有面心立方结构的单相固溶体。镍含量高于 35％时,马氏体转变开始温度 M_s 低于 -100 ℃。因瓦合金呈铁磁性,居里点 T_c 为 232 ℃。合金中 Ni 增加将使 T_c 迅速提高。Fe-Ni36 合金的磁致伸缩效应导致低的热膨胀特性。在室温以上范围内,随温度升高,因瓦合金的饱和磁化强度以异常高速度降低,明显偏离一般铁磁性合金的理论曲线,表现出反常热磁特性。合金的自发磁化减弱,体积必然收缩,相应的热膨胀系数为负($\alpha_M < 0$)。这种收缩与合金的正常热膨胀($\alpha'_T > 0$)相互抵消。随温度改变发生的这两种尺寸变化共同决定合金的热膨胀系数,即 $\alpha_T = \alpha_M + \alpha'_T$。磁致伸缩效应也是许多种铁磁性、亚铁磁性及反铁磁性低膨胀合金的内在原因。

Fe-Ni36 因瓦合金的冷、热加工性能差,易开裂,通过加入少量锰、硅可明显改善热加工性能;通过加入 $0.1％ \sim 0.25％$ Se 可明显改善其切削性,但这些合金元素都使热膨胀系数有所增大。此外,碳作为杂质会引起时效析出碳化物,使合金组织发生变化,影响合金性能的稳定性,应严格控制 Fe-Ni36 因瓦合金中的碳含量。

(2)超因瓦合金

超因瓦合金属于 Fe-Ni-Co 合金系,其成分范围是 $31％ \sim 35％$ Ni、$5％ \sim 10％$ Co 及余量的 Fe。合金中 Ni＋Co 在 36.5％时,热膨胀系数比较低。其中,Fe-Ni32.5Co4 及 Fe-Ni31.5Co5 的热膨胀系数 α 在 $20 \sim 100$ ℃均小于 0.8×10^{-6} K^{-1}。超因瓦合金低膨胀效应的机理与 Fe-Ni 系合金相同。合金的居里点为 230 ℃,M_s 较高(-80 ℃),稳定性比因瓦合金差。为改善稳定性,常加入少量铜或铌,它们对热膨胀系数的影响不大。

(3)不锈因瓦及其他低膨胀合金

Fe-Co54Cr9 合金的耐蚀能力明显优于 Fe-Ni36 因瓦合金和 Fe-Ni-Co 超因瓦合金,在 $20 \sim 100$ ℃时 α 为 0.42×10^{-6} K^{-1}。但该合金含钴,价格昂贵,加工性差。

对磁场有特殊要求时,以上几种铁磁性低膨胀合金的使用受到限制。非磁性合金,如 Cr-Fe5.5Mn0.5 铬基反铁磁性合金,其低膨胀特性是由于尼尔点($T_N = 50$ ℃)以下温度范围内的磁致伸缩效应,室温下 $\alpha = 1.0 \times 10^{-6}$ K^{-1}。非磁性低膨胀合金还有 Pd-Mn35 合金,Fe-Ni28/32-Pd5.5/10 合金等。这些合金因含钯而价格昂贵,难以大量应用。

2. 定膨胀合金

1930 年,Scott 和 Hull 最早研制出 Fe-Ni29Co18 合金,被称作"可伐合金"(Kovaral-ioy)。定膨胀合金按用途可分为封接材料和结构材料两种。作为封接材料,要求合金在封接温度至使用温度区间内,其热膨胀系数与对接材料差别不大于 10%,降低接触应力,实现匹配封接。一般不允许在使用过程中发生相变。

(1)Fe-Ni 系合金。Fe-Ni 系合金是重要的定膨胀合金,其热膨胀系数随镍含量的改变可调。常用含 42%～54%Ni 的二元合金。合金的 T_c 在 420～550 ℃之间。随合金中 Ni 的增加,平均热膨胀系数增大,在 20～400 ℃,α 为 $(5.4～11.4) \times 10^{-6}$ K^{-1},可满足与多种材料的匹配封接。Fe-Ni 系合金塑性良好,抗拉强度在 550 MPa 左右。碳、硫、磷等有害元素的含量应控制在较低水平。硅、锰可改善热加工性能,一般情况下,硅含量小于 0.3%,锰含量小于 0.6%。它们主要用于与软玻璃、陶瓷及云母进行封接,以及大量用作集成电路引线框架材料。

(2)Fe-Ni-Co 系合金。Fe-Ni-Co 系合金通过适当调整 Ni、Co 比例,使其热膨胀系数与 Fe-Ni 二元合金相当,T_c 明显高于后者。提高 T_c 可以使合金的热膨胀系数在较宽温度范围内具有较低的数值,从而满足上限温度较高条件下的匹配封接。如可伐合金(Fe-Ni29Co18)的热膨胀性能为:在 20～400 ℃,$\alpha = (4.6～5.2) \times 10^{-6}$ K^{-1}。由于该合金含钴,使 M_s 明显升高,合金稳定性变差。增加镍含量降低 M_s,控制 M_s 在 -80 ℃以下。

(3)Ni-Mo 系合金。Ni-Mo 系定膨胀合金用于无磁场合,目前已实用化。镍中加入钼、钨、硅、铜等,均可降低其磁性。当 Mo 含量大于 8% 时,T_c 降到室温;当 Mo 含量达到 15% 时,α 相原子磁矩降至零,保证无磁。合金中 Mo 含量一般为 17%～25%,也可用钨部分代钼。

除上述合金外,实用定膨胀金属材料还有 Fe-Ni-Cu 系、Fe-Ni-Cr 系、Fe-Cr 系等合金和难熔金属 W、Mo、Ta、Zr、Ti 等。

4.4.2　减振合金

由机械振动产生的噪声是一种环境污染,采用高阻尼的减振合金制作机械零件是降低噪声的重要途径之一。阻尼是指一个自由振动的固体,即使与外部完全隔离也会发生机械能向热能的转换,从而使振动减弱的现象。在循环应力的作用下形成应力-应变曲线,吸收外部能量,并将其大部分转变成热量。这种能量消耗,对于做机械运动的物体,特别是振动物体,将使其运动减慢,起到一种对运动的阻碍作用。减振合金是阻尼本领非常高的一类金属材料,又称高阻尼金属(high damping metal)。常用比阻尼(specific damping capacity 或 SDC)表征固体材料阻尼本领的高低。目前人们开发应用的高阻尼材料有均质材料、复合材料和粉末材料三种,实际应用材料以均质为主。表 4-3 为常用高阻尼减振合金及其特性。根据减振原理,可分为五种类型。

表 4-3　常用高阻尼减振金属及其特性

纯金属或合金	成分/%(质量分数)	阻尼类型	SDC(10‰σ_s)/%
铸铁	Fe-C	复相	—
Zn-Al	Zn-22Al	复相	2～20
纯铁	100Fe	强磁性	16
金属镍	100Ni	强磁性	18
铁素体不锈钢	Fe-12Cr-0.5Ni	强磁性	3
铬钢	Fe-12Cr	强磁性	8
Silentalloy	Fe-Cr-Al	强磁性	40
纯镁或 Mg-Zr	100Mg 或 Mg-0.6Zr	位错	60
Protes	Cu-(13～21)Zn-(2～8)Al	孪晶	40
Sonoston	Mn-37Cu-4Al-3Fe-2Ni	孪晶	—

1. 复相型减振合金

复相型减振合金主要通过相界面发生黏性流动从而吸收外部能量,达到减振的目的。铸铁是最常用的减振合金,广泛应用于机械制造中,如机床的底座、发动机的壳体等。铸铁的阻尼源于金属基体与分散的石墨的两相结构。铸铁中石墨相的形态及分布对阻尼有明显影响。片状石墨铸铁因两相界面大,阻尼高,SDC 可达 6%;球状石墨的阻尼性能最低,SDC 仅为 2%。通过提高碳含量,并加入 20%Ni 时,高阻尼铸铁的 SDC 可达 20%。另一典型的复相型减振合金是 Zn-Al 二元合金,它是由富 Al 的 α 相和富 Zn 的 β 相组成。通过 α 相的晶界滑移、两相的晶界滑移以及 β 相的晶界滑移产生的阻尼属于动态滞后型,强烈地依赖作用应力的频率。

2. 强磁性减振合金

强磁性减振合金是利用铁磁性合金的磁致伸缩效应来产生阻尼。在外力作用下,通过磁畴的壁移或磁矩转动,磁化状态发生变化,在正常的弹性变形之外,还产生附加的变形。磁畴壁移过程中各种阻力导致畴壁的位置不能随应力可逆地改变,且落后于后者;与其相对应的变形也落后于应力的变化,从而使合金的应变落后于应力,故循环应力作用下形成内耗,产生阻尼。材料阻尼大小主要取决于铁磁性材料的磁致伸缩系数 A_s 及其磁化过程特性。磁致伸缩系数通过影响附加变形量和应力对磁化过程的推动力来改变阻尼。磁畴壁移或磁矩不可逆转动的阻力愈大时,磁化过程将愈容易发生于较高的应力下,从而增大应变相对于应力的滞后,从而提高阻尼。此外,强磁性阻尼属于静态滞后型,阻尼的高低与作用应力的幅值密切相关。随着应力幅值的增大,阻尼相应增加。Fe-Cr-Al合金就是典型的强磁性减振合金。

3. 位错型减振合金

位错型减振合金是利用合金中各种晶体缺陷对位错构成钉扎作用,阻碍位错运动。随着应力的逐渐增大,位错在某些钉扎点处局部脱钉,向前移动产生塑性变形。应力减小时,晶体缺陷的钉扎力又反过来阻碍位错回复原位的逆向移动,使得应力-应变曲线上形成回线,产生内耗,形成阻尼。位错型阻尼属于典型的静态滞后型,阻尼与应力幅值相关,与应力的频率无关。Mg-Zr合金和奥氏体无磁不锈钢都是典型的位错型减振合金。

4. 孪晶型减振合金

孪晶型减振合金是利用合金中的孪晶在受力作用时,通过孪晶界面移动,产生变形。而孪晶界移动过程中的阻力,使得变形滞后于应力,从而产生内耗,形成阻尼。孪晶型减振合金很多,Mn含量在50%以上的Mn-Cu二元合金具有非常高的阻尼本领,Mn含量在60%左右时达到最高。合金中形成非常细小的孪晶,其孪晶界具有良好的可动性。但该合金的减振性随时间变化较大,稳定性差,力学性能较低,抗蚀性也不高。加入少量的铝、铬、镍等可提高合金的组织稳定性。如Mn-37Cu-4Al-3Fe-2Ni合金已用于制造凿岩机、船舶的推进器以及冲压机等。Mn含量5%~30%的Fe-Mn二元合金具有高减振性能,Mn在17%时达到最高。

5. 具有形状记忆特性的减振合金

形状记忆合金中,存在大量的马氏体相的晶界面、马氏体相与母相的相界面,移动阻力小,可动性好。这些界面在交变应力作用下都可能往返移动。移动过程中受到各种因素的阻力作用,产生阻尼。因此,形状记忆合金受循环应力作用时具有很高的内耗和很好的阻尼特性,是高性能减振材料。研究发现,各种界面对合金内耗的贡献不同。Fe-17Mn高阻尼合金的定量分析表明:ε马氏体、γ母相以及两相间界面的内耗对合金的阻尼贡献分别是83%、14%及3%。可见,通过控制成分及热处理工艺得到高比例马氏体相而使合金具有高阻尼、高减振性。

4.4.3 储氢合金

人类可持续发展的关键是开发和利用新增能源,但太阳能、风能、地热等一次能源一般不能直接使用和储存。因此,必须将它们转换成可使用的能源形式,或采用适当的方式储存起来再加以利用。氢是一种非常重要的二次能源。氢资源丰富,氢比任何一种化学燃料的发热值高,不污染环境,是一种洁净的能源。

氢利用的关键在于如何储存与输送,其方式主要有气体氢、液态氢和金属氢化物。其中金属键型氢化物的储氢密度与液体氢相同或更高,安全可靠、价格便宜,是目前正在迅速发展的一种储氢方式。通常储氢合金为金属氢化物储氢材料,其比离子键型氢化物、共价键高聚合型氢化物、分子型氢化物更适合作储氢材料。

许多金属或合金可固溶氢气形成含氢的固溶体（MH_x）。在一定温度和压力条件下，固溶相（MH_x）与氢反应生成金属氢化物。储氢合金正是靠其与氢反应生成金属氢化物来储氢的，这是一个可逆过程：正向吸氢、放热；逆向放氢、吸热。改变温度、压力可使反应按正向、逆向反复进行，实现材料的吸氢与放氢功能。

实用储氢材料应具备以下条件：

①吸氢能力大；

②金属氢化物生成热要适当，以防金属氢化物过于稳定，放氢时就需要较高温度；

③平衡氢压适当，最好在室温附近只有几个大气压，便于储氢和释放氢气，且其 P-C-T 曲线平台区域要宽（见图 4-6），倾斜程度小，可改变压力 P 就能吸收或释放较多的氢气；

④吸氢、放氢速度快，传热性能好，材料性能稳定；

⑤化学性质稳定，在储运中可靠、安全、无害；

⑥价格便宜。

目前研究和使用的储氢合金主要有镁系、稀土系、钛系。此外，非晶态储氢合金目前也引起了人们的关注。非晶态储氢合金比同晶态合金在相同的温度和氢压下有更大的储氢量；但非晶态储氢合金往往由于吸氢过程中的放热而晶化。

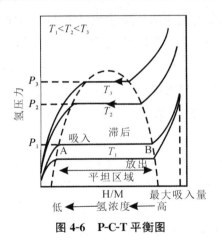

图 4-6 P-C-T 平衡图

1. 镁系储氢合金

镁与镁基合金具有储氢量大、质量轻、资源丰富、价格低廉等优点，但其分解温度过高（250 ℃），吸、放氢速度慢，使镁系合金使用受到限制。镁与氢在 300～400 ℃和较高的氢压下反应生成 MgH_2，具有四方晶金红石结构，属离子型氢化物，过于稳定，放氢困难。目前通过合金化改善 Mg 基合金氢化反应的动力学和热力学性质。Ni、Cu、Re 等元素对 Mg 的氢化反应有良好的催化作用。对 Mg-Ni-Cu 系、Mg-Re 系、Mg-Ni-Cu-M（M 为 Mn、Ti）系等多元镁基储氢合金的研究和开发正在进行中。

2. 稀土系储氢合金

LaNi5 稀土系储氢合金具有室温即可活化、吸氢放氢容易、平衡压力低、滞后小和抗杂质等优点,但其成本高,大规模应用受到限制。为克服 LaNi5 的缺点,开发了稀土多元合金,主要有以下几类。

(1)LaNi5 三元系主要有 LaNi5-xMx 和 R0.2La0.8Ni5 两个系列。LaNi5-xMx(M 为 Al、Mn 等)系列中最主要的是 LaNi5-xAlx 合金,Al 的置换改变了平衡压力和生成热值。

(2)MmNi5 系用混合稀土元素(Ce、La、Sm)置换 LaNi5 中的 La,使价格大大降低,但由于放氢压力大、滞后大,使 MmNi5 难以使用。在 MmNi5 基础上进行多元合金化,用 Al、B、Cu 等置换 Mm 而形成的 Mm-xAxNi5 型(A 为上述元素中一种或两种)合金,使平衡压力升高,改善储氢性能,如 MmNi4.5Mn0.5 和 MmNi5-xCox。

(3)MINi5 系以 MI(富含 La 与 Nd 的混合稀土金属,La+Nd>70%)取代 La 形成的 MINi5 价格仅为纯 La 的 1/5,却保持了 LaNi5 的优良特性,而且在储氢量和动力学特性方面优于 LaNi5。以 Mn、Al、Cr 等元素置换部分 Ni,在 MINi5 基础上发展了 MINi5-xMx 系列合金,其中 MINi5-xAlx 已大规模地应用于氢的储运、回收和净化。

3. 钛系储氢合金

(1)钛铁系合金。钛和铁可形成 TiFe 和 TiFe$_2$ 两种稳定的金属间化合物。TiFe$_2$ 基本上不与氢反应,TiFe 可在室温与氢反应生成 TiFeH1.04 和 TiFeH1.95 两种氢化物。其中 TiFeH1.04 为四方结构,TiFeH1.95 为立方结构。TiFe 合金室温下放氢压力不到 1 MPa,且价格便宜;缺点是活化困难,抗杂质气体中毒能力差,且在反复吸放氢后性能下降。为了改善 TiFe 合金的储氢特性,研制了以过渡金属 Co、Cr、Cu、Mn、Mo、Ni 等元素置换部分铁的 TiFe1-xMx 合金。过渡金属的加入,使合金活化性能得到改善,氢化物稳定性增加。

(2)钛-锰系合金 Ti-Mn 合金是 Laves 相,Ti-Mn 二元合金中 TiMn1.5 储氢性能最佳,在室温下即可活化,与氢反应生成 TiMn1.5H2.4。Ti 和 Mn 原子比 Mn/Ti=1.5 时,合金吸氢量较大,如果 Ti 量增加,吸氢量增大,但由于形成稳定的 Ti 氢化物,室温放氢量减少。以 Ti-Mn 为基的多元合金主要有 TiMn1.4M0.1(M 为 Fe、Co、Ni 等)。

金属材料在能量与信息的显示、转换、传输、存储等方面,具有导电性、磁性、导热性、热膨胀特性、弹性等一些特殊的物理性能,成为与无机非金属功能材料、有机高分子功能材料并列的一类极为重要的功能材料。经过研究,人们对各类功能材料的合金化、组织、工艺和性能等关系和规律已有了一定的认识,开发了一系列高性能的功能合金,如磁性合金、电性合金、形状记忆合金、热膨胀与减振合金、储氢合金等,并在实际工程中得到了日益广泛的应用。

随着研究的不断深入,还会出现更多具有独特或优异功能特性的金属合金材料,将对现代科学技术的进步、社会的发展起着更巨大的作用。纳米科技的发展催生了纳米复合永磁材料，成为目前研究的重点之一。在金属软磁材料领域引起普遍关注的是铁基大块非晶软磁合金。一般认为氢能、太阳能、核能是 21 世纪得到广泛应用的能源，而能源新材料的研究开发是关键。金属能源材料包括电极材料、储氢材料和核能材料等。同样，金属催化材料和金属电子材料也是国际上研究的热点。

思考与习题

1. 简述磁性合金特点及分类。
2. 简述电热合金原理及常见电热合金。
3. 简述形状记忆合金原理及种类。

第5章 工具钢材料

5.1 工具钢综述

工具钢是用以制造各种加工工具的钢种。随着现代加工工业的飞速进步及各种新型材料的不断出现,加工工具承载的负荷不断加大,人们对工具钢的性能也提出了更高的要求。

根据用途不同,工具钢可分为刃具用钢、模具用钢和量具用钢。刃具钢用来制造各种切削加工的工具;模具钢根据工作状态可分为热作模具钢、冷作模具钢和塑料模具钢;量具钢用来制作量规、卡尺、样板等,用来测量工件尺寸和形状。

按化学成分不同,工具钢又可分为碳素工具钢、合金工具钢和高速钢。各类工具钢由于工作条件和用途不同,所以对性能的要求也不同。但各类工具钢除具有各自的特殊性能之外,在使用性能及工艺性能上也有许多共同的要求,如高硬度、高耐磨性等。工具若没有足够高的硬度,是不能进行切削加工的,在应力作用下,其形状和尺寸就要发生变化而失效。高耐磨性则是保证和提高工具寿命的必要条件。

工具钢对钢材的纯度要求较高,S、P 含量一般严格限制在 0.02%～0.03% 以下,属于优质钢或高级优质钢。钢材出厂时,其化学成分、脱碳层、碳化物不均匀程度等均应符合国家标准的有关规定,否则会影响工具的使用寿命。

同时,和结构钢一样,一种工具钢也可以兼有几种用途,如 T8 钢既可以用来制造简单模具,也可以制造量具、木工工具、钳工工具等;9Mn2V 既可以用于制作小型冷作模具,也可以制作量规、铰刀等;4Cr5MoSiV 既可以用来制作铝合金压铸模、塑压模,也可以用于制造飞机、火箭等耐 400～500 ℃ 工作温度的结构零件等。

5.2 刃具用钢

刃具钢是用来制造各种切削加工工具的钢种。刃具的种类繁多,如车刀、铣刀、刨刀、钻头、丝锥及板牙等。其中车刀最具有代表性,车刀的工作条件基本能反映各类刃具工作条件的特点。

5.2.1　刃具钢的工作条件及性能要求

刃具在切削过程中,刀刃与工件表面金属相互作用,使切屑产生变形与断裂,并从工件整体上剥离下来。故刀刃本身不仅承受弯曲、扭转、剪切应力和冲击、振动等负荷作用,同时还要受到工件和切屑的强烈摩擦作用。切屑层金属的变形以及刃具与工件、切屑的摩擦产生的大量摩擦热,均使刃具温度升高。显然,切削速度越快,刃具的温度越高,有时刀刃温度可达 600 ℃左右。

刀刃升高的温度(ΔT)与切削速度(v)、走刀量(S)和切削进退深度(t)之间有如下经验关系公式:

$$\Delta T = Cv^a S^b t^c$$

式中:a、b、c、C 均为随刃具与工件材料而异的常数,其中,切削速度 v 对温度升高的影响最大。

刃具的失效形式有多种,有的刃具刀刃处受压弯曲;有的刃具受强烈振动,冲击时崩落一块(即崩刃);有的小型刃具整体折断等。但这些情况毕竟比较少见,刃具较普遍的失效形式是磨损,当刃具磨削到一定程度后就不能正常工作了,否则会影响加工质量。

由上述可知,刃具钢应具有如下使用性能:

(1)为了保证刀刃能切入工件并防止卷刃,必须使刃具具有高于被切削材料的硬度(一般应在 60 HRC 以上,加工软材料时可为 45~55 HRC),故刃具钢应是以高碳马氏体为基体的组织。

(2)为了保证刃具的使用寿命,应当要求其有足够的耐磨性。高的耐磨性不仅取决于高硬度,同时也取决于钢的组织。在马氏体基体上分布着的弥散碳化物,尤其是各种合金碳化物,能有效地提高刃具钢的耐磨损能力。

(3)由于在各种形式的切削加工过程中,刃具承受着冲击、振动等作用,应当要求其具有足够的塑性和韧性,以防止使用中崩刃或折断。

(4)为了使刃具能承受切削热的作用,防止在使用过程中因温度升高而导致硬度下降,应要求刃具有高的红硬性。钢的红硬性是指钢在受热条件下,仍能保持足够高的硬度和切削能力。红硬性可以用多次高温回火后在室温条件下测得的硬度值来表示。所以红硬性是钢抵抗多次高温回火软化的能力,实质上这是一个回火抗力的问题。

应当指出,上述四点是对刃具钢使用性能的一般要求,而视使用条件的不同可以有所侧重。如锉刀不一定需要很高的红硬性,而钻头工作时,其刃部热量散失困难,所以对红硬性要求很高。

此外,选择刃具钢时,应当考虑工艺性能的要求。例如:切削加工与磨削性能好,具有良好的淬透性、较小的淬火变形、较强的开裂敏感性等各项要求都是刃具钢合金化及其选材的基本依据。

5.2.2 刃具钢的钢种类

通常按照使用情况及相应的性能要求不同,将刃具钢分为碳素刃具钢、合金刃具钢和高速钢三类。衡量一个国家工具材料的水平高低常以高速钢为标准。

1. 碳素刃具钢

刃具钢最基本的性能要求是高硬度、高耐磨性。高硬度是保证切削进行的基本条件,高耐磨性可保证刃具有一定的寿命,即耐用度。针对上述两个要求,最先发展起来的是碳素刃具钢,其含碳量范围在 $0.65\% \sim 1.35\%$,属高碳钢,包括亚共析钢、共析钢和过共析钢。

碳素刃具钢的热处理工艺为淬火＋低温回火,一般亚共析钢采用完全淬火。淬火后的组织为细针状马氏体。过共析钢采用不完全淬火,淬火后的组织为隐晶马氏体与未溶碳化物,且由于未溶碳化物的存在,钢的韧性较低,脆性较大,所以在使用中脆断倾向性大,应予以充分注意。

在碳素刃具钢正常淬火组织中还不可避免地会有数量不等的残余奥氏体存在。常用的碳素刃具钢的成分、性能和用途如表 5-1 所示。

表 5-1 常用的碳素刃具钢的成分、性能和用途

牌号	性能特点	用途举例
T7、 T7A、 T8、T8A、T8Mn	韧性较好,一定的硬度	木工工具、钳工工具,如锤子、錾子、模具、剪刀等,T8Mn可制作截面较大的工具
T9、 T9A、 T10、T10A、T11、T11A	较高硬度、耐磨性,一定韧性	低速刀具,如刨刀、丝锥、板牙、锯条、卡尺、冲模、拉丝模等
T12、T12A、T13、T13A	硬度高、耐磨性高,韧性差	不受振动的低速刀具,如锉刀、刮刀、外科用刀具和钻头等

碳素刃具钢在热处理时需注意以下几点:

(1)碳素刃具钢淬透性低,为了淬火后获得马氏体组织,淬火时工件要在强烈的淬火介质(如水、盐水、碱水等)中冷却,因而淬火时产生的应力大,将引起较大的变形甚至开裂,故淬火后应及时回火;

(2)碳素刃具钢在淬火前需经球化退火处理,在退火处理过程中,由于加热时间长、冷却速度慢,会有石墨析出,使钢脆化(称为黑脆);

(3)碳素刃具钢由于含碳量高,在加热过程中易氧化脱碳,所以加热时需注意保护,一般用盐浴炉或在保护气氛条件下加热。

综上所述,由于碳素刃具钢淬透性低、红硬性差、耐磨性不够高,所以只能用来制造切屑量小、切削速度较低的小型刃具,也常用来加工硬度低的软金属或非金属材料。对于负荷重、尺寸较大、形状复杂、工作温度超过 200 ℃的刃具,碳素刃具钢就满足不了工作的要求,在制造这类刃具时应采用合金刃具钢。但碳素刃具钢的成本低,在生产中应尽量考虑选用。

2. 合金刃具钢

合金刃具钢是在碳素刃具钢的基础上加入某些金属元素而发展起来的,其目的是克服碳素刃具钢的淬透性低、红硬性差、耐磨性不足的缺点。合金刃具钢的含碳量在0.75%～1.5%,金属元素总量则在 5%以下,所以又称低合金刃具钢。加入的金属元素为 Cr、Mn、Si、W、V 等。其中 Cr、Mn、Si 主要是提高钢的淬透性,同时强化马氏体基体,提高回火稳定性;W 和 V 可以细化晶粒;Cr、Mn 等可溶入渗碳体,形成合金渗碳体,有利于提高钢的耐磨性。另外,Si 使钢在加热时易脱碳和石墨化,使用中应注意,但若 Si、Cr同时加入钢中则能降低钢的脱碳和石墨化倾向。

合金刃具钢有如下特点:淬透性较碳素刃具钢好,淬火冷却可在油中进行,热处理变形和开裂倾向小,耐磨性和红硬性也有所提高。但合金元素的加入,提高了钢的临界点,故一般淬火温度较高,使脱碳倾向增大。

合金刃具钢主要用于制作:①截面尺寸较大且形状复杂的刃具;②精密的刃具;③切削刃在心部的刃具,此时要求钢的组织均匀性要好;④切削速度较大的刃具等。

CrWMn 钢是最常用的合金刃具钢。经热处理后硬度可达 64～66 HRC,且有较高的耐磨性。CrWMn 钢淬火后,有较多的残余奥氏体,使其淬火变形小,故有低变形钢之称。生产中常用调整淬火温度和冷却介质配合,使形状复杂的薄壁工具达到畸变形或不变形。这种钢适于制作截面尺寸较大、要求耐磨性高、淬火变形小,但工作温度不高的拉刀、长丝锥等,也可用于制作量具、冷变形模具和高压油泵的精密部件(柱塞)等。

针对提高耐磨性的要求,合金刃具钢还发展了 Cr06、W、W2 及 CrW5 等钢。其中CrW5 又称钻石钢,在水中冷却时,硬度可达 67～68 HRC,主要用于制作截面尺寸不大(5～15 mm)、形状简单,又要求高硬度、高耐磨性的工具,如雕刻工具及切削硬材料的刃具。

合金刃具钢的热处理工艺与碳素刃具钢基本相同,也包括加工前的球化退火和成形后的淬火与低温回火。回火温度一般为 160～200 ℃。合金刃具钢为过共析钢,一般采用不完全淬火。要根据工件形状、尺寸及性能要求等选定并严格控制淬火加热温度,以保证工件质量。另外,合金刃具钢导热性较差,对于形状复杂、截面尺寸大的工件,在淬火加热前往往要先在 600～650 ℃左右进行预热,然后再淬火加热,一般采用油淬、分级淬火或等温淬火。少数淬透性较低的钢(如 Cr06、CrW5 等钢)采用水淬。

综上所述,合金刃具钢解决了碳素刃具钢淬透性低、耐磨性不足等缺点。但由于合金刃具钢所加金属元素数量不多,仍属于低合金范围,故其红硬性虽比碳素刃具钢高,但仍满足不了生产要求。如回火温度达到 250 ℃时,硬度值已降到 60 HRC 以下。因此,要想大幅度提高钢的红硬性,合金刃具钢难以满足,故发展了高速钢。

5.3 高速钢

为了提高切削速度,除了改善机床和刃具的设计外,刃具材料一直是核心问题。在高速切削过程中,刃具的刃部温度高达 600 ℃以上,显然低合金刃具钢已不适用,为此发展了金属元素含量高的高速钢。高速钢经热处理后,在 600 ℃时仍保持高的硬度,可达 60 HRC 以上,故可在较高温度条件下保持高速切削能力和高耐磨性;同时具有足够高的强度,并兼有适当的塑性和韧性。高速钢还具有很高的淬透性,中小型刃具甚至在空气中冷却也能淬透,故有风钢之称。

高速钢与碳素刃具钢及低合金刃具钢相比,切削速度可提高 2～4 倍,刃具寿命提高 8～15 倍。高速钢广泛用于制造尺寸大、切削速度快、负荷重及工作温度高的各种机加工工具,如车刀、刨刀、拉刀、钻头等。此外,还可用于制造部分模具及一些特殊的轴承。在现代工具材料中,高速钢占刃具材料总量的 65%,而产值则占 70%左右。高速钢是一种极其重要的工具材料。

5.3.1 高速钢的化学成分特点与合金碳化物的类型

虽然高速钢在化学成分上有很多差异,但除了 C 以外,主要为 W、Mo、Cr、V 及 Co。高速钢成分大致范围为:$w(C)=0.7\%\sim1.65\%$、$w(W)=0\sim22\%$、$w(Mo)=0\sim10\%$、$w(Cr)\approx4\%$、$w(V)=1\%\sim5\%$ 及 $w(Co)=0\sim12\%$。高速钢中也往往含有其他合金元素(如 Al、Nb、Ti、Si 及稀土元素),其总量一般小于 2%。

高速钢中的碳在淬火加热时可以溶入基体相中,提高了基体中碳的浓度,这样既可提高钢的淬透性,又可获得高碳马氏体,进而提高硬度;高速钢中的碳还可以与合金元素 W、Mo、Cr、V 等形成合金碳化物,可提高硬度、耐磨性和红硬性。

高速钢中碳含量必须与合金元素含量相匹配,过高或过低都会对其性能有不利影响,所以高速钢中的碳含量一般都限制在较窄的成分范围内。研究发现,当合金元素与碳含量比满足合金碳化物分子式中的定比关系时,钢淬火及回火时合金碳化物的沉淀对钢的硬化(二次硬化)效果最好,这称为定比碳规律(也称为平衡碳理论)。从物理本质来看,希望在保证适当韧性的前提下,通过改变成分配比和热处理获得尽可能高的室温硬度。定比碳规律主要是解决沉淀量的问题。已知碳在 α-Fe 中的固溶度很小,在 727 ℃时仅为 0.218%。由于合金碳化物较硬,仅从提高高速钢的硬度方面考虑,希望所有的碳都与合金元素化合成合金碳化物,这便是定比碳规律的思路。

研究结果指出:合金元素形成碳化物引起的钢硬度增加远大于合金元素固溶于 α-Fe

中因固溶强化引起的硬度增加;退火后残余碳化物引起的钢硬度增加远小于回火析出的碳化物的效应。例如 4%Cr 全部固溶及全部以 Cr_7C_3 析出使钢在 538 ℃回火后,维氏硬度分别为 62、245;2%V 全部以残余 V_4C_3 方式存在及全部在 593 ℃回火析出后,维氏硬度分别增加 145、450。这说明高速钢热处理时,选择尽可能高的淬火温度(即不出现晶粒长大及晶界熔化的最高温度)可以使尽可能多的残余碳化物溶解,在随后回火时,会有尽可能多的碳化物析出,从而获得尽可能高的室温硬度。很明显,当合金元素与碳的含量比高于化合比时,形成碳化物后多余的合金元素只能起固溶强化作用,并且合金元素的扩散距离短,合金化合物易于聚集长大;当合金元素与碳的含量比低于化合比时,形成合金碳化物后多余的碳以 Fe_3C 方式析出。因此,成分符合定比碳规律时,二次硬化效果较好。总之,高速钢含有较高的碳含量,既保证它的淬透性,又保证淬火后有足够的碳化物相。高速钢中一般含碳量在 1%左右,最高可达 1.65%。

W 和 Mo 是影响高速钢红硬性的主要合金元素。在 W18Cr4V1(简称 18-4-1)高速钢中,退火状态时,W 以 M_6C 形式存在。在淬火加热时,一部分 M_6C 碳化物溶入奥氏体,淬火后存在于马氏体中,由于 W 原子与 C 原子结合力较强,能提高回火马氏体的分解温度;W 的原子半径大,可增加 Fe 原子的自扩散激活能,因而使高速钢中的马氏体在加热到 600~625 ℃附近时还比较稳定。在回火过程中,有一部分以 W_2C 的形式弥散析出,引起二次硬化;淬火加热时未溶解的 M_6C 碳化物能阻止高温下奥氏体晶粒长大。由此可见,W 含量的增加可提高钢的红硬性并减小过热敏感性,但当 W 的含量大于 20%以后,钢中碳化物的不均匀性增加,强度、塑性降低;若 W 含量减少,则碳化物的总量将减少,钢的熔点下降,从而影响红硬性。为了弥补 W 含量减少引起的不利影响,通常可以用 Mo 代替部分 W 或适当增加 V 的含量。此外,W 的大量加入,强烈地降低了钢的热导率,因此高速钢的加热和冷却必须缓慢进行。

Mo 在高速钢中的作用与 W 相似,如以 1%的 Mo 代替 2%W,钨系高速钢演变为钨钼系高速钢,如 18-4-1 钢演变为 W6Mo5Cr4V2(简称 6-5-4-2),二者红硬性相近。钨钼系高速钢中的碳化物细小,分布均匀(Mo 降低钢的结晶温度,同时凝固区间窄,因而铸态组织细化),具有较高的强度、韧性和良好的耐磨性,在 950~1150 ℃范围内有良好的热塑性,便于热加工。但碳化钼不如碳化钨稳定,因而含钼高速钢的脱碳倾向稍大,并且晶粒易于长大,因而要严格控制淬火炉的气氛及温度。在性能相似的高速钢中,钨系高速钢的价格较钨钼系高速钢高 10%~15%,因此钨系高速钢的产量急剧下降。

V 在高速钢中的作用是能显著提高钢的红硬性、硬度和耐磨性,同时 V 还能细化晶粒,降低钢的过热敏感性。例如在 18-4-1 钢中,V 大都存在于 M_6C 化合物中,当 V 含量大于 2%时,可形成 VC。M_6C 中的 V 在加热时部分溶于奥氏体,淬火后存在于马氏体中,增加了马氏体的回火稳定性,从而提高了钢的红硬性,在回火时以细小的 VC 析出,产生弥散硬化。VC 的硬度较高,能提高钢的耐磨性,但给磨削加工造成困难。

Cr 主要也存在于 M_6C 中,使 M_6C 的稳定性下降,一部分 Cr 还形成 $Cr_{23}C_6$,它的稳定性更低,在淬火加热时几乎全部溶于奥氏体中,从而增加钢的淬透性。此外,Cr 还能使高速钢在切削过程中的抗氧化能力增强,利用 Cr 氧化膜的致密性可防止黏刀,降低磨损。

高速钢 6-5-4-2 回火组织中基体的化学成分为:$w(C) \leqslant 0.07\%$、$w(W) = 0.3\%$、$w(Mo) = 0.6\%$、$w(Cr) = 2.6\%$、$w(V) = 0.25\%$。这与低合金热强钢的成分大致相同,因而可以借鉴热强钢的某些合金化原理来理解高速钢中合金元素的作用。为了提高高速钢的红硬性,需要满足两个条件:①需要细小弥散、坚硬而不易长大的合金碳化物;②需要 α-Fe 中存在与位错结合较强的溶质原子,通过第二相粒子和位错气团这两种方式阻止变形的进行。在高速钢中,V_4C_3、Mo_2C、W_2C、$Cr_{23}C_6$、Cr_7C_3 等满足了第一个条件;而基体中的溶质 W、Mo、V 则满足了第二个条件。

Co 是非碳化物形成元素,但在碳化物 Mo_2C 中仍有一定的溶解度;Co 能增加回火时 Mo_2C 的形核速度,减缓 Mo_2C 的长大速度。其机理可用 Co 增加基体中 C 的活度和降低 W 及 Mo 在 α-Fe 中的扩散系数来解释。因为 Co 在界面上富集,增加了 C 的活度,对 Mo_2C 的形成有利;但 Co 又使 C 的浓度梯度下降,使 C 的扩散流减小,又不利于 Mo_2C 的加厚。而 Mo_2C 的加厚取决于 C 及 Mo 的扩散,Co 降低 Mo 在 α-Fe 中的扩散系数,从而控制了 Mo_2C 加厚因素。正是由于 Co 增加了 C 的活度,因而含钴高速钢的脱碳倾向较大,在淬火加热时,宜采用还原气氛,防止氧化和脱碳。Co 在回火过程中对碳化物形核长大影响的结果,是使合金碳化物以更细小弥散的状态析出,从而满足了提高高速钢红硬性的第一个条件。Co 在退火状态下大部分溶于 α-Fe 中,Co 可提高高速钢的熔点,从而使淬火温度提高,使奥氏体中溶解更多的 W、Mo、V 等合金元素,强化了基体,即也满足了提高红硬性的第二个条件。此外,Co 与 W 还可以形成 CoW 金属间化合物,也产生弥散强化效果,并能阻止其他碳化物聚集长大。总之,由于 Co 能提高高速钢的红硬性并加强二次硬化的效果,所以高性能高速钢中一般都含有 5%~12% 的 Co。

除 Co 高速钢以外,几乎所有的高速钢在退火状态下都含有 M_6C、$M_{23}C_6$、MC 这三种类型的碳化物。典型的 M_6C 型碳化物是 Fe_4W_2C,其中 Fe 和 W 可以相互置换,形成 Fe_3W_3C 或 Fe_2W_4C。此外,钢中含有的 Cr、Mo、V 可溶解在 M_6C 中,Mo、V 可置换 W;Cr 可置换 Fe、W,这就使 M_6C 稳定性发生变化。如 Cr 溶入 M_6C 中,使 M_6C 稳定性下降,在加热过程中,奥氏体中可溶入更多的 M_6C,从而更好地发挥 W、Mo 的作用。M_6C 的硬度为 73.5~77 HRC。典型的 $M_{23}C_6$ 碳化物为 $Cr_{23}C_6$,其稳定性较差,淬火加热时,全部溶入奥氏体中,增加钢的淬透性。典型的 MC 碳化物为 VC,它的稳定性最高,即使在淬火加热温度下也不能全部溶解。VC 的最高硬度可达 83~85 HRC,在高温回火过程中析出,使高速钢产生弥散强化,从而使钢具有高的耐磨性。

此外,高速钢在回火过程中,还会析出 M_2C 型碳化物。当回火温度超过 500 ℃ 时,自马氏体中析出 W_2C、Mo_2C,引起钢的弥散硬化;当回火温度超过 650 ℃ 时,则析出 M_6C

及 M_7C_3，它们容易聚集长大，使钢的硬度下降。

18-4-1 高速钢退火状态的碳化物总量约为 30%，其中 M_6C 型碳化物约占 18%，$M_{23}C_6$ 型碳化物约占 8%，MC 型碳化物约占 1%。在淬火状态下只有 M_6C 和 MC，回火（650 ℃）状态下有 M_2C 和 MC 析出。

必须指出的是高速钢退火态含有的碳化物的稳定程度是不一样的，在淬火加热过程中，M_7C_3 首先溶解，$M_{23}C_6$ 次之，M_6C 及 MC 只部分溶解。其中溶入奥氏体中的碳化物可提高钢的红硬性及淬透性，而未溶入奥氏体的碳化物则可细化晶粒，增加钢的耐磨性能。因此，高速钢中碳化物的类型、分布状态对钢的工艺性能及刃具质量均有重要的影响。表 5-2 为我国国家标准规定的高速钢钢棒的钢牌号和化学成分。

表 5-2　常用高速钢钢棒的牌号及化学成分(熔炼分析)(GB/T 9943—2008)

牌号	化学成分(质量分数)/%									
	C	Mn	P	S	Si	Cr	V	W	Mo	Co
W18Cr4V	0.73~0.83	0.10~0.40	≤0.030	≤0.030	0.20~0.40	3.80~4.50	1.00~1.20	17.20~18.70	—	—
W18Cr4VCo5	0.70~0.80	0.10~0.40	≤0.030	≤0.030	0.20~0.40	3.75~4.50	0.80~1.20	17.50~19.00	0.40~1.00	4.25~5.75
W18Cr4V2Co8	0.75~0.85	0.20~0.40	≤0.030	≤0.030	0.20~0.40	3.75~5.00	1.80~2.40	17.50~19.00	0.50~1.25	7.00~9.50
W12Cr4V5Co5	1.50~1.60	0.15~0.40	≤0.030	≤0.030	0.15~0.40	3.75~5.00	4.50~5.25	11.75~13.00	—	4.75~5.25
W6Mo5Cr4V2	0.80~0.90	0.15~0.40	≤0.030	≤0.030	0.20~0.45	3.80~4.40	1.75~2.20	5.50~6.75	4.50~5.50	—
CW6Mo5Cr4V2	0.86~0.94	0.15~0.40	≤0.030	≤0.030	0.20~0.45	3.80~4.50	1.75~2.10	5.90~6.70	4.70~5.20	—
W6Mo5Cr4V3	1.15~1.25	0.15~0.40	≤0.030	≤0.030	0.20~0.45	3.80~4.50	2.70~3.20	5.90~6.70	4.70~5.20	—
CW6Mo5Cr4V3	1.25~1.32	0.15~0.40	≤0.030	≤0.030	≤0.70	3.75~4.50	2.70~3.20	5.90~6.70	4.75~5.20	—
W2Mo9Cr4V2	0.95~1.05	0.15~0.40	≤0.030	≤0.030	≤0.70	3.50~4.50	1.75~2.20	1.50~2.10	8.20~9.20	—
W6Mo5Cr4V2Co5	0.87~0.95	0.15~0.40	≤0.030	≤0.030	0.20~0.45	3.80~4.50	1.70~2.10	5.90~6.70	4.70~5.20	4.50~5.50
W7Mo4Cr4V2Co5	1.05~1.15	0.20~0.60	≤0.030	≤0.030	0.15~0.50	3.75~4.50	1.75~2.25	6.25~7.00	3.25~4.25	4.75~5.75
W2Mo9Cr4VCo8	1.05~1.15	0.15~0.40	≤0.030	≤0.030	0.15~0.65	3.50~4.25	0.95~1.35	1.15~1.85	9.00~10.00	7.75~8.75

（续表）

牌号	化学成分（质量分数）/%									
	C	Mn	P	S	Si	Cr	V	W	Mo	Co
W9Mo3Cr4V	0.77～0.87	0.20～0.40	≤0.030	≤0.030	0.20～0.40	3.80～4.40	1.30～1.70	8.50～9.50	2.70～3.30	—
W6Mo5Cr4V2Al	1.05～1.20	0.15～0.40	≤0.030	≤0.030	0.20～0.60	3.80～4.40	1.75～2.20	5.50～6.75	4.50～5.50	Al: 0.80～1.20

5.3.2　高速钢的铸态组织及热加工

虽然高速钢在成分上差异较大，但主要合金元素大体相同，属于高合金莱氏体钢，其组织很相似。图 5-1 为 Fe-C-18%W-4%Cr 的伪二元相图。当碳含量为 0.7%～0.8% 时，近似于 18-4-1 钢的成分，当钢液在接近平衡冷却时，由相图可以看出，由于合金元素的作用，使相图中的 E 点左移，这样在室温下的平衡组织为莱氏体＋珠光体＋碳化物（组成相为 $\alpha+M_6C+Fe_3C$）。但在实际铸锭冷却条件下，合金元素来不及扩散，在结晶及固态相变过程中的转变不能完全进行，因而在铸锭冷却条件下得不到上述平衡组织。从合金元素对 C 曲线的影响效果来看，C 曲线大大右移，淬火临界冷却速度大为降低，故已有一定量的马氏体形成。其铸态组织常常由鱼骨状莱氏体（Ld）＋5 共析体（黑色）＋马氏体（M 白亮色）及残余奥氏体（A 残）组成，如图 5-1 所示。6-5-4-2 钢的变温截面与 18-4-1 钢基本相似，只是前者的结晶温度略低，但其共晶碳化物与 18-4-1 钢不同，其形态呈鸟巢状，见图 5-2（a）。6-5-4-2 钢的共晶碳化物为 M_2C 型的 $(W,Mo)_2C$，而非 M_6C 型的 Fe_3W_3C，高温长时间保温后，可以转变为 M_6C。由图 5-2（b）可以看出，这种鸟巢状的共晶碳化物 M_2C 颗粒比鱼骨状的共晶碳化物 M_6C 细小。

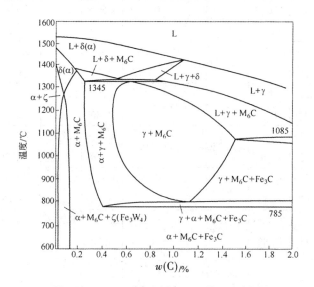

图 5-1　Fe-C-18%W-4%Cr 系伪二元相图

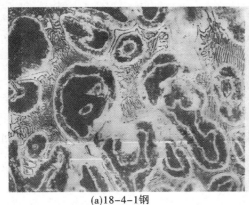

(a)18-4-1钢　　　　　　　　　　　　(b)6-5-4-2钢

图 5-2　高速钢的铸态组织

　　高速钢铸态组织中的碳化物数量很高(一般可达 18%～27%),且分布极不均匀。虽然铸锭组织经过开坯和乳制,但碳化物的不均匀性仍然非常显著。这种碳化物的不均匀性对高速钢的力学性能和工艺性能及所制造的刃具的使用寿命均有很大影响。如碳化物呈带状、网状、大颗粒、大块堆积时,可使刃具的力学性能出现各向异性,降低钢的强度、韧性和塑性;碳化物不均匀分布程度高时,锻造过程中出现塑性下降,应力集中而导致开裂,刃具的切削性能下降,刃具过早崩刃和磨损等现象;碳化物大颗粒不均匀分布时,在相同的加热条件下淬火,组织中出现晶粒大小不均的淬火组织,碳与合金元素在奥氏体中的溶解度减小,易产生过热甚至过烧组织,且部分区域在随后的回火处理时组织转变不均,引起应力集中,同时还使刃具组织不稳定,内应力增加引起刃具变形或者开裂。

　　改善高速钢的不均匀性首先要改善高速钢中原始碳化物分布的状态。主要措施为:向钢液中加入合金元素,如 Zr、Nb、Ti 及 Ce 等变质剂,增加结晶核心数量以细化共晶碳化物;在钢液结晶过程中,加超声振荡或电磁搅拌,采用连续铸造法。由于冷却迅速,共晶碳化物析出时间短,所以可以形成很细的组织。

　　对于高速钢铸态组织不均匀这类缺陷,不能用热处理的方法进行矫正,必须采用反复锻造法,将共晶碳化物和二次碳化物打碎,使其均匀分布在基体中。高速钢仅锻造一次是不够的,往往要经过二次、三次甚至多次的镦粗、拔长,锻造比越大越好。实际上高速钢反复镦拔的总锻造比达 10% 左右时,效果最佳。钨系高速钢的始锻温度一般为1140～1180 ℃,终锻温度为 900 ℃左右;钼系及钨钼系高速钢的始锻温度要低一些,为了减少氧化与脱碳,可以降低至 1000 ℃左右,终锻温度为 850～870 ℃。终锻温度太低会引起锻件开裂,而终锻温度太高(大于 1000 ℃)会造成晶粒的不正常长大,出现萘状断口。高速钢的导热性能较差,锻造加热过程中,一般在 850～900 ℃以下应缓慢进行;锻造或轧制后为防止产生过多的马氏体组织,应缓慢冷却(常用灰坑缓冷),以防止产生过高的应力和开裂。高速钢锻后硬度为 240～270 HB 左右。

值得指出的是，近年来，已有用粉末冶金的方法制造高速钢，这样可获得细小、均匀分布、无偏析的碳化物，从而提高刃具的寿命。

5.3.3　高速钢的热处理

高速钢的热处理通常包括热处理后或机械加工前的球化退火和成形后的淬火回火处理。高速钢锻造以后必须进行球化退火（预先热处理），其目的不仅在于降低钢的硬度，以利于切削加工，而且也为最终热处理作组织上的准备。

高速钢的球化退火工艺有普通球化退火和等温球化退火两种。18-4-1 钢退火温度为 860～880 ℃，即略超过 A1 温度，保温 2～3 h。这样溶入奥氏体中的合金元素不多，奥氏体的稳定性较小，易于转变为软组织。如果加热温度太高，奥氏体内溶入大量的碳及合金元素，其稳定性增大，反而对退火不利。6-5-4-2 钢的退火温度则采用上述温度的下限。为了缩短退火时间，可以采用等温球化退火，即在 860～880 ℃ 保温，迅速冷却至 720～750 ℃ 保温后冷至 500 ℃ 出炉。18-4-1 退火后的组织为索氏体，基体上分布着均匀细小的碳化物颗粒（如图 5-3 所示），其碳化物的类型为 M_6C 型、$M_{23}C_6$ 型及 MC 型。退火后的硬度为 207～255 HB。某些要求表面粗糙度低的刃具，可在退火后进行一次调质处理，然后再进行切削加工。

图 5-3　18-4-1 高速钢退火后的组织

高速钢的优越性只有在正确的淬火及回火之后才能发挥出来，其淬火温度一般较低合金刃具钢要高得多。对于高速钢，淬火加热温度越高，合金元素溶入奥氏体的数量越多，淬火之后马氏体的合金元素亦越高。只有合金元素含量高的马氏体才具有高的红硬性。对高速钢红硬性作用最大的合金元素（W、Mo、V）只有在 1000 ℃ 以上时，其溶解度才急剧增加，温度超过 1300 ℃ 时，虽然可继续增加这些合金元素的含量，但此时奥氏体晶粒急剧长大,甚至在晶界处发生局部熔化现象,因而淬火钢的韧性大大下降。所以对于高速钢的淬火加热温度,在不发生过热的前提下,高速钢的淬火温度越高,其红硬性则越好。常用高速钢的淬火加热温度如表 5-3 所示。

表 5-3　常用高速钢钢棒的热处理制度、主要特性及用途举例

牌号	试样热处理制度及淬回火硬度					主要特性	用途
	预热温度/℃	淬火温度/℃		淬火介质	回火温度/℃	硬度 HRC 不小于		
		盐浴炉	箱式炉					
W18Cr4V	800～900	1250～1270	1260～1280	油或盐浴	550～570	63	红硬性高,热处理工艺性较好,脱碳敏感性小,淬透性高,有较好的韧性和磨削加工性。但碳化物分布不均匀,热塑性低	广泛用于工作温度在 600 ℃以下的各种复杂刀具,如车刀、铣刀、刨刀、钻头、铰刀、机用锯条等,也可用于制造模具及高温下工作的耐磨零件
W12Cr4V5Co5	800～900	1220～1240	1230～1250	油或盐浴	540～560	65	较高的红硬性、耐磨性及抗回火稳定性,耐用度为一般高速钢的两倍以上,但不宜制造高精度、形状复杂的刀具,强韧性也较差	适用于制作钻削工具、车刀、铣刀、刮刀片以及冷作模具,也可用于加工高强度钢、铸造合金钢、低合金超高强度钢等难加工材料
W6Mo5Cr4V2	800～900	1210～1230	1210～1230	油或盐浴	540～560	64	热塑性、韧性和耐蚀性优于 W18Cr4V,且碳化物细小,分布均匀,价格较低。但磨削加工性差一些,脱碳敏感性也较大	广泛应用于制作承受冲击力较大的刀具,如插刀、钻头、锥齿轮、刨刀等,也可制造大型和热塑性成型刀具以及高载荷下耐磨损的机件
CW6Mo5Cr4V2	730～840	1190～1210	1200～1220	油或盐浴	540～560	64	含碳量比 W6Mo5Cr4V2 稍高,硬度可达 67～68 HRC,红硬性和耐磨性也高,由于残余奥氏体量较多,使强度和冲击韧性降低,碳化物分布不均和晶粒较粗也使热塑性和力学性能降低	适用于制造切削性能,要求较高的刀具;由于磨削性能好,故特别适宜制造刃口圆弧半径很小的刀具,如拉刀、铰刀等

（续表）

牌号	试样热处理制度及淬回火硬度					主要特性	用途
	预热温度/℃	淬火温度/℃		淬火介质	回火温度/℃	硬度 HRC 不小于		
		盐浴炉	箱式炉					
W6Mo5Cr4V3	800～900	1190～1210	1200～1220	油或盐浴	540～560	64	能获得细小而均匀的碳化物颗粒,提高了耐磨性和韧性、塑性等,但磨削性下降,易氧化脱碳	适用于制造各种类型的一般刀具,也可制造高强度钢、高温合金等难加工材料的刀具,但不能制造高精度复杂刀具
CW6Mo5Cr4V3	800～900	1180～1200	1190～1210	油或盐浴	540～560	64	具有 W6Mo5Cr4V3 和 CW6Mo5Cr4V3 两者之特性,碳化物细小而又分布均匀,二次硬化效果好,既有一定的强度和韧性,又有更高的硬度、红硬性和耐磨性	适用于制造各种类型的一般刀具,也可制造高强度钢、高温合金等难加工材料的刀具,但不能制造高精度复杂刀具
W2Mo9Cr4V2	800～900	1190～1200	1200～1220	油或盐浴	540～560	64	切削一般硬度材料时具有良好的效果,红硬性和韧性、耐磨性均较好,但易于氧化脱碳	适用于制造钻头、刀片、铣刀、成形刀具,切削刀具、锯条、各种冷冲模具、丝锥、板牙等
W6Mo5Cr4V2Co5	800～900	1190～1210	1200～1220	油或盐浴	540～560	64	与 W6Mo5Cr4V2 相比,由于加入了钴,红硬性和高温硬度均较好,但韧性下降	适用于制造高速切削刀具以及切削较高强度的材料
W7Mo4Cr4V2Co5	800～900	1180～1200	1190～1210	油或盐浴	540～560	66	具有很高的耐磨性、高的红硬性和高温硬度,其耐用度较一般高速钢得多。但强度较低,磨削加工性差,不宜制作高精度及形状复杂的刀具	适用于制造钻削工具、螺纹梳刀、车刀、铣刀、滚刀、刮刀、刀片等,可加工中强度钢、冷轧钢、铸造合金钢、低合金高强度钢等难加工材料,也可制作冷作模具等
W2Mo9Cr4VCo8	800～900	1170～1190	1180～1200	油或盐浴	540～560	66	硬度很高,可达 70 HRC,红硬性也高,易于磨削加工等优点,但韧性稍差	适用于制造高精度和形状复杂的刀具,如成形铣刀、精密拉刀,各种高硬度刀头、刀片等

（续表）

牌号	试样热处理制度及淬回火硬度					主要特性	用途
	预热温度/℃	淬火温度/℃		淬火介质	回火温度/℃	硬度 HRC 不小于	
		盐浴炉	箱式炉				
W9Mo3Cr4V	800～900	1200～1220	1220～1240	油或盐浴	540～560	64	综合性能优于 W6Mo5Cr4V2,价格低	适用性强
W6Mo5Cr4V2Al	800～900	1200～1220	1230～1240	油或盐浴	550～570	65	以铝代钴,成本较低,硬度可达 68～69 HRC,红硬性、热塑性、耐磨性均好,耐用度比 W18Cr4V 高 1～2 倍。可进行碳、氮共渗、氮化等表面处理,但热处理工艺性差	适用于制造各种高速切削刀具,可加工碳钢、合金钢、高速钢、不锈钢、高温合金等,可用于 W18Cr4V 工具不能加工的材料

注:回火温度为 550～570 ℃时,回火 2 次,每次 1 h;回火温度为 540～560 ℃时,回火 2 次,每次 2 h。

由表 5-3 可以看出,6-5-4-2、6-5-4-3 和 W7Mo4Cr4V2Co5 及 W2Mo9Cr4VCo8 钢的淬火温度要低于 18-4-1,这给此类钢的热处理操作带来不少便利。因为高速钢的导热性差,而淬火温度又极高,所以常常分两段或三段加热,即先在 800～850 ℃预热,然后再加热到淬火温度。大型刃(工)具及复杂刃(工)具应当采用两次预热(三段加热),第一次在 500～600 ℃,第二次在 800～850 ℃。此外,高速钢采用预热还可缩短在高温处理停留的时间,这样可减少氧化脱碳及过热的危险性。

18-4-1 钢过冷奥氏体转变曲线见图 5-4。由于奥氏体合金度高,分解速度较缓慢,珠光体转变区间在 Al～600 ℃间,转变开始到终了时间最快为 1～10 h。600 ℃～B_S(360 ℃)为过冷奥氏体中温稳定区,Bs～175 ℃为贝氏体转变区间,但转变进行不彻底。M_s(220 ℃)以下为马氏体转变区间。淬火后约含有 70% 的隐晶马氏体,还有 20%～25% 残留奥氏体。在冷却过程中采取中温停留或慢冷,将发生奥氏体热稳定化,使 M_s 点下降,残留奥氏体量增多。

高速钢的淬火冷却通常在油中进行,但对形状复杂、细长杆件或薄片零件可采用分级淬火和等温淬火等工艺。冷却速度太慢时,在 800～1000 ℃温度范围内会有碳化物自奥氏体中析出,对钢的红硬性产生不良影响;分级淬火可使残余奥氏体量增加 20%～30%,使工件变形、开裂倾向减小,使钢的强度、韧性提高。高速钢的正常淬火组织为马氏体(60%～65%)+碳化物(10%)+残余奥氏体(25%～30%)(如图 5-5 所示)。必须强调,分级淬火的分级温度停留时间一般不宜太长,否则二次碳化物可能大量析出,对钢的性能不利。

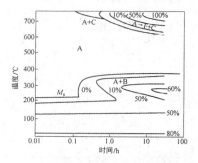

图 5-4　18-4-1 高速钢加热到 1300 ℃时的 TTT 图

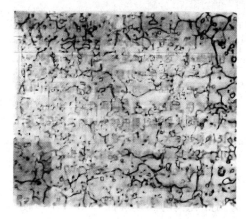

图 5-5　18-4-1 高速钢 1280 ℃淬火后的组织

高速钢的等温淬火和分级淬火相比,其主要差别是淬火组织中除含有马氏体、碳化物及残余奥氏体外,等温淬火组织中还含有下贝氏体。等温淬火可进一步减小工件变形,并提高韧性,故有时也称为无变形淬火。等温淬火所需时间较长,等温时间不同,所获得的下贝氏体含量不等,在生产中通常只能获得 40%的下贝氏体。而等温时间过长可大大增加残余奥氏体的含量,此时需要在等温淬火后进行冷处理或采用多次回火来消除残余奥氏体,否则将会影响回火后的硬度及热处理质量。

为了消除淬火应力,稳定组织,减少残余奥氏体的数量,使高速钢达到所需的性能,一般要进行 3 次 560 ℃保温 1 h 的回火处理。高速钢的回火转变比较复杂,在回火过程中过剩碳化物不发生变化,只有马氏体和残余奥氏体发生转变,从而引起钢性能的变化。

在 150~400 ℃温度范围内,约在 270 ℃时自马氏体中析出 ε-碳化物,然后逐步转变为 Fe_3C 并聚集长大,硬度有所下降;由于析出的 Fe_3C 的聚集和大部分淬火应力的消除,强度、塑性增加。在 400~500 ℃回火温度范围内,马氏体中的 Cr 向碳化物中转移,与此同时,渗碳体型的碳化物逐渐转变为弥散的富 Cr 的合金碳化物(M_6C),使钢的硬度又逐渐上升。在 500~600 ℃之间,钢的硬度、强度和塑性均有提高,而在 550~570 ℃时可达到硬度、强度的最大值。在 550~570 ℃温度区间内,自马氏体中析出弥散的钨(钼)及钒的碳化物(W_2C、Mo_2C、VC),使钢的硬度大幅度地提高,这种现象称为二次硬化。与此同时,在 500~600 ℃之间,还发生残余奥氏体的压应力松弛,且由于其中析出了部分碳化物,使残余奥氏体中合金元素及碳含量下降,M_s点升高。这种贫化了的残余奥氏体,在回火后的冷却过程中又转变为马氏体,使钢的硬度也有所提高,这种现象称为二次淬火,但其硬化效果不如二次硬化显著。高速钢经过 560 ℃回火后,马氏体中仍有 0.25% 左右的碳,仍具有较高的硬度。所以高速钢多采用在硬化效果最高的温度 550~570 ℃回火。图 5-6 为回火温度对 18-4-1 和 6-5-4-2 高速钢的强度、硬度和塑性(挠度)的影响,其中 18-4-1 钢的奥氏体化温度为 1280 ℃,6-5-4-2 钢的奥氏体化温度为 1215 ℃。

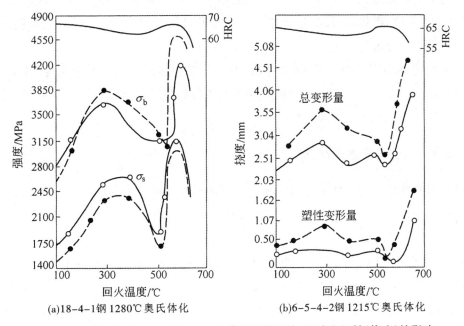

(a)18-4-1钢 1280℃奥氏体化　　　　(b)6-5-4-2钢 1215℃奥氏体化

图 5-6　回火温度对 18-4-1 和 6-5-4-2 高速钢的强度、硬度和塑性(挠度)的影响

此外,由于高速钢中残余奥氏体的数量较多,经一次回火后仍有 10% 的残余奥氏体未转变,再经两次回火,才能使其低于 5%。第一次回火只对淬火马氏体起回火作用,而回火冷却过程中转变成的二次马氏体,产生了新的内应力,经第二次回火,可使二次马氏体得到回火,同时,在回火冷却过程中未转变的残余奥氏体转变为马氏体,第二次回火后,又会产生新的内应力,就需要进行第三次回火。正常回火后的组织为回火马氏体＋碳化物(图 5-7),硬度为 63~66 HRC。

为了减少回火次数,可进行冷处理(−80~−70 ℃)。高速钢淬火后在室温停留30~60 min,残余奥氏体会迅速稳定化,因而最好立即进行冷处理,然后再进行一次回火处理,以消除冷处理产生的应力。

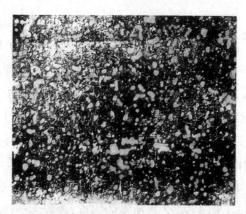

图 5-7 18-4-1 高速钢正常淬火、三次回火后的组织

高速钢在回火过程中应当注意,每次回火后必须冷到室温再进行下一次回火,否则易产生回火不足的现象。因此,生产中常采用金相法测量残余奥氏体量,以检验高速钢回火转变是否充分进行。

综上所述,高速钢在热处理操作时,必须严格控制淬火加热及回火温度,淬火、回火保温时间,淬火、回火冷却方法。如果热处理工艺参数控制不当,易产生过热、过烧、萘状断口、硬度不足及变形开裂等缺陷。

5.3.4 典型的高速钢及其应用

目前国内外高速钢的种类有数十种。高速钢通常可以分为两大类,一类为通用型高速钢,可分为钨系、钼系和钨钼系,典型的钢种为 W18Cr4V(简称 18-4-1)、W2Mo9Cr4V2和 W6Mo5Cr4V2(简称 6-5-4-2)。

W 系高速钢(18-4-1)具有很高的红硬性,可以制造在 600 ℃以下工作的工具。但在使用过程中发现 W 系高速钢的脆性较大,易于产生崩刃现象。其主要原因是碳化物的不均匀性较大,为此发展了以 Mo 为主要合金元素的 Mo 系高速钢。从保证红硬性的角度来看,Mo 与 W 的作用相似,常用的钢种为 W2Mo8Cr4V(美国牌号 M1)和 Mo8Cr4V2(M10)。Mo 系高速钢具有碳化物不均匀性小和韧性较高等优点,但又存在两大缺点:一是脱碳倾向性较大,对热处理保护要求较高;二是晶粒长大倾向性较大,易于过热,故要求严格控制淬火加热温度。Mo 系高速钢的淬火加热温度略低于 W 系高速钢,一般为1175~1220 ℃。为了克服 Mo 系高速钢的缺点,同时综合 W 系和 Mo 系高速钢的优点,发展了 W-Mo 系高速钢,常用的钢种有 6-5-4-2(M2)。W-Mo 系高速钢兼有 W 系和 Mo系高速钢的优点,即既有较小的脱碳倾向性与较低的过热敏感性,又有碳化物分布均匀且韧性较高的优点。因此,近年来 W-Mo 系高速钢获得了广泛应用,特别是 6-5-4-2 钢在许多国家已取代了 18-4-1 高速钢而占据统治地位。

另一类为高性能或特殊用途高速钢,可分为高碳高钒高速钢(W12Cr4V4Mo)、高钴高速钢(W2Mo9Cr4VCo8)和超硬型高速钢(W2Mo10Cr4VCo8)三类。

　　高钒高速钢主要是为适应提高耐磨性的需要而发展起来的,最早形成了 9Cr4V2 钢。为了进一步提高钢的红硬性和耐磨性而形成了高碳高钒高速钢,如 12-4-4-1 钢和 6-5-4-3 钢。增加钒含量会降低钢的可磨削性能,使高钒钢应用受到一定限制。通常含钒量约 3%的钢尚可允许制造较复杂的刃具,而含钒量为 4%～5%时,则只宜制造形状简单或磨削量小的刃具。高钴高速钢是为适应提高红硬性的需要而发展起来的,典型的高钴高速钢为 W7Mo4Cr4V2Co5 和 W2Mo9Cr4VCo8 等。钴含量的增加虽然可以显著提高高速钢的红硬性和切削寿命,但 Co 过高会使钢脆性及脱碳倾向性增大,故在使用及热处理时应予以注意,例如含钴 10%的高速钢已不适于制造形状复杂的薄刃工具。超硬型高速钢是为了适应加工难切削材料(如耐热合金等)的需要,在综合高碳高钒高速钢与高碳高钴高速钢优点的基础上而发展起来的。这种钢经过热处理后硬度可达 68～70 HRC,具有很高的红硬性与切削性能。典型钢种为 W2Mo10Cr4VCo8(M42)和 W6Mo5Cr4V2Co12(M44)等。

　　此外,我国科学家结合我国资源情况发展了加 Al 的超硬高速钢,典型的牌号为 W6Mo5Cr4V2Al、W6Mo5Cr4V5SiNbAl 及 W10Mo4Cr4V3Al 等。这种钢经热处理后硬度可达 67～70 HRC。加 Al 高速钢还具有力学性能好、碳化物偏析小及可磨削性能好等优点。

　　目前高速钢的使用范围已经不局限于切削刃具,已开始在模具方面应用。近年来,多轧辊、高温弹簧、高温轴承和以高温强度、耐磨性能为主要要求的零件的制造,实际上都是高速钢可以发挥作用的领域。

5.4　冷变形模具钢

　　冷作模具钢包括拉延模、拉丝模和压弯模、冲裁模(落料、冲孔、修边模、冲头、剪刀模等)、冷镦模和冷挤压模等,工作温度一般不超过 300 ℃。

　　冷作模具钢在服役时,由于被加工材料的变形抗力比较大,模具的工作部分需承受很大的压应力、弯曲力、冲击力及摩擦力,因此冷作模具钢的主要失效形式是磨损,有时也因断裂、崩刃和变形超差而提前失效。由此可见,冷作模具钢对性能的要求与刃具钢具有一定的相似性,即要求模具钢有高的硬度和耐磨性、高的抗弯强度和足够的韧性,以保证冲压过程的顺利进行。当然也存在明显的差别:

　　(1)模具形状及加工工艺比较复杂,而且摩擦面积大,磨损可能性大,所以修磨困难,因此要求模具钢具有更高的耐磨性;

　　(2)模具服役时承受的冲击力大,同时由于形状复杂易于产生应力集中,所以要求其具有较高的韧性;

（3）模具尺寸大、形状复杂，所以要求有较高的淬透性、较小的变形及较小的开裂倾向性。

总之，冷作模具钢在淬透性、耐磨性与韧性等方面的要求要较刃具钢高一些，而在红硬性方面的要求较低或基本上没有要求，所以也研制了一些适于制造冷作模具的专用钢种。下面重点介绍高铬和中铬模具钢及基体钢的设计思路及热处理。

5.4.1 低合金冷作模具钢

冷作模具钢在服役条件和性能要求等方面和量具刃具用钢有相似之处，因此量具刃具用钢也可用于制造部分冷作模具。对于尺寸小、形状简单、轻负荷的冷作模具，例如小冲头、剪落钢板的剪刀等，可选用 T7A、T8A、T10A、T12A 等碳素工具钢制造。用这类钢制造的优点是可加工性好、价格便宜、来源容易；但又有明显的缺点，如淬透性低、耐磨性差、淬火变形大。因此，这类钢只适于制造一些尺寸小、形状简单、轻负荷的工具以及硬化层要求不深并保持高韧性的冷镦模等。

对于尺寸稍大、形状复杂、轻负荷的冷作模具，常用 9Mn2V、CrWMn 低合金模具钢及 9SiCr、GCr15 等制造。这些钢在油中淬火的淬透直径大体上可达 Φ40 mm 以上。其中 9Mn2V 钢是我国发展的一种不含 Cr 的冷作模具钢，可代替或部分代替含 Cr 的钢。9Mn2V 钢的碳化物不均匀性和淬火开裂倾向性比 CrWMn 钢小，脱碳倾向性比 9SiCr 钢小，而淬透性比碳素工具钢大，其价格只比后者高约 30%，因此是一个值得推广使用的钢种。但 9Mn2V 钢也存在一些缺点，如冲击韧性不高，在实际使用中发现有碎裂现象；另外，其回火稳定性较差，回火温度一般不超过 180 ℃，在 200 ℃回火时抗弯强度及韧性开始出现低值。9Mn2V 钢可在硝盐、热油等冷却能力较为缓和的淬火介质中淬火，对于一些变形要求严格而硬度要求又不是很高的模具，可采用奥氏体等温淬火。

CrWMn 钢具有较高的碳含量，一方面满足了碳化物形成元素形成一定量的过剩碳化物的需要；另一方面在淬火加热时又有足够的 C 溶入奥氏体，从而保证钢有高的硬度和耐磨性。Cr 的加入主要是增加钢的淬透性，尤其与 W 一起加入时作用更大；W 还可以形成一些不易溶解的碳化物，阻止奥氏体晶粒长大；Mn 除增加淬透性外，还可使 M_s 点大大降低，增多残余奥氏体的数量。CrWMn 钢可用于工作温度不高、制造要求变形小的细而长的形状复杂的切削工具。如板牙、拉刀、长丝锥、长绞刀等，也可作量具。

常用合金冷作模具钢的牌号、化学成分如表 5-4 所示。

低合金冷作模具钢的热处理和前面讲述的量具刃具用钢类似，这里不再赘述。但是对于含 W 的钢种，如 CrWMn 钢等，其预先热处理有时不采用球化退火，而采用高温回火（CrWMn 钢的正火温度为 970～990 ℃），这是由于退火温度过高或时间过长时会使钨转变成难熔的 WC，从而使淬火效果降低。

表 5-4　常用合金冷作模具钢的牌号及化学成分(GB/T 1299—2014)

牌号	化学成分(质量分数)/%								P	S
	C	Si	Mn	Cr	W	Mo	V	其他		
									不大于	
Cr12	2.00~2.30	≤0.40	≤0.40	11.50~13.00	—	—	—	—	0.030	0.20
Cr12Mo1V1	1.40~1.60	≤0.60	≤0.60	11.00~13.00	—	0.70~1.20	0.05~1.10	Co≤1.00	0.030	0.20
Cr12MoV	1.45~1.70	≤0.40	≤0.40	11.00~12.50	—	0.40~0.60	0.15~0.30	—	0.030	0.20
Cr5Mo1V(A2)	0.95~1.05	≤0.50	≤1.00	4.75~5.50	—	0.90~1.40	0.15~0.50	—	0.030	0.20
9Mn2V	0.85~0.95	≤0.40	1.70~2.00	—	—	—	0.10~0.25	—	0.030	0.20
CrWMn	0.90~1.05	≤0.40	0.80~1.10	0.90~1.20	1.20~1.60	—	—	—	0.030	0.20
9CrWMn	0.85~0.95	≤0.40	0.90~1.20	0.50~0.80	0.50~0.80	—	—	—	0.030	0.20
Cr4W2MoV	1.12~1.25	0.40~0.70	≤0.40	3.50~4.00	1.90~2.60	0.80~1.20	0.80~1.10	—	0.030	0.20
6Cr4W3Mo2VNb	0.60~0.70	≤0.40	≤0.40	3.80~4.40	2.50~3.50	1.80~2.50	0.80~1.20	Nb 0.20~0.35	0.030	0.20
6W6Mo5Cr4V	0.55~0.65	≤0.40	≤0.60	3.70~4.30	6.00~7.00	4.50~5.50	0.70~1.10	—	0.20	0.20

5.4.2　高铬和中铬冷作模具钢

1. 高铬冷作模具钢

高铬冷作模具钢(简称高铬钢)含有较高的 C(1.4%~2.3%)和大量的 Cr(11%~13%),有时还加入少量的 Mo 和 V。高碳用以保证获得高硬度和高耐磨性;高碳高铬主要是形成大量的 $(Cr,Fe)_7C$ 型碳化物(退火态时,这类钢中含有碳化物的体积分数为16%~20%)。在铬的各类碳化物中,Cr_7C 型碳化物具有最高的硬度,HV 为 2100,极大地提高了模具钢的耐磨性,同时铬还显著提高钢的淬透性;辅加 Ti、Mo、V,适当减少 C含量,除了进一步提高钢的回火稳定性,增加淬透性外,还能减少并细化共晶碳化物,细化晶粒,改善韧性。

高碳高铬钢的组织和性能与高速钢有许多相似之处,也属于莱氏体钢。铸态组织和高速钢相似,有网状共晶莱氏体存在,必须通过轧制或锻造,破碎共晶碳化物,以减少碳化物的不均匀分布。

高碳高铬钢锻造后通常采用等温球化退火进行软化。由于钢中大量铬的存在,使得 Al 温度升高到 $800\sim820$ ℃,所以等温球化退火的加热温度一般为 $850\sim870$ ℃,保温 $3\sim4$ h;退火等温温度为 $720\sim740$ ℃,保温 $6\sim8$ h,炉冷至温度低于 500 ℃后出炉空冷,如图 5-8 所示。高碳高铬钢等温球化退火后的组织与高速钢的退火组织相似,为索氏体型珠光体+粒状碳化物。退火后硬度为 $207\sim267$ HB。

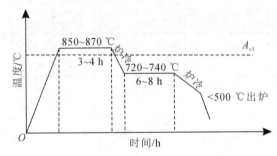

图 5-8　高碳高铬钢的等温球化退火工艺

高碳高铬钢的最终组织和性能(硬度、强度、塑性、回火稳定性、淬火回火时的体积变形)与淬火温度有极大的关系,因为奥氏体的合金化程度以及稳定性与淬火温度有关。对 Cr12MoV 钢而言,当加热到淬火温度(约为 810 ℃)以上时,原始组织中的索氏体和碳化物转变为奥氏体和碳化物,随着加热温度的升高,合金碳化物 $(Cr,Fe)_7C$ 继续向奥氏体中溶解,增加了奥氏体中 C 和 Cr 的浓度,因而得到较高的淬火硬度。淬火温度升高到 1050 ℃时,硬度达到最大值。若淬火温度再升高,由于奥氏体中合金元素含量增多,使 Ms 点下降,从而导致残余奥氏体量的增加,例如 1100 ℃淬火,残余奥氏体高达 80% 以上,硬度急剧下降。正确选择淬火温度,保存一定量的残余奥氏体,部分甚至完全抵消淬火时马氏体转变所产生的尺寸增大,使变形量最小甚至无变形。

高碳高铬钢的 TTT 曲线如图 5-9 所示。由图可以看出,奥氏体无论在珠光体转变区还是在贝氏体转变区都具有较高的稳定性,因而这类钢的临界淬火冷却速度小,淬透性高,用油淬、盐浴分级冷却甚至空气冷却均可淬硬。在正常淬火加热条件下,截面为 $200\sim300$ mm 的 Cr12 钢可淬透;截面为 $300\sim400$ mm 的 Cr12MoV 钢可完全淬透。在生产实际中,为了减少变形,模具一般采用油淬,也可以采用空气预冷油淬或热油冷却以及在 $300\sim380$ ℃或 $160\sim180$ ℃硝盐分级冷却。

高碳高铬钢的热处理方法与合金刃具钢类似,通常有两种工艺方法。

(1)一次硬化法

一次硬化法与低合金刃具钢类似,采用较低的淬火温度进行低温回火。选用较低的淬火温度时,晶粒较细,钢的强度和韧性较好。通常 Cr12MoV 钢选用 980～1030 ℃淬火,如希望得到较高的硬度,淬火温度可取上限。Cr12 钢的淬火温度选用 950～980 ℃。这样处理后,钢中的残余奥氏体量在 20％左右,回火温度一般在 200 ℃左右。回火温度升高时,硬度降低,但强度和韧性提高。一次硬化法使钢具有高的硬度和耐磨性,较小的热处理变形。大多数 Cr12 型钢制造的冷变形模具均采用一次硬化法工艺。

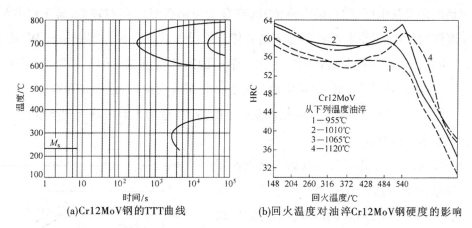

(a)Cr12MoV 钢的TTT曲线　　(b)回火温度对油淬Cr12MoV钢硬度的影响

图 5-9　Cr12MoV 钢的 TTT 曲线与回火温度对油淬 Cr12MoV 钢硬度的影响

(2)二次硬化法

二次硬化法与高合金刃具钢(高速钢)类似,采用高的淬火温度,进行多次高温回火,以达到二次硬化的目的。这样可以获得高的回火稳定性,但钢的强度和韧性较一次硬化法有所下降,工艺上也较复杂。为了得到二次硬化,Cr12MoV 钢选用 1050～1080 ℃的淬火温度,淬火后钢中有大量残余奥氏体,硬度比较低。然后采用较高的温度(490～520 ℃)回火并多次进行(3～4 次),硬度可以提高到 60～62 HRC。硬度的提高主要是由于残余奥氏体在回火过程中转变为马氏体。为了减少回火次数,对尺寸不大、形状简单的模具,可以进行冷处理(－78 ℃)。和高合金刃具钢一样,高碳高铬钢在室温停留一定时间(30～50 min)后,残余奥氏体会迅速稳定化,因而冷处理应在淬火后立即进行,随后再在 490～520 ℃回火,硬度可提高到 60～61 HRC。二次硬化法适于工作温度较高(400～500 ℃)且受荷不大或淬火后表面需要氮化的模具。

综上所述,高碳高铬型冷变形模具钢具有以下特点:

①高的耐磨性。主要由于存在大量的 M_7C_3 型碳化物。

②高的淬透性。经 900～1000 ℃淬火加热后,固溶体中含有 4％～5％Cr,过冷奥氏体稳定性很高,直径大于 200～300 mm 的工模具均可以完全淬透。

③淬火时可以得到最小的体积变形。随着淬火温度的升高,体积变化减小,至某一温度淬火后,尺寸变化可以接近于零,显然这与残余奥氏体量增多有关,此外,残余奥氏

体的量,还可以通过适当回火来调整,以获得微变形。

④经二次硬化处理的高碳高铬钢有较高的红硬性和耐磨性。

⑤碳化物不均匀性比较严重,尤其是含碳较高的 Cr12 钢,通常需要通过改锻来降低碳化物的级别。

2. 中铬冷作模具钢

中铬冷作模具钢(简称高碳中铬钢)的碳含量与铬含量均相对较低,属于过共析钢。但由于凝固时偏析的原因,故在铸态下仍有部分莱氏体共晶存在。钢中加入 W(或 Mo)与 V,其所起作用与在高碳高铬钢中相同。钢中的碳化物是以 Cr_7C_3 型为主,并有少量的合金渗碳体及 M_6C 和 MC 型碳化物。碳化物分布较为均匀,退火态含有 15%左右的碳化物。这类钢具有耐磨性好和热处理变形小的特点,适用于制造既有耐磨性要求又有一定韧性要求的模具。

Cr4W2MoV 钢是用来代替高碳高铬钢而研制的一种高碳中铬钢。由于含有较多的 W、Mo 和 V,能细化奥氏体晶粒,具有较高的淬透性、较好的回火稳定性及综合力学性能。可用于制造硅钢片冲模等,其使用寿命比 Cr12MoV 钢提高 1～3 倍,甚至更多。但这种钢的锻造温度范围较窄,锻造时易开裂,应严格控制锻造温度和操作规程。Cr4W2MoV 钢的过冷奥氏体等温转变图如图 5-10 所示。其热处理方式和高碳高铬钢相似,最终热处理也有两种方式:在考虑硬度和强韧性要求时,可采用较低的淬火加热温度(960～980 ℃),低温(260～300 ℃)回火两次,每次 1 h;对要求热稳定性好以及需要进行化学热处理时,

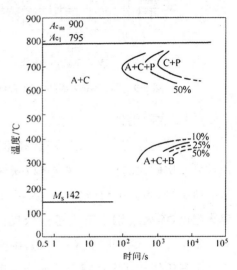

图 5-10 Cr4W2MoV 钢的过冷奥氏体等温转变图(950 ℃加热)

则采用较高的淬火加热温度(1020～1040 ℃),在 500～540 ℃回火 3 次,每次1～2 h,可以得到较高的硬度和良好的力学性能,变形亦较小的钢。

Cr5Mo1V 钢可在两个温度区间加热淬火,低温淬火在 940～960 ℃,高温淬火在 980～1010 ℃,淬火后硬度可达 63～65 HRC;钢从 950 ℃空淬时,可使 50 mm×152 mm×245 mm 块淬硬。Cr5Mo1V 钢在不同温度淬火和回火时,在 200 ℃和 400 ℃有两个韧性峰值,在每一韧性峰值之后的回火温度下,韧性降低,这是残余奥氏体分解的结果,因此模具在回火时应避免在脆性温度区回火。常用合金冷作模具钢的热处理、主要特性和用途举例如表 5-5 所示。

表 5-5　常用合金冷作模具钢的热处理、主要特性和用途举例

牌号	热处理		主要特性	应用举例
	淬火温度和冷却剂	硬度值 HRC（不小于）		
Cr12	950～1000 ℃,油	60	应用很广泛的高碳高铬冷作模具钢,具有高的强度、耐磨性和淬透性,淬火变形小。但较脆,脱碳倾向大	用于要求耐磨性高,而承受冲击载荷较小的工件,如冷冲模、冲头、冷剪切刀、拉丝模、搓丝板等
Cr12Mo1V1	820 ℃±15 ℃ 预热,1000×（盐浴）±6 ℃ 或 1010 ℃（炉控气氛）±6 ℃ 加热,保温 10～20 min 空冷 200 ℃±6 ℃ 回火一次,2 h	59	与 Cr12MoV 钢相似,但晶粒细化效果更好,淬透性和韧性均比 Cr12MoV 好	用作截面更大、形状更复杂、工作更繁重的各种冷作模具以及冷切剪刀、钢板深拉深模等
Cr12MoV	950～1000 ℃,油	58	钢的淬透性、回火后的硬度、强度、韧性等均比 Cr12 钢高,热处理时体积变化小。碳化物分布也较均匀	用作截面较大、形状较复杂、工作条件较繁重的各种冷冲模具,如冲孔凹模、切边模、钢板深拉深模、冷切剪刀及量规等
Cr5Mo1V	790 ℃±15 ℃ 预热,940 ℃（盐浴）或 950 ℃（炉控气氛）±6 ℃ 加热,保温 5～15 min 油冷;200 ℃+6 ℃ 回火一次,2 h	60	碳化物细小均匀,有较高的空淬性能,截面尺寸小于 100 mm 的工件也能淬透,且变形小,韧性高。但耐磨性较 Cr12 钢低	用于需要耐磨,又同时需要韧性的冷作模具钢,可代替 CrWMn、9Mn2V 钢制作小型冷冲裁模、下料模、成型模和冲头等
9Mn2V	780～810 ℃,油	62	钢的淬透性和耐磨性比碳素工具钢高,淬火后变形也小,过热敏感性低,价格也较低	用于制作小型冷作模具,特别是制作要求变形小、耐磨性高的量具（如样板、块规、量规等）,也可用于制造精密丝杆、磨床主轴以及丝锥板牙、铰刀等
CrWMn	800～830 ℃,油	62	它的淬透性、硬度和耐磨性比 9Mn2V 高,也有较好的韧性,淬火后变形和扭曲很小,但易形成网状碳化物,使刀具刃口易剥落	制造要求变形小的细而长的形状复杂的刀具,特别是量具。形状复杂、尺寸不大的高精度冷冲模具,也常选用此钢

5.4.3　基体钢

所谓基体钢一般是指其化学成分与高速钢的淬火组织中基体的化学成分相同的钢种。这种钢既具有高速钢的高强度、高硬度,又因不含有大量的未溶碳化物而使钢的韧性和疲劳强度优于高速钢。目前对基体钢虽还没有确切的定义,但一般认为凡是在高速钢基体成分上添加少量其他元素,适当增减碳含量以改善钢的性能的钢都称为基体钢。18-4-1 和 6-5-4-2 高速钢正常淬火后基体的成分一般如表 5-6 所示。

表 5-6　高速钢淬火状态下碳化物和基体成分

钢种	热处理状态	碳化物		基体成分/%				
		质量分数/%	类型	c	W	Mo	Cr	V
18-4-1	退火态	27.0	$M_6C+M_{23}C+MC$	—	2.1	—	3.1	0.1
	1100 ℃油冷	27.2	M_6C	0.34	5.2	—	4.5	0.35
	1200 ℃油冷	18.9	M_6C	0.45	6.6	—	4.5	0.65
	1300 ℃油冷	3.9	M_6C	0.57	8.7	—	4.5	1.0
6-5-4-2	退火态	21.4	$M_6C+M_{23}C+MC$	—	0.9	1.5	2.2	0.2
	1050 ℃油冷	16.5	M_6C+MC	0.33	0.9	1.5	4.3	1.1
	1150 ℃油冷	3.0	M_6C+MC	0.42	1.3	1.8	4.3	1.5
	1250 ℃油冷	1.5	M_6C+MC	0.53	2.1	2.4	4.4	1.8

由表 5-6 可见,基体钢也可以认为是一种碳含量较低的高速钢(有时称为低碳高速钢,实际碳含量处于中碳成分)。这种低碳高速钢常用于制造高冲击负荷下的模具,由于碳化物含量相对较少,钢的韧性和工艺性能也明显改善。

应用最多的低碳高速钢是 6W6Mo5Cr4V 钢,碳和钒的含量都比高速钢 6-5-4-2 低(碳含量为 0.55%~0.65%,钒含量为 0.70%~1.10%),但仍属于莱氏体钢。这种钢适宜的淬火温度为 1180~1200 ℃,在油、空气或盐浴中冷却,淬火后在 560~580 ℃回火 3 次,硬度为 60~63 HRC。由于这种钢有较好的加工性、较高的强度和韧性以及较好的耐磨性,故用作冷挤压模比高铬冷作模具钢寿命长。

6Cr4W3Mo2VNb 钢是在 6-5-4-2 钢淬火基体成分的基础上适当提高碳含量,并用少量 Nb 合金化而发展的钢种(或者说是在低碳高速钢 6W6Mo5Cr4V 的基础上发展起来的钢种,加入 0.20%~0.35%的 Nb,并稍提高碳含量),以改善钢的韧性、塑性和疲劳抗力。这种钢的淬火加热温度为 1080~1180 ℃,然后在 520~580 ℃回火两次,其抗弯强度和韧性比通用高速钢高,适于制造形状复杂、受冲击负荷较大和尺寸较大的冷作模具。

50Cr4Mo3W2V(VasCoMA)和 55Cr4Mo5VCo8(MarrixⅡ)相当于常用的 6-5-4-2 和 W2Mo9Cr4VCo8(M42)高速钢的基体成分,属于过共析钢。在 1110~1120 ℃淬火后未

溶碳化物的体积分数约为 5%,还有较多的残余奥氏体,回火温度 510~620 ℃,多次回火产生二次硬化和消除残余奥氏体,硬度 61~65 HRC。在热处理到相同硬度时,基体钢比相对应的高速钢做的模具具有更长的使用寿命。

60Cr4Mo3Ni2WV(CG-2)则是在 6-5-4-2 钢淬火基体成分上适当添加了 2%Ni,用以改善韧性、塑性和疲劳抗力。这种钢既可以用于冷作模具,也可以兼作热作模具。对于冷作模具,适宜的热处理工艺为 450 ℃ 及 850 ℃ 两次预热,再加热到 1120 ℃ 保温后油冷淬火,并在 520~560 ℃ 回火两次,回火后的硬度为 59~62 HRC,冲击韧性(梅氏)可达 (15~20) J/cm²,适于制造要求变形小、韧性高的冷作模具;如用作热作模具,则需要将回火温度升高到 560 ℃ 或 600~620 ℃,保温 2 h,回火两次,回火后的硬度为 50~54 HRC。

5Cr4Mo3SiMnVAl(012Al)采用了将碳化物形成元素 Cr、Mo、V 与非碳化物形成元素 Si、Al 和弱碳化物形成元素 Mn 相结合的综合合金化的设计思路。由于这种钢的碳含量较低,故能够较好地适应冷热变形模具的不同要求。它既可以用于冷作模具,又可以用作热作模具。对于冷作模具,适宜的热处理工艺为 500 ℃ 及 850 ℃ 两次预热,再加热到 1090~1120 ℃ 保温后油冷淬火,并在 510 ℃ 保温 2 h,回火两次,回火后的硬度为 60~62 HRC;如用作热作模具,则需要将回火温度升高到 560 ℃ 或 600~620 ℃,保温 2 h,回火两次,回火后的硬度为 52~54 HRC。

5.4.4　新型冷作模具钢

为了适应冷镦模和厚板冲剪模的工作要求,既要有良好的耐磨性,又有较高的韧性,现已发展了一系列高韧性、高耐磨性的冷作模具钢。典型的钢种有 8Cr8Mo2V2Si、Cr8Mo2V2WSi、7Cr7Mo2V2Si 等。我国常用的是 7Cr7Mo2V2Si 钢,其主要成分为: 0.75%C,1.0%Si,7.0%Cr,2.5%Mo,2.0%V。这类钢的合金元素含量(质量分数)约为 12%,有较好的淬透性,热处理变形小。在退火状态,钢中碳化物以 VC 为主,还有少量 $M_{23}C_6$ 和 M_6C。随淬火温度升高,碳化物逐渐溶于奥氏体。当温度超过 1180 ℃,奥氏体晶粒明显长大,故淬火温度应在 1100~1150 ℃。此时剩余碳化物量为 3%VC,由于 VC 的硬度高达 2093 HV,故提高了钢的耐磨性。剩余碳化物总量不高,钢的韧性较好。经 1150 ℃淬火,奥氏体晶粒度为 8 级,并含有不超过 15%(体积分数)的残余奥氏体。淬火回火时在 500~550 ℃ 间出现二次硬化峰,这是由于 VC 析出和残余奥氏体分解产生的。对要求强韧性好的模具,采用在低淬火温度 1100 ℃ 下加热,550 ℃ 回火 2~3 次。若要求高耐磨性和在冲击负荷下工作的模具,在 1150 ℃ 高温下淬火,560 ℃ 回火 2~3 次。这类钢可用来制造冷镦模、冷冲模及冲头、冲剪模、冷挤压模等。

粉末冶金冷作模具钢是一种新型冷作模具钢。采用粉末冶金法(如雾化法)将钢水雾化成细小的粉末。由于采用快速凝固的方法,使得每颗粉粒中的高合金莱氏体得到了细化,显著改善烧结后钢的韧性;同时这种方法还可以生产用传统方法难以获得的高碳高合金冷作模具钢。如用粉末冶金法可使高碳高钒冷作模具钢（2.45%C,10%V,5%Cr,1.3%Mo）中含有更多的硬质碳化物 VC,从而具有更高的耐磨性。

粉末冶金冷作模具钢的另一个类型是钢结硬质合金。所谓钢结硬质合金是以钢基体为黏结剂,以一种或几种碳化物为硬质相,经配料、压制和烧结而成的。它兼有硬质合金和钢的优点,可以克服硬质合金加工困难、韧性差等缺点,在退火后可以进行切削加工,也可以进行锻造或焊接等。钢结硬质合金既有较高的强度和韧性,又有类似硬质合金的高硬度和高耐磨性等优点,可以用于制造标准件的冷锻模及硅钢片冲模等,与钢相比,其寿命可提高几倍到几十倍。钢结硬质合金按硬化相的不同,可分为 WC 系和 TiC 系两大系列。常用的基体成分有碳钢、钼钢、铬-钼钢、奥氏体不锈钢和高速钢等。几种典型的钢结硬质合金如表 5-7 所示。

表 5-7　几种典型的钢结硬质合金

牌号	化学成分/%		性能				
	硬化相	基体	密度 /(g·cm^{-3})	退火态	淬火 回火态	抗弯强度 /MPa	冲击韧性 /(J·cm^{-2})
TLMW50	50WC	0.8~1.2C,1.25Cr, 1.25Mo	10.21~10.37	35~40	66~68	≥2000	≥8
TMW50	50WC	2Mo-1C-Fe	≥10.20	—	63	1770~2150	7~10
T35	35TiC	3Cr-3Mo-0.9C-Fe	6.4~6.6	39~46	67~69	1300~2300	5~8
G	35TiC	高速钢	—	40~43	69~73	1500~1900	—

5.5　热变形模具钢

热作模具主要包括锤锻模、热挤压模和压铸模三类。热作模具服役条件的主要共同特点是与热态金属直接接触,因此会带来以下两个方面的影响:

(1)模腔表面金属受热(锤锻模模腔表面温度可达 300~400 ℃,热挤压模温度可达 500~800 ℃,压铸模模腔温度与压铸材料的熔点及浇注温度有关,对于黑色金属高达 1000 ℃以上),使模腔表面硬度和强度显著降低;

(2)模腔表面金属在热、冷的反复作用下出现热疲劳(龟裂)。

因此对热作模具钢的性能要求一方面是高的高温硬度、高的热塑性变形抗力,实际上反映了钢的高回火稳定性;另一方面是要求钢具有高的热疲劳抗力。

5.5.1　热作模具钢的化学成分、热处理工艺特点

热作模具钢的化学成分与合金调质钢相似,一般采用中碳钢(0.3%C~0.6%C)。中

碳可以保证钢具有足够的韧性,碳含量过低会导致钢的硬度和强度下降,碳含量过高,钢的导热性能低,对抗热疲劳有利。加入 Cr、Mn、Ni、Si、W、V 等合金元素,一方面可以强化铁素体基体和增加淬透性,另一方面还可以提高钢的回火稳定性,并在回火过程中产生二次硬化效应,从而提高钢的高温强度、热塑性变形抗力;同时这些合金元素的加入还可以提高钢的临界点,并使模面在交替受热与冷却过程中不致发生体积变化较大的相变,从而提高钢的热疲劳抗力。由于这类钢的最终热处理是淬火加高温回火,因此为了防止回火脆性,钢种还常加入 Mo、W 等合金元素。表 5-8 列出了常用的热作模具钢的牌号和化学成分。

表 5-8　常用的热作模具钢的牌号和化学成分(GB/T 1299—2014)

牌号	化学成分(质量分数)/%								P	S
	C	Si	Mn	Cr	Mo	W	V	其他	不大于	
5CrMnMo	0.50~0.60	0.25~0.60	1.20~1.60	0.60~0.90	0.15~0.30	—	—	—	0.030	0.030
5CrNiMo	0.50~0.60	≤0.40	0.50~0.80	0.50~0.80	0.15~0.30	—	—	Ni 1.40~1.80	0.030	0.030
3Cr2W8V	0.30~0.40	≤0.40	≤0.40	2.20~2.70	—	7.50~9.00	0.20~0.50	—	0.030	0.030
5Cr4Mo3SiMnV Al	0.47~0.57	0.80~1.10	0.80~1.10	3.80~4.30	2.80~3.40	—	0.80~1.20	Al 0.30~0.70	0.030	0.030
3Cr3Mo3W2V	0.32~0.42	0.60~0.90	≤0.65	2.80~3.30	2.50~3.00	1.20~1.80	0.80~1.20	—	0.030	0.20
5Cr4W5Mo2V	0.40~0.50	≤0.40	≤0.40	3.40~4.40	1.50~2.10	4.50~5.30	0.70~1.10	—	0.030	0.20
8Cr3	0.75~0.85	≤0.40	≤0.40	3.20~3.80	—	—	—	—	0.030	0.20
4CrMnSiMoV	0.35~0.45	0.80~1.10	0.80~1.10	1.30~1.50	0.40~0.60	—	0.20~0.40	—	0.030	0.20
4Cr3Mo3SiV	0.35~0.45	0.80~1.20	0.25~0.70	3.00~3.75	2.00~3.00	—	0.25~0.75	—	0.030	0.20
4Cr5MoSiV	0.33~0.43	0.80~1.20	0.20~0.50	4.75~5.50	1.10~1.60	—	0.30~0.60	—	0.030	0.20
4Ci5MoSiV1	0.32~0.45	0.80~1.20	0.20~0.50	4.75~5.50	1.10~1.75	—	0.80~1.20	—	0.030	0.20
4Cr5W2VSi	0.32~0.42	0.80~1.20	≤0.40	4.50~5.50	—	1.60~2.40	0.60~1.00	—	0.030	0.030

热作模具钢一般为亚共析钢(合金元素含量高的属于过共析钢),为了获得热作模具所要求的力学性能,要进行淬火及高温回火。经淬火及高温回火后,基体组织为回火屈氏体或回火索氏体组织,以保证较高的韧性;合金元素 W、Mo、V 等的碳化物在回火过程中析出,产生二次硬化,使模具钢在较高的温度下仍能保持相当高的硬度。

5.5.2 典型的热作模具钢及应用

对于不同类型的热作模具钢而言,它们还有各自的个性特点。下面结合具体钢种阐述它们的区别和应用。

锤锻模具用钢有两个突出的特点:(1)服役时承受冲击负荷的作用;(2)锤锻模的截面尺寸相对较大(可达 400 mm)。因此这类钢对力学性能要求较高,特别是对塑性变形抗力及韧性要求较高;同时要求钢有较高的淬透性,以保证整个模具的组织和性能均匀。常用的锤锻模钢有 5CrNiMo、5CrMnMo、4CrMnSiMoV 等,其化学成分与调质钢相近,只是对强度和硬度的要求更高,因此需要将钢的碳含量适当提高,其中 5CrNiMo 和 5CrMnMo 钢是使用最广泛的锤锻模用钢。它们的热处理工艺规范见表 5-9。5CrNiMo 钢经淬火并在 500~600 ℃回火后,具有较高的硬度(40~48 HRC)和高的强度及冲击韧性($\sigma_b = 1200 \sim 1400$ MPa,$a_K = 40 \sim 70$ J/cm^2),500 ℃时的高温强度极限较高($\sigma_b = 900$ MPa)。当回火温度超过 500~550 ℃时,钢的强度下降较快,而塑性、韧性迅速升高。5CrNiMo 钢适于制造形状复杂、冲击负荷重且要求高强度和较高韧性的大型模具。5CrMnMo 钢与 5CrNiMo 钢的性能相近,但韧性稍低($\sigma_K \approx 20 \sim 40$ J/cm^2)。此外,5CrMnMo 钢的淬透性和热疲劳性能也稍差,它适于代替 5CrNiMo 钢制造受力较轻的中、小型锻模。

表 5-9　常用合金热作模具钢的热处理、主要特性和应用举例(GB/T 1299—2014)

牌号	热处理		主要特性	应用举例
	淬火温度和冷却剂	硬度值 HRC(不小于)		
5CrMnMo	820~850 ℃,油	—	性能与 5CrNiMo 相近,但高温强度、韧性和耐热疲劳性相比较差	适用于制作中型锤锻模(边长小于 400 mm)
5CrNiMo	830~860 ℃,油		是应用最广泛的锤锻模具钢,具有良好的韧性、强度和耐磨性,到 500~600 ℃时其力学性能比室温时较低。淬透性较高,此钢有形成白点倾向	用于制造形状复杂、冲击负荷重的各种大、中型锤锻模(边长可大于 400 mm)

（续表）

牌号	热处理		主要特性	应用举例
	淬火温度和冷却剂	硬度值 HRC（不小于）		
3Cr2W8V	1075～1125 ℃，油	—	常用的压铸模具钢，具有较高的韧性，良好的导热性，在高温下有较高的强度和硬度。耐热疲劳性好，淬透性高，但韧性、塑性较差	适用于制造在高温、高应力下，不受冲击载荷的凹凸模，如压铸模、热挤压模、精锻模以及有色金属成型模等
5Cr4Mo3SiMnVAl	1090～1120 ℃，空气	60	有较高的耐热疲劳性、抗回火稳定性以及较高的强韧性，有较好的渗透性、耐磨性和热加工塑性	主要用于制造热作模具，代替 3Cr2W8V；也可作冷作模具用，代替Cr12 型钢和高速钢制热挤压冲头，冷、热锻模及冲击钻头
3Cr3Mo3W2V	1060～1130 ℃，油	—	冷热加工性能均良好，有较好的热强性、抗热疲劳性、耐磨性和抗回火稳定性等，耐冲击性属中等	用于热锻锻模、热辊锻模等，其使用寿命比3Cr2W8V、5CrMnMo等高
5Cr4W5Mo2V	1100～1150 ℃	—	有较高的热强性和热稳定性，较高的耐磨性	适用于制造中小型精锻模、平锻模、热切边模等，也可代替3Cr2W8V 钢用来制造某些热挤压模
8Cr3	850～880 ℃，油	—	有较好的淬透性，且形成的碳化物颗粒均匀、细小。有一定的室温和高温强度，价格也较低	用来制造冲击载荷不大，在磨损、低于 500 ℃的条件下工作的热作模具，如螺栓热顶锻模、热切边模等
4CrMnSiMoV	870～930 ℃，油	—	强度高，耐热性好，作模具时其使用寿命比5CrNiMo 钢高，但冲击韧性稍低	适用于制造大、中型锤锻模和压力机锤模，也可用于校正模和弯曲模等

（续表）

牌号	热处理		主要特性	应用举例
	淬火温度和冷却剂	硬度值 HRC（不小于）		
4Cr3Mo3SiV	790 ℃预热,1010 ℃（盐浴）或 1020 ℃（炉控气氛）加热,保温 5~15 min,空冷、550 ℃回火	—	淬透性好,有很好的韧性和高温强度。在 450~550 ℃回火后,得二次硬化效果	可代替 3Cr2W8V 钢用于制造热锻模、热冲模、热滚锻模和压铸模等
4Cr5MoSiV	790 ℃预热,预热1000 ℃（盐浴）或 1010 ℃（炉控气氛）加热,保温 5~15 min,空冷、550 ℃回火	—	在 600 ℃以下具有较好的热强度、高的韧性和耐磨性、较好的耐冷热疲劳性,热处理变形小,使用寿命比 3Cr2W8V 钢高	适用于作铝合金压铸模、压力机锻模、高精度锻模以及塑压模等。另外,也可用于制造飞机、火箭等耐热 400~500 ℃工作温度的结构零件
4Cr5MoSiV1	790 ℃预热,1000 ℃（盐浴）或 1010 ℃（炉控气氛）加热,保温 5~15 min,空冷,550 ℃回火	—	与 4Cr5MoSiV 钢的特性基本相同,但其中温(≈600 ℃)性能要好些	用途与 4Cr5MoSiV 相同
4Cr5W2VSi	1030~1050 ℃,油或空气	—	有较好的冷热疲劳性能,在中温下有较高的热强度、热硬度以及较高的耐磨性和韧性	用于制作热挤压模和芯棒,铝、锌等金属的压铸模,热顶锻耐热钢和结构钢工具,也可用于制造高速锤用模具等

对于热挤压模具钢,主要要求有高的热稳定性,较高的高温强度、耐热疲劳性,以及高的耐磨性。这类钢基本上可以分为 3 类,即 Cr 系、W 系和 Mo 系。其中应用较广泛的是 Cr 系和 W 系。

Cr 系热作模具钢一般含有约 5%Cr,并加入 W、Mo、V、Si。由于含 Cr 较高,因而有较高的淬透性。加入时,淬透性更高,故尺寸很大的模具淬火时也可以采用空冷。这类钢在淬火及高温回火后具有高的强度和韧性。钢中含有 Cr 和 Si,不仅提高了钢的临界点,有利于提高钢的抗热疲劳性能,而且还使得这类钢具有良好的抗氧化性能。此外,钢中的 V 可增强钢的二次硬化效果。典型的 Cr 系热作模具钢是 4Cr5MoSiV1,其过冷奥氏体等温转变图如图 5-11 所示。由图可以看出,在 450 ℃以上,有先共析碳化物析出的

A 曲线,所以在淬火冷却过程中应以较快的冷却速度迅速冷到 400~450 ℃,以防止先共析碳化物的析出。4Cr5MoSiV1 钢有较高的临界点,A_{c1} 为 875 ℃,A_{cm} 为 935 ℃。由于含较多的钒,钢有良好的抗过热敏感性。淬火硬度随淬火温度升高而增大,到 1050~1070 ℃时达到最高值。超过此温度范围硬度很少增加,而奥氏体晶粒开始长大。所以4Cr5MoSiV1 钢的淬火温度为 1020~1050 ℃,奥氏体晶粒度为 8~10 级,含有少量剩余 M_6C 和 MC 型碳化物和一定量的残余奥氏体。4Cr5MoSiV1 钢淬火后回火温度与硬度的关系见图 5-12。钢的次生硬化峰在 550 ℃左右,进一步升高回火温度,硬度迅速下降。当回火温度为 620~630 ℃时,仍能保持 45 HRC 左右的硬度。钢的回火温度为 580~600 ℃,硬度为 48~50 HRC,σ_b 为 1600~1800 MPa,σ_s 为 1400~1500 MPa,δ 为 9%~12%,ψ 为 45%~50%,冲击韧性为 40~50 J/cm²。

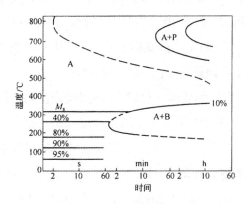

图 5-11　4Cr5MoSiV1 钢的过冷奥氏体等温转变图(1010 ℃奥氏体化)

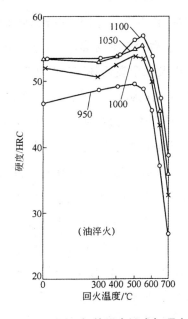

图 5-12　4Cr5MoSiV1 钢的回火温度与硬度的关系

如果进一步降低这类钢中的杂质含量,还可以显著改善钢中抗热疲劳性能和韧性。4Cr5MoSiV1 钢中磷的质量分数从 0.03% 降到 0.01%,冲击值提高 1 倍;若进一步降至 0.01%,冲击值则可提高 2 倍。另外,提高钢的横向韧性和塑性,提高其等向性,使其与纵向性能接近,可大幅度延长模具的使用寿命。

Cr 系热作模具钢主要用于制造尺寸不大的热锻模、铝及铜合金的压铸模、钢及铜合金的热挤压模、热剪切模、精密锻造模及各种冲击和急冷条件下工作的模具,成为主要的热作模具钢钢种。

W 系热作模具钢的主要特点是具有高的热稳定性,含 W 量愈高,热稳定性愈高,其典型是 3Cr2W8V。Cr 增加钢的淬透性,使模具具有较好的抗氧化性能;W 提高热稳定性和耐磨性;V 可增强钢的二次硬化效果。这种钢由于含有大量的合金元素,共析点 S 大大左移,因此其 C 含量虽然很低,但已属过共析钢。较低的 C 含量可以保证钢的韧性和塑性;碳化物形成元素 W 和 Cr 能提高钢的临界点,从而提高钢的抗热疲劳性能,同时在高温下比低合金热作模具钢具有更高的强度和硬度。

3Cr2W8V 钢的始锻温度为 1080~1120 ℃,终锻温度为 900~850 ℃,锻压后先在空气中较快地冷却到 700 ℃,随后缓冷。退火工艺为在 830~850 ℃保温 3~4 h 后,以不大于 40 ℃/h 的冷速炉冷至低于 400 ℃,出炉空冷,也可以采用等温退火,硬度为 241 HB。退火态的组织为铁素体基体上分布着 M_2C 和 $M_{23}C_6$。最终热处理工艺采用淬火及高温回火,淬火加热一般采用 800~850 ℃预热,1080~1150 ℃淬火加热。对于要求高温力学性能时(如压铸模),则采用上限加热温度,使合金碳化物充分溶解,以保证高硬度和高的热硬性;对于承受一定冲击载荷、要求有较好韧性的模具(如热锻模),则采用下限淬火温度。淬火时的冷却可采用油冷。为了减少变形,也可进行分级淬火。淬火后的组织为马氏体和过剩碳化物(6% 左右)以及残余奥氏体,硬度为 50~55 HRC,回火温度一般采用 560~600 ℃,回火两次。为避免回火脆性,回火后应采用油冷,然后再经 160~200 ℃补充回火。回火后的组织为回火马氏体+过剩碳化物,硬度为 40~48 HRC。这类钢主要用于制造高温下承受高应力、不承受冲击负荷的压铸模、热挤压模和顶锻模等。

对于压铸模用钢,其使用性能基本与热挤压模相近,即以要求高的回火稳定性与高的热疲劳抗力为主。所以通常所选用的钢种与热挤压模大体相同,如常采用 3CrW8V 和 4Cr5W2SiV 等。但又有所不同,如对熔点较低的 Zn 合金压铸模,可选用 40Cr、30CrMnSi 及 40CrMo 等;对 Al 和 Mg 合金压铸模,则可选用 4Cr5W2SiV、4Cr5MoSiV 等;对 Cu 合金,多采用 3Cr2W8V。近年来,随着黑色金属压铸工艺的应用,多采用高熔点的钼合金和镍合金,或者对 3Cr2W8V 钢进行 Cr-Al-Si 三元共渗,用以制造黑色金属压铸模,也有采用高强度铜合金作为黑色金属的压铸模材料。

5.6　量具用钢

量具是用来度量工件尺寸的工具,如卡尺、块规、塞规及千分尺等。由于量具在使用过程中经常受到工件的摩擦与碰撞,而量具本身又必须具备非常高的尺寸精确性和恒定性,因此要求具有以下性能:

(1)高硬度和高耐磨性,以此保证在长期使用中不致被很快磨损,而失去其精度;

(2)高的尺寸稳定性,以保证量具在使用和存放过程中保持其形状和尺寸的恒定;

(3)足够的韧性,以保证量具在使用时不致因偶然因素(如碰撞)而损坏;

(4)在特殊环境下具有抗腐蚀性。

根据量具的种类及精度要求,可选用不同的钢种。

形状简单、精度要求不高的量具可选用碳素工具钢,如 T10A、T11A、T12A。由于碳素工具钢的淬透性低,尺寸大的量具采用水淬会引起较大的变形。因此,这类钢只能用于制造尺寸小、形状简单、精度要求较低的卡尺、样板、量规等量具。

精度要求较高的量具(如块规、塞规料)通常选用高碳低合金工具钢,如 Cr2、CrMn、CrWMn 及轴承钢 GCr15 等。由于这类钢是在高碳钢中加入 Cr、Mn、W 等合金元素,故可以提高淬透性,减少淬火变形,提高钢的耐磨性和尺寸稳定性。

对于形状简单、精度不高、在雨中易受冲击的量具,如简单平样板、卡规、直尺及大型量具,可采用渗碳钢 15、20、15Cr、20Cr 等,但需经渗碳、淬火及低温回火后使用。经上述处理后,表面具有高硬度、高耐磨性,心部保持足够的韧性。也可采用中碳钢 50、55、60、65 制造量具,但需经调质处理,再经高频淬火回火后使用,才可保证量具的精度。

在腐蚀条件下工作的量具可选用不锈钢 4013、9Cr18 制造。经淬火、回火处理后可使其硬度达 56~58 HRC,同时可保证量具具有良好的耐腐蚀性和足够的耐磨性。

若要求量具具有特别高的耐磨性和尺寸稳定性,可选渗氮钢 38CrMoAl 或冷作模具钢 Cr12MoV。38CrMoAl 钢经调质处理后精加工成形,然后再氯化处理,最后需进行研磨。Cr12MoV 钢经调质或淬火、回火后再进行表面渗氮或碳、氮共渗。两种钢经上述热处理后,可使量具具有高耐磨性、高抗蚀性和高尺寸稳定性。

量具钢必须经过热处理才可使用,其热处理的主要特点是在保持高硬度与高耐磨性的前提下,尽量采取各种措施使量具在长期使用中保持尺寸的稳定。量具在使用过程中随时间延长而发生尺寸变化的现象称为量具的时效效应。这是因为:

(1)用于制造量具的过共析钢淬火后含有一定数量的残余奥氏体,残余奥氏体变为马氏体,引起体积膨胀。

(2)马氏体在使用中继续分解,正方度降低,引起体积收缩。

(3)残余内应力的存在和重新分布使弹性变形部分转变为塑性变形,引起尺寸变化。

因此在量具的热处理中,应针对上述原因采用如下热处理措施:

(1)调质处理。其目的是获得回火索氏体组织,以减小淬火变形和机械加工的粗糙度。

(2)淬火和低温回火。量具钢为过共析钢,通常采用不完全淬火加低温回火,在保证硬度的前提下,尽量降低淬火温度并进行预热,以减少加热和冷却过程中的温差及淬火应力。量具的淬火方式为油冷(20~30 ℃),不宜采用分级淬火和等温淬火,只有在特殊情况下才予以考虑。一般采用低温回火,回火温度为150~160 ℃,回火时间不应小于4~5 h。

(3)冷处理。高精度量具在淬火后必须进行冷处理,以减少残余奥氏体量,从而增加尺寸稳定性。冷处理温度一般为-80~-70 ℃,并在淬火冷却到室温后立即进行,以免残余奥氏体发生陈化稳定。

(4)时效处理。为了进一步提高尺寸稳定性,淬火、回火后,再在120~150 ℃进行24~36 h的时效处理。这样可消除残余内应力,大大增加尺寸稳定性而不降低其硬度。

总之,量具钢的热处理除了要进行一段过共析钢的正常热处理(不完全淬火+低温回火)之外,还需要有三个附加的热处理工序,即淬火之前进行调质处理、正常淬火处理之间的冷处理、正常热处理之后的时效处理。

思考与习题

1. 刃具钢的种类有哪些?

2. 简述高速钢的热处理过程。

3. 什么是低合金冷作模具钢?

4. 热作模具钢的热处理工艺特点有哪些?

第 6 章　铝合金材料

6.1　铝及其合金综述

铝是地壳中蕴藏量最多的金属元素,铝的总储量约占地壳总量的 7.45%。铝及铝合金的产量在金属材料中仅次于钢铁材料而居于第二位,是有色金属材料中用量最多、应用范围最广的材料。

6.1.1　纯铝的特性

铝是第三周期第ⅢA 族元素,原子序数为 13,常见化合价为 +3 价,相对原子质量为 26.9815,原子直径为 0.286 nm。固态铝是一种具有面心立方晶格结构的金属,无同素异构转变。主要物理性能参数见表 6-1。纯铝是一种具有银白色金属光泽的金属,不仅密度低、导电性和导热性好,而且还具有塑性好、抗腐蚀性能高的特点。铝的化学性质虽然很活泼,但在空气中易与氧结合,在金属的表面形成一层致密的稳定的氧化铝薄膜,可保护内层金属不再被继续氧化,所以金属铝在大气中具有极好的稳定性。固态纯铝的塑性极好,在室温下纯度为 99.99% 的纯铝的伸长率可达 50%,但纯铝的强度相当低,只有 45 MPa。纯铝的低温性能良好,在 $-253\sim0$ ℃之间其塑性和冲击韧性均不降低。纯铝除易于铸造和切削加工成形外,还可通过冷、热压力加工制成不同规格的半成品。此外,纯铝还具有很好的焊接性能,可采用气焊、氩弧焊等焊接方法进行焊接。

表 6-1　纯铝的主要物理性能

性能	参数	性能	参数	性能	参数
点阵结构	fcc	膨胀系数/K^{-1}	2.3×10^{-5}(20 ℃)	熔点/℃	660.4
点阵常数/m	4.0496×10^{-10} (25 ℃)	热导率/ $[W\cdot(cm\cdot K)]$	2.37(25 ℃)	沸点/℃	2477
固态密度/ $(g\cdot cm^{-3})$	2.72	电阻率/$(n\cdot m)$	2.655×10^{-8}	熔化热/ $(kJ\cdot mol^{-1})$	$10\sim147$

工业纯铝采用熔盐电解法制取,即利用直流电以冰晶石为溶剂在 $950\sim970$ ℃电解氧化铝,所得到的工业电解纯铝经三层熔液电解法制得工业高纯铝。如果再使用区域熔炼或有机溶液电解法冶炼工业高纯铝,可制取纯度在 99.999% 以上的高纯铝,最高纯度可达 99.99995%。工业纯铝的主要用途是配制铝基合金,高纯铝则主要应用于科学试验、化学工业和其他特殊需求。此外,纯铝还可以用来制造电线、铝箔、屏蔽壳体、反射器、包覆材料、化工容器和日用炊具等产品,是目前有色金属中应用最多的一种材料。常用铝锭的牌号及化学成分如表 6-2 所示。

工业纯铝中含有少量杂质,主要为 Fe 和 Si,它们在铝中的溶解度很小,易形成富 Fe、Si 的脆性化合物,虽能提高铝的强度,但却严重损害铝的塑性、抗腐蚀性和导电性。除杂质元素外,纯铝的力学性能还与其加工状态有关。

表 6-2 重熔用铝锭、重熔用精铝锭的牌号及化学成分(GB/T 8644—2000,GB/T 1996—2017)

牌号	化学成分(质量分数)/%									
	Al (不小于)	杂质含量(不大于)								
		Fe	Si	Cu	Zn	Ti	Ca	Mg	其他杂质	总和
Al99.996	99.996	0.0010	0.0010	0.0015	0.001	0.001	—	—	0.001	0.004
Al99.993	99.993	0.0015	0.0013	0.0030	0.001	0.001	—	—	0.001	0.007
Al99.99	99.99	0.0030	0.0030	0.0050	0.002	0.002	—	—	0.001	0.04
Al99.95	99.95	0.02	0.02	0.01	0.005	0.002	—	—	0.005	0.05
Al99.85	99.85	0.12	0.08	0.005	0.03	—	0.030	0.030	0.015	0.15
Al99.80	99.80	0.15	0.10	0.01	0.03	—	0.03	0.03	0.02	0.20
Al99.70	99.70	0.20	0.13	0.01	0.03	—	0.03	0.03	0.03	0.30
Al99.60	99.60	0.25	0.18	0.01	0.03	—	0.03	0.03	0.03	0.40
Al99.50	99.50	0.30	0.25	0.02	0.05	—	0.03	0.05	0.03	0.50

6.1.2 铝的合金化

工业纯铝的强度和硬度都很低,虽然可以通过冷作硬化的方式强化,但是也不能直接用于制作结构材料。因此必须进行合金化,目前制造铝合金常用的合金元素大致可分为主加元素和辅加元素。主加合金元素有 Si、Cu、Mg、Mn、Zn、Li 等,这些元素单独加入或配合加入,可以获得性能各异的铝合金以满足各种工程应用的需求。辅加元素有 Cr、Ti、Zr、Ni、Ca、B、RE 等,其目的是进一步提高铝合金的综合性能,并改善铝合金的某些工艺性能。

由于固态铝没有同素异构转变,因此不能像钢那样借助于热处理相变强化。合金元素对铝的强化作用主要表现为固溶强化、沉淀强化、过剩相强化及细化晶粒强化。

1. 固溶强化

合金元素加入铝中首先可以溶入铝中形成铝基置换固溶体。这将导致铝的晶格发生畸变,增加了位错运动的阻力,由此提高了铝的强度。合金元素对铝的固溶强化能力同其本身的性质及固溶度有关。

表 6-3 给出了一些合金元素在铝中的极限溶解度和室温溶解度数据。其中,Zn、Ag、Mg 的溶解度较高,可以超过 10%;其次是 Cu、Li、Mn、Si 等,它们的溶解度大于 1%;其余各元素在铝中的溶解度则不超过 1%。

表 6-3　一些合金元素在铝中的极限溶解度和室温溶解度

合金元素	溶解度/%		合金元素	溶解度/%		合金元素	溶解度/%	
	极限	室温		极限	室温		极限	室温
Zn	82.2	4.0	Cu	5.6	0.1	Si	1.65	0.17
Ag	55.5	0.7	Li	4.2	0.85	Cr	0.4	0.002
Mg	17.4	1.9	Mn	1.8	0.3	Ca	0.6	0.3

由此可见,合金元素加入铝中一般都形成有限固溶体,如 Al-Cu、Al-Mg、Al-Si、Al-Mn、Al-Li 二元合金均为有限固溶体。通常对于同一元素而言,在铝中的固溶度越高,那么获得的固溶强化效果就越好。但在实际应用中,也并非固溶度越高越好,因为在一些简单的二元铝合金中,如 Al-Zn、Al-Ag 系合金,由于组元间具有非常相似的物理化学性质和原子尺寸,因而固溶体的晶格畸变程度较低,所以提高固溶度导致固溶强化的效果并不十分显著。这也是铝合金的强化不能单纯依靠合金元素固溶强化的原因。

2. 沉淀强化

加入的合金元素除固溶在铝基体中外,就是以第二相的形式存在。由于某些合金元素在铝中有较大的固溶度,且固溶度随温度降低而急剧减小,因此可以通过将溶有一定合金元素的铝合金加热到某一温度后快冷,得到过饱和固溶体,通常把这种工艺称为固溶处理(也称淬火)。必须注意的是,这种过饱和固溶体和碳溶于铁中形成的过饱和固溶体(马氏体)不同。因为合金元素溶于铝中形成的过饱和固溶体是置换型的过饱和固溶体,引起的晶格畸变不大,因此这种过饱和固溶体的强度不是很高,而塑性仍然很好。碳溶于铁形成的过饱和固溶体即马氏体是间隙型过饱和固溶体,不仅引起的晶格畸变较大,而且还和位错形成柯垂耳气团;同时包含了新的强化机制(如前指出的细晶强化、位错强化等)。对于过饱和的铝基固溶体,如果将其放置在室温或加热到某一温度,则基体中过饱和的溶质原子可与基体金属铝或其他合金元素以沉淀相呈弥散状析出。显然这个第二相的析出会使合金的强度、硬度增加,塑性和韧性下降。这个过程通常称为时效。

铝合金的时效强化的强化效果不仅与第二相的形状、尺寸大小、数量和分布有关,而且最重要的是取决于第二相的结构和特性。因此,对铝合金进行合金化的合金元素,不仅要求能在铝中有较高的极限溶解度和明显的温度关系,还要求在沉淀过程中能形成均匀、弥散的共格或半共格过渡强化相,因为这类强化相在铝基体中可造成较强烈的应变场,增加对位错运动的阻力。

铝合金中常用的主加元素 Cu、Mg、Zn、Si、Mn 等在铝中虽然都有较高的极限溶解度,并且溶解度的大小随温度的下降而急剧减小,但是除 Cu 以外,就它们与 Al 形成的二元合金而言,沉淀相的强化作用不够明显。这是因为它们与 Al 形成的沉淀相或因共格界面错配度低而使相应的应变场减弱,或因预沉淀阶段短,很快与基体丧失共格关系而形成非共格的平衡相。如 $MnAl_6$ 相和 Mg_5Al_8 相就不具有沉淀强化效果。因此,为了充分发挥沉淀强化的效能,铝合金中通常还加入第三或第四合金组元,以形成多种沉淀强化相,如表 6-4 所示。

表 6-4   铝合金中几种沉淀相的沉淀顺序

合金系	脱溶沉淀的顺序	平衡沉淀相
Al-Cu	G. P. 区(圆盘)→θ''(圆盘)→θ'	$\theta(CuAl_2)$
Al-Ag	G. P. 区(球形)→γ'(片状)	$\gamma(Ag_2Al)$
Al-Li	G. P. 区(球形)→δ'	$\delta(AlLi)$
Al-Mg-Si	G. P. 区(棒状)→β''→β'(杆状)	$\beta(Mg_2Si)$
Al-Cu-Mg	G. P. 区(棒或球)→S'	$S(Al_2CuMg)$
Al-Zn-Mg	G. P. 区(球)→η'(片状)	$\eta(MgZn_2)$

3. 过剩相强化

当铝合金中加入的合金元素量超过其溶解度极限时,合金在淬火加热时便有一部分不能溶入铝基固溶体中而以第二相的形式出现,称为过剩相。这些过剩相多为硬而脆的金属间化合物,它们在铝合金中能够起阻碍位错滑移和运动的作用,从而提高铝合金的强度和硬度。铝合金中的过剩相在一定限度内,数量愈多,其强化效果愈好,但合金的塑性和韧性却下降。铸造铝合金时为获得良好的铸造性能,一般希望合金成分接近共晶成分,共晶成分的铸造合金就是利用共晶中的第二相作为过剩相来强化铝合金的。如二元铝硅合金中的过剩相即为共晶中的硅晶体。在该合金中,随着硅含量的增加,硅晶体的数量增多,合金的强度及硬度相应提高。当合金中的硅含量超过共晶成分时,由于过剩相数量过多以及多角形的板块初晶的出现,导致合金的强度和塑性急剧下降。因此对于二元铝硅合金,一方面要限制硅含量,一般不超过共晶成分太多;另一方面,通过采用变质处理,加入钠盐变质剂,使共晶合金中的硅晶体细化呈细粒状,以获得最佳的强度、硬度和良好的塑性、韧性的配合。

此外,在铝铈合金中,也是利用过剩相 Al_4Ce 起强化作用,所以铝铈合金具有较高的高温强度和良好的铸造性能。

4. 细晶强化

细晶强化除了包括上述细化过剩相外,还可在铝合金中加入微量合金元素 Ti、Zr、稀土等,形成难熔的金属间化合物,在合金结晶过程中起非自发形核核心的作用,细化铝基固溶体的晶粒,产生细晶强化。如铝合金中加入微量的 Ti、Zr 可形成高熔点的 $TiAl_3$、Al_3Zr 等,即可作为铝基固溶体 α 相结晶的非自发核心而细化 α 相晶粒。锰和铬加入铝合金中形成 $MnAl_6$ 和 $Al_{12}Mg_2Cr$,稀土金属加入铝合金中形成金属间化合物 Al_4RE,均可作为细化晶粒的第二相。

同时,稀土元素加入铝合金中还能起到脱氧和脱硫的作用,降低铝合金中的夹杂物含量而起净化作用;稀土元素与硅、铁等杂质元素形成化合物,降低这些杂质的固溶量,从而降低了铝的电阻率,对提高铝导线的质量有重要作用。另外,稀土元素在铝合金的高温熔体中与氢发生作用形成稀土金属氢化物,这些稀土氢化物或随渣上浮,或形成氢的陷阱,降低了铝合金的氢致缺陷。

此外,铝合金还可以采用冷变形强化的方法进行强化,也可以将变形强化与热处理强化方法相结合,进行所谓的形变热处理。这种方法既能提高强度,又能增加塑性和韧性,非常适用于强烈依赖于位错等晶体缺陷的沉淀强化相析出的铝合金。

6.1.3　铝及铝合金的分类

根据铝合金的化学成分和生产工艺特点,通常将铝合金分为变形铝合金和铸造铝合金两大类。所谓变形铝合金是指合金经熔炼而成的铸锭经过热变形或冷变形加工后再使用,这类铝合金要求具有较高的塑性和良好的工艺成形性能,它与铁碳合金中的钢对应,一般需经过锻造、轧制、挤压等压力加工制成板材、带材、棒材、管材、丝材以及其他各种型材。铸造铝合金则是将液态铝合金直接浇铸在砂型或金属型内,制成各种形状复杂的甚至薄壁的零件或毛坯,此类合金与铁碳合金中的铸铁相对应,要求它具有良好的铸造性能,如流动性好、收缩小、抗裂性高等。铝合金的分类示意图见图 6-1。

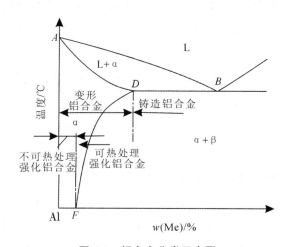

图 6-1　铝合金分类示意图

另外,和铁碳基合金一样,这种划分并不是绝对的,正像某些莱氏体钢也可以锻造,某些中碳钢也可进行浇铸成铸钢一样,有些耐热铝合金,尽管溶质成分超过最大溶解度,但仍可以进行变形加工,还是属于变形铝合金,而另一些溶质成分在 FD 之间的铝合金也可用于铸造(图 6-1)。

铝合金根据溶质原子有无固溶度的变化又可分为可热处理强化铝合金和不可热处理强化铝合金两类。凡是溶质成分位于 F 点以右的合金,其固溶度成分不随温度而变化,不能借助于时效强化来强化合金,故称为不可热处理强化的铝合金;溶质成分位于 F 点以左的合金,其固溶度成分随温度发生变化,可进行时效强化处理,故称为可热处理强化铝合金。

铸造铝合金根据合金成分特点分为铝硅、铝铜、铝镁、铝锌系列合金等。还需说明的是,在工业生产中,变形铝合金还根据铝合金的性能和工艺特点分为防锈铝合金、硬铝合金、超硬铝合金和锻造铝合金四大类。

6.2　变形铝合金

6.2.1　变形铝及铝合金综述

1. 变形铝及铝合金的牌号表示方法

国际上,变形铝合金是按其主要合金元素来标记和命名的。这种标记方法用 4 位数字,其第 1 位数字表示合金系,第 2 位数字表示合金的改型,第 3 位和第 4 位数字表示合金的编号,即用以标识同一组中不同的铝合金或表示铝的纯度,见表 6-5。我国变形铝及铝合金的牌号于 1997 年 1 月 1 日开始使用新标准,其表示方法按变形铝及铝合金国际牌号注册协议组织推荐的四位数字体系牌号命名方法制定。它包括国际四位数字体系牌号和四位字符体系牌号两种牌号命名方法。按化学成分,凡是已经在变形铝及铝合金国际牌号注册协议组织注册命名的铝及铝合金,直接采用国际四位字符体系牌号;按化学成分,凡是变形铝及铝合金国际牌号注册协议组织未命名的铝及铝合金,按四位字符体系牌号的规则命名。在过渡期间,过去使用的牌号仍可使用,自然过渡,暂不限定过渡时间。四位字符体系牌号命名方法类似于国际四位数字体系牌号命名方法。第 1、3 和 4 位为数字,其意义与在国际四位数字体系牌号命名方法中的相同;第 2 位用英文大写字母(C、I、L、N、O、P、Q、Z 字母除外)表示原始纯铝或铝合金的改型。必须指出的是,除改型合金外,铝合金的组别按主要合金元素(6×××系按 Mg_2Si)来确定,主要合金元素指极限含量的算术平均值最大的合金元素。当有一个以上的合金元素极限含量的算术平均值同为最大时,应按 Cu、Mn、Si、Mg、Mg_2Si、Zn、其他元素的顺序来确定合金组别。

表 6-5　变形铝及铝合金的标记法

合金系的组别	四位数字标记	合金系的组别	四位数字标记
纯铝（铝含量不小于 99.00%）	1×××	以镁为主要合金元素的铝合金	5×××
以铜为主要合金元素的铝合金	2×××	以镁和硅为主要合金元素，并以 Mg_2Si 相为强化相的铝合金	6×××
以锰为主要合金元素的铝合金	3×××	以锌为主要合金元素的铝合金	7×××
以硅为主要合金元素的铝合金	4×××	以其他合金元素为主要合金元素的铝合金	8×××

注：9×××为备用合金系。

按 GB/T 16474—1996 规定，铝含量不低于 99.00% 时为纯铝，其牌号用 1××× 表示，牌号中的第 2 位为字母表示原始纯铝及改型情况，如果字母为 A 则表示为原始纯铝，如果为 B～T 的其他字母（按国际规定根据字母表的次序选用），则表示为原始纯铝的改型，与原始纯铝相比，其元素含量略有改变；牌号的最后两位数字表示最低铝质量分数×100 后小数点后面两位数字。例如 1A30 的变形铝表示 $w(Al)=99.30\%$ 的原始纯铝。

我国变形铝的牌号如表 6-6 所示。表 6-6 中还列出了新牌号与旧代号的对照及铝中的杂质含量。铝合金的牌号用 2×××～8××× 系列表示。变形铝合金的牌号和化学成分分别见表 6-6 所示。

表 6-6　变形铝的代号及杂质含量（GB/T 16474—2011）

牌号	化学成分（质量分数）/%									其他杂质		Al	备注
	Si	Fe	Cu	Mn	Mg	Cr	Zn	Ti	Ni	单个	合计		
1A99	0.0025	0.003	0.005							0.002	—	99.99	LG5
1A97	0.015	0.015	0.005							0.005	—	99.97	LG4
1A95	0.030	0.030	0.010	0.010	—					0.005	—	99.5	—
1A93	0.040	0.040	0.010						—	0.007	—	99.93	LG3
1A90	0.060	0.060	0.010						—	0.01	—	99.90	LG2
1A85	0.08	0.10	0.01						—	0.01	—	99.85	LG1
1A80	0.15	0.15	0.03	0.02	0.02	—	0.03	0.03	Ca:0.03; V:0.05	0.02	—	99.80	—
1A80A	0.15	0.15	0.03	0.02	0.02	—	0.06	0.02	Ca:0.03	0.02	—	99.80	—
1070	0.20	0.25	0.04	0.03	0.03		0.04	0.03	V:0.05	0.03	—	99.70	
1070A	0.20	0.25	0.03	0.03	0.03		0.07	0.03		0.03	—	99.70	

（续表）

牌号	化学成分(质量分数)/%										其他杂质		Al	备注
	Si	Fe	Cu	Mn	Mg	Cr	Zn	Ti	Ni		单个	合计		
1370	0.10	0.25	0.02	0.01	0.02	0.01	0.04			Ca:0.03; V+Ti:0.02; B:0.02				
1060	0.25	0.35	0.05	0.03	0.03		0.05	0.03		V:0.05				
1050	0.25	0.40	0.05	0.05	0.05		0.05	0.05		V:0.05				
1050A	0.25	0.40	0.05	0.05	0.05		0.07	0.05						
1A50	0.30	0.30	0.01	0.05	0.05		0.03	—		Fe+Si:0.45	0.03	—	99.5	LB2
1350	0.10	0.40	0.05	0.01	—	0.01	0.05			Ca:0.03; V+Ti:0.02; B:0.05				
1145	Fe+Si:0.45		0.05	0.05	0.05		0.05	0.03		V:0.05	0.03	—	99.6	
1035	0.35	0.60	0.10	0.05	0.05		0.10	0.03		V:0.05				
1A30	0.10~0.20	0.15~0.30	0.05	0.01	0.01		0.02	0.02	0.01		0.05	0.15	96.8	LA.1
1100	Si+Fe:0.95		0.05~0.20	0.05	—		0.10							
1200	Si+Fe:1.00		0.05	0.05	—		0.10	0.05		①				
1235	Si+Fe:1.00		0.05	0.05	0.05		0.10	0.06						

①用于电焊条和堆焊时,铍含量不大于 0.0008%。

2. 变形铝及铝合金的状态的标记和命名

关于变形铝及铝合金的状态代号我国已制定了新的国家标准,并将合金的基础状态分为 5 种,如表 6-7 所示。T 状态细分为 T×、T×× 及 T×××,还有消除应力状态。T×、T×× 状态分别见表 6-8 和表 6-9。必须指出的是,在主要状态标记符号后还常带有附加符号,表示变形产品的消除应力情况。常见的有:51——通过拉伸消除应力,52——通过压缩消除应力,54——通过在终锻模内冷整形消除应力。

表 6-7 变形铝及铝合金基础状态代号、名称及说明与应用

代号	名称	说明与应用
F	自由加工状态	适用于在成形过程中,对于加工硬化和热处理条件无特殊要求的产品,该状态产品的力学性能不作规定
O	退火状态	适用于经完全退火获得最低强度的加工产品
H	加工硬化状态	适用于通过加工硬化提高强度的产品,产品在加工硬化后可经过(也可不经过)使强度有所降低的附加热处理,H 代号后面必须跟有两位或三位阿拉伯数字,表示 H 的细分状态
W	固溶处理状态	一种不稳定状态,仅适用于经固溶热处理后,室温下自然时效的合金,该状态代号仅表示产品处于自然时效阶段
T	热处理状态(不同于 F、O、H 状态)	适用于热处理后,经过(或不经过)加工硬化达到稳定状态的产品,T 代号后面必须跟有一位或多位阿拉伯数字,表示 T 的细分状态

表 6-8 变形铝及铝合金 T× 细分状态代号及说明与应用

状态代号	细分状态说明	应用
T0	固溶热处理后,经自然时效再通过冷加工的状态	适用于经冷加工提高强度的产品
T1	由高温成型过程中冷却,然后自然时效至基本稳定的状态	适用于由高温成型冷却后,不再进行冷加工(可进行矫直、矫平,但不影响力学性能极限)的产品
T2	由高温成型过程中冷却,经冷加工后自然时效至基本稳定的状态	适用于由高温成型冷却后,进行冷加工或矫直、矫平以提高强度的产品
T3	固溶热处理后进行冷加工,再经自然时效至基本稳定的状态	适用于在固溶热处理后,进行冷加工或矫直、矫平以提高强度的产品
T4	固溶热处理后自然时效至基本稳定的状态	适用于固溶热处理后,不再进行冷加工(可进行矫直、矫平,但不影响力学性能极限)的产品
T5	由高温成型过程中冷却,然后进行人工时效的状态	适用于由高温成型冷却后,不经过冷加工(可进行矫直、矫平,但不影响力学性能极限)的产品
T6	固溶热处理后进行人工时效的状态	适用于固溶热处理后,不再进行冷加工(可进行矫直、矫平,但不影响力学性能极限)的产品
T7	固溶热处理后进行过时效的状态	适用固溶热处理后,为获取某些重要特性,在人工时效时,强度在时效曲线上越过了最高峰点的产品
T8	固溶热处理后经冷加工,然后进行人工时效的状态	适用于经冷加工或矫直、矫平以提高强度的产品
T9	固溶热处理后人工时效,然后进行冷加工的状态	适用于经冷加工提高强度的产品
T10	由高温成型过程中冷却后,进行冷加工,然后人工时效的状态	适用于经冷加工或矫直、矫平以提高强度的产品

表 6-9　变形铝及铝合金 T×× 细分状态代号、说明与应用

状态代号	说明与应用
T42	适用于自 O 或 F 状态固溶热处理后，自然时效到充分稳定状态的产品，也适用于需方对任何状态的加工产品热处理后，力学性能达到了 T42 状态的产品
T62	适用于自 O 或 F 状态固溶热处理后，进行人工时效的产品，也适用于需方对任何状态的加工产品热处理后，力学性能达到了 T62 状态的产品
T73	适用于固溶热处理后，经过时效以达到规定的力学性能和抗应力腐蚀性能指标的产品
T74	与 T73 状态定义相同。该状态的抗拉强度大于 T73 状态，但小于 T76 状态
T76	与 T73 状态定义相同。该状态的抗拉强度分别高于 T73、T74 状态，抗应力腐蚀断裂性能分别低于 T73、T74 状态，但其抗剥落腐蚀性能仍较好
T7×2	适用于自 O 或 F 状态固溶热处理后，进行人工时效处理，力学性能及抗腐蚀性能达到了 T7× 状态的产品
T81	适用于固溶热处理后，经 1% 左右的冷加工变形提高强度，然后进行人工时效的产品
T87	适用固溶热处理后，经 7% 左右冷加工变形提高强度，然后进行人工时效的产品

6.2.2　典型的变形铝合金

1. 不能热处理强化的铝合金

顾名思义，这类合金不能通过热处理强化，主要依靠加工硬化、固溶强化（Al-Mg）、弥散强化（Al-Mn）或这几种强化机制（Al-Mg-Mn）共同作用。这类铝合金仅靠固溶强化，所以其特点是具有很高的塑性、较低的或中等的强度、优良的耐蚀性能（故又称防锈铝）和良好的焊接性能，适宜压力加工和焊接。主要包括以下几类。

（1）Al-Mn 系合金（3000 系列）

常用合金为 3A21，合金中锰为主要合金元素，含量达 1%～1.6% 时合金具有较高的强度，良好的塑性和工艺性能。3A21 合金在室温下的组织为 α 固溶体和在晶界上形成的（α+Al_6Mn）共晶体。由于 α 固溶体与 Al_6Mn 相的电极电位几乎相等，因此合金的耐蚀性较好。这类合金中铁是杂质元素，可使锰的溶解度降低，并生成脆性的（Mn,Fe）Al_6 化合物，使合金的塑性降低，故这类合金中要限制铁的含量，一般控制在 0.4%～0.7%。弥散的（Mn,Fe）Al_6 相也可细化晶粒。由于锰的存在，降低了铁的危害，这是因为单独的铁会形成 $FeAl_3$ 相，其电极电位比 α 固溶体更正，是微阴极，加速了基体的腐蚀作用，锰加入后与铁形成了（Mn,Fe）Al_6 相，减弱了 Fe_6Al_3 相对耐蚀性的有害作用。稀土元素的加入可使该合金的耐蚀性能成倍提高。

该合金中的锰对铝来说是高熔点金属，容易产生偏析，特别是半连续浇铸锭坯中锰的偏析较为严重，所以要在 600～620 ℃ 进行均匀化退火以减少或消除晶内偏析。在进行热压力加工时，其加热温度为 420～450 ℃，而退火温度一般为 350～410 ℃。如果要保留部分冷作硬化，可进行 250～280 ℃ 的低温退火。该合金常用来制造需要弯曲、冷拉或冲压的零件，如油箱等。该合金的牌号及化学成分如表 6-10 所示。

表 6-10　常用 Ag-Mn、Al-Mg 系变形铝合金的牌号及化学成分（GB/T3190—1996）

化学成分(质量分数)/%

合金牌号	Si	Fe	Cu	Mn	Mg	Cr	Ni	Zn		Ti	Zr	其他 单个	其他 合计	Al	备注
3A21	0.6	0.7	0.20	1.0-1.6	0.05	—	—	0.10①	—	0.15	—	0.05	0.10	余量	LF21
3003	0.6	0.7	0.05~0.20	1.0~1.5	—	—	—	0.10	—	—	—	0.05	0.15	余量	LY2
3103	0.50	0.7	0.10	0.9~1.5	0.30	0.10	—	0.20	—	Ti+Zr: 0.10	—	0.05	0.15	余量	—
3004	0.30	0.7	0.25	1.0~1.5	0.8~1.3	—	—	0.25	—	—	—	0.05	0.15	余量	—
3005	0.6	0.7	0.30	1.0~1.5	0.2~0.6	0.10	—	0.25	—	0.10	—	0.05	0.15	余量	—
3105	0.6	0.7	0.30	0.3~0.8	0.2-0.8	0.20	—	0.40	—	0.10	—	0.05	0.15	余量	—
5A01	Si+Fe: 0.40		0.10	0.3~0.7	6.0-7.0	0.10~0.20	—	0.25	—	0.15	0.10~0.20	0.05	0.15	余量	LF15
5A02	0.40	0.40	0.10	Cr:0.15~0.40	2.0~2.8	—	—		Si+Fe:0.6	0.15	—	0.05	0.15	余量	LF2
5A03	0.5~0.8	0.50	0.10	0.3~0.6	3.2-3.8	—	—	0.20	—	0.15	—	0.05	0.10	余量	LF3
5A05	0.50	0.50	0.10	0.3~0.6	4.8~5.5	—	—	0.20	—	—	—	0.05	0.10	余量	LF5
5B05	0.40	0.40	0.20	0.2~0.6	4.7~5.7	—	—		Si+Fe:0.6	0.15	—	0.05	0.10	余量	LF10
5A06	0.40	0.40	0.10	0.5~0.8	5.8-6.8	—	—	0.20	Be:0.0001~0.005	0.02~0.10	—	0.05	0.10	余量	LF6
5B06	0.40	0.40	0.10	0.5~0.8	5.8~6.8	—	—	0.20	Be:0.0001~0.005	0.10~0.30	—	0.05	0.10	余量	LF14
5A12	0.40	0.40	0.05	0.4~0.8	6.3~9.6	—	0.10	0.20	Be:0.005;Sb:0.004~0.05	0.05~0.15	—	0.05	0.10	余量	LF12
5A13	0.30	0.30	0.05	0.4~0.8	9.2~10.5	—	0.10	0.20	Be:0.005;Sb:0.004~0.05	0.05~0.15	—	0.05	0.10	余量	LF13
5A30	Si+Fe: 0.40		0.10	0.5~1.0	4.7~5.5	—	—	0.25	Cr:0.05~0.20	0.03~0.15	—	0.05	0.10	余量	LF16
5A33	0.35	0.35	0.10	0.10	6.0-7.5	—	—	0.50-1.5	Be:0.00005~0.005	0.05~0.15	0.10~0.30	0.05	0.10	余量	LF33

续表

合金牌号	化学成分(质量分数)/%											其他		Al	备注
	Si	Fe	Cu	Mn	Mg	Cr	Ni	Zn		Ti	Zr	单个	合计		
5A41	0.40	0.40	0.10	0.3~0.6	6.0-7.0	—	—	0.20	—	0.02~0.10	—	0.05	0.10	余量	LT41
5A43	0.40	0.40	0.10	0.15~0.40	0.6~1.4	—	—	—	—	0.15	—	0.05	0.15	余量	LF43
5A66	0.005	0.01	0.005	—	1.5~2.0	—	—	—	—	—	—	0.005	0.01	余量	LT66
5005	0.30	0.70	0.20	0.20	0.5~1.1	0.10	—	0.25	—	—	—	0.05	0.15	余量	—
5019	0.40	0.50	0.10	0.1~0.6	4.5~5.6	0.20	—	0.20	Mn+Cr:0.10~0.6	0.20	—	0.05	0.15	余量	—
5050	0.40	0.70	0.20	0.10	1.1~1.8	0.10	—	0.25	—	—	—	0.05	0.15	余量	—
5251	0.40	0.50	0.15	0.1~0.5	1.7~2.4	0.15	—	0.15	—	—	—	0.05	0.15	余量	—
5052	0.25	0.40	0.10	0.10	2.2~2.8	0.15~0.35	—	0.10	—	—	—	0.05	0.15	余量	—
5154	0.25	0.40	0.10	0.10	3.1~3.9	0.15~0.35	—	0.20	②	0.20	—	0.05	0.15	余量	—
5154A	0.50	0.50	0.10	0.50	3.1~3.9	0.25	—	0.20	Mn+Cr:0.10-0.50②	0.20	—	0.05	0.15	余量	—
5454	0.25	0.40	0.10	0.5~1.0	2.4~3.0	0.05~0.20	—	0.25	—	0.20	—	0.05	0.15	余量	—
5554	0.25	0.40	0.10	0.5~1.0	2.4~3.0	0.05~0.20	—	0.25	②	0.05~0.20	—	0.05	0.15	余量	—
5754	0.40	0.40	0.10	0.50	2.6~3.6	0.30	—	0.20	Mn+Cr:0.10~0.6	0.15	—	0.05	0.15	余量	—
5056	0.30	0.40	0.10	0.05~0.20	4.5~5.6	0.05~0.20	—	0.10	—	—	—	0.05	0.15	余量	LF5-1
5356	0.25	0.40	0.10	0.05~0.20	4.5~5.5	0.05~0.20	—	0.10	②	0.06~0.20	—	0.05	0.15	余量	—
5456	0.25	0.40	0.10	0.5~1.0	4.7-5.5	0.05~0.20	—	0.25	—	0.20	—	0.05	0.15	余量	—
5082	0.20	0.35	0.15	0.15	4.0~5.0	0.15	—	0.25	—	0.10	—	0.05	0.15	余量	—
5182	0.20	0.35	0.15	0.2~0.5	4.0-5.0	0.10	—	0.25	—	0.10	—	0.05	0.15	余量	—
5083	0.40	0.40	0.10	0.4-1.0	4.0~4.9	0.05~0.25	—	0.25	—	0.15	—	0.05	0.15	余量	LF4
5183	0.40	0.40	0.10	0.5~1.0	4.3-5.2	0.05~0.25	—	0.25	②	0.15	—	0.05	0.15	余量	—
5086	0.40	0.50	0.10	0.2~0.7	3.5~4.5	0.05~0.25	—	0.25	—	0.15	—	0.05	0.15	余量	—

① 做铆钉线材的 3A21 合金锌含量应不大于 0.03%;

② 用于电焊条和堆焊时,铍含量不大于 0.0008%。

（2）Al-Mg 系合金（5000 系列）

常用的有 5A02、5A03、5A06 等。镁是这类合金中主要的合金元素,且在铝中的溶解度较大(在 451 ℃时溶解度约为 15%),但当镁含量超过 8%时,合金中会析出脆性很大的化合物相 Mg_5Al_8,合金的塑性很低。所以这类合金中镁的含量一般控制在 8%以内,并且还配合加入其他元素,如 Si、Mn、Ti 等。少量的硅可改善铝镁合金的流动性,减少焊接裂纹倾向;锰的加入能增强固溶强化,改善耐蚀性能;钒和钛的加入可细化晶粒,提高强度和塑性;加入稀土元素可增加液体的流动性,减少合金的偏析,减少疏松,改善热塑性,特别是对高镁合金的热塑性改善十分有效,稀土元素也能成倍地提高合金的耐蚀性;铁、铜、锌对铝镁合金的耐蚀性和工艺性能不利,应严格控制。

这类合金在实际使用中具有单相固溶体组织,所以具有良好的耐蚀性,但是对于含镁量高的合金,经退火后,在晶界连续析出 Mg_5Al_8 相,使铝镁合金的耐蚀性,如晶间腐蚀和应力腐蚀倾向恶化。Al-Mg 系合金在大气、海水中的耐蚀性能优于铝锰合金 3A21,与纯铝相当;在酸性和碱性介质中的耐蚀性比 3A21 稍差。同时,由于固溶强化效果显著,因此这类合金的强度一般高于 3A21,含镁量愈高,合金强度愈高。此外,由于合金元素镁的密度比铝还小,所以这类合金在航空航天上得到了广泛的应用。Al-Mg 系合金不仅具有良好的焊接性能,而且还具有较高的抗震性(疲劳极限高),但合金的耐热性较差,高镁含量合金的使用温度不宜超过 70 ℃。Al-Mg 系合金在进行压力加工时,其加热温度一般为 420～475 ℃,退火温度为 350～420 ℃（5A02、5A03）和 310～335 ℃（5A06）。Al-Mg 系合金多用来制造焊接航空油箱、油路管道、液体火箭推进剂贮箱、容器铆钉及承受中等载荷的零件及制品,如飞机行李架等。

2. 可以热处理强化的铝合金

这类铝合金可以通过热处理以充分发挥沉淀强化效果。这类合金的强度较高,是在航空航天上主要应用的铝合金。主要包括以下几类。

（1）Al-Cu-Mg 和 Al-Cu-Mn 系合金（2000 系列）

常用的有 2A11、2A12、2024、2A16、2A17、2219 等。这类合金又称杜拉铝,是可热处理强化变形铝合金中应用最广泛的一种。按化学成分可分为两大类,即 Al-Cu-Mg 和 Al-Cu-Mn 系,其中 Al-Cu-Mg 系合金是铝合金中最重要的合金系列之一,用途极为广泛。该合金系中的主要合金元素是 Cu,其次是 Mg。根据 Al-Cu-Mg 三元相图铝角固相区(图 6-2)可知,这类合金中可产生四种金属间化合物相:θ（$CuAl_2$）相、S（$CuMgAl_2$）相、T（Al_6CuMg_4）相和 β（Mg_5Al_6）相,其中有两个强化相,即 θ（$CuAl_2$）相和 S（$CuMgAl_2$）相。由于 S（CuM_gAl_2）相有很高的稳定性和沉淀强化效果,其室温和高温强化作用均高于 θ

(CuAl$_2$)相,因此这类合金可以通过控制铜与镁含量的比值来控制析出强化相的种类。这类铝合金中还含有一定量的锰,目的是中和铁的有害作用,改善耐蚀性;同时锰有固溶强化作用和抑制再结晶的作用。锰的质量分数如高于1%,则会产生粗大的脆性相(Mn,Fe)Al$_6$,降低合金的塑性。铁、硅为杂元素。

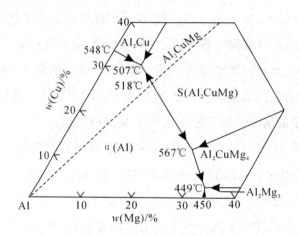

图6-2 Al-Cu-Mg 三元相图

这类合金根据合金化程度、力学性能及工艺性能可分为低强度硬铝,如 2A01、2A03、2A10 等;中等强度硬铝,如 2A11 等;高强度硬铝,如 2A12、2024。低强度硬铝合金中的镁含量较低,主要强化相为 θ(CuAl$_2$)相,时效强化效果较小,合金强度偏低,但合金具有很高的塑性,主要用作铆钉材料。中等强度硬铝合金亦称标准硬铝,合金的主要强化相是 θ(CuAl$_2$)相,其次是 S(CuM$_g$Al$_2$)相,既具有相当高的强度,又有足够的塑性,经过350～420 ℃退火后具有良好的工艺性能,可进行冷弯、卷边、冲压等变形加工,抗蚀性能中等,是硬铝合金中应用最广的一类合金。2A11 合金可用于要求中等强度的结构件,如整流罩、螺旋桨等。高强度硬铝合金是在中等强度硬铝合金的基础上同时提高铜和镁的含量或单独提高镁的含量而发展起来的。典型的合金为 2A12 和 2024 合金,这类合金的主要强化相是 S(CuMgAl$_2$)相,其次是 θ(CuAl$_2$)相。由于 S(CuMgAl$_2$)相的强化效果高于θ(CuAl$_2$)相,且具有一定的耐热性,所以在热处理状态下,这类合金比中等强度的 2A11合金具有更高的强度和良好的耐热性。这类合金是硬铝中应用最广的另一类重要合金。

2A12 合金广泛用于要求较高强度的结构件,如飞机蒙皮、壁板、翼梁、长桁等。

2024 合金也广泛用于各种航空航天结构,它在 T3 状态断裂韧性高,疲劳裂纹扩展速率低,不过此时的抗蚀(晶界腐蚀)性能不够好,薄板一般需包铝后使用;如果在 T8 状态使用,合金的抗蚀性能较好,可用于 120～150 ℃的结构件。目前 2024 系列中最新的、性能最好的合金是 2524,其韧性和抗疲劳性能均较 2024 有重大的改进。2524 合金已成功地用于 B777 客机。

必须指出的是,几乎所有的 Al-Cu-Mg 系硬铝合金均有形成焊接裂纹的倾向,所以这类合金焊接性能很差,一般不用作焊接结构材料。Al-Cu-Mg 系硬铝合金在淬火及人工时效状态比在淬火及自然时效状态下具有更大的晶间腐蚀倾向,因此除高温工作的构件外,这类合金一般均采用自然时效。为防止腐蚀,可对板材进行包铝,在大多数情况下采用阳极氧化处理或表面涂漆。此外,该系列合金的淬火温度范围很窄。以 2A12 为例,淬火温度需控制在(498±3) ℃,自然时效时间不小于 96 h。如在 150 ℃以上使用,则采用(190±5) ℃保温 8~12 h 的人工时效。

在 Al-Cu-Mg 系基础上再添加合金元素铁和镍,则形成 Al-Cu-Mg-Fe-Ni 系合金。如 2A70、2A80、2A90 等。在这类合金中,铜和镁加入的主要目的是保证足够数量的 S 相,从而得到良好的热强性;铁和镍加入的比例应接近 1∶1,以便形成 FeNiAl 强化相,该强化相不消耗铜,所以可保证铜充分形成 S 相。该系合金具有良好的锻造性能,故又称锻铝,热处理强化均采用淬火加人工时效,主要用于制造在 200~250 ℃条件下工作的零件,如发动机的压气机叶片、叶轮、盘等,也可用于制造超声速飞机的蒙皮、隔框、桁条等。

Al-Cu-Mn 系为耐热硬铝铝合金,其主要特点是塑性和工艺性能好,在 200 ℃以上具有很高的耐热性。Al-Cu-Mn 系铝合金与 Al-Cu-Mg 系铝合金的主要区别在于前者含铜量较高,镁含量很低或不含镁。该系铝合金中主要合金元素是铜。铜在铝中不仅可以通过固溶强化和沉淀强化强烈地提高合金的室温强度,而且还可增强合金的耐热性;锰的加入量在 0.2%~0.8%之间,锰的作用除了降低铜在铝中的扩散系数外,还可形成在高温下具有很高硬度的 $T(CuMn_2Al_2)$ 相,有助于提高合金的耐热性;此外,合金中还可加入 Ti、Zr、V 等微量元素,其目的在于细化铸态晶粒,减缓固溶体在高温下的分解,提高合金的高温性能,并改善合金的焊接性能。该系合金可以进行自由锻造、挤压和轧制等压力加工。该系合金中 2219 合金的耐热性能较高,其低温性能和焊接性能也很好,常用于制造液体推进剂贮箱。常用 2000 系列热处理强化变形铝合金的牌号及化学成分见表 6-11。

表 6-11 常用 2000 系列热处理强化变形铝合金的牌号及化学成分（GB/T 3190—1996）

合金牌号	化学成分（质量分数）/%														备注
	Si	Fe	Cu	Mn	Mg	Cr	Ni	Zn		Ti	Zr	其他 单个	其他 合计	Al	
2A01	0.50	0.50	2.2~3.0	0.20	0.2~0.5	—	—	0.10	—	0.15	—	0.05	0.10	余量	LY1
2A02	0.30	0.30	2.6~3.2	0.45~0.7	2.0~2.4	—	—	0.10	—	0.15	—	0.05	0.10	余量	LY2
2A04	0.30	0.30	3.2~3.7	0.5~0.8	2.1~2.6	—	—	0.10	Be:0.0001~0.01①	0.05~0.40	—	0.05	0.10	余量	LY4
2A06	0.50	0.50	3.8~4.3	0.5~1.0	1.7~2.3	—	—	0.10	Be:0.001~0.005①	0.03~0.15	—	0.05	0.10	余量	LY6
2A10	0.25	0.20	3.9~4.5	0.3~0.5	0.15~0.3	—	—	0.10	—	0.15	—	0.05	0.10	余量	LY10
2A11	0.70	0.70	3.8~4.8	0.4~0.8	0.4~0.8	—	0.10	0.30	Fe+Ni: 0.7	0.15	—	0.05	0.10	余量	LY11
2B11	0.50	0.50	3.8~4.5	0.4~0.8	0.4~0.8	—	—	0.10	—	0.15	—	0.05	0.10	余量	LY8
2A12	0.50	0.50	3.8~4.9	0.3~0.9	1.2-1.8	—	0.10	0.30	Fe+Ni: 0.50	0.15	—	0.05	0.10	余量	LY12
2B12	0.50	0.50	3.8~4.5	0.3~0.7	1.2-1.6	—	—	0.10	—	0.15	—	0.05	0.10	余量	LY9
2A13	0.70	0.60	4.0-5.0	—	0.3~0.5	—	—	0.6	—	0.15	—	0.05	0.10	余量	LY13
2A14	0.6~1.2	0.70	3.9~4.8	0.4~1.0	0.4~0.8	—	0.10	0.30	—	0.15	—	0.05	0.10	余量	LD10
2A16	0.30	0.30	6.0~7.0	0.4~0.8	0.05	—	—	0.10	—	0.10~0.20	0.20	0.05	0.10	余量	LY16
2B16	0.25	0.30	5.8~6.8	0.2~0.4	0.05	—	—	—	V: 0.05~0.15	0.08~0.20	0.10~0.25	0.05	0.10	余量	—
2A17	0.30	0.30	6.0~7.0	0.4~0.8	0.25~0.45	—	—	0.10	—	0.10~0.20	—	0.05	0.10	余量	LY17
2A20	0.20	0.30	5.8~6.8	—	0.02	—	—	0.10	V:0.05~0.15	0.07~0.16	0.10~0.25	0.05	0.15	余量	LY20
2A21	0.20	0.2~0.6	3.0~4.0	0.05	0.8~1.2	—	1.8~2.3	0.20	—	0.05	—	0.05	0.15	余量	—
2A25	0.06	0.06	3.6~4.2	0.5~0.7	1.0-1.5	—	0.06	—	—	—	—	0.05	0.10	余量	—
2A49	0.25	0.8~1.2	3.2~3.8	0.3~0.6	1.8~2.2	—	0.8~1.2	—	—	0.08~0.12	—	0.05	0.15	余量	—
2A50	0.7~1.2	0.70	1.8~2.6	0.4~0.8	0.40~0.8	—	0.10	0.30	Fe+Ni: 0.7	0.15	—	0.05	0.10	余量	LD5
2B50	0.7~1.2	0.70	1.8~2.6	0.4~0.8	0.4~0.8	0.01~0.20	0.10	0.30	Fe+Ni: 0.7	0.02~0.10	—	0.05	0.10	余量	LD6

续表

合金牌号	化学成分(质量分数)/%											其他		Al	备注
	Si	Fe	Cu	Mn	Mg	Cr	Ni	Zn		Ti	Zr	单个	合计		
2A70	0.35	0.9~1.5	1.9~2.5	0.20	1.4~1.8	—	0.9~1.5	0.30	—	0.02~0.10	—	0.05	0.10	余量	LD7
2B70	0.25	0.9~1.4	1.8~2.7	0.20	1.2~1.8	—	0.8~1.4	0.15	Pb: 0.05; Sn: 0.05; Ti+Zr: 0.20	0.10	—	0.05	0.15	余量	—
2A80	0.5~1.2	1.0~1.6	1.9~2.5	0.20	1.4~1.8	—	0.9~1.5	0.30	—	0.15	—	0.05	0.10	余量	LD8
2A90	0.5~1.0	0.5~1.0	3.5~4.5	0.20	0.4~0.8	—	1.8~2.3	0.30	—	0.15	—	0.05	0.10	余量	LD9
2004	0.20	0.20	5.5~6.5	0.10	0.50	—		0.10	—	0.05	0.30~0.50	0.05	0.15	余量	—
2011	0.40	0.70	5.0~6.0	—	—	—	—	0.30	Bi: 0.20~0.6; Pb: 0.20~0.6	—	—	0.05	0.15	余量	—
2014	0.5~1.2	0.70	3.9~5.0	0.4~1.2	0.2~0.8	0.10	—	0.25	②	0.15	—	0.05	0.15	余量	—
2014A	0.5~0.9	0.50	3.9~5.0	0.4~1.2	0.2~0.8	0.10	0.10	0.25	Ti+Zr: 0.20	0.15	—	0.05	0.15	余量	—
2214	0.5~1.2	0.30	3.9~5.0	0.4~1.2	0.2~0.8	0.10	—	0.25	②	0.15	—	0.05	0.15	余量	—
2017	0.2~0.8	0.70	3.5~4.5	0.4~1.0	0.4~0.8	0.10	—	0.25	②	—	—	0.05	0.15	余量	—
2017A	0.2~0.8	0.70	3.5~4.5	0.4~1.0	0.4~0.8	0.10	—	0.25	Ti+Zr: 0.25	—	—	0.05	0.15	余量	—
2117	0.80	0.70	2.2~3.0	0.20	0.2~0.5	0.10	—	0.25	—	—	—	0.05	0.15	余量	—
2218	0.90	1.00	3.5~4.5	0.20	1.2~1.8	0.10	1.7~2.3	0.25	—	—	—	0.05	0.15	余量	—
2618	0.10~0.25	0.9~1.3	1.9~2.7	—	1.3~1.8	—	0.9~1.2	0.10	—	0.04~0.10	—	0.05	0.15	余量	—
2219	0.20	0.30	5.8~6.8	0.2~0.4	0.02	—	—	0.10	V:0.05~0.15	0.02~0.10	0.10~0.25	0.05	0.15	余量	LY19
2024	0.50	0.50	3.8~4.9	0.3~0.9	1.2~1.8	0.10	—	0.25	②	0.15	—	0.05	0.15	余量	—
2124	0.20	0.30	3.8~4.9	0.3~0.9	1.2~1.8	0.10	—	0.25	②	0.15	—	0.05	0.15	余量	—

① 铍含量均按规定量加入，可不作分析；

② 仅在供需双方商定时，对挤压和锻造产品限定 Ti+Zr 含量不大于 0.2%。

（2）Al-Mg-Si 系合金（6000 系列）和 Al-Mg-Si-Cu 系合金（2000 系列）

Al-Mg-Si 系合金常用的有 6A02、6061、6070、6013。铝镁硅系合金主要的强化相为 Mg_2Si。为了保持最大的强化效果，镁和硅的质量比应等于 1.73。由于合金中存在和硅结合生成的 $(Fe,Mn,Si)Al_6$ 相，所以为了弥补硅的消耗，合金中硅含量应适当提高。铝镁硅合金中存在较严重的停放效应。所谓停放效应是指合金淬火后在室温停置一段时间再进行人工时效时，合金的沉淀强化效应将降低。产生停放效应的原因是合金中的镁和硅在铝中的固溶度不同，即硅的固溶度小，先于镁发生偏聚；硅原子的偏聚区小而弥散，基体中固溶的硅含量大大减少。当再进行人工时效时，那些小于临界尺寸的硅的偏聚区（G.P. 区）将重新溶解，导致形成介稳相 β'' 的有效核心数量减少，从而生成粗大的 β' 相。

这类合金中，6A02 的强化相为 Mg_2Si，该合金塑性良好，在自然时效状态下，其耐蚀性能与 Al-Mn 系列的 3A21 相当，在工业中常用来制造要求中等强度、高塑性和高耐腐蚀性能的零部件。6061 由于含有 0.15%～0.40%Cu，所以停放效应稍有减轻，在 T 状态下具有良好的成形性能、焊接性能、耐腐蚀性能以及强度，因此成为在很多结构和焊接组件中被广泛应用的通用变形铝合金。

6063 主要应用于管道铺设、家具、农用机具等。由于 6000 系列合金的密度比 2000 系列合金小，且有很好的抗蚀性能，所以在飞机机体上仍有应用。近年来发展的 6013 合金，其强度接近 2024 薄板，不包铝使用。为了进一步减小 Al-Mg-Si 系合金的停放效应，可加入适量的铜形成 Al-Mg-Si-Cu 系合金（如 2A50、2B50、2A14 等）。这类合金中加入的铜可形成 $\theta(CuAl_2)$ 相和 $S(CuMgAl_2)$ 相强化相。随着合金中铜含量的增加，合金的室温强度和高温强度增加，但耐蚀性和塑性降低。合金中均加入一定数量的锰（有时加铬），目的在于提高合金的强度、韧性和耐蚀性能。微量的钛可以细化铸锭中的晶粒，防止零部件中形成粗晶粒，从而提高了合金在热态下的塑性。Al-Mg-Si-Cu 系合金在自然时效和人工时效后均可产生很好的强化效果，但自然时效需要的时间较长，通常根据强度或塑性的需要来选择时效规范。该类合金在淬火及人工时效状态下的切削性能较好，所以切削加工一般应安排在最终热处理后进行。

Al-Mg-Si-Cu 系合金铸造性能良好，能利用连续铸造法生产，同时该系列合金的成形工艺性能优良，适于进行自由锻造、挤压、乳制、冲压等压力加工（故该合金系也称为锻铝），但耐蚀性和焊接性能较差。因此，这类合金可用于制造大型锻件、模锻件及相应的大型铸锭。2A50、2B50 合金多用于制造各种形状复杂的要求中等强度的锻件和模锻件，如各种叶轮、接头、框架等；2A14 合金则用来制造承受高载荷或较大型的锻件，是目前航空航天工业中应用最多的铝合金之一，是制造运载火箭、导弹的重要结构材料。常用 6000 系列变形铝合金的牌号及化学成分见表 6-12。

表 6-12 常用 6000、7000 及 8000 系列变形铝合金的牌号及化学成分（GB/T 3190—1996）

合金牌号	化学成分(质量分数)/%										其他		Al	备注
	Si	Fe	Cu	Mn	Mg	Cr	Zn		Ti	Zr	单个	合计		
6A02	0.5~1.2	0.50	0.2~0.6	—	0.45~0.9	0.15~0.35	0.20	—	0.15	—	0.05	0.10	余量	LD2
6B02	0.7~1.1	0.40	0.1~0.4	0.1~0.3	0.4~0.8	—	0.15	—	0.01-0.04	—	0.05	0.10	余量	LD2-1
6A51	0.5~0.7	0.50	0.15~0.35	—	0.45~0.6	—	0.25	Sn:0.15~0.35	0.01~0.04	—	0.05	0.15	余量	—
6101	0.3~0.7	0.50	0.10	0.03	0.35~0.8	0.03	0.10	B:0.06	—	—	0.03	0.10	余量	—
6101A	0.3~0.7	0.40	0.05	—	0.4~0.9	—	—	—	—	—	0.03	0.10	余量	—
6005	0.6~0.9	0.35	0.10	0.10	0.4~0.6	0.10	0.10	—	0.10	—	0.05	0.15	余量	—
6005A	0.5~0.9	0.35	0.30	0.50	0.4~0.7	0.30	0.20	Mn+Cr:0.12~0.50	0.10	—	0.05	0.15	余量	—
6351	0.7~1.3	0.50	0.10	0.4~0.8	0.4~0.8	—	0.20	—	0.20	—	0.05	0.15	余量	—
6060	0.3~0.6	0.1~0.3	0.10	0.10	0.35~0.6	0.05	0.15	—	0.10	—	0.05	0.15	余量	—
6061	0.4~0.8	0.7	0.15~0.40	0.15	0.8~1.2	0.04~0.35	0.25	—	0.15	—	0.05	0.15	余量	LD30
6063	0.2~0.6	0.35	0.10	0.10	0.45~0.9	0.10	0.10	—	0.10	—	0.05	0.15	余量	LD31
6063A	0.3~0.6	0.15~0.35	0.10	0.15	0.6~0.9	0.05	0.15	—	0.10	—	0.05	0.15	余量	—
6070	1.0~1.7	0.50	0.15~0.40	0.4~1.0	0.5~1.2	0.10	0.25	—	0.15	—	0.05	0.15	余量	LD2-2
6181	0.8~1.2	0.45	0.10	0.15	0.6~1.0	0.10	0.20	—	0.10	—	0.05	0.15	余量	—
6082	0.7~1.3	0.50	0.10	0.4~1.0	0.6~1.2	0.25	0.20	—	0.10	—	0.05	0.15	余量	—
7A01	0.30	0.30	0.01	—	—	—	0.9~1.3	Si+Fe: 0.45	—	—	0.03	—	余量	LB1
7A03	0.20	0.20	1.8~2.4	0.10	1.2~1.6	0.05	6.0~6.7	—	0.02~0.08	—	0.05	0.10	余量	LC3

续表

| 合金牌号 | 化学成分（质量分数）/% | | | | | | | | | | 其他 | | Al | 备注 |
	Si	Fe	Cu	Mn	Mg	Cr	Zn		Ti	Zr	单个	合计		
7A04	0.50	0.50	1.4~2.0	0.2~0.6	1.8~2.8	0.10~0.25	5.0~7.0	—	0.10	—	0.05	0.10	余量	LC4
7A05	0.25	0.25	0.20	0.15~0.40	1.1~1.7	0.05~0.15	4.4~5.0	—	0.02~0.06	0.10~0.25				
7A09	0.50	0.50	1.2~2.0	0.15	2.0~3.0	0.16~0.30	5.1~6.1	—	0.10	—				
7A10	0.30	0.30	0.5~1.0	0.20~0.35	3.0~4.0	0.10~0.20	3.2~4.2	—	0.10	—				
7A15	0.50	0.50	0.5~1.0	0.1~0.4	2.4~3.0	0.10~0.30	4.4~5.4	Be:0.005~0.01	0.05~0.15	—				
7A19	0.30	0.40	0.08~0.30	0.3~0.5	1.3~1.9	0.10~0.20	4.5~5.3	Be:0.0001~0.004①	—	0.08~0.20				
7A31	0.30	0.6	0.1~0.4	0.2~0.4	2.5~3.3	0.10~0.20	3.6~4.5	Be:0.0001~0.001①	0.02~0.10	0.08~0.25				
7A33	0.25	0.30	0.25~0.55	0.05	2.2~2.7	0.10~0.20	4.6~5.4	—	0.05	—				
7A52	0.25	0.30	0.05~0.20	0.2-0.5	2.0~2.8	0.15~0.25	4.0~4.8	—	0.05~0.18	0.05~0.15				
7003	0.30	0.35	0.20	0.30	0.5~1.0	0.20	5.0~6.5	—	0.20	0.05~0.25				
7005	0.35	0.40	0.10	0.2~0.7	1.0~1.8	0.06~0.20	4.0~5.0	—	0.01-0.06	0.08~0.20				
7020	0.35	0.40	0.20	0.05~0.50	1.0~1.4	0.10~0.35	4.0~5.0	Zr+Ti:0.08~0.25	—	0.08~0.20				
7022	0.50	0.50	0.50~1.0	0.1~0.4	2.6~3.7	0.10~0.30	4.3~5.2	Zr+Ti:0.20	—	—				
7050	0.12	0.15	2.0~2.6	0.10	1.9~2.6	0.04	5.7~6.7	—	0.06	0.08~0.15				
7075	0.40	0.50	1.2~2.0	0.30	2.1~2.9	0.18~0.28	5.1~6.1	②	0.20	—				
7475	0.10	0.12	1.2~1.9	0.06	1.9~2.6	0.18~0.25	5.2~6.2	—	0.06	—				
8A06	0.55	0.50	0.10	0.10	0.10	—	0.10	Fe+Si: 1.0	—	—				
8011	0.5~0.9	0.6~1.0	0.10	0.20	0.05	0.05	0.10	—	0.08	—				
8090	0.20	0.30	1.0~1.6	0.10	0.6~1.3	0.10	0.25	Li:2.2~2.7	0.10	0.04~0.16				

① 铍含量均按规定量加入，可不作分析；

② 仅在供需双方商定时，对挤压和锻造产品限定 Ti+Zr 含量不大于 0.25%。

（3）Al-Zn-Mg-Cu 系合金（7000 系列）

常用的有 7075、7A03、7A04、7A05 等。该系合金中的主要合金元素为 Zn、Mg、Cu。合金中的强化相除 $\theta(CuAl_2)$ 相和 $S(CuMgAl_2)$ 相外，还有 $T(Mg_3Zn_3Al_2)$ 相和 $\eta(Mg_2Zn)$ 相，其中 $\eta(Mg_2Zn)$ 相是这类铝合金中的主要强化相。除了各种强化相的沉淀强化外，合金的强化还部分来自 Zn 的固溶强化作用。当合金中的 Zn 和 Mg 总量的质量分数等于 9% 时，合金的强度最高；超过这一数值后，析出相将以网状分布于晶界而使合金脆化，所以这类合金又称超硬铝合金。合金中加入的铜既可产生固溶强化，析出 $S(CuMgAl_2)$ 相沉淀强化，还可提高沉淀相的弥散度，消除晶界网状脆性相，从而降低晶间腐蚀和应力腐蚀倾向。不过铜的加入降低了合金的焊接性能，所以这类合金一般采用铆接或黏接。合金中还加入一定量的锰、铬和微量的钛。其中锰主要起固溶强化的作用，并改善了应力腐蚀抗力；铬和微量钛可形成弥散的金属间化合物 $Al_{12}Mg_2Cr$、Al_3Ti，强烈地提高铝合金的再结晶温度，阻止晶粒长大，从而提高淬火态的强度和人工时效强化效果，铬还可改进沉淀相在晶界附近的脱溶，从而也降低了合金对应力腐蚀的敏感性。

超硬铝合金与硬铝合金相比，淬火温度范围比较宽，可在 455～48 CTC 相当宽的范围内选取。由于强化相复杂，合金元素扩散较慢，自然时效时间长，所以这类合金大多采用淬火加人工时效的热处理强化工艺。必须指出的是，这类合金的人工时效常采用分级时效。

所谓分级时效就是在不同的温度下进行两次时效或多次时效的处理。之所以采用分级时效，其主要原因是要消除和减小这类合金采用单级时效时容易产生的无沉淀带宽度。所谓无沉淀带就是在人工时效后在晶界附近还存在着一个没有沉淀的区域，也称无析出带。无沉淀带的晶界组织虽然对铝合金的屈服强度无明显影响，但如果铝合金中存在着较宽的无沉淀带，对合金的断裂韧性和抗应力腐蚀性能均有不利影响。铝合金中的无沉淀带在 Al-Si、Al-Cu、Al-Mg、Al-Mg-Si、Al-Zn-Mg、Al-Zn-Mg-Cu 等合金系中均有发现，但对于 Al-Zn-Mg 系和 Al-Zn-Mg-Cu 系合金更为严重。

晶界无沉淀带形成的主要原因是合金在淬火加热时空位浓度增高，在淬火冷却、停放及随后的单级时效过程中，晶内空位容易向晶界扩散，从晶界到晶内中心将会形成一条由低到高的空位浓度梯度，靠近晶界处出现空位贫乏带。另外在某一温度进行人工时效时，要能形成过渡相的沉淀，必须对应一个临界空位浓度。由于临近晶界的实际空位浓度低于形成过渡相的临界空位浓度，所以无沉淀发生，形成了空位贫乏无沉淀带。如果淬火速度较慢，或进行分级淬火时，沿晶界两侧的溶质原子将可能直接在晶界上析出并形成过渡相，这样将使晶界附近出现溶质贫乏带。在随后的时效过程中，带内同样不再发生沉淀过程，此时形成的是所谓溶质贫乏无沉淀带。

为了防止无沉淀带形成带来的不利影响，在铝合金的合金化上常通过加入微量元素细化晶粒,改善过渡相脱溶的均匀性来减小无沉淀带的宽度,但仅通过合金化一般不能使无沉淀带完全消除。在时效工艺上最常用的就是进行分级时效处理。这种分级时效处理的操作要点是:将合金在 T_c(合金形成均匀沉淀的临界温度)以下温度的介质中进行淬火,并在低于 T_c 的温度下进行足够时间的预时效,然后再在高于 T_c 的温度进行最终时效。当合金在 T_c 以下温度的介质中淬火时 G.P. 区即可形成,随着淬火后停放时间的延长或预时效的进行,无论是在空位浓度较高的晶内,还是在空位浓度较低的晶界附近,G.P. 区的数量不断增多,尺寸不断长大。当随后在高于 T_c 的温度下进行最终人工时效时,超过临界晶核半径的 G.P. 区就可以成为过渡相的沉淀核心。由于 G.P. 区是均匀生核的,因而过渡相的沉淀液是均匀的,并且在空位浓度较低的区域内,过渡相也部分地发生均匀沉淀,因而使无沉淀带宽度减小。相反,如果不是采用分级时效处理,而是直接在高于 T_c 温度的介质中淬火,或虽在 T_c 以下温度的介质中淬火,但预时效时间很短,则由于不形成 G.P. 区,或由于靠近晶界的空位浓度较低,在很短的预时效时间内,所形成的 G.P. 区尺寸较晶内所形成的 G.P. 区尺寸要小得多,因此一旦在较高的温度下时效,那些小于临界尺寸的 G.P. 区将重新溶入固溶体中。这时,只有少数尺寸较大的 G.P. 区才能作为过渡相的晶核。总之,由于缺少现成的 G.P. 区作为过渡相的沉淀核心,人工时效后,过渡相不能均匀生核,其结果是形成不均匀分布和尺寸粗大的过渡相,并且出现较宽的无沉淀带。

此外,还可以采用形变热处理的办法使合金组织中出现分布较多的、位向混乱的大量位错,这些位错在最终人工时效过程中并不消失,其有利于溶质原子的扩散,从而有助于 G.P. 区数量的增加,也有助于过渡沉淀相的脱溶,最终有利于改善过渡沉淀相的均匀分布,缩小或基本消除晶界无沉淀带。

还需指出的是,铝合金的 T_c 取决于合金的化学成分。例如 Al-5.9Zn-2.9Mg 合金的 T_c 为 155 ℃,Al-4Cu 合金的 T_c 为 175 ℃,Al-Mg 合金的 T_c 低于 50 ℃。7A04 合金的淬火温度为(470±5)℃,采用分级时效时,首先在 120 ℃时效 3 h,然后再在 160 ℃时效 3 h,此时合金达到最大强化状态。

Al-Zn-Mg-Cu 系合金中最重要的是 7075。7075 合金早在 1943 年就已研究成功,在 T6 状态强度最高,但合金的抗蚀性能较差,断裂韧性也不高,因此没有得到广泛的应用。1960 年发明了 T73 处理,虽然强度下降约 15%,但解决了该合金的应力腐蚀问题,使得该合金得到了广泛的应用。后来又研究了 T76 处理,使合金的强度有所提高。7475 合金是 7000 系列合金中损伤容限性能最好的合金。此外,7000 系列合金中的 7050 合金用 Zr 代替 Cr 来控制合金的再结晶,合金淬透性好,可用于大规格厚截面的半成品。7055 是目前铝合金中合金化程度最高,强度也是最高的铝合金。近期研究成功的 T77 处理工艺,使得该合金在高强度下仍能保持较高的断裂韧性和良好的应力腐蚀抗力。7055-T77

已成功地用于 B777 客机的主结构。常用 7000 系列变形铝合金的牌号及化学成分见表6-12。

（4）Al-Li（Al-Cu-Li）系合金（2000 系列和 8000 系列）

常用的有 2020、2195、2197、8090 等。习惯上把含锂的铝合金称为铝锂合金，但这不太合理，主要是因为这些合金中的锂经常不是含量最多的合金元素。锂是最轻的金属元素，它的密度仅为 0.53 g/cm^3，只有水的一半，铝的五分之一。显然，铝合金中加入锂，将使其密度降低。此外，由于锂在铝有较大的溶解度，并且溶解度的大小随温度明显变化，所以铝锂合金具有明显的时效强化效应。含锂铝合金在淬火及时效时以弥散质点形式析出大量的亚稳球形平衡相 δ'（Al$_3$Li）。由于 δ'（Al$_3$Li）相为有序超点阵结构且与基体完全共格，所以对位错运动具有强烈的阻碍作用。对于二元 Al-Li 合金，由于 δ'（Al$_3$Li）相被位错切过后，易产生共面滑移，使位错在晶界塞积形成应力集中，并引起晶界开裂；另外，在晶界附近存在无 δ' 相析出带，它比基体软，成为形变集中区，导致迅速加工硬化，是引起晶界脆断的另一个原因。因此二元 Al-Li 合金的实用意义不大。在二元 Al-Li 合金中再添加其他合金元素并通过适当的热处理可以使位错切过 δ'（Al$_3$Li）相质点变为位错环或使位错绕过质点，从而改善含锂铝合金的综合性能。

根据在含锂铝合金中加入的主要合金元素的不同，通常把含锂铝合金分为 Al-Cu-Li系合金、Al-Mg-Li 系合金、Al-Li-Cu-Mg-Zr 系合金等。常用 8000 系列变形铝合金的牌号及化学成分见表6-12。

Al-Cu-Li 系合金是最早研制的含锂的工业铝合金之一，如美国铝业公司（AlCoa）在1958 年研制的 2020 合金即为 Al-Cu-Li 系合金，其名义成分为 Al-4.5Cu-1.11Li-0.5Mn-0.2Cd。加入 Cu 除了会产生固溶强化外，还会形成 T1-Al$_2$CuLi 沉淀强化相，与 δ'（Al$_3$Li）相一起产生显著的沉淀强化作用。2020 合金具有高的比强度和比刚度，优良的耐蚀性和疲劳性能，曾被用于一种军用飞机的主结构。但后来发现该合金的断裂韧性很低，不能满足飞机结构的损伤容限要求，因此在 20 世纪 70 年代该合金就停止生产了。后来在这类合金中加入 0.1% 的 Zr，锆加入后与铝形成金属间化合物 Al$_3$Zr，它具有立方晶系点阵，在高温下非常稳定，起细化晶粒作用，从而得到强塑性配合良好的 2090 合金。

Al-Mg-Li 系合金是苏联在二十世纪五六十年代发展的。这类合金的典型牌号为1420，其名义成分为 Al-5Mg-2Li-0.1Zr（或 0.4Mn）。Mg 的主要作用之一是产生固溶强化；Mg 还能降低锂在铝基固溶体中的溶解度，增加 δ'（Al$_3$Li）相的析出量。当 Mg 的质量分数超过 2% 时，还会出现与基体半共格的强化相 δ'（Al$_2$LiMg）介稳相。1420 合金的密度较低，焊接性好，但其强度较低。该合金在苏联和俄罗斯的航空航天工业中得到了大量的应用，已成功用于制造飞机的一些结构件，火箭和导弹的壳体、燃料箱，等等。但必须指出的是这类合金至今未在西方国家获得应用。对 1420 合金的成分略加调整并添加合金元素 Sc,可以使合金强度明显提高,焊接性能进一步改善。如 1421、1423 合金,除塑性较 1420 合金有所下降外,其他性能均获提高。

Al-Li-Cu-Mg-Zr 系合金是西方国家在二十世纪七八十年代发展的新型含锂铝合金。该类含锂铝合金中同时加入 Mg、Cu,除了发挥 Mg、Cu 的作用外,还有新相 S′(Al_2CuMg)呈针状析出,沿<100>Al 方向分布,并且容易在晶界附近的无 δ′(Al_3Li)相析出带沉淀,从而改变了合金的断裂方式,提高了延性。如典型的 2090、2091、8090 合金等。这类合金的技术现在已经相当成熟,已可生产各种类型和规格的半成品,并获得了一定的应用。这类合金已部分取代 2000 系和 7000 系合金作为航空航天的主体结构材料。近年来发展起来的 2195、2197 等合金的性能又有了很大的改进,已基本克服了 1090、2091、8090 等含锂铝合金存在的问题,并已开始有重要的应用。2195 合金已成功地用于航天飞机的外推进剂贮箱,能减轻质量高达 3400 kg。2197 合金也已用于 F16 的改型及机身尾部隔框。

部分西方国家、苏联及俄罗斯的工业含锂铝合金的名义成分见表 6-13。

表 6-13　部分西方国家、苏联及俄罗斯的工业含锂铝合金的名义成分(%)

部分西方国家							苏联及俄罗斯					
合金牌号	Li	Cu	Mg	Mn	Zr	其他	合金牌号	Li	Cu	Mg	Sc	Zr
2020	1.3	4.5	—	0.55	—	0.25Cd	1420	2.0	—	5.2	—	0.12
2090	2.2	2.7	—	—	0.1	—	1421	2.0	—	5.2	0.15	0.12
2091	2.0	2.1	1.5	—	0.1	—	1423	2.0	—	3.7	0.15	0.08
2095	1.3	4.2	0.4	0.25	0.10	0.4Ag	1430	1.7	1.6	2.7	—	0.11
2195	1.0	4.0	0.4	0.25	0.10	0.4Ag	1440	2.4	1.6	0.9	—	0.11
2197	1.5	2.8	0.25	—	0.12	—	1445	2.1	3.0	—	—	0.12

含锂铝合金的热处理一般采用固溶淬火后人工时效或不完全人工时效、固溶淬火后施以控制冷变形再人工时效等。部分含锂铝合金的物理性能和力学性能如表 6-14 所示。

表 6-14　部分含锂铝合金的物理性能和力学性能

合金牌号	取样方向	热处理制度	密度/ ($g·cm^{-3}$)	抗拉强度/ MPa	屈服强度/ MPa	伸长率/ %	断裂韧性/ ($MPa·m^{1/2}$)
2090	板材,L	OA	2.61~2.64	527	466	10	24
1420	锻件,L	OA	2.51~2.54	440	290	11	25.6
1421	锻件,L	OA	2.53~2.56	490	330	10	25
2091	板材,L	T851	2.56~2.59	455	340	11	39
8090	板材,L	T851	2.55~2.56	500	455	7	33
CP27	板材,L	T851	2.56~2.60	605	595	7	6

6.3　铸造铝合金

6.3.1　铸造铝合金及其状态的标记和命名

国际上,铸造铝合金的牌号是由主要合金元素符号以及表明合金化元素名义质量分数的数字组成的,如 Al-Si7Mg。

我国铸造铝合金的合金牌号由 ZAl、主要合金元素符号以及表明合金化元素名义质量分数的数字组成。当合金元素多于两个时,合金牌号中应列出足以表明合金主要特性的元素符号及其名义质量分数的数字。合金元素符号按其名义质量分数递减的次序排列。除基体元素的名义质量分数不标注外,其他合金化元素的名义质量分数均标注于该元素符号之后。对那些杂质含量要求严,性能要求高的优质合金,在牌号后面标注大写字母"A"以表示优质。如 ZAlSi7MgA 等。

我国铸造铝合金的合金代号由字母 ZL("铸""铝"的汉语拼音第一个字母)及其后面的三个阿拉伯数字组成。ZL 后面第一个数字表示合金系列,其中 1、2、3、4 分别表示铝硅、铝铜、铝镁、铝锌系列合金;ZL 后面第二、第三两个数字表示顺序号。优质合金在数字后面附加字母"A"。如 ZAlSi7MgA 牌号的优质铸造铝合金的代号是 ZL101A。

我国铸造铝合金的铸造方法、变质处理代号为:S——砂型铸造,J——金属型铸造,R——熔模铸造,K——壳型铸造,B——变质处理。

铸造铝合金的热处理种类、代号和特点见表 6-15。

表 6-15　铸造铝合金的热处理类型、代号和用途

热处理类型	代号	用途	说明
未经淬火的人工时效	T1	改善切削性能,以提高其表面粗糙度;提高力学性能(如对于 ZL103、ZL105 和 ZL106 等)	在砂型和金属型铸造时,已获得某种程度淬火效果的铸件,采用这种热处理方法可以得到较好的效果
退火	T2	消除铸造应力和机械加工过程中引起的加工硬化;提高塑性	退火温度一般为 280～300 ℃,保温 2～4 h
淬火	T3	使合金得到过饱和固溶体,以提高强度,改善耐蚀性	因铸件从淬火、机械加工到使用,实际已经过一段时间的时效,故 T3 与 T4 无大的区别
淬火＋自然时效	T4	提高强度;提高在 100 ℃ 以下工作的零件的耐腐蚀性	当零件(特别是 ZL201、ZL203 铸造合金)要求获得最大强度时,零件从淬火后到机械加工前,至少需要保存 4 昼夜

（续表）

热处理类型	代号	用途	说明
淬火＋不完全人工时效	T5	用以获得足够高的强度并保持较高的塑性	人工时效是在较低的温度(150～180 ℃)和只经短时间(3～5 h)保温后完成的
淬火＋完全人工时效	T6	为获得最大的强度和硬度,但塑性有所下降	人工时效是在较高的温度(175～190 ℃)和在较长时间的保温(5～15 h)后完成的
淬火＋稳定化回火	T7	预防零件在高温下工作时其力学性能的下降和尺寸的变化,目的在于稳定零件的组织和尺寸,与T5、T6相比,处理后强度较低而塑性较高	用于高温下工作的零件。铸件在超过一般人工时效温度(接近或略高于零件工作温度)的情况下进行回火,回火温度大约为200～250 ℃
淬火＋软化回火	T8	用于获得高的塑性(但强度降低)并稳定尺寸	回火在比T7更高的温度(250～330 ℃)下进行
循环处理	T9	使铸件的尺寸保持更高的尺寸稳定性	经机械加工后的零件承受循环热处理(冷却到－70 ℃,有时到－196 ℃,然后再加热到350 ℃)。根据零件的用途可进行数次这样的处理,所选用的温度取决于零件的工作条件和所要求的合金性质

6.3.2 典型的铸造铝合金

为了使合金具有良好的铸造性能和足够的强度,铸造铝合金中合金元素的含量一般要比变形铝合金多。常用的铸造铝合金中合金元素的总量约为 8%～25%。铸造铝合金除具有良好的铸造性能外,还具有较好的抗腐蚀性能和切削加工性能,可制成各种形状复杂的零件,并可通过热处理改善铸件的力学性能。同时由于熔炼工艺和设备比较简单,因此铸造铝合金的生产成本低,尽管其力学性能不如变形铝合金,但仍在许多工业领域获得了广泛的应用。铸造铝合金主要有 Al-Si 系、Al-Cu 系、Al-Mg 系和 Al-Zn 系等,其牌号、代号、化学成分及力学性能如表 6-16、表 6-17 所示。

表 6-16 铸造铝合金的牌号、代号及化学成分(GB/T1173—2013)

合金牌号	合金代号	主要元素(质量分数)/%					
		Si	Cu	Mg	Zn	其他	Al
ZAlSi7Mg	ZL101	6.5～7.5	—	0.25～0.45	—	—	余量
ZAlSi7MgA	ZL101A	6.5～7.5	—	0.25～0.45	—	Ti:0.08～0.20	余量
ZAlSi12	ZL102	10.0～13.0	—	—	—	—	余量
ZAlSi9Mg	ZL104	8.0～10.5	—	0.17～0.35	—	Mn:0.2～0.5	余量

（续表）

合金牌号	合金代号	主要元素(质量分数)/%					
		Si	Cu	Mg	Zn	其他	Al
ZAlSi5Cu1Mg	ZL105	4.5～5.5	1.0～1.5	0.4～0.6	—	—	余量
ZAlSi5Cu1MgA	ZL105A	4.5～5.5	1.0～1.5	0.4～0.55	—	—	余量
ZAlSi8Cu1Mg	ZL106	7.5～8.5	1.0～1.5	0.3～0.5	—	Mn:0.3～0.5, Ti:0.10～0.25	余量
ZAlSi7Cu4	ZL107	6.5～7.5	3.5～4.5	—	—	—	余量
ZAlSi12Cu2Mgl	ZL108	11.0～13.0	1.0～2.0	0.4～1.0	—	Mn:0.3～0.9	余量
ZAlSi12Cu1Mg1 Nil	ZL109	11.0～13.0	0.5～1.5	0.8～1.3	—	Ni:0.8～1.5	余量
ZAlSi5Cu6Mg	ZL110	4.0～6.0	5.0～8.0	0.2～0.5	—	—	余量
ZAlSi9Cu2Mg	ZL111	8.0～10.0	1.3～1.8	0.4～0.6	—	Mn:0.10～0.35, Ti:0.10～0.35	余量
ZAlSi7Mg1A	ZL114A	6.5～7.5	—	0.45～0.75	—	Ti:0.10～0.20, Be:0.04～0.07[①]	余量
ZAlSi5Zn1Mg	ZL115	4.8～6.2	—	0.4～0.65	1.2～1.8	Sb:0.1～0.25	余量
ZAlSi8MgBe	ZL116	6.5～8.5	—	0.35～0.55	—	Ti:0.10～0.30, Be:0.15～0.40	余量
ZAlCu5Mn	ZL201	—	4.5～5.3	—	—	Mn:0.6～1.0, Ti:0.15～0.35	余量
ZAlCu5MnA	ZL201A	—	4.8～5.3	—	—	Mn:0.6～1.0, Ti:0.15～0.35	余量
ZAlCu4	ZL203	—	4.0～5.0	—	—	—	余量
ZAlCu5MnCdA	ZL204A	—	4.6～5.3	—	—	Mn:0.6～0.9, Ti:0.15～0.35, Cd:0.15～0.25	余量
ZAlCu5MnCdVA	ZL205A	—	4.6～5.3	—	—	Mn:0.3～0.5, Ti:0.15～0.35, Cd:0.15～0.25, V:0.05～0.3, Zr:0.05～0.2, B:0.005～0.06	余量
ZAlR5Cu3Si2	ZL207	1.6～2.0	3.0～3.4	0.15～0.25	—	Mn:0.9～1.2, Ni:0.2～0.3, Zr:0.15～0.25, RE:4.4～5.	余量

（续表）

合金牌号	合金代号	主要元素(质量分数)/%					
		Si	Cu	Mg	Zn	其他	Al
ZAlMg10	ZL301	—	—	9.5~11.0	—	—	余量
ZAlMg5Si1	ZL303	0.8~1.3	—	4.5~5.5	—	Mn:0.1~0.4	余量
ZAlMg8Zn1	ZL305	—	—	7.5~9.0	1.0~1.5	Ti:0.1~0.2,Be:0.03~0.1	余量
ZAlZn11Si7	ZL401	6.0~8.0	—	0.1~0.3	9.0~13	—	余量
ZAlZn6Mg	ZL402	—	—	0.5~0.65	5.0~6.5	Ti:0.15~0.25,Cr:0.4~0.6	余量

①在保证合金力学性能前提下,可以不加铍(Be);

②混合稀土中各种稀土总量不小于98%,其中含铈(Ce)约45%。

表 6-17　铸造铝合金的力学性能(GB/T 1173—2013)

合金牌号	合金代号	铸造方法	合金状态	力学性能(不低于)		
				抗拉强度 σ_b/MPa	伸长率 δ_5/%	布氏硬度 HBS (5/250/30)
ZAlSi7Mg	ZL101	S、R、J、K	F	155	2	50
		S、R、J、K	T2	135	2	45
		JB	T4	185	4	50
		S、R、K	T4	175	4	50
		J、JB	T5	205	2	60
		S、R、K	T5	195	2	60
		SB、RB、KB	T5	195	2	60
		SB、RB、KB	T6	225	1	70
		SB、RB、KB	T7	195	2	60
		SB、RB、KB	T8	155	3	55
ZAlSi7MgA	ZL101A	S、R、K	T4	195	5	60
		J、JB	T4	225	5	60
		S、R、K	T5	235	4	70
		SB、RB、KB	T5	235	4	70
		J、JB	T5	265	4	70
		SB、RB、RB	T6	275	2	80
		J、JB	T6	295	3	80

（续表）

合金牌号	合金代号	铸造方法	合金状态	力学性能（不低于）		
				抗拉强度 σ_b/MPa	伸长率 δ_5/%	布氏硬度 HBS (5/250/30)
ZAlSil2	ZL102	SB、JB、RB、KB	F	145	4	50
		J	F	155	2	50
		SB、JB、RB、KB	T2	135	4	50
		J	T2	145	3	50
ZAlSi9Mg	ZL104	S、J、R、K	F	145	2	50
		J	T1	195	1.5	65
		SB、RB、KB	T6	225	2	70
		J、JB	T6	235	2	70
ZAlSi5Cu1Mg	ZL105	S、J、R、K	T1	155	0.5	65
		S、R、K	T5	195	1	70
		J	T5	235	0.5	70
		S、R、K	T6	225	0.5	70
		S、J、R、K	T7	175	1	65
ZAlSi5Cu1MgA	ZL105A	SB、R、K	T5	275	1	80
		J、JB	T5	295	2	80
ZAlSi8Cu1Mg	ZL106	SB	F	175	1	70
		JB	T1	195	1.5	70
		SB	T5	235	2	60
		JB	T5	255	2	70
		SB	T6	245	1	80
		JB	T6	265	2	70
		SB	T7	225	2	60
		J	T7	245	2	60
ZAlSi7Cu4	ZL107	SB	F	165	2	65
		SB	T6	245	2	90
		J	F	195	2	70
		J	T6	275	2.5	100
ZAlSi12Cu2Mg1	ZL108	J	T1	195	—	85
		J	T6	255		90

（续表）

合金牌号	合金代号	铸造方法	合金状态	力学性能（不低于）		
				抗拉强度 σ_b/MPa	伸长率 δ_5/%	布氏硬度 HBS（5/250/30）
ZAlSi12Cu1Mg1Ni1	ZL109	J	T1	195	0.5	90
		J	T6	245		100
ZAlSi5Cu6Mg	ZL110	S	F	125	—	80
		J	F	155		80
		S	T1	145		80
		J	T1	165		90
ZAlSi7Mg1A	ZL114A	SB	T5	290	2	85
		J、JB	T5	310	3	90
ZAlSi5Zn1Mg	ZL115	S	T4	225	4	70
		J	T4	275		80
		S	T5	275	6	90
		J	T5	315	3.5	100
ZAlSi8MgBe	ZL116	S	T4	255	4	70
		J	T4	275	6	80
		S	T5	295	2	85
		J	T5	335	4	90
ZAlCu5Mn	ZL201	S、J、R、K	T4	295	8	70
		S、J、R、K	T5	335	4	90
		S	T7	315	2	80
ZAlCu5MnA	ZL201A	S、J、R、K	T5	390	8	100
ZAlCu4	ZL203	S、R、KJ	T4	195	6	60
			T4	205	6	60
		S、R、KJ	T5	215	3	70
			T5	225	3	70
ZAlCu5MnCdA	ZL204A	S	T5	440	4	100
ZAlCu5MnCdVA	ZL205A	S	T5	440	7	100
		S	T6	470	3	120
		S	T7	460	2	110
ZAlRESCu3Si2	ZL207	S	T1	165	—	75
		J	T1	175	—	75

（续表）

合金牌号	合金代号	铸造方法	合金状态	力学性能(不低于)		
				抗拉强度 σ_b/MPa	伸长率 δ_5/%	布氏硬度 HBS (5/250/30)
ZAlMg10	ZL301	S、J、R	T4	280	10	60
ZAlMg5Si1	ZL303	S、J、R、K	F	145	1	55
ZAlMg8Zn1	ZL305	S	T4	290	8	90
ZAlZn11Si7	ZL401	S、R、KJ	T1	195	2	80
			T1	245	1.5	90
ZAlZn6Mg	ZL402	J、S	T1	235	4	70
			T1	215	4	65

1. Al-Si 系铸造铝合金

Al-Si 系铸造铝合金俗称"硅铝明"，是一种以 Al-Si 为基的二元或多元铝合金，是工业上应用最广泛的铝合金之一。这类合金中最简单的是 ZL102，它是含硅 $10\%\sim13\%$ 的 Al-Si 二元合金，共晶成分为含硅 11.7%，共晶温度为 577℃。这种合金液态时有良好的流动性，是铸造铝合金中流动性最好的。但在一般情况下，其共晶组织中的硅晶体呈粗大的针状或片状，过共晶合金中还含有少量板块状初生硅，因此这种状态下该合金的力学性能不高。一般需要进行变质处理，以改变共晶硅的形态，使硅晶体细化和颗粒化，组织由共晶或过共晶变为亚共晶。常用的变质剂为钠盐，如加入 $1\%\sim3\%$（质量分数）的钠盐混合物 $\left(\frac{2}{3}\text{NaF}+\frac{1}{3}\text{NaCl}\right)$ 或三元钠盐（$25\%\text{NaF}+62\%\text{NaCl}+13\%\text{KCl}$）。钠盐变质剂的缺点是变质处理的有效时间短，加入后通常要求在 30 min 内浇完。另一种变质剂是锶和稀土金属，这种变质剂可作为长效变质剂。铸造铝硅合金进行变质处理的变质作用不同于铸铁的变质处理。通常认为钠盐的变质作用是吸附作用，即钠原子在结晶硅的表面有强烈偏聚，降低了硅的生长速度并促进其分枝或细化。另外，变质剂的加入也使铝硅合金相图的共晶点右移，共晶成分由 $w(\text{Si})=11.7\%$ 增加到 $w(\text{Si})=14\%$，因此 $w(\text{Si})=10.0\%\sim1.0\%$ 的铝硅合金就成为亚共晶组织，即由初始 α 固溶体和细小的共晶组织所组成。此外，变质剂的加入还降低共晶温度，即由 578 ℃降为 564 ℃。ZL102 合金经过变质处理后其强度和塑性由未变质处理的 $\sigma_b=147$ MPa、$\delta=2\%\sim3\%$上升到 $\sigma_b=166$ MPa、$\delta=6\%\sim10\%$。ZL102 合金的强度虽然不高，但流动性好，可生产形状复杂、受力不大的薄壁精密铸件。

ZL102 合金不能采用热处理进行强化。其主要原因是：一方面，硅在铝中的溶解度变化不大；另一方面，二元铝硅合金的时效序列为过饱和 α 固溶体→G. P. 区→Si 相。由于富硅的 G. P. 区存在时间很短,硅在铝中容易扩散,很快形成平衡的 Si 相。为了进一步提高铝硅基铸造铝合金的强度,通常可在铝硅基的基础上再加入合金化元素,如 Cu、Mg、Mn、Ni 等合金元素。这些合金元素一方面可以通过固溶强化,另一方面可以通过时效处理对铝合金进行强化。如 Cu 和 Mg 的加入,可以形成 $CuAl_2$、Mg_2Si、Al_2CuMg 相;Cu 的加入还可以改善合金的耐热性能。因此这类合金,如 ZL101、ZL103、ZL104、ZL105、ZL106 等都是可以进行时效强化的铝合金。

Al-Si 系铸造铝合金有较好的抗蚀性能和焊接性能,在航空和汽车工业中有广泛的应用。在各工业部门使用的铸造铝合金中,Al-Si 系铸造铝合金占绝大部分。ZL104 合金经过金属型铸造,(535 ± 5) ℃固溶处理 3~4 h,水冷后再经(175 ± 5) ℃人工时效 5~10 h,其力学性能可达 $\sigma_b=235$ MPa、$\delta=2\%$。ZL104 合金可用于制造工作温度低于 200 ℃的高负荷复杂形状零件,如汽车或摩托车的发动机气缸体、发动机机匣等。ZL105 经(525 ± 5) ℃固溶处理 3~5 h,在 60~100 ℃水中冷却后,再经(175 ± 5) ℃人工时效 5~10 h 后空冷,其力学性能可达到 $\sigma_b=225$ MPa、$\delta=0.5\%$,在 200 ℃的持久强度 $\sigma_{100}=88$ MPa,250 ℃的持久强度 $\sigma_{100}=58$ MPa。

ZL105 合金可用于制造在 250 ℃以下工作的耐热零件。ZL105 合金中,美国常用于航空航天领域的主要是 A357(Al-7Si-0.55Mg)。

2. Al-Cu 系铸造铝合金

Al-Cu 系铸造铝合金是以 Al-Cu 为基的二元或多元铝合金。这类合金中由于铜的加入,会与铝形成 θ($CuAl_2$)相,所以这类合金具有较高的强度和热稳定性,适用于制造耐热铸件。但 Cu 的加入使得铝合金的密度增加,且合金的耐蚀性能和铸造性能均不如铝硅基铸造铝合金。为了改善这类合金的铸造性能,需要加入一定量的硅以形成一定量的三元共晶组织($\alpha+Si+CuAl_2$),如 ZL203 合金,在金属型铸造时,合金中的硅含量允许达 3.0%。加硅后的 ZL203 合金的室温和高温性能略有下降。ZL203 铸造合金经(515 ± 5) ℃保温 10~15 h,在 80~100 ℃水中冷却后,如经自然时效,强度虽略有下降($\sigma_b=210$ MPa,$\sigma_{0.2}=106$ MPa),但塑性较好($\delta=8\%$);如采用不完全人工时效,在(150 ± 5) ℃保温 2~4 h 后空冷,则其强度较高($\sigma_b=240$ MPa,$\sigma_{0.2}=144$ MPa),塑性降低($\delta=5\%$)。ZL203 合金通常用于制造工作温度低于 200 ℃、受中等载荷的零件。

为了进一步提高 Al-Cu 系铸造合金的强度和耐热性能,通常还可在合金中再加入过渡族合金元素,如 Mn、Ni、Ag、Zr 和稀土元素等。常见的有 ZL201、ZL201A、ZL204A、ZL205A、ZL207A 等。其中 ZL201 和 ZL201A 均属 Al-Cu-Mn 系合金,这两种合金具有较高的室温和高温性能,为高强耐热铸造铝合金,适用于制造在 250 ℃以下工作的形状复杂的且对强度和塑性要求不高的大型铸件,其优质铸件可以部分取代铝合金锻件。含较多稀土元素的 ZL207 合金是铸造铝合金中耐热性能最好的铝合金,具有优良的铸造性能,可以用于在 400 ℃以下温度长期工作的复杂零件。美国常用于航空航天领域的这类铝合金主要是 A201(Al-4.7Cu-0.7Ag-0.35Mg)。合金中的少量 Ag 可以明显提高沉淀强化效果,提高合金强度;如果在这类合金中再加入稀土元素,还能进一步提高合金的耐热性。美国使用的另一个典型合金是 242(Al-4Cu-2Ni-1.5Mg),常用于制造柴油机活塞和飞机发动机气冷汽缸头。

3. Al-Mg 系铸造铝合金

Al-Mg 系铸造铝合金的优点是密度小,强度和韧性较高,并具有优良的耐蚀性能、切削性和抛光性,缺点是铸造性能和耐热性能较差。常用的合金有 ZL301、ZL303、ZL305等。ZL301 合金中的 Mg 含量为 9.5%～11.5%,铸态组织由 α 铝基固溶体和直接析出的 Mg_5Al_8 相组成。由于 Mg_5Al_8 相很脆,并以离异共晶形式存在于树枝晶边界,因此铸态合金的强度和塑性较低。只有在固溶温度下保温较长的时间才能将树枝晶边界的 Mg_5Al_8 相溶解,淬火后得到过饱和固溶体,从而提高了合金的强度和塑性。如果提高这类合金中 Mg 的含量,则因 Mg_5Al_8 相在固溶处理时难以完全固溶而使合金强度和塑性降低。由于这类合金一般在淬火至室温后即处于最佳性能范围,因此常在淬火状态下使用。

为了改善 Al-Mg 系铸造铝合金的性能,还可加入一定量的 Si、微量的 Ti 和 Be 等。Si 的加入改善了合金的铸造性能;Ti 的加入形成微小的 $TiAl_3$ 相,细化晶粒;微量的 Be 可降低 Al-Mg 系铸造铝合金在熔炼和铸造过程中的氧化。在 ZL303 合金中,除加入 Mg、Si 外,还加入少量的 Mn 来降低杂质 Fe 的有害作用。ZL303 合金化程度较低,强度不高,但耐蚀性能好,并具有良好的切削加工和表面加工性能。

Al-Mg 系铸造铝合金常用于铸造承受冲击载荷、振动载荷和耐海水或大气腐蚀,外形简单的零件和接头。其中 ZL303 合金常用于制造要求耐蚀性好、表面美观的装饰性零件。

4. Al-Zn 系铸造铝合金

Al-Zn 系铸造铝合金是价格较便宜的一种铸造铝合金。由于含有较多的 Zn,因此合金的密度较高,耐蚀性较差。为了改善和提高合金的性能,还常加入足够数量的 Si 和一定量的 Mg、Cr、Ti 等。这类合金在铸态条件下即具有较高的强度,因此这类合金可以不进行热处理而在铸态下直接使用。这类合金主要用于制造工作温度不高于 200 ℃、形状复杂、受力不大的零件。

最后需要指出的是,为了满足压铸生产的需要,国家标准也给出了压铸铝合金的牌号、化学成分和力学性能,见表 6-18。

表 6-18　压铸铝合金的牌号、化学成分和力学性能(GB/T 15114—2023)

| 合金牌号 | 合金代号 | 主要元素(质量分数)/% | | | | | 力学性能(不低于) | | |
		Si	Cu	Mg	Mn	Al	抗拉强度 σ_b/MPa	伸长率 δ/% (10＝50 mm)	布氏硬度 HBS (5/250/30)
YZA1Sil2	YL102	10.0~13.0	≤1.0	≤0.1	≤0.35	余量	220	2	60
YZAlSi10Mg	YL101	9.0~10.0	≤0.60	0.40~0.60	≤0.35	余量	200	2	70
YZAlSi9Cu4	YL112	7.5~9.5	3.0~4.0	≤0.1	≤0.5	余量	320	3.5	85
YZAlSi11Cu3	YL113	9.5~11.5	2.0~3.0	≤0.1	≤0.5	余量	230	1	80
YZAlSi11Cu5Mg	YL117	16.0~18.0	4.0~5.0	0.45~0.65	≤0.5	余量	220	1	80
YZAlMg5Si1	YL302	0.8~1.3	≤0.25	0.1~0.4	4.5~5.5	余量	220	2	70

思考与习题

1. 纯铝的特性有哪些?

2. 铸造铝合金主要有哪几个系?

3. 简述铝及铝合金的分类。

第 7 章　铜合金材料

7.1　铜及其合金综述

铜及铜合金具有优异的物理、化学性能(如导电性、导热性极佳,抗蚀能力高)、良好的加工性能(如塑性好,易冷、热成形)、某些特殊力学性能(如优良的减摩性和耐磨性)、色泽美观等优点。在电气工业、仪表工业、造船工业及机械制造工业部门中获得了广泛的应用。但铜的储量较小,价格较贵,属于应节约使用的材料,只有在特殊需要的情况下才考虑使用,例如要求有特殊的磁性、耐蚀性、加工性能、力学性能、特殊的外观等条件。

7.1.1　纯铜

纯铜呈玫瑰红色,因其表面在空气中氧化形成一层紫红色的氧化物而常被称为紫铜,密度 6.94 g/cm³,熔点为 1083 ℃,具有面心立方晶格结构,没有同素异构转变。纯铜是人类最早使用的金属,也是迄今为止得到最广泛应用的金属材料之一。纯铜强度较低,在各种冷热加工条件下有很好的变形能力,不能通过热处理强化,但是能通过冷变形加工硬化。微量杂质 Bi、Pb、S 等会与 Cu 形成低熔点共晶组织导致"热脆",如形成熔点为 270 ℃的 Cu+Bi 和熔点为 326 ℃的 Cu+Pb 共晶体,并且分布在晶界上,在正常的热加工温度 820~860 ℃下,晶界早期熔化,发生晶间断裂。硫和氧则易与铜形成脆性化合物 Cu_2S 和 Cu_2O,冷加工时破裂断开,导致"冷脆"。

工业纯铜中铜的含量为 97.5%~97.95%,其牌号以"铜"的汉语拼音首字母"T"+顺序号表示,如 T1、T2、T3、T4,顺序数字越大,纯度越低,见表 7-1。

表 7-1　工业纯铜的牌号、成分及用途

牌号	代号	纯度/%	杂质/%		杂质总量/%	用途
			Bi	Pb		
一号铜	T1	97.95	0.002	0.005	0.05	导电材料和配制高纯度合金
二号铜	T2	97.90	0.002	0.005	0.1	导电材料,制作电线、电缆等
三号铜	T3	97.70	0.002	0.01	0.3	铜材、电气开关、垫圈、铆钉、油管等
四号铜	T4	97.50	0.003	0.05	0.5	铜材、电气开关、垫圈、铆钉、油管等

7.1.2 铜的合金化

纯铜的强度较低,不能直接用作结构材料,虽然可以通过加工硬化提高其强度和硬度,但是塑性会急剧下降,伸长率仅为变形前($\delta \approx 50\%$)的 4%左右。而且导电性也大为降低。因此,为了保持其高塑性等特性,对 Cu 实行合金化是提高其强度的有效途径。

根据合金元素的结构、性能、特点以及它们与 Cu 原子的相互作用情况,Cu 的合金化可通过以下形式达到强化的目的:

(1)固溶强化。Cu 与近 20 种元素有一定的互溶能力,可形成二元合金 Cu-Me。从合金元素的储量、价格、溶解度及对合金性能的影响等诸方面进行考虑,在铜中的固溶度为 10%左右的 Zn、Al、Sn、Mn、Ni 等适合作为产生固溶强化效应的合金元素,可将铜的强度由 240 MPa 提高到 650 MPa。

(2)时效强化。Be、Si、Al、Ni 等元素在 Cu 中的固溶度随温度下降会急剧减小,它们形成的铜合金可进行淬火时效强化。Be 含量为 2%的 Cu 合金经淬火时效处理后,强度可高达 1400 MPa。

(3)过剩相强化。Cu 中的合金元素超过极限溶解度以后,会析出过剩相,使合金的强度提高。过剩相多为脆性化合物,数量较少时,对塑性影响不太大;数量较多时,会使强度和塑性同时急剧降低。

7.1.3 铜合金的分类及编号

根据合金元素的不同,铜合金可分为黄铜、青铜、白铜 3 大类。

1. 黄铜的分类与编号

黄铜是以 Zn 为主加元素的铜合金,黄铜具有较高的强度和塑性,良好的导电性、导热性和铸造工艺性能,耐蚀性与纯铜相近。黄铜价格低廉,色泽明亮。按化学成分可分为普通黄铜及特殊黄铜(或复杂黄铜);按生产方式可分为压力加工黄铜及铸造黄铜。

普通黄铜的牌号以"黄"的汉语拼音首字母"H"+数字表示,数字表示铜的含量,如 H62 表示含 Cu 量为 62%,其余为 Zn 的普通黄铜。

特殊黄铜的代号表示形式是"H+第一合金元素符号+铜含量+第一合金元素含量+第二合金元素含量",数字之间用"半字线"分开,如 HAl59-3-2,表示含 Cu59%,含 Al3%,含 Ni2%,余量为 Zn 的特殊黄铜。

铸造黄铜的牌号则以"铸"字汉语拼音首字母"Z"+铜锌元素符号表示,具体为"ZCuZn+锌含量+第二合金元素符号+第二合金元素含量",如 ZCuZn40Pb2 表示含 Zn40%,含 Pb2%,余量为 Cu 的铸造黄铜。常用普通黄铜、特殊黄铜、铸造黄铜的牌号及用途见表 7-2～表 7-4。

表 7-2 普通黄铜牌号及用途

牌号	用途
H96	冷凝管、散热器及导电零件等
H90	奖章、供水及排水管等
H80	薄壁管、造纸网、波纹管、装饰品、建筑用品等
H70	弹壳、造纸、机械及电气零件
H68	形状复杂的冷、深冲压件,散热器外壳及导管等
H62、H59	机械、电气零件,铆钉、螺帽、垫圈、散热器及焊接件、冲压件

表 7-3 特殊黄铜牌号及用途

类别	牌号	用途
铅黄铜	HPb63-3	钟表、汽车、拖拉机及一般机器零件
	HPb59-1	适于热冲压及切削加工零件,如销子、螺钉、垫圈等
铝黄铜	HAl77-2	海船冷凝器管及耐蚀零件
	HAl60-1-1	齿轮、蜗轮、轴及耐蚀零件
	HAl59-3-2	船舶、电机、化工机械等常温下工作的高强度耐蚀零件
硅黄铜	HSi80-3	耐磨锡青铜的代用材料,船舶及化工机械零件
锰黄铜	HMn58-2	船舶零件及轴承等耐磨零件
铁黄铜	HFe59-1-1	摩擦及海水腐蚀下工作的零件
锡黄铜	HSn90-1	汽车、拖拉机弹性套管
	HSn62-1	船舶零件
镍黄铜	HNi65-5	压力计管、船舶用冷凝管、电机零件

表 7-4 铸造黄铜牌号及用途

类别	牌号	用途
硅黄铜	ZCuZn16Si4	接触海水工作的配件以及水泵、叶轮和在空气、淡水、油、燃料以及工作压力为 4.5 MPa,工作温度在 225 ℃ 以下的蒸汽中工作的零件
铅黄铜	ZCuZn40Pb2	一般用途的耐磨、耐蚀零件,如轴套、齿轮等
铝黄铜	ZCuZn25Al6Fe3Mn3	高强度、耐磨件,如桥梁支承板、螺母、螺杆、滑块和蜗轮等
	ZCuZn31Al2	压力铸造件,如电机、仪表等以及造船和机械制造中的耐蚀零件
锰黄铜	ZCuZn40Mn3Fe1	耐海水腐蚀零件,以及 300 ℃ 以下工作的管子,船舶用螺旋桨等大型铸件
	ZCuZn40Mn2	在空气、淡水、海水、蒸汽(<300 ℃)和各种液体、燃料中工作的零件

2. 青铜的分类及编号

青铜是以除 Zn 和 Ni 以外的合金元素为主加元素的铜合金。青铜具有良好的耐蚀性、耐磨性、导电性、切削加工性、导热性能及较小的体积收缩率。

按主加合金元素的不同可分为锡青铜、铝青铜、铍青铜等；按生产方式的不同可分为压力加工青铜、铸造青铜。

压力加工青铜牌号以"青"字汉语拼音首字母"Q"开头，后面是主加元素符号及含量，最后是其他元素的含量，数字间以"半字线"隔开，如 QAl10-3-1.5 表示主加元素为 Al 且含 Fe3%，含 Mn1.5%，余量为 Cu 的铝青铜。

铸造青铜表示方法是"ZCu＋第一主加元素符号＋含量＋合金元素＋含量＋……"如 ZCuSn5Pb5Zn5 表示主加元素为 Sn 且含 Sn5%、Pb5%、Zn5%，余量为 Cu 的铸造锡青铜。常用青铜的牌号及用途见表 7-5。

表 7-5　常用青铜的牌号及用途

类别	代号（或牌号）	用途
压力加工锡青铜	QSn4-3	弹性元件、化工机械耐磨零件和抗磁零件
	QSn6.5-0.1	精密仪器中的耐磨零件和抗磁元件、弹簧
	QSn4-4-2.5	飞机、汽车、拖拉机用轴承和轴套的衬垫
铸造锡青铜	ZCuSn10Zn2	在中等及较高载荷下工作的重要管配件，阀、泵体等
	ZCuSn10P1	重要的轴瓦、齿轮、连杆和轴套等
特殊青铜（无锡青铜）	ZCuAl10Fe3	重要的耐磨、耐蚀重型铸件，如轴套、蜗轮等
	ZCuAl9Mn2	形状简单的大型铸件，如衬套、齿轮、轴承
	QBe2	重要仪表的弹簧、齿轮等
	ZCuPb30	高速双金属轴瓦、减摩零件等

3. 白铜的分类及编号

铜是以 Ni 为主加元素的铜合金。白铜具有较高的强度和塑性，可进行冷、热变形加工，具有很好的耐蚀性，电阻率较高。根据性能和应用分为耐蚀用白铜和电工用白铜；按化学成分和组元数目可分为普通白铜（或简单白铜）和特殊白铜（或复杂白铜）。特殊白铜又按加入的 Zn、Mn、Al 等不同合金元素，称作锌白铜、锰白铜和铝白铜等。

普通白铜的牌号以"白"字汉语拼音首字母"B"＋数字表示，数字代表 Ni 的含量，如 B30 表示含 Ni30% 的普通白铜。

特殊白铜的代号表示形式是"B＋第二合金元素符号＋镍的含量＋第二合金元素含量"，数字之间以"-"隔开，如 BMn3-12 表示含 Ni3%、Mn12%、Cu85% 的锰白铜。常用白铜的牌号及用途见表 7-6。

表 7-6　常用白铜的牌号及用途

类别	牌号	用途
普通白铜	B30、B19、B5	船舶仪器零件,化工机械零件
锌白铜	BZn15-20	潮湿条件下和强腐蚀介质中工作的仪表零件
锰白铜	BMn3-12	主要用途的弹簧
	BMn40-1.5	热电偶丝

7.2　黄铜

7.2.1　普通黄铜

普通黄铜是铜锌二元合金。Cu-Zn 二元相图见图 7-1。α 相是锌溶入铜中形成的固溶体,锌的溶解度随温度变化而变化,在 456 ℃(Zn 溶解度最大为 39%)以下降温,溶解度略有下降。β 相是以电子化合物 CuZn 为基的固溶体,具有体心立方晶格结构,当温度降至 456~468 ℃以下时,发生有序化转变,β 相转化为有序固溶体 β′ 相,β′ 相硬且脆,难以进行冷加工变形。γ 相是以电子化合物 $CuZn_3$ 为基的固溶体,具有六方晶格结构,更脆,强度和塑性极差。工业上使用的黄铜中 Zn 的含量一般不超过 47%,否则因性能太差而无使用价值。

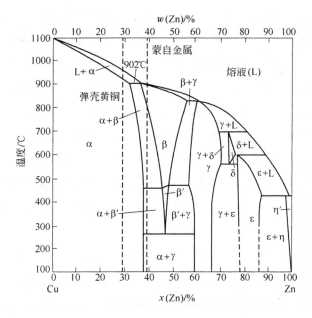

图 7-1　铜锌二元相图

仅有 α 固溶体的黄铜为单相黄铜,有较高的强度和塑性,可进行冷、热变形加工;它还具有良好的锻造、焊接性能。常用单相黄铜有 H68、H70、H90 等,H68、H70 因具有较高强度和塑性,常用作子弹和炮弹的壳体,故又称为"弹壳黄铜"。当 Zn 含量超过 32%,就出现了 α+β′ 双相黄铜。与单相黄铜相比,双相黄铜塑性下降,强度随 Zn 含量提高而升高。当 Zn 含量为 45% 时强度达到最大值,α+β′ 双相黄铜具有良好的热变形能力,较高的强度和耐蚀性。常用牌号有 H59、H62 等,可用于散热器、水管、油管、弹簧等。当 Zn 含量大于 45% 以后,组织全部为 β′ 相,强度急剧下降,塑性继续降低。

7.2.2 复杂黄铜

在铜-锌合金中加入少量(一般为 1%～2%,少数达 3%～4%,极个别的达 5%～6%)锡、铝、锰、铁、硅、镍、铅等元素,构成三元、四元,甚至五元合金,即为复杂黄铜,亦称特殊黄铜,例如铅黄铜、铝黄铜、锡黄铜、硅黄铜、锰黄铜、铁黄铜、镍黄铜等。合金元素的加入,使得特殊黄铜的力学性能、切削加工性能、铸造性能、耐蚀性能等得到进一步提高,拓宽了应用范围。Al、Sn、Si、Mn 主要是提高合金的抗蚀性,Pb、Si 能改善耐磨性,Ni 能降低应力腐蚀敏感性,合金元素一般都能提高强度。

复杂黄铜的组织可根据黄铜中加入元素的"锌当量系数"来推算。因为在铜锌合金中加入少量其他合金元素,通常只是使 Cu-Zn 状态图中的 α/(α+β) 相区向左或向右移动。所以特殊黄铜的组织,通常相当于普通黄铜的组织中增加或减少了锌含量。例如,在 Cu-Zn 合金中加入 1% 硅后的组织,即相当于在 Cu-Zn 合金中增加 10% 锌后的合金组织。所以硅的"锌当量"为 10。硅的"锌当量系数"最大,使 Cu-Zn 系中的 α/(α+β) 相界显著移向铜侧,即强烈缩小 α 相区。镍的"锌当量系数"为负值,即扩大 α 相区。几种元素的锌当量见表 7-7。常见特殊黄铜的性质如下:

(1)铅黄铜。铅实际不溶于黄铜内,而是呈游离质点状态分布在晶界上。铅黄铜按其组织可分为 α 和(α+β)两种。α 铅黄铜由于铅的有害作用较大,高温塑性很低,故只能进行冷变形或热挤压。(α+β)铅黄铜在高温下具有较好的塑性,可进行锻造。

(2)锡黄铜。黄铜中加入锡,可明显提高合金的耐热性,特别是提高抗海水腐蚀的能力,故锡黄铜有"海军黄铜"之称。锡能溶入铜基固溶体中,起固溶强化作用。但是随着含锡量的增加,合金中会出现脆性的 γ 相(CuZnSn 化合物),不利于合金的塑性变形,故锡黄铜的含锡量一般在 0.5%～1.5%。

(3)锰黄铜。锰在固态黄铜中有较大的溶解度。黄铜中加入 1%～4% 的锰,可显著提高合金的强度和耐蚀性,而不降低其塑性。锰黄铜具有(α+β)组织,常用的有 HMn58-2,冷、热态下的压力加工性能相当好。

(4)镍黄铜。镍与铜能形成连续固溶体,显著扩大 α 相区。黄铜中加入镍可显著提高黄铜在大气和海水中的耐蚀性。镍还能提高黄铜的再结晶温度,促使形成更细的晶粒。HNi65-5 镍黄铜具有单相的 α 组织,室温下具有很好的塑性,也可在热态下变形,但是对杂质铅的含量必须严格控制,否则会严重恶化合金的热加工性能。

表 7-7　元素锌当量

合金元素	Si	Al	Sn	Mg	Cd	Pb	Fe	Mn	Ni
锌当量	10	6	2	2	1	1	0.9	0.5	−1.4

铸造黄铜含较多的 Cu 及少量合金元素,如 Pb、Si、Al 等。它的熔点比纯铜低,液固相线间隔小,流动性较好,铸件致密,偏析较小,具有良好的铸造成形能力。铸造黄铜的耐磨性,耐大气、海水腐蚀的性能也较好,适于制造轴套、在腐蚀介质下工作的泵体、叶轮等。

7.2.3　黄铜的脱锌和应力腐蚀开裂

黄铜虽然具有良好的耐蚀性,但是在一定的环境下会发生脱锌和应力腐蚀开裂现象导致破坏。

(1)脱锌。脱锌是黄铜在盐液等介质存在时发生电化学腐蚀,表面失去 Zn 导致力学性能下降的现象。Zn 的电极电位比铜低,Zn 极易在盐液等介质中溶解,表面残存疏松多孔的海绵铜,其与表层以下的黄铜因存在电极电位差又构成微电池,黄铜成为阳极加速腐蚀,形成了一定深度的脱 Zn 层,抗蚀性和力学性能恶化。为防止发生脱 Zn,生产中常使用低 Zn 铜(小于 15%)或加入 0.02%~0.06%的 As。

(2)应力腐蚀开裂。季裂是指经过冷变形加工的黄铜(含 Zn 量大于 20%)制品,由于残余应力的存在,在潮湿的大气或海水中,尤其是在含氨气的环境中,放置一段时间后,容易产生应力腐蚀,使黄铜开裂,这种自发破裂的现象称为季裂。为防止黄铜的季裂,可以进行喷丸处理,在表面施加压应力,低温退火(250~300 ℃加热保温 1~3 h)去除残存拉应力;或加适量 Al、Sn、Si、Mn、Ni 等元素来显著降低对应力腐蚀的敏感性。

7.3　青铜

青铜原指铜锡合金,后将除黄铜、白铜以外的铜合金均称青铜。

7.3.1　锡青铜

以 Sn 为主加元素的铜基合金称锡青铜。锡青铜的主要特点是耐蚀、耐磨、强度高、弹性好等。图 7-2 为 Cu-Sn 二元合金相图的局部。

Sn 在铜中可形成固溶体,也可形成金属间化合物。因此,Sn 的含量不同,锡青铜的组织和性能也不同,图 7-3 是锡青铜的组织和力学性能与含 Sn 量的关系。由图可知:含 Sn5%~6%时,合金的组织为 α 单相固溶体,合金的塑性最高,强度也增加;含 Sn 超过 6%~7%后,由于组织中出现硬而脆的 δ 相(以化合物 $Cu_{31}Sn_8$ 为基的固溶体),塑性显著下降,强度继续增加,当 Sn 的含量超过 20%时,由于大量的 δ 相出现,使合金变脆,合金的强度和塑性均下降。因此,采用压力加工锡青铜时含 Sn 一般低于 7%~8%,含 Sn 大于或等于 10%的合金适宜用铸造法加工。

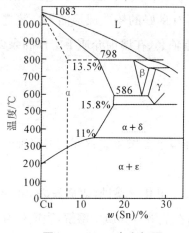

图 7-2　Cu-Sn 合金相图　　　图 7-3　锡青铜组织和力学性能与含锡量的关系

由于锡青铜表面生成由 $Cu_2O \cdot 2CuCO_3 \cdot Cu(OH)_2$ 构成的致密薄膜,因此锡青铜在大气、海水、碱性液和其他无机盐类溶液中有极高的耐蚀性,但在酸性溶液中抗蚀性较差。锡青铜的结晶温度区间较大,流动性差,易形成枝状偏析和分散缩孔,铸件致密性差。但是锡青铜的线收缩率小,热裂倾向小,可铸造形状复杂、厚薄不均匀的铸件,尤其是构图精巧、纹路复杂的工艺品。

为了改善锡青铜的铸造性能、力学性能、耐磨性能、弹性性能和切削加工性,常加入 Zn、P、Ni 等元素形成多元锡青铜。锡青铜可用作轴套、弹簧等抗磨、抗蚀、抗磁零件,广泛应用于化工、机械、仪表、造船等行业。

7.3.2　铝青铜

以 Al 为主加合金元素的铜基合金称铝青铜,是得到最广泛应用的一种青铜。它的成本比较低,一般铝的含量为 6.5%~10.5%。铝青铜具有良好的力学性能,耐蚀性和耐磨性,并能进行热处理强化。铝青铜有良好的铸造性能,在大气、海水、碳酸及大多数有机酸中具有比黄铜和锡青铜更高的抗蚀性,此外还有冲击时不产生火花等特性。宜用作机械、化工、造船及汽车工业中的轴套、齿轮、蜗轮、管路配件等零件。

7.3.3　铍青铜

以 Be 为主加合金元素的铜基合金称铍青铜。一般铍的含量为 1.7%～2.5%。铍青铜可以采用淬火时效处理,有很高的强度、硬度、疲劳极限和弹性极限,而且耐蚀、耐磨、无磁性、导电和导热性好,受冲击无火花等。在工艺方面,它承受冷、热压力加工的能力很强,铸造性能亦好。主要用于制作高级精密的弹性元件,如弹簧、膜片、膜盘等,特殊要求的耐磨零件,如钟表的齿轮和发条、压力表游丝;高速、高温、高压下工作的轴承、衬套及矿山、炼油厂用的冲击不带火花的工具。铍青铜的价格较贵。

7.4　白铜

白铜是以镍为主要添加元素的铜基合金,呈银白色,有金属光泽,故称白铜。铜镍之间彼此可无限固溶,从而形成连续固溶体,即不论二者的比例多少,始终为 α 单相合金。白铜具有高的耐蚀性,优良的冷、热加工工艺性。因此,广泛用于制造精密仪器、仪表化工机械及医疗器械中的关键零件。

按合金成分,白铜有普通白铜和特殊白铜。普通白铜是 Cu-Ni 二元合金;特殊白铜是在 Cu-Ni 合金基础上加入 Zn、Mn、Al 等合金元素,分别称锌白铜、锰白铜、铝白铜等。

工业用白铜按用途分为结构白铜和精密电阻合金用白铜(电工白铜)两大类。

7.4.1　结构白铜

结构白铜的特点是力学性能和耐蚀性好,色泽美观。结构白铜中最常用的是 B30、B10 和锌白铜,另外,还有铝白铜、铁白铜、铌白铜等。B30 在白铜中的耐蚀性最强,但价格较贵。铝白铜的性能同 B30 接近,价格低廉,可作 B30 的代用品。锌白铜于 15 世纪时就已在中国生产使用,被称为"中国银",所谓镍银或德银也属此类锌白铜。锌能大量固溶于铜镍之中,产生固溶强化作用,且抗腐蚀。锌白铜加铅后能顺利地切削加工成各种精密零件,故广泛使用于仪器仪表及医疗器件中。这种合金具有高的强度和耐蚀性,弹性也较好,外表美观,价格低廉。铝白铜中的铝能显著提高合金的强度及耐蚀性,其析出物还可产生沉淀硬化作用。结构白铜广泛用于制造精密机械、化工机械和船舶构件。

7.4.2　精密电阻合金用白铜(电工白铜)

精密电阻合金用白铜(电工白铜)有良好的热电性能。BMn3-12 锰铜、BMn40-1.5 康铜、BMn43-0.5 考铜以及以锰代镍的新康铜(又称无镍锰白铜,含锰 10.8%～12.5%、铝 2.5%～4.5%、铁 1.0%～1.6%)是含锰量不同的锰白铜。锰白铜是一种精密电阻合金。

这类合金具有高的电阻率和低的电阻温度系数,适于制作标准电阻元件和精密电阻元件,是制造精密电工仪器、变阻器、仪表、精密电阻、应变片等常用的材料。康铜和考铜的热电势高,还可用作热电偶和补偿导线。

思考与习题

1. 简述纯铜的定义。
2. 什么是黄铜?
3. 什么是青铜?
4. 什么是白铜?

第 8 章　镁合金材料

8.1　镁合金综述

镁合金从 19 世纪初应用到现在,已有近 200 年的历史。主要用于制备铝合金、钢铁脱硫等,作为工程结构材料使用较少,主要应用于航空、航天领域。随着社会的快速发展,金属材料的消耗日益增多,对铁、铝、铜等金属的需求持续增长,常用的金属资源已经表现出逐年短缺的势态,而镁是世界上最丰富的矿产资源之一,约占地壳总储藏量的 2.35%,仅次于铝(8.0%)和铁(5.8%)。在大多数国家都能发现镁矿石,但最主要的资源还是海水,海水中含有丰富的镁,含量为 0.13%,因而海水为人们提供了取之不尽的镁资源。

自 20 世纪 80 年代以来,镁合金在工程领域的广泛应用逐渐受到重视,并在 90 年代后取得了显著的进步。近 10 年来,全球镁产量翻倍,各国开始将镁资源纳入 21 世纪的重要战略资源进行规划。美、日、欧等发达国家对此均高度重视,并进行了大规模的综合性研究,以攻克镁合金生产环节的关键技术问题。

我国具有丰富的镁资源,菱镁矿储量,原镁产能、产量和出口均位居世界首位,目前原镁产量约占世界总产量的 70%。然而,在镁和镁合金的研究和应用方面,我国与欧美发达国家之间仍存在较大的差距,一方面,我国的原镁产量虽高,但质量较差,镁合金锭的质量也不尽如人意,大部分只能以低价出口;另一方面,国内对镁合金的应用较少,对高性能镁合金的开发和应用更是匮乏。因此,如何利用我国的镁资源优势,将资源优势转变为技术和经济优势,以推进国民经济发展、提高我国在镁行业的国际竞争力,是我们当前面临的紧迫任务。

8.2　镁及镁合金的特点

镁(Magnesium,Mg)是一种活泼性碱金属,位于元素周期表 ⅡA 族,原子序数 12,纯镁具有密度小、化学性质活泼等特点,其常见的物理、化学性质见表 8-1。

表 8-1　纯镁的物理、化学性质

性质	数值	性质	数值
相对原子质量	24.3050	原子体积/(cm³·mol⁻¹)	2.0
原子序数	12	热导率 λ/[W·(m·K)⁻¹]	153.6556
原子价	2	电阻率 ρ/(W·m)	47×10⁻⁹
密度/(kg·m⁻³)	1736	电阻温度系数(273~373 K)	3.9×10⁻³
熔点/T	650	多晶镁的杨氏模量/GPa	45
沸点/℃	1090	多晶镁的泊松比	0.35
熔化潜热/(kJ·kg⁻¹)	360~377	结晶时的体积收缩率/%	3.97~4.2
再结晶温度/K	423	电化学位/V	−2.37

标准大气压下纯镁的晶体结构为密排六方结构,晶格常数 $a = 0.321$ nm,$c = 0.521$ nm,$c/a = 1.623$(非常接近密排系数 1.633),$\alpha = 0 = 90°$,$\gamma = 120°$,图 8-1 所示为镁原子在晶胞中的位置及各主要晶面和晶向。

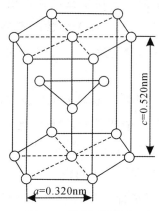

图 8-1　镁原子结构图

纯镁的力学性能差,20 ℃时抗拉强度仅为 90 MPa,硬度为 30 HB。因此,纯镁在工程中的应用较少,通常会将一些金属(常用的有 Al、Zn、Mn、稀土等)加入纯镁中,制成强度较高的系列镁合金,如 Mg-Mn、Mg-Al-Mn、Mg-Al-Zn、Mg-Al-Zn-Mn 等,以满足工程需要。镁合金主要具有以下优点:

(1)轻质。加入合金元素后的镁合金是目前最轻的商用金属结构材料,密度范围一般在 1.75~1.85 g/cm³ 之间,约为普通铝合金的 2/3、钛的 2/5、钢铁的 1/4,是目前最轻的商用金属结构材料。

(2)比性能高。镁合金的比强度和比刚度高于普通塑料、铝合金及钢铁,因此,镁合金的零部件在实现同样强度和刚度的情况下,可以做得比塑料、铝合金和钢铁轻,从而更好地实现减重。

(3)高的阻尼和吸振、减振性能。镁合金的阻尼系数大,具有极好的吸收能量的能力,可以更好地吸收振动和噪声。

(4)高导热性和电磁屏蔽能力。由于镁合金传热性能优越,是工程塑料的 300 倍,因此,它非常适合用于制造要求散热性能良好的电子产品。同时,镁合金是一种非磁性材料,其电磁屏蔽性能优于一般电镀,具有强大的抗电磁波干扰能力,使得镁合金成为制作手机和其他通信产品部件的理想选择。

(5)机加工性能好。镁合金的切削阻力小于其他金属,其切削阻力为铝合金的 0.56、黄铜的 0.43、铸铁的 0.29,因此在机加工时,对刀具的消耗较小,切削功率也较小,镁合金、铝合金、铸铁、低合金钢切削同种零件所消耗的功率比值为 1:1.8:3.5:6.3;加工镁合金的切削速度可以远超于其他金属,提高生产效率,而且无需磨削、抛光就获得低粗糙度的加工面。

(6)铸造性能良好。熔融镁对坩埚的侵蚀小,压铸时对压铸模的侵蚀小,在压铸时,压铸模使用寿命可以比铝合金压铸提高 2~3 倍,通常可以维持 20×10^4 次以上。镁合金的铸造性能良好,压铸件的壁厚最小可达 0.6 mm,而铝合金只能达到 1.2~1.5 mm。由于镁的结晶潜热小于铝,所以在模具内凝固快,比铝压铸件生产率高。

(7)无毒、易回收利用。镁及其化合物无毒,镁产品的使用不会造成环境污染,易于回收。

正因为镁合金的上述优点,所以在航空航天、交通运输、电子仪器等领域应用前景广阔。

同时镁合金也具有一定的不足,主要体现在如下 3 个方面:

(1)镁的化学性质活泼,与氧有很大的亲和力,在高温或固态条件下,镁很容易与空气中的氧气反应,释放大量热量。这种反应生成的氧化镁不仅导热性差,热量不能及时散发,导致局部温度升高,引起燃烧和爆炸。而且氧化镁致密度低,并且疏松多孔,不能有效隔绝空气中氧的侵入,使氧化反应持续进行。

(2)镁是 HCP 结构,在室温下只有 1 个滑移面和 3 个滑移系,因此,镁的塑性变形主要依赖于滑移与孪生的协调动作。然而,镁晶体中的滑移只在滑移面与拉力方向倾斜的某些晶体内发生,因此滑移过程将会受到极大的限制,在这种取向下孪生很难发生,所以晶体的脆性断裂会很快出现。当温度超过 225 ℃时,镁晶体中的附加滑移面开始发挥作用,塑性变形能力增强,因此镁的塑性加工只能在中高温下进行。

(3)镁的平衡电位低,易发生电偶腐蚀,当与其他不同类金属接触时,并作为阳极。无论在空气,还是在淡水或海水中,镁合金耐腐蚀性均不佳,需要进行防护处理。

8.3 镁合金的牌号与分类

镁合金的标记方法有很多种,各国标准各异,目前主要采用的是美国材料试验协会(ASTM)的标记方法。根据 ASTM 标准,镁合金的牌号和品级由 4 部分组成,第 1 部分为字母,标记合金中主要的合金元素,代表合金中含量较高的元素的字母放在前面,如果两个主要合金元素的含量相等,两个字母就以字母顺序排列;第 2 部分为数字,标记合金中主要合金元素的质量分数,四舍五入取整数;第 3 部分为字母,表明合金的品级;第 4 部分表明状态,由 1 个字母和 1 个数字组成。举例说明:AZ91D-T6,表明该合金中含铝 6.3%～7.7%,含锌 0.35%～1.0%,D 表明合金纯度要求,T6 表明合金状态为固溶＋时效。表 8-2 为部分镁合金中使用的合金元素代码。

表 8-2 镁合金牌号中的元素代码

英文字母	元素符号	中文名称	英文字母	元素符号	中文名称
A	Al	铝	N	Ni	镍
B	Bi	铋	P	Pb	铅
C	Cu	铜	Q	Ag	银
D	Cd	镉	R	Cr	铬
E	RE	混合稀土	S	Si	硅
F	Fe	铁	T	Sn	锡
H	Th	钍	W	Y	钇
K	Zr	锆	Y	Sb	锑
L	Li	锂	Z	Zn	锌
M	Mn	锰	X	Ca	钙

通常,镁合金的分类主要基于 3 种因素,分别为:合金化学成分、成形工艺和是否含锆。

在化学成分方面,通常根据镁和其中的主要合金元素划分为 Mg-Al、Mg-Mn、Mg-Zn、Mg-RE、Mg-Li 等二元系,以及 Mg-Al-Zn(AZ)、Mg-Al-Mn(AM)、Mg-Zn-Zr(ZK)、Mg-Gd-Y(GW)等三元系及其他多元系。在镁合金中的主要合金元素作用如下:

(1)Al。它在镁中的最大固溶度达到 12.7%,随着温度的降低固溶度减少,在室温下的固溶度仅达到 2.0% 左右,可以利用铝合金固溶度的变化情况对合金进行热处理。铝元素的添加含量对合金性能有重大影响,随着铝元素含量的增加,合金的结晶温度范围变小、流动性变好、晶粒变细、热裂及缩松现象等倾向明显得到改善。此外,随着铝含量的增加,合金的抗拉疲劳强度会得到提高。但是 $Mg_{17}Al_{12}$ 在晶界上析出会降低其蠕变抗力,尤其是 $Mg_{17}Al_{12}$ 的析出量在 AZ91 和 AZ80 合金中很高。所以在铸造镁合金中可达到 7%~9% 的铝含量,而在变形镁合金中一般会把铝含量控制在 3%~5%。

(2)Zn。锌元素在镁中最大固溶度约为 6.2%,固溶度也会随温度降低而显著减少。在镁合金中添加锌还会提高合金应力腐蚀的敏感性与疲劳极限。当锌元素含量大于 2.5% 时,合金的防腐性能会下降,在含铝镁合金中,一般添加的锌元素含量控制在 2% 以下。

(3)Mn。在镁合金的抗拉强度不能通过添加锰实现提高,但添加锰可以稍微提高合金屈服强度。添加锰元素可以去除镁合金中的铁及其他重金属杂质,避免产生有害的金属间化合物,从而提高 Mg-Al 合金和 Mg-Al-Zn 合金的抗海水腐蚀能力,同时在熔炼过程中会导致部分有害的金属间化合物分离。在镁合金中添加的锰含量通常低于 1.5%,然而在含有铝的镁合金中,锰的固溶度仅仅只有 0.3%。此外,锰的添加细化了晶粒提高了可焊性。

(4)Si。硅可改善压铸件的热稳定性能与抗蠕变性能。因为硅可与镁在晶界处形成细小弥散的析出相 Mg_2Si,它具有 CaF_2 型面心立方晶体结构,有较高的熔点和硬度。

(5)Zr。它是最有效的晶粒细化剂,对于含 Zn、Ag、RE、Y、Th 的镁合金,可以通过添加 Zr 细化晶粒,改善合金性能;但是,不能在含有 Al、Mn 的镁合金中添加 Zr 进行晶粒细化,因为添加的 Zr 可以去除熔体中的 Al、Mn 和 Si。

(6)Ca。Ca 的添加可以细化组织。同时,Ca 与 Mg 形成具有六方 $MgZn_2$ 型结构的高熔点 Mg_2Ca 相,这种相可以提高蠕变抗力并降低合金成本。但是,当 Ca 含量在镁合金中超过 1% 时会产生热裂倾向。Ca 的添加会对合金的腐蚀性能不利。

(7)RE。在镁合金中添加微量稀土元素可有效细化晶粒。一般添加的稀土元素与其他合金元素会形成强化相,从而提高合金的室温和高温抗蠕变性能,常用来作为镁合金的变质剂。稀土元素例如:Gd、Y 等在镁中有很大的固溶度,是开发热处理强化型镁合金的有益元素。但缺点就是价格偏高。

另外,镁合金可以根据是否含锆分为无锆镁合金和含锆镁合金两大类。还根据成形工艺,镁合金又分为铸造镁合金和变形镁合金,两者在成分、组织性能上存在很大差异。以下是对这两种镁合金的简单介绍。

(1)铸造镁合金。铸造镁合金是目前最常用的镁合金类型,其铸造方法包括砂型铸造、永久模铸造、半永久模铸造、熔模铸造、挤压铸造、低压铸造、高压铸造。这些铸造镁合金应用在汽车零件、机件壳罩、电器构件等领域。压铸工艺是铸造镁合金的主要生产方式,其优点包括高生产效率、高精度、表面质量好、铸态组织优良,以及能够生产薄壁及复杂形状的构件。目前,较常见的铸造镁合金有 Mg-Al、Mg-RE 等系列。然而,铸造镁合金的力学性能有待提高,产品形状尺寸存在一定的局限性且容易产生组织缺陷,这些因素都限制了镁合金的使用性能和应用范围。

(2)变形镁合金。变形镁合金的研制对于其作为结构材料的大规模应用至关重要。镁合金的加工方式主要有挤压、轧制和锻造。由于其通常为密排六方结构,使得常温下变形极为困难,为了在不产生裂纹的情况下获得较大的变形量,通常采用热加工处理。经过变形处理后,镁合金缺陷减少,组织更加均匀细化,相比铸造镁合金,它可获得更高的强度、更好的延展性和更多样化的力学性能。此外,变形镁合金的比强度也优于其他金属材料,如铝合金、钢材等,因此能够满足不同场合结构件的使用要求。常用的变形镁合金主要包括 Mg-Al、Mg-Li、Mg-Mn、Mg-Zn-Zr、Mg-RE 等系列,近期开发的 Mg-Gd-Y-Zr 变形镁合金因具有优良的室温及高温性能而受到广泛关注。

8.4 影响镁合金组织与性能的因素

8.4.1 镁的合金化

考虑到镁的合金化,在提升镁合金的室温及高温力学性能时,通常会采用固溶强化、沉淀强化和弥散强化的方法。因此,其合金化设计应考虑到晶体学、原子的相对大小、原子价、电化学等因素。选定的合金化元素应在镁基体中具有较高的固溶度,并且随温度变化有明显变化,在时效过程中,合金化元素能形成强化效果显著的析出相。除了优化力学性能外,还需要考虑合金化元素对抗蚀性、加工性能及抗氧化性能的影响。

在得到广泛应用的合金元素中,考虑合金化元素对二元镁合金的力学性能的影响,镁中的合金化元素可以划分为以下三类:

(1)镁合金的强度与塑性可以同时提高的元素,按强度递增顺序为:Al、Zn、Ca、Ag、Ce、Ga、Ni、Cu、Th;按塑性递增顺序为:Tb、Ga、Zn、Ag、Ce、Ca、Al、Ni、Cu。

(2)只提高塑性,而对强度影响很小,如 Cd、Tl、Li。

(3)牺牲塑性,但提高强度的元素,如 Sn、Pb、Bi、Sb。

8.4.2 镁合金的晶粒细化

1. 变质处理

晶粒变质细化处理主要是通过向液态镁合金熔液中添加晶粒细化添加剂进行处理,目前广泛使用的晶粒细化添加剂主要包括含有 Zr 和 C 的晶粒细化添加剂。在液态镁中,Zr 的溶解度非常低,包晶反应发生时其溶解度仅为 0.6%,尽管 Zr 和 Mg 不能形成化合物,但在凝固时 Zr 会以 α-Zr 质点的形式析出。由于 Zr 与 Mg 均属于六方晶型,它们的晶格常数相近,因此可以作为 α-Mg 的结晶核心,但是 Zr 的添加量不能过大,通常不超过 0.6%。

对于无法使用 Zr 进行细化的 Mg-Al 系合金,可以采用碳质孕育法。这种方法的原理是在高温下镁合金熔液中的碳化物(Mg_2CO_3 或 C_2Cl_6)可以分解出碳原子,这些碳原子与 Al 化合,形成大量弥散的 Al_4C_3 质点,该质点是高熔点的稳定化合物,其晶格常数与 α-Mg 的晶格常数接近,因此可以作为结晶时的非均质晶核。

2. 半固态成形

半固态成形工艺是将原料加热到固液相线之间的温度,然后将其压入型腔成形,这种工艺能产生细小的微观结构,减小微观收缩,从而提高材料的力学性能。在对 Mg-Zn-Al-Ca 合金进行研究时,发现在合金半固态成形过程中,由于对合金的压缩变形,α-Mg 会发生再结晶,并且 α-Mg 与共晶化合物的界面发生溶解,导致再结晶晶粒边界的 α-Mg 破碎成近球形的微小颗粒。随着 Al 和 Zn 含量的增加,共晶化合物 $Mg_{12}(Al,Zn)_{49}$ 和 MgZn 的数量也会增加,固态晶粒平均尺寸减小,最小可达 37 μm,从而大大提高了性能。

3. 铸锭变形

镁合金铸锭的晶粒可以通过后续的变形处理细化,主要变形工艺包括锻造、挤压、乳制、等通道角挤压(equal channel angular extrusion,ECAE)等。以下是几种主要方法的介绍。

(1)轧制及常规挤压法。这种方法的优点是简便易行,且变形温度越低,细化效果越好。但温度过低,合金的流动性变差会出现裂纹。每道次变形量不能过大,需要进行多次重复变形,细化效果基本是在 1~10 μm。

(2)等通道角挤压法。等通道角挤压法细化合金组织是近年来才兴起的。它的优点是材料经 ECAE 处理后外形不变,但细化效果显著,只需几次处理就可以将晶粒细化至 1 μm 左右。它的原理简单,与常规挤压法类似,所不同的是 ECAE 的变形为剪切变形,而且变形温度越低,细化效果越好。ECAE 在近年来得到了广泛的应用。对 WZ73 镁合金进行 ECAE 处理,可以得到细化至 1.6 μm 的等轴晶粒,导致室温抗拉、屈服强度和伸长率可分别达到 350 MPa、293 MPa 和 18%。

此外,通过改进传统技术并与新技术结合,也开发出了许多能够显著细化镁合金晶粒的方法,如高比挤压(high ratio extrusion)、大应变热轧(large strainhot rolling)、叠层轧制(accumulative roll bonding)、挤压+ECAE 等。

4. 粉末冶金法

粉末冶金法的细化效果很好,基本可以把晶粒尺寸控制在 1 μm 以下,缺点是操作复杂,不易控制。H. Watanabe 等人通过将镁合金液汽化凝固后,在 523 K、235 MPa 条件下进行烧结,同时经过 100∶1 的挤压后得到 650 nm 的晶粒。K. Nakashima 等人通过迅速固化的粉末冶金方法得到了 500 nm 的晶粒。这些具有细晶结构的镁合金材料在低温下表现出高应变速率超塑性。

5. 快速冷却固化法

将液态金属采取某种措施在短时间内得到迅速冷却就是快速冷却固化法,使金属晶体未完全结晶就已经凝固,这种方法的细化效果很好,但是工艺复杂,不易控制。将快速冷却固化后的 AZ91 合金在不同温度(473 K、503 K 及 523 K)和挤压速度(0.5 mm/s、1 mm/s、1.5 mm/s)下进行挤压处理,得到 100~500 nm 和 1 μm 的细小晶粒。

8.4.3　镁合金的热处理

热处理是改善合金的使用性能和工艺性能,发挥材料潜力的一种有效方法。以下几个条件可以判断镁合金能否可以热处理强化:合金元素在镁中必须有较高的溶解度;合金中各组元在固溶体中的溶解度随温度变化而变化,且变化趋势越明显其热处理强化效果越好;时效处理过程中能析出强化效果明显的第二相。镁合金的热处理具有以下特点:

(1)镁合金的组织普遍比较粗大,导致达不到平衡态,所以,固溶处理温度较低。

(2)合金元素在镁中的扩散速度较慢,所以需要较长的固溶处理时间。

(3)铸造镁合金及加工前未经退火的变形镁合金易产生不平衡组织,固溶处理速度不宜过快,一般采用分段加热的方式。

(4)自然时效条件下,从过饱和固溶体析出沉淀相的速度极慢,故镁合金常需采用人工时效处理。

(5)镁合金的氧化倾向大,加热炉内需保持一定的中性气氛,普通电炉一般通 502 气体或在炉中放置一定数量的硫铁矿石碎块,并要密封。

下面,对几种常用的热处理方法进行介绍。

1. 退火

根据合金成分的不同,对于那些不能通过热处理进行强化的镁合金制品,通常会采用再结晶退火和去应力退火。变形镁合金的再结晶温度受到合金的成分、纯度及最终的变形程度影响。含有稀土的镁合金其再结晶温度会升高。对于大多数镁合金来说,退火后的冷却速度对其性能影响较小。再结晶后的变形镁合金,强度降低,但塑性和韧性提高且各向异性减小。

2. 固溶处理

固溶处理是一种强化合金的方法,它通过将溶质原子溶入基体的晶格中,溶质原子与基体原子的原子半径和弹性模量不同而使晶格发生畸变。固溶处理的效果主要受到加热温度、保温时间和冷却速度的影响。加热温度越高,合金元素和强化相固溶得越彻底,所以合金在淬火和时效后的力学性能越高。但是,如果温度过高,组织会出现粗化甚至过烧现象,为了获得最大的过饱和固溶度,但又不至于过烧,淬火加热温度通常只比固相线低 5～10 ℃。镁合金中原子扩散较慢,因此为了保证强化相充分溶解需要进行较长的加热(或固溶)时间。镁合金砂型厚壁铸件的固溶时间最长,其次是薄壁铸件或金属型铸件,变形镁合金的时间最短。另外,如果冷却速度不够快,固溶体中的空位浓度减小,从而降低合金的时效效果。

3. 时效处理

固溶处理后的过饱和固溶体有自发分解的趋势,将其置于一定的温度下并保持一定时间,过饱和固溶体将会发生分解,从而增强合金的强度和硬度,这个过程被称为时效。常见的时效工艺通常是等温时效(或称单级时效),即选择一定温度并保温一定时间,以达到所要求的力学性能。淬火+人工时效一般采用在高温下在镁中有较大固溶度、随温度降低固溶度降低较大的合金系。由于镁的扩散激活能较低所以自然时效不适合镁合金。一般情况下,镁合金可以在空气、压缩空气、沸水或热水中进行淬火。Mg-Al、Mg-Zn 和 Mg-RE 是主要进行时效强化的镁合金系。添加 Zr 进入合金中,热加工之后再进行人工时效,强度可以大大提高。

4. 形变热处理

低温形变热处理和高温形变热处理是镁合金的两种形变热处理方式,这些形变热处理方式与铝合金相似。低温形变热处理方式包括:低温变形+淬火+人工时效;淬火+人工时效+冷变形。高温形变热处理包括:高温变形+淬火+人工时效。此外,还有复合形变热处理,即在一定温度下、阶梯加热、变形,降低温度进行变形,然后进行冷变形,再加上人工时效。经过形变热处理的合金,屈服强度提高,但塑性有所降低。

8.5　新型高性能镁合金的研发

8.5.1　变形镁合金

图 8-2 为变形镁合金与普通铸造、压铸镁合金典型力学性能对比,可见变形镁合金具有更大优势。通过变形可以生产尺寸多样的板、棒、管、型材及锻件产品,通过材料组织控制和热处理工艺处理,可以获得比铸造镁合金更高的强度、延展性和力学性能,以满足更多结构件需要。2000 年国际镁协会(International Magnesium Association,IMA)提出了发展镁合金材料的长远目标和计划,这些目标和计划包括新型变形镁合金的研究与开

发,开发变形镁合金生产新工艺,生产高质量的变形镁合金产品,这也代表了当今国际镁工业的发展趋势。

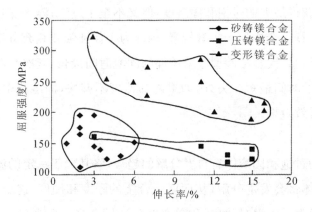

图 8-2　变形镁合金与砂铸、压铸镁合金性能

变形镁合金的研究与开发被美国、日本等发达国家所重视,并且已经系列化发展了变形镁合金材料。在这些国家中,美国的变形镁合金材料体系相对完备,包括 Mg-Al、Mg-Zn、Mg-RE、Mg-Li、Mg-Th 等系列,有镁合金板、棒、型材和锻件等产品。此外,在新型镁合金方面开发出了快速凝固高性能变形镁合金、非晶态镁合金及镁基复合材料等。日本在 1999 年由教育部、科技部、体育部和文化部共同组织实施了"Platform Science and Technology for Advanced Magnesium Alloy"计划,着重研究镁的新合金、新工艺,开发超高强变形镁合金材料和可冷压加工的镁合金板材;2003 年美国汽车材料联合体(The US Automotive Materials Partnership,USAMP)组织了多家公司进行汽车发动机、变速箱、油盘等部件的镁合金拉深件研究;荷兰 Delft 科技大学对 AZ31、AZ61 和 AZ80 及添加 Ca、Sr 的高温镁合金 MRI153 等的均匀化处理、等温挤压工艺及表面处理技术进行了全面研究,从而开发出了一系列适合航空用的镁合金型材;法国和俄罗斯开发了鱼雷动力源用变形镁合金阳极薄板材料。

相比之下,变形镁合金材料的研制与开发在我国仍处于起步阶段,由于高性能镁合金板、棒和型材的缺少,高性能镁合金材料用在国防军工、航天航空领域仍依靠进口,并且民用产品尚未得到大力开发,因此,性能优良、规格多样的变形镁合金材料的研究和开发显得十分重要。

8.5.2　稀土变形镁合金

1. 稀土元素特点及其在镁合金中的应用

稀土元素位于元素周期表ⅢB族,它们的最外层电子结构相同,都是两个电子,次外层电子结构相似,倒数第三层 4f 轨道上的电子数从 0～14 各不相同。稀土元素原子半径大,很容易失掉最外层两个 s 电子和次外层 5d 一个电子或 4f 层一个电子而形成＋3 价离子。也会有呈现＋2 价或＋4 价态的某些稀土元素,具有很高的化学活性,与 O、S 等元素有较强的结合力。

在镁合金中稀土元素起到非常重要的作用,对镁合金的使用性能和成形能力都有很大的影响。同时,稀土元素还可以净化合金溶液、改善合金组织、提高合金室温及高温力学性能、增强合金耐腐蚀性能等。

稀土金属具有较强的化学活性,能够去除 H、O、S、Cl、Fe 等夹杂元素,同时也能改善合金流动性和加工性能。稀土元素可将合金中呈溶质状态的 Fe、Co、Ni、Cu 改变为 Mg-RE-Fe(Cu)-Al(或 Zn、Mn)金属间化合物的状态,从而抑制铁对合金的腐蚀作用。含稀土镁合金通过在溶液中形成钝化膜来提高耐腐蚀性能。当稀土元素加入镁合金中,可以细化合金组织,促进合金表面氧化膜由疏松转变为致密,降低合金在液态和固态下的氧化倾向,提高合金耐热性能和耐腐蚀性能。通常认为三价稀土元素提高了合金中的电子浓度,增加镁合金的原子结合力,减小了镁在 200～300 ℃的原子扩散速度。特别是镁与稀土的化合物具有高热稳定性,能提高合金的热稳定性能。

在镁中的稀土元素具有较大的固溶度,可以实现固溶强化和沉淀强化;稀土与 Mg、Al 以及如 Zn、Zr、Mn 的其他合金元素形成高熔点、热稳定性好的金属间化合物,实现弥散强化,从而提高耐热、抗高温蠕变等性能。Mg-RE 化合物的弥散强化和其在晶界上对晶界滑动的影响可以提高含稀土镁合金的蠕变性能。

2. 稀土变形镁合金的类型

上面描述稀土元素的特性使其在耐热铸造镁合金中得到了广泛应用。然而,在变形镁合金中,由于稀土形成的晶界化合物不利于塑性加工,因此长期以来一直未被采用。近年来,研究人员逐渐重视稀土在变形镁合金中的应用,并取得了重要成果。

(1)稀土作为微量添加元素的变形镁合金

MB8 是在 Mg-Mn 系变形镁合金 MB1 的基础上,通过添加 0.15％～0.35％Ce 而得到的稀土变形镁合金。这种合金的常温拉伸屈服强度可以从 100 MPa 提高到 170 MPa,伸长率则可以从 4％提高到 11％,同时还可以提高耐热性并减轻各向异性倾向。MB26 是在 Mg-Zn 系变形镁合金 MB15 的基础上,添加富钇混合稀土开发出来的高强度变形镁合金,其最大伸长率可以达到 1450％以上。余琨等人通过添加 0.8％Nd 进入 ZK60 变形镁合金,出现细小的热变形动态再结晶晶粒,并形成了含稀土的第二相,使合金具有较好的挤压变形能力和热处理强化能力。王斌等人对添加 Y 和 Nd 的 ZK60 变形镁合金进行了热轧及热处理试验,结果表明,Y 和 Nd 均能使其室温断裂强度大幅提高。另外,麻彦龙、张娅等人也在这方面做了大量研究工作。

（2）稀土作为主合金元素的变形镁合金

变形镁合金通过引入稀土元素，能够显著增强其力学强度和耐热性能。国内某航空材料研究所成功研发了以 Zn、Nd 和 Y 为主要合金元素的 MB22 和 MB25 系列变形镁合金产品，这两类合金在时效处理后展现了明显的强化效应，并在室温和高温状态下表现出卓越的力学性能。实验揭示，在 Mg-2.2Nd-0.5Zn-0.5Zr 合金体系中，均匀弥散分布的 Mg_9Nd 相有助于细化晶粒，进而提高了合金的整体强度和延展性。

随着对稀土元素内在性质的深入探究，科研人员陆续开发出了一系列高性能稀土变形镁合金体系，诸如 Mg-Y、Mg-Gd、Mg-Sc、Mg-Dy 合金系列。早在 1974 年的研究就已证实，经过挤压、调质以及时效处理后的 Mg-15%Gd 合金可在高温和常温条件下展现较高的抗拉强度。而在 Mg-Gd 合金基础上添加 Mn、Y、Zr、Sc 等元素，则能够进一步优化其室温力学性能。

2001 年，一款具有优越耐热性能的 Mg-9Gd-4Y-0.6Zr 变形镁合金被成功研发。后续实验数据显示，当挤压温度从 500 ℃降至 400 ℃时，Mg-9Gd-4Y-0.6Zr(wt%)镁合金的晶粒尺寸显著细化，从 126 μm 减小至 7.4 μm，相应地，抗拉强度和伸长率分别从 200.1 MPa 提升至 312.4 MPa，伸长率则从 2.93%增长至 5.6%。特别是在高温条件下，该合金挤压态 T5 下的性能表现突出，即便在 400 ℃环境中依然展现出超塑性特点。

关于 Mg-Gd-Y-Zr 变形镁合金的时效析出机制，最新的研究成果提出了一种新的理论解释：时效过程中，合金的微观结构首先从初始的四方结构(S. S. S. S)转变成 $D0_{19}$ 结构的 β'' 相，随后转化为立方结构的 cbco 型 β' 相，再经过 fcc 结构的 β_1 相，最终演变为 fcc 结构的 β 相。这一时效序列与之前提出的直接从 S. S. S. S 转变为 $\beta''(D0_{19})$，再连续变化为 cbco 型 β' 相并终止于 β(fcc)相的模式有所不同。此外，研究还特别强调，当合金内部析出 cbco 型 β' 相时，通常意味着合金的强度和硬度达到峰值。

（3）形成含稀土准晶相的变形镁合金

近年来，基于 Mg-Zn-RE 系准晶增强的高性能镁合金的开发和应用受到广泛关注。Mg3REZn6 准晶具有三维二十面体构型，具有高强度、高硬度、低表面能等特点，可作为增强相。目前，有关 Mg3REZn6 准晶的研究主要集中于对其强韧化机理、相变动力学和制备工艺等方面的研究。国内自主研发的 Mg-Zn-RE-Zr 系 MB25、MB26 等高强变形镁合金，因 Mg3YZn6 类准晶相的存在，限制了其再结晶晶粒长大。国外研究者研制的 Mg-4.3Zn-0.7Y(摩尔分数,%)合金经过 400 ℃轧制，获得了 14 μm 左右的晶粒，具有 0.5~2.0 μm 的准晶结构，具有优异的室温和高温综合性能。

另外，准晶增强镁合金是一种极具应用前景的新型材料，但其结构、形成机理、力学性能以及制备工艺等方面尚存在诸多问题有待深入研究。

8.6　镁合金的应用现状

8.6.1　在交通工具上的应用

在当前环境问题日益严重的情况下，人们对于汽车尾气排放问题越来越关注。据统计，汽车尾气排放占大气环境污染的 65% 左右。与此同时，全球还面临能源困境，这使得全球汽车制造公司都面临着减少碳排放和节能的压力。为了实现节能降耗，其中一种最经济有效的方法就是增加轻质材料的使用，以降低汽车的自重。研究表明，汽车燃油消耗的 75% 与车辆自身重量直接相关，若能将整车质量减轻 10%，则可使燃料经济性提高 3%~8%。镁合金因其重量轻、强度大、比刚度大等优点，已成为轻量化车辆的首选材料。在汽车零件中使用镁合金，可以使钢材的重量减轻 40%~50%，铝合金零件的重量减轻 14%~40%，减轻重量的效果十分显著。镁合金不仅具有重量轻、能耗低等特点，而且在改善车辆使用性能方面也有诸多优势。首先，镁合金具有较大的阻尼系数和良好的减震效果，因此在动力传递系统和座椅等部件上使用能够有效降低震动，提高驾驶体验。其次，镁合金具有优异的冲击性能和高抗凹性，因此在轿车的仪表盘等有一定风险对驾驶者产生危害的部件上使用镁合金，能够降低危害性，提高安全性。因此，镁合金在汽车工业中有着巨大的发展潜力。

早在 1934 年，德国大众公司就将镁合金压铸件用于制造汽车发动机和驾驶系统部件。目前，国外应用镁合金制造的汽车零部件已经超过 60 种，近 5 年内开始大批量生产的镁合金汽车零部件包括仪表盘、轮毂、座椅框架、变速箱壳、发动机罩、汽缸盖等。同时，目前在研发的镁合金汽车零部件包括门框、车身大型外部件等。2022 年国内单车镁合金用量为 3.7 kg，预计 2030 年单车镁合金用量达 14.8 kg。此外，高速列车、磁悬浮列车，也采用了镁合金部件，从而减轻了重量，节约了能源，降低了噪声，因此，镁合金在这些领域的应用前景非常乐观。

我国镁合金汽车零部件的应用刚刚起步。目前，只有一汽、东风、上海大众等汽车制造企业已将镁合金用于桑塔纳汽车，这些零件如齿轮箱、壳罩和离合器壳体大约含镁合金 6.5 kg。相对于发达国家而言，我国的镁合金应用在汽车领域仍然相对落后，但市场发展潜力依然巨大。

8.6.2　电子电器产业

3C 产品(computer, communication, consumer electronics products)即电脑产品、通信产品、消费类电子产品。近年来，3C 电子行业发展极为迅速。镁合金作为 3C 产品的主要材料，因其比强度高、比硬度高、散热性好、可重复使用等特点，在 3C 领域得到了广泛的应用。镁合金是当今 3C 行业的核心技术,也是市场的热点。2024 年,上海交大与联想集团联合发布了业界首款可商业化不锈镁合金材料外壳。

8.6.3 航空航天

在航空航天中,重量是一个关键要素,减重不但能减少燃料费用,而且还能提高安全性能。镁合金由于其重量轻、比容量大等优点,在航空航天等领域极具发展潜力。它主要用于航天器的轻型结构零部件、航天机器人以及卫星部件的减震系统和导热系统。镁合金自 20 世纪 20 年代就开始在航空发动机零部件、油箱隔板、翼肋、飞机舱体隔板、飞机舱体隔板、飞机座舱盖、直升机发动机减速箱等零部件的生产中得到了广泛的应用。在国外,B-36 重型轰炸机所用的镁合金板材为 4086 kg,而"德热来奈"航天器的启动火箭"大力神"所用的镁合金为 600 kg,而"季斯卡维列尔"则为 675 kg。我国的运载火箭、人造卫星、军用民用飞机、导弹等均大量使用镁合金,每一架飞机的镁合金部件最多可达 300~400 个。

8.6.4 军工兵器

兵器重量是衡量作战能力的一个重要指标,轻量化是提升武器机动性、增强作战存活能力的重要手段,使用轻质材料是实现这一目标的重要途径。随着世界各国对军用设备的轻量化要求越来越高,镁合金在各种武器中得到了广泛的应用。实践表明,采用含镁合金的轻质材料减轻武器的操作性、可控性以及部队的机动能力,对提高部队的作战能力有着重大的意义。第一次将镁合金应用于军工行业是在 1916 年,那时它被用来生产 77 mm 的炮弹引线;1930 年,镁合金被用于火炮车轮和手榴弹投掷装置;到了 1940年,镁合金已被用于迫击炮支架、6000-16 型大炮炮车和轮式对地导弹发射装置等领域;1950 年,镁合金又被用于生产控制系统雷达、M151MUTT 车轮以及 M116 运输机舱顶拱形部件和底板;1960 年,镁合金被用于生产迫击炮底座、法国 AMX30 坦克的变速箱、法国 AMX10 坦克枪枪架以及 AM102105 mm 榴弹炮炮架架尾等。与国外相比,我国武器装备重量过大,急需使用轻质合金来推动其轻质化和提升其战斗性能。目前,我国已将镁合金用于一些武器装备。

8.6.5 生物医学

镁是人体必需的微量元素之一,对身体无害且具有良好的生物相容性。通过适当的化学处理后,可以在镁构件表面产生生物相容涂层,该涂层可广泛应用于人体移植和人体骨骼。由镁合金制成的人工骨可与体内液体环境反应,在体内生成具有生物相容性的薄膜,使其与周边组织具有良好的柔性结合。比如,将具有胞状结构的镁基材料替代镁合金,通过调控其胞状结构及孔隙大小,促进其与体内活性物质的相互作用,从而使初始的金属人造骨实现向类似天然骨的转变。

8.6.6　自行车及其他行业

镁合金因其重量轻、强度大、抗冲击性好等特点,被广泛地用于自行车的生产。可折叠自行车采用镁合金框架,只有 1.4 kg 的质量和 4 kg 的车身质量。另外,还可以用来制作弓柄、垒球棒、网球拍、乒乓球等其他产品。

8.7　镁合金的发展前景

镁是一种重要的资源,其在汽车、电子、航空等行业中的应用研究与发展,一直是各国政府、企业及科技工作者共同关心的问题。美国、德国、日本、加拿大等国家先后启动了对镁合金的研发,并视其为 21 世纪战略性资源,促进了其在交通、电子、通信、消费电子、国防军工等众多行业中的广泛应用。目前,国内外研发的镁合金种类多达上百种,其中包括抗腐蚀、高阻尼、高强度、高韧性、高强度耐热镁合金,镁基复合材料及变形镁合金等。

(1)耐腐蚀镁合金。镁合金中含有的铁、镍、铜等杂质,严重影响了其抗腐蚀及机械性能,成为制约其推广应用的主要因素。通过添加 Mn,可以显著降低镁合金中 Fe 的含量,从而提高镁合金的耐蚀性。目前已开发出多种具有优良耐蚀性和良好力学性能的高纯压铸镁合金,例如 AZ91D、AS41XB、AM60B 等。

(2)高阻尼镁合金。开发具有高强度、高阻尼性能的镁基功能结构一体化材料,是今后发展高阻尼镁合金的一个重要方向。在众多的高阻尼镁合金中,Mg_2Zr 合金具有高阻尼和良好力学性能,是国内外学者目前研究的焦点合金之一。

(3)高强高韧耐热镁合金。采用 Ca、RE 等元素,研制出具有抗蠕变性、耐高温、可适应 150～200 ℃的耐高温镁合金 ACM522。另外,通过添加 Y,Gd,Nd 等重稀土元素,可使镁合金的耐热性得到进一步改善。

(4)镁基复合材料。镁基复合材料的增强剂主要有氧化物、碳化物、氮化物、陶瓷粒子等。在保持镁合金优良的阻尼性、可切削加工性等优势的基础上,表现出比强度、比刚度、高温蠕变及尺寸稳定性更好的特点,成为金属基复合材料领域研究热点之一。

但是,相对于其他常规金属材料,镁合金的塑性加工研究仍处于起步阶段。迄今为止,90%以上的镁合金制品都采用压铸工艺。但是,由于压铸制品的铸造缺陷较多,壁厚难以控制,其性能很难达到所需的承载性能,且加工时需采用气体保护罩(造成温室效应),严重制约了其应用和发展。此外,由于铸造法制备的镁合金晶粒粗大、成分偏析严重,导致其脆性、耐蚀性差等问题很难得到本质的解决,从而导致高性能镁合金材料的制备受到限制。但是,塑性成形工艺有其独特的优点。已有研究表明,通过塑性变形可显著提高其机械性能,使其具有较高的强塑性,可适应各种应用环境下的各种构件需求。在汽车、自行车、摩托车零部件,尤其是 3C 电子产品领域,大量使用镁合金,取代传统的铸造方法,是完全可行的。与压铸镁合金相比,变形镁合金具有成本低、强度高、机械性能多样等优点,具有广阔的应用前景。所以,研究和开发镁合金及相应的加工技术,是今后镁合金产业的长期发展方向。

我国拥有世界上最大的镁资源和产镁量,但 80% 以上的产品都以低价出口,且深加工能力较弱,与发达国家相比仍有较大差距。为满足未来高科技产业发展的需要,需拓展以镁合金为代表的轻量化合金材料,提升我国镁产业的国际竞争力。尽管目前我国的镁合金研究和应用仍处于发展阶段,特别是在镁合金的应用方面落后于西方发达国家,但市场潜力巨大,具有非常好的前景。首先,我国的个人汽车市场发展迅猛;其次,中国是笔记本电脑、手机等电子产品需求增长最快的市场;最后,中国的自行车市场也在进行着一次全方位的更新换代。在这一背景下,我国的镁合金产业拥有广阔的发展空间和机遇。通过调整已有成熟牌号镁合金的化学成分、冶炼工艺、成形工艺和热处理工艺等方面的改进,可以提升合金的各项性能,以满足不同场合的需求。与此同时,我国不断开发与研制新型镁合金,如快凝镁合金、非晶镁合金、镁合金生物材料以及高强 Mg-Li 合金、Mg-RE 合金和高温镁合金等,以适应市场的多样化需求。此外,加强镁合金腐蚀与防护技术的研发也是重要的方向。镁合金产业将成为我国新的经济增长点,实现我国从"镁资源大国"向"镁生产强国"的成功转变。

思考与习题

1. 简述镁及镁合金的特点。

2. 镁合金的分类有哪些?

3. 简述镁合金的应用现状。

第 9 章　高分子材料

高分子材料即聚合物材料,是以高分子化合物(聚合物)为主要组分的材料的总称。高分子材料具有独特的结构和优异性能,已成为现代工程和社会生活中不可缺少的材料。

9.1　高分子材料的结构

9.1.1　高分子材料的组成

高分子是由碳、氢、氧、硅、硫等元素组成的分子量较高的有机化合物。常用高分子材料的分子量在几百到几百万之间。高分子化合物的分子量虽然巨大,但其化学组成并不复杂,由一种或多种简单的低分子化合物通过共价键重复连接而成,形成分子链或大分子链。高聚合物的结构主要指大分子链的排列和组装方式。

作为高分子材料的主要成分,高分子化合物是由低分子化合物在特定条件下经聚合反应而形成的,如聚乙烯塑料就是由乙烯聚合而成的高分子材料。

$$n(CH_2{=}CH_2)\xrightarrow{\text{聚合}} {\left[\!CH_2{-}CH_2\!\right]}_n$$

在这里,低分子化合物(如乙烯,$CH_2{=}CH_2$)称为单体,大分子链重复排列的结构单元(如—CH_2—CH_2—)称为链节,链节重复排列的个数 n 称为聚合度。显然,聚合度越大,高聚物的大分子链越长,其相对分子质量也就越大。

可见,高聚物与具有明确相对分子质量的低分子化合物不同,同一高聚物因其聚合度不同,大分子链的长短各异,其相对分子质量也就各不相同。通常所说高聚物的相对分子质量是指其相对分子质量的统计平均值。例如,聚氯乙烯${\left[\!CH_2{-}CHCl\!\right]}_n$的相对分子质量为 $20000{\sim}160000$。

作为高聚物单体的低分子化合物必然具备不饱和的键。例如,各种烯烃类化合物、环状化合物和含有特殊官能团的化合物,在聚合反应中能形成两个以上的新键,把单体低分子变成链节,连接成大分子链;否则不能聚合成大分子链,也就不能形成高聚物。

在高分子链中,原子以共价键结合,这种结合力称为主价力。高分子链内组成元素不同,原子间共价键的结合力不同,聚合物的性能因而不同。

在高聚物大分子之间一般是靠分子间力连接的,这一结合力——范德瓦耳斯力,称为次价力。

虽然单体小分子之间的范德瓦耳斯力很小,仅为共价键的 $1/100 \sim 1/10$,然而高聚物中,大分子链是由很多链节组成的,链节之间的次价力大体和单体小分子之间的次价力相等。大分子链间的次价力又等于组成大分子的各链节(或单体)间次价力之和,显然聚合度达几千甚至几万的高聚物大分子之间的次价力必然远远超过大分子内部的主价力。

大分子之间的次价力对高聚物的性能有很大的影响。随着聚合度的增大,次价力增大,高聚物的强度、耐热性增大,溶解性和成型工艺性能变差。因此,控制聚合度、调整次价力大小是控制和调整高聚物性能的有效途径之一。

9.1.2 大分子链结构

金属材料的性能是由它的组织结构决定的,同样,对非金属材料也不例外,高分子材料的性能特点仍然是由其组织结构决定的。大分子链的结构包括大分子结构单元的化学组成、连接方式、空间构型等。

1. 大分子链的化学组成

大分子链的化学元素主要有碳、氢、氧、硅等,其中碳是形成大分子链的主要元素。大分子链的组成不同,高聚合物的性能就不同。图 9-1 为聚乙烯(PE)的分子链结构。

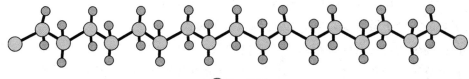

(a)分子连接方式

(b)分子连接构型

图 9-1 聚乙烯的分子链结构

2. 大分子链的构型

所谓构型是指组成大分子链的链节在空间排列的几何形状。大分子链的几何形态主要有线型、支化型和体型(或网型)三种结构。

(1)线型结构。线型结构的整个分子犹如一条长链,如图 9-2(a)所示。这种结构通常卷曲成不规则的团状,受拉伸时则呈直线状。线型结构的高聚合物具有良好的弹性和塑性,在适当的溶剂中可以溶解,加热可软化或熔化。因此,线型结构的高聚合物易于加工成型,并可重复使用。

(2)支化型结构。大分子主链上带有一些长短不一的支链分子,如图 9-2(b),或与主链交联[图 9-2(c)],这样的大分子称为支化高分子。支化高分子的性能与线型高分子的性能相似,但由于支链的存在,分子与分子之间堆砌不紧密,增加了分子之间的距离,使分子之间的作用力减小,分子链容易卷曲,从而提高了高聚合物的弹性和塑性,降低了结晶度、成型加工温度和强度。

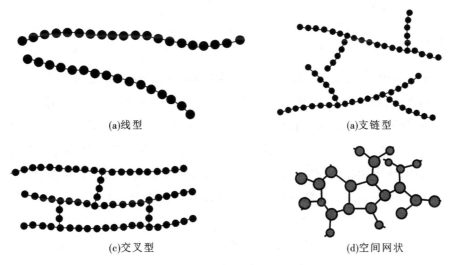

(a)线型　　　　　　　　　　　　　　(a)支链型

(c)交叉型　　　　　　　　　　　　　(d)空间网状

图 9-2　高聚物的结构示意图

(3)体型(或网型)结构。体型大分子的结构是大分子链之间通过支链或化学键交联起来,在空间呈网状,也称为网状结构,如图 9-2(d)。具有体型结构的高分子化合物,主要特点是脆性大,弹性和塑性差,但具有较好的耐热性、难溶性、尺寸稳定性和强度,加工时只能一次成型(即在网状结构形成之前进行)。热固性塑料、硫化橡胶等属于这种类型结构的高聚合物。

3. 大分子链的构象

和其他物质分子一样,高聚物的分子链在不停地运动,这种运动是由单链内旋转引起的。大分子链由成千上万个原子经共价键连接而成,其中以单键连接的原子,由于热运动,两个原子可做相对旋转,即在保持键角、键长不变的情况下,单键做旋转,称为内旋转。

这种由于单键内旋转所产生的大分子链的空间形象称为大分子链的构象。正是这种极高频率的单键内旋转随时改变着大分子链的构象,使线型高分子链在空间很容易呈卷曲状或线团状。在拉力作用下,呈卷曲状或线团状的线型高分子链可以伸展拉直,外力去除后,又缩回到原来的卷曲状或线团状。这种能拉伸、回缩的性能称为分子链的柔性,这就是高聚物具有弹性的原因。

分子链的柔性受多种因素的影响。由于不同元素原子之间的共价键具有不同的键长和键能,因此由不同元素组成的大分子链内部的旋转能力和柔性也会有所不同。例如,C—O、C—N、Si—O 键内旋转能力比 C—C 键容易。对于同一种分子链,链越长、链节数越多,参与内旋转的单键越多,柔性越好,强度升高时,分子热运动增加内旋转变得容易,柔性增加。

总之,分子链内旋转越容易,其柔性越好。分子链柔性对聚合物的性能影响很大。一般柔性分子链聚合物的强度、硬度和熔点较低,但弹性和韧性好;刚性分子链聚合物则相反,其强度、硬度和熔点较高,而弹性和韧性差。

9.1.3 聚集态结构

高分子链的聚集态结构是指高分子材料本体内部高分子链之间的几何排列状态。高分子链的聚集态结构可分为晶态和非晶态结构。晶态高聚合物的分子排列规则有序,简单的高分子链以及分子间作用力强的高分子链易于形成晶态结构;比较复杂和不规则的高分子链往往形成非晶态(无定型或玻璃态)结构。实际生产中获得完全晶态高聚合物是很困难的,大多数高聚合物都是部分晶态或完全非晶态。图 9-3 中分子有规则排列的区域为晶区,分子处于无序状态的区域为非晶区。在高聚合物中,晶区所占的百分数称为结晶度。一般晶态高聚合物的结晶度为 $50\%\sim80\%$。结晶度高,反映其排列规则紧密,分子之间的作用力强,因而刚性增加,其强度、硬度、耐热性、耐蚀性提高;反之,结晶度降低,说明其顺柔性增大,而弹性、塑性和韧性相应提高。

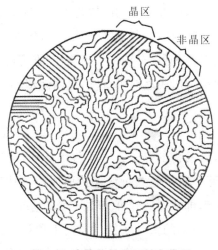

图 9-3　高聚物的晶区与非晶区

高聚合物的性能与其聚集态有密切联系。晶态高聚合物的分子排列紧密,分子间吸引大,其熔点、密度、强度、刚度、硬度、耐热性等性能好,但弹性、塑性和韧性较低。非晶态聚合物的分子排列无规则,分子链的活动能力大,其弹性、延伸率、韧性等性能好。部分晶态高聚合物性能介于晶态和非晶态高聚合物之间,通过控制结晶可获得不同聚集态和性能的高聚合物。

高聚物的化学结构越简单,对称性越高,分子之间的作用力越大,其结晶度越高;反之,结晶度减少。例如,聚乙烯比聚氯乙烯结晶度高。不管是无定形(非晶态)高聚物还是结晶高聚物,随着温度的变化,它们的物理和力学状态都会发生变化。在受到恒定外力的作用下,高聚物可能会出现三种不同的物理力学状态,即玻璃态、高弹态和黏流态(图 9-4)。

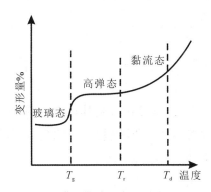

图 9-4　非晶聚合物的变形量-温度

(1)玻璃态。当温度低于 T_g 时,高聚物大分子链以及链段被冻结而停止热运动,只有链节能在平衡位置做一些微小振动而呈玻璃态。在玻璃态下,随着温度的升高,高聚物的变形量增加很小,而且这种变形是可逆的,当外力去除后能够恢复原来的形状,这种可以恢复的微小变形称为普弹变形。

通常把具有普弹变形的玻璃态高聚物称为塑料,或者说塑料的工作状态是属于玻璃态,提高 T_g,可以扩大塑料使用的温度范围。

(2)高弹态。温度超过 T_g 时,高聚物由玻璃态转为高弹态。处于高弹态的高聚物,由于温度较高,大分子链中的链段可以自由运动,使高聚物在外力作用下,能够产生一种缓慢、量值较大、可恢复的弹性变形,称为高弹变形。

通常把处于高弹态的高聚物称为橡胶。因此,降低 T_g,橡胶的工作状态是高弹态;提高 T_r,可以使橡胶的工作温度范围扩大。室温下处于玻璃状态的高聚物称为塑料,处于高弹态的高聚物称为橡胶。

实际上,塑料和橡胶可以根据它们的玻璃化温度 T_g 是否高于室温来进行区分。当高聚物的 T_g 低于室温时,我们称之为橡胶,它在使用温度下处于高弹态,如天然橡胶 T_g =−73 ℃,工作温度为−50～120 ℃;顺丁橡胶 T_g =−150 ℃,工作温度为−70～140

℃。T_g 在室温以上的高聚物是塑料,它在使用温度下处于玻璃态,如聚氯乙烯 $T_g=87$ ℃,聚苯乙烯 $T_g=80$ ℃,有机玻璃 $T_g=100$ ℃。

(3)黏流态。当温度达到 T_f 以后,高聚物由高弹态进入黏流态。处于黏流态的高聚物,不仅链段的热运动加剧,而且整个大分子链还可以发生相对的滑动位移,使高聚物发生不可逆的黏流变形或塑性变形,因此,黏流态是高聚物成型的工艺状态。当温度高于 T_d 时,高聚物分解,大分子链受到破坏,这是热成型应该避免的温度。

9.2　高分子材料的性能

高聚物与一般低分子化合物相比,在聚集状态组织结构上有很大的不同,因而在性能上具有一系列的特征。

9.2.1　力学性能

1. 强度

高聚物的平均抗拉强度约为 100 MPa,是其理论值的 1/200。由于高聚物中分子链排列不规则,内部含有大量杂质、空穴和微裂纹,因此高分子材料的强度比金属低得多。但由于其密度小,所以其比强度并不比金属低。

2. 弹性

高弹性和低弹性模量是高分子材料所具有的特性,即弹性变形大,弹性模量小,而且弹性随温度升高而增大。图 9-5 为玻璃态聚合物在不同温度下的拉伸曲线,温度由高到低为:④＞③＞②＞①。

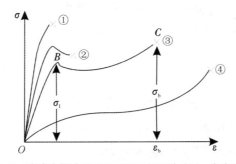

图 9-5　玻璃态聚合物于不同温度下的应力-应变曲线

若在试样断裂前停止拉伸,除去外力,则试样已发生的大形变无法完全恢复;只有让试样的温度升到 T_g 附近时,形变方可恢复。因此,这种大形变在本质上是一种高弹性形变,而不是黏流形变,其分子机理主要是高分子的链段运动,它只是在大外力的作用下的一种链段运动。为区别于普通的高弹性形变,可称之为强迫高弹性。玻璃态聚合物存在一个特征温度 T_d,只要温度低于 T_d,玻璃态高聚物就不能发生强迫高弹性形变,而必定发生脆性断裂,这个温度称为脆化温度 T_d。

3. 黏弹性

高分子材料的高弹性变形不仅和外加应力有关,还和受力变形的时间有关,即变形与外力的变化不是同步的,有滞后现象,且高聚物的大分子链越长,受力变形时用于调整大分子链构象所需的滞后时间也就越长。这种变形滞后于受力的现象称为黏弹性。

高聚物的黏弹性表现为蠕变、应力松弛、内耗三种现象。

具有黏弹性的高聚物制品,在恒定应力作用下,随着时间的延长会发生蠕变和应力松弛,导致形状、尺寸变化而失效。如果外加应力是交变循环应力,因变形和恢复过程的滞后,大分子之间产生内摩擦形成所谓的"内耗",内耗的存在使变形所产生的那一部分弹性能来不及释放,以摩擦热能的形式放出,导致制品温度升高而失效;另外,内耗可以吸收振动波,使高聚物制品具有较高的减振性。

4. 耐磨性

高聚物的硬度比金属低,但耐磨性比金属好,尤其塑料更为突出。塑料的摩擦系数小而且有些塑料本身就有润滑性能;而橡胶则相反,其摩擦系数大,适合于制造要求较大摩擦系数的耐磨零件,如汽车轮胎等。

9.2.2　物理、化学性能

1. 绝缘性

高聚物以共价键结合的,不能电离,导电能力低,即绝缘性高。塑料和橡胶是电机、电器必不可少的绝缘材料。

2. 耐热性

耐热性是指材料在高温下长期使用保持性能不变的能力。高分子材料中的高分子链在受热过程中容易发生链移动或整个分子链移动,导致材料软化或熔化,使性能变坏。

3. 导热性

固体的导热性与其内部的自由电子、原子、分子的热运动有关。高分子材料内部无自由电子,而且分子链相互缠绕在一起,受热时不易运动,故导热性差。

4. 热膨胀性

高分子材料的热膨胀系数大,为金属的 $3 \sim 10$ 倍。这是由于受热时,分子间的缠绕程度降低,分子间结合力减小,分子链柔性增大,故加热时高分子材料产生明显的体积和尺寸的变化。

5. 化学稳定性

高聚物是由许多单体分子经共价键结合而成的大分子,由于没有自由电子,因此不会受电化学腐蚀的影响。此外,高聚物的分子链纠缠在一起,使得高分子不易受到破坏。当高聚物与试剂接触时,只有露在外面的基团才容易与试剂起化学反应,而被包在分子链里面的基团相对来说不容易与试剂发生反应。这种特性使得高分子材料具有较好的化学稳定性,能够表现出优异的耐腐蚀性能,即使在酸、碱等溶液中也能保持稳定。

6. 老化

高聚物及其制品在储运、使用过程中,由于应力、光、热、氧气、水蒸气、微生物或其他因素的作用,其使用性能变坏,逐渐失效的过程称为老化,如变硬、变脆、变软或发黏。

造成高聚物老化的原因主要是在各种外因的作用下,引起大分子链的交联或分解。交联结果使高聚物变硬、变脆、开裂;分解的结果是使高聚物的强度、熔点、耐热性、弹性降低,出现软化、发黏、变形等现象。防老化的措施有如下几种。

(1)表面防护,使其与外界致老化因素隔开。

(2)减少大分子链结构中的某些薄弱环节,提高其稳定性,推迟老化过程。

(3)加入防老化剂,使大分子链中的活泼基团钝化,变成比较稳定的基团,以抑制链式反应的进行。

9.3　常用高分子材料

高分子材料按来源分为天然、半合成(改性天然高分子材料)和合成高分子材料。天然高分子是生命起源和进化的基础。人类社会一开始就利用天然高分子材料作为生活资料和生产资料,并掌握了其加工技术。例如,利用蚕丝、棉、毛织成织物,用木材、棉、麻造纸等。19 世纪 30 年代末期,进入天然高分子化学改性阶段,出现半合成高分子材料。1907 年出现合成高分子酚醛树脂,标志着人类应用合成高分子材料的开始。目前,人工合成的有机高分子材料如塑料、合成橡胶、合成纤维等发展十分迅速,已成为一个品种繁多的庞大的工业门类,具有广阔的应用前景。

9.3.1　塑料

塑料是以天然或合成的高分子化合物(树脂)为主要成分的材料,它具有良好的可塑性,在室温下能保持形状不变。塑料按高分子化学和加工条件下的流变性能,可分为热塑性和热固性塑料。

1. 热塑性塑料

热塑性塑料是指在特定温度范围内具有可反复加热软化、冷却硬化特性的塑料品种。

(1)聚乙烯(PE)。聚乙烯系由单体乙烯聚合而成,一般可分为低密度聚乙烯(LDPE)和高密度聚乙烯(HDPE)两种。LDPE 因其分子量、密度及结晶度较低,质地柔软,且耐冲击,常用于制造塑料薄膜、软管等。HDPE 因其分子量、密度及结晶度均较高,比较刚硬、耐磨、耐蚀,绝缘性也较好,所以可用于制造结构材料,如耐蚀管等。

(2)聚氯乙烯(PVC)。聚氯乙烯是以氯乙烯为单体制得的高聚物。由于 PVC 大分子链中存在极性基因氯原子,故增大了分子间作用力,同时 PVC 大分子链的密度较高,故其强度、刚度及硬度均高于 PE。PVC 在加入少量添加剂时,可制得软、硬两种 PVC。硬质 PVC 塑料具有较高的强度、良好的耐蚀性、耐油性和耐水性,常用于化工、纺织工业和建筑业中。软质 PVC 塑料由于坚韧柔软,耐挠曲,弹性和电绝缘性好,吸水率低,难燃及耐候性好等,广泛用于制造农用塑料薄膜、包装材料、防雨材料及电线电缆的绝缘层,工业用途十分广泛。

(3)聚丙烯(PP)。聚丙烯是以丙烯为单体聚合制得的高聚物。PP 的相对密度小(塑料中最轻的),耐热性能良好(可以加热至 150 ℃不变形),强度、刚度、硬度高,电绝缘性优良(特别是对于高频电流),可用于机械、化工、电气等工业。

(4)ABS 塑料。ABS 塑料是丙烯腈(A)、丁二烯(B)、苯乙烯(S)三种单体的三元共聚物,三个单体量可任意变化,制成各种树脂。ABS 兼有三种组元的共同性能,A 使其耐化学腐蚀、耐热,并有一定的表面硬度,B 使其具有高弹性和韧性,S 使其具有热塑性塑料的加工成型特性和改善电性能,因此,ABS 塑料是一种原料易得、综合性能良好、价格低廉、用途广泛的"坚韧、质硬、刚性"材料。ABS 塑料在机械、电气、纺织、汽车、飞机、轮船等制造工业及化工方面获得广泛应用。

(5)聚酰胺(PA,俗称尼龙或锦纶)。聚酰胺是指主链节含有极性酰胺基因的高聚物,最初用于制造纤维的原料,后来由于 PA 具有强初、耐磨、自润滑、使用温度范围宽等优点,成为最早发现能承受载荷的热塑性塑料,也是目前工业中应用广泛的一种工程塑料。PA 广泛用来代替铜及其他有色金属制造机械、化工、电器零件,如柴油发动机燃油泵齿轮、水泵、高压密封圈、输油管等。

(6)聚甲醛(POM)。聚甲醛是由甲醛或散聚甲醛聚合而成的线型高密度、高结晶性高聚物。POM 的疲劳强度、耐磨性和自润滑性比大多数工程塑料要好,并且还有高弹性模量和强度,吸水性小,同时尺寸稳定性、化学稳定性及电绝缘性也好,是一种综合性能良好的工程材料。POM 主要用于代替有色金属及合金(如 Cu、Zn、Al 等)制造各种结构零部件,应用量最大的是汽车工业、机械制造、精密机器、电器通信设备乃至家庭用具等领域。

(7)聚四氟乙烯(PTFE 或 F-4,俗称塑料王)。聚四氟乙烯是单体四氟乙烯的均聚物,是一种线型结晶性高聚物。PTFE 的性能特点是突出的耐高低温性能(长期使用温度为－180～260 ℃)、极低的摩擦系数,因而可作为良好的减磨、自润滑材料;优越的化学稳定性,不论是强酸、强碱还是强氧化物对它都不起作用,其化学稳定性超过了玻璃、陶瓷、不锈钢、金及铂,故有"塑料王"之称;具有优良的电性能,是目前所有固体绝缘材料中介电损耗最小的。PTFE 主要用于特殊性能要求的零部件,如化工设备中的耐蚀泵。

2. 热固性塑料

热固性塑料是指在特定温度下加热或通过加入固化剂可发生交联反应变成不溶塑料制品的塑料品种。

(1)酚醛塑料(PF)。酚醛塑料是以酚醛树脂为主,加入添加剂而制成的。它是酚类化合物和醛类化合物经缩聚而成,其中以苯酚与甲醛缩聚而得的酚醛树脂最为重要。PF具有一定的强度和硬度,绝缘性能良好,兼有耐热、耐磨、耐蚀的优良性能,但不耐碱,性脆。PF广泛应用于机械、汽车、航空、电器等工业部门,用来制造各种电气绝缘件,较高温度下工作的零件,耐磨及防腐蚀材料,并能代替部分有色金属(铝、紫铜、青铜等)制造零件。

(2)环氧塑料(EP)。环氧塑料是由环氧树脂加入固化剂填料或其他添加剂后制成的热固性塑料。环氧树脂是很好的胶黏剂,有"万能胶"之称。在室温下容易调和固化,对金属和非金属都有很强的胶黏能力。EP具有较高的强度、较好的韧性,在较宽的频率和温度范围内具有良好的电性能,通常具有优良的耐酸、碱及有机溶剂的性能,还能耐大多数霉菌、耐热、耐寒,在苛刻的热带条件下使用具有突出的尺寸稳定性等。用环氧树脂浸渍纤维后,于150 ℃和130~140 MPa的压力下成型,亦称为环氧玻璃钢,常用于制造化工管道和容器,以及汽车、船舶和飞机等的零部件。

9.3.2 橡胶

橡胶是一种在使用温度范围内处于高弹态的高聚物材料。由于它具有良好的伸缩性、储能能力和耐磨、隔声、绝缘等性能,因而广泛用于弹性材料、密封材料、减磨材料、防振材料和传动材料,使之在促进工业、农业、交通、国防工业的发展及提高人民生活水平等方面,起到其他材料所不能替代的作用。

1. 橡胶的组成

纯橡胶的性能随温度的变化有较大的差别,高温时发黏,低温时变脆,易于溶剂溶解。因此,其必须添加其他组分且经过特殊处理后制成橡胶材料才能使用。其组成如下所述。

(1)生胶。它是橡胶制品的主要组分,对其他配合剂来说起着黏结剂的作用。使用不同的生胶,可以制成不同性能的橡胶制品,其来源可以是天然的,也可以是合成的。

(2)橡胶配合剂。主要有硫化剂、硫化促进剂、防老剂、软化剂、填充剂、发泡剂及染色剂。加入配合剂是为了提高橡胶制品的使用性能或改善加工工艺性能。

2. 橡胶的种类

(1)天然橡胶

天然橡胶是橡树上流出的胶乳,经过凝固、干燥、加压等工序制成生胶,橡胶含量在90%以上,是以异戊二烯为主要成分的不饱和状态的天然高分子化合物。

天然橡胶有较好的弹性,弹性模量为 3～6 MPa;具有较好的力学性能,硫化后拉伸强度为 17～29 MPa;有良好的耐碱性,但不耐浓强酸,还具有良好的电绝缘性。其缺点是耐油差、耐臭氧、老化性差、不耐高温。它被广泛用于制造轮胎等橡胶工业。

(2)合成橡胶

①丁苯橡胶。其耐磨性、耐油性、耐热性及抗老化性优于天然橡胶,并可以任意比例与天然橡胶混用,价格低廉。其缺点是生胶强度低,黏结性差,成型困难,弹性不如天然橡胶。它主要被用于制造轮胎、胶带、胶管等。

②顺丁橡胶。由丁二烯聚合而成,弹性、耐磨性、耐热性、耐寒性均优于天然橡胶。其缺点是强度低、加工性差、抗断裂性差。它主要被用于制造轮胎、胶带、减振部件、绝缘零件等。

③氯丁橡胶。它由氯丁二烯聚合而成,具有高弹性、高绝缘性、高强度,并耐油、耐溶剂、耐氧化、耐酸、耐热、耐燃烧、抗老化等,有"万能橡胶"之称。其缺点是耐寒性差、密度大、生胶稳定性差。它主要被用于制造输送带、风管、电缆、输油管等。

④乙丙橡胶。它由乙烯和丙烯共聚而成,结构稳定,抗老化、绝缘性、耐热性、耐寒性好,并耐酸碱。其缺点是耐油性差、黏结性差、硫化速度慢。它主要被用于制造轮胎、输送带、电线套管等。

⑤丁腈橡胶。它由丁二烯和丙烯腈共聚而成,耐油、耐热、耐燃烧、耐磨、耐火、耐碱、耐有机溶剂、抗老化性好。其缺点是耐寒性差,脆化温度为 −20～−10 ℃,耐酸性和绝缘性差。它主要被用于制造耐油制品,如油桶、油槽、输油管等。

⑥硅橡胶。它由二基硅氧烷与其他有机硅单体共聚而成,具有高的耐热和耐寒性,在 −100～350 ℃保持良好的弹性,抗老化、绝缘性好。其缺点是强度低,耐磨、耐酸碱性差,价格高。它主要被用于制造飞机和航天器中的密封件、薄膜和耐高温的电线、电缆等。

⑦氟橡胶。它是以碳原子为主链,含有氟原子的聚合物。其化学稳定性高,耐蚀性居各类橡胶之首;耐热性好,最高使用温度为 300 ℃。其缺点是价格高、耐寒性差、加工性不好。它主要被用于制造国防和高技术中的密封件和化工设备等。

9.3.3　纤维

纤维材料指的是在室温下分子的轴向强度很大,受力后变形较小,在一定温度范围内力学性能变化不大的高聚物材料。

纤维材料分为天然纤维与化学纤维两大类,而化学纤维又可分为人造纤维和合成纤维两种。人造纤维是以天然高分子纤维素或蛋白质为原料经过化学改性而制成的。合成纤维是以合成高分子为原料通过拉丝工艺而得到的,主要有以下几种。

(1)聚酰胺纤维(耐伦或尼龙,在我国习惯称锦纶)。其韧性强,弹性高,质量轻,耐磨性好,润湿时强度下降很少,染色性好,抗疲劳性也好,较难起皱等。

（2）聚酯纤维（涤纶或"的确良"）。它是生产量最多的合成纤维。以短纤维、纺纱和长丝供应市场，广泛与其他纤维进行混纺。其特点是强度高、耐磨、耐蚀、疏水性好，润滑时强度完全不降低。干燥时强度大致与锦纶相等，弹性模量大，热变定性特别好，经洗耐穿，耐光性好，可与其他纤维混纺。

（3）聚丙烯腈纤维（奥纶，开司米纶，俗称腈纶）。这类纤维几乎都是短纤维。它具有质轻、保温性优良的特点。此外，其强韧而富弹性，软化温度高，吸水率低，但强度不如锦纶和涤纶。

（4）维尼纶。维尼纶的学名是聚乙烯醇（PVA）纤维，和耐纶一样，商品名"维尼纶"已成为通用名。它具有与天然纤维棉花相似的特性，几乎都是短纤维。

9.3.4　胶黏剂

1. 胶黏剂的组成

胶黏剂是一种多组分的材料，它一般由黏结物质、固化剂、增初剂、填料、稀释剂、改性剂等组分配制而成。每种具体的胶黏剂的组成主要取决于胶的性质和使用要求。

黏结物质也称为黏料，它是胶黏剂中的基本组分，起黏结作用，其性质决定了胶黏剂的性能、用途和使用条件。一般多用各种树脂、橡胶类及天然高分子化合物作为黏结物质。

固化剂是促使黏结物质通过化学反应加快固化的组分，它可以增加胶层的内聚强度。有的胶黏剂中的树脂，如环氧树脂，若不加固化剂，本身不能变成坚硬的固体。固化剂也是胶黏剂的主要成分，其性质和用量对胶黏剂的性能起着重要的作用。

增韧剂是用于提高胶黏剂硬化后黏结层的韧性，提高其抗冲击强度的组分。常用的有邻苯二甲酸二丁酯、邻苯二甲酸二辛酯等。

稀释剂又称溶剂，主要是起降低胶黏剂黏度的作用，以便于操作，提高胶黏剂的湿润性和流动性。常用的有机溶剂有丙酮、苯、甲苯等。

填料一般在胶黏剂中不发生化学反应，它能使胶黏剂的稠度增加，降低热膨胀系数，减少收缩性，提高胶黏剂的抗冲击初性和机械强度。常用的品种有滑石粉、石棉粉、铝粉等。

改性剂是为了改善胶黏剂的某一方面性能，以满足特殊要求而加入的一些组分。例如，为增加胶结强度可加入偶联剂，还可以分别加入防老化剂、防腐剂、防霉剂、阻燃剂、稳定剂等。

2. 常用胶黏剂

（1）环氧树脂胶黏剂。其基料主要使用环氧树脂，应用最广泛的是双酚 A 型。环氧树脂胶黏剂以其独特的优异性能和新型环氧树脂、新型固化剂和添加剂的不断涌现，而成为性能优异、品种众多、适应性广泛的一类重要的胶黏剂。由于环氧树脂胶黏剂的黏结强度高、通用性强，有"万能胶""大力胶"之称，已在航空航天、汽车、机械、建筑、化工、轻工、电子、电器以及日常生活领域得到广泛的应用。

环氧树脂胶黏剂的胶黏过程是一个复杂的物理和化学过程,胶接性能(强度、耐热性、耐腐蚀性、抗渗性等)不仅取决于胶黏剂的结构、性能、被黏物表面的结构及胶黏特性,而且和接头设计、胶黏剂的制备工艺和储存以及胶接工艺密切相关,同时还受周围环境(应力、温度、湿度、介质等)的制约。用相同配方的环氧胶黏剂胶接不同性质的物体,采用不同的胶接条件,或在不同的使用环境中,其性能会有极大的差别,应用时应充分给予重视。

(2)酚醛改性胶黏剂。酚醛改性胶黏剂主要有酚醛-聚乙烯醇缩醛胶黏剂、酚醛-有机硅树脂胶黏剂和酚醛-橡胶胶黏剂。其制备是用增韧剂改进酚醛树脂。酚醛树脂具有优良的耐热性,但较脆,添加增韧剂既可改善脆性,又可保持其耐热性。

改性酚醛树脂胶黏剂可用作结构胶黏剂,黏结金属与非金属,制造蜂窝结构、刹车片、砂轮、复合材料等,在汽车、拖拉机、摩托车、航空航天、机械、军工、船舶等工业部门都获得了广泛的应用。还可用于其他胶黏剂的改性,提高耐老化性、耐水性和黏结强度。

(3)α-氰基丙烯酸酯胶。α-氰基丙烯酸酯胶是单组分、低黏度、透明、常温快速固化胶黏剂,又称"瞬干胶"。其主要成分是 α-氰基丙烯酸酯,再加一些辅助物质如稳定剂、增稠剂、增塑剂、阻聚剂等。配胶时应尽可能隔绝水蒸气,包装容器也应用透气性小或不透气的。国产胶种有 501、502、504、661 等。

α-氰基丙烯酸酯胶对绝大多数材料都有良好的黏结能力,是重要的室温固化胶种之一;不足之处是反应速度过快,耐水性较差,脆性大,耐温低($<70\ ℃$),保存期短,耐久性不好,故配胶时要加入相应的助剂,多用于临时性黏结。

3. 胶接及应用

胶接是利用胶黏剂分子间的内聚力及与被黏物表面间的黏合力,将同种或异种材料连接形成接头的方法。胶接的基本原理是胶黏剂与被黏材料表面之间发生了机械、物理或化学的作用,胶接接头由胶黏剂及胶黏剂与被黏材料表面之间的过渡区组成(图 9-6)。

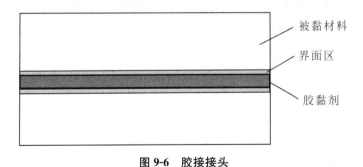

图 9-6　胶接接头

胶接工艺包括配胶、涂敷、固化和质量检验等环节。

(1)配胶

配胶质量直接影响胶接件的胶接性能,必须准确称取各组分的重量(误差不超过 2%

~5%)。胶黏剂配制量多少,应根据涂敷量多少而定,且在活性期内用完。配制过程中,应由专人负责,做好详细的批号、重量、配胶温度及其他各种工艺参数记录。制作过程必须搅拌均匀。

(2)涂敷

涂敷前稀释可以降低胶黏剂黏度,改善胶液涂敷性,但会延长胶接周期,使固化时间延长,甚至导致固化不便而影响胶接质量;添加填料,可以提高胶液黏度和胶接强度等;如果配制气温降低,可以采用水浴加热、烘和预热的办法,搅拌均匀,便可降低胶液自身黏度。

涂敷方法主要有刷涂法、刀刮法、滚涂法、喷涂法(静电喷涂法)、熔融法等。

(3)固化

胶黏剂的固化通过物理方法(如溶剂的挥发、乳液凝聚和熔融体冷却)与化学方法。

①热熔胶。高分子熔融体在浸润被粘表面之后通过冷却就能发生固化。

②溶液胶黏剂。随着溶剂的挥发、溶液浓度不断增大,逐渐达到固化,并具有一定强度。

③乳液胶。乳液胶主要是聚醋酸乙烯酯及其共聚物和丙烯酸酯的共聚物。由于乳液中的水逐渐渗透到多孔性被粘物中并挥发掉,使乳液浓度不断增大,最后由于表面张力的作用,使高分子胶体颗粒发生凝聚。当环境温度较高时,乳液凝聚成连续的胶膜,而环境温度低于最低成膜温度,就形成白色的不连续胶膜。

④压力。压力有利于胶黏剂对表面的充分浸润,以及排除胶黏剂固化反应产生的低分子挥发物,并控制胶层厚度。黏度大的胶黏剂往往胶层较厚,固化压力调节控制胶层的厚度范围。在涂胶后放置一段时间,这叫作预固化。待胶液黏度变大,施加压力,以保证胶层厚度的均匀性。

⑤温度。胶黏剂和被粘物表面之间需要发生一定的化学作用,这就是需要足够高的温度才能进行。固化温度过低,胶层交联密度过低,固化反应不完全;固化温度过高,易引起胶液流失或使胶层脆化,导致胶接强度下降。加热有利于胶黏剂与胶接件之间的分子扩散,能有利于形成化学键的作用。

(4)质量检验

①固化检验。对热固性胶用丙酮滴在已固化的胶层表面上,浸润1~2 min,如无粘手现象,则证明已经完全固化。

②加压检验。对管道、箱体等进行压力密封实验。

③超声波检验。检验胶层中是否存在气泡缺陷或空穴等。

④加热检验。胶层受热,内部由于缺陷引起的吸热放热的不同,利用液晶依此温度微小变化,显示不同的颜色,揭示出胶层缺陷的位置与大小。

飞机钣金结构广泛采用胶接,包括板材与板材的胶接、板材与型材的胶接等。在一些高强度铝合金板点焊结构中还采用电阻点焊加中间胶层的胶焊联合工艺。蜂窝结构是典型的胶接结构(图 9-7)，具有高的比强度和比刚度，可显著减轻结构重量。根据所用材料可分为金属蜂窝结构和非金属蜂窝结构。金属蜂窝通常用 0.02～0.10 mm 厚的铝合金箔制造，制造蜂窝结构需要三种胶黏剂：粘接蜂窝芯的芯条胶、面板与蜂窝芯粘接的面板胶和稳定蜂窝芯(如纸蜂窝和玻璃钢蜂窝)的浸润胶。制造蜂窝的胶黏剂通常使用改性酸醛、改性环氧树脂。运载火箭和导弹结构也广泛采用胶接技术。如我国长征系列运载火箭就大量采用了铝合金蜂窝结构及玻璃纤维增强复合材料夹层蜂窝材料。导弹弹头防热层一般由层状复合材料胶接而成。火箭与导弹结构用胶黏剂必须具有耐特殊及极端环境所要求的性能。

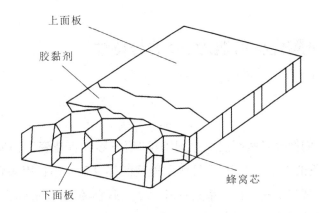

上面板

胶黏剂

蜂窝芯

下面板

图 9-7　蜂窝结构示意图

卫星天线(各种零件)、容器、防热层(用于重返大气层)、发射装置零件、电子元件和组合件、管状桁架等结构都采用了胶接。如卫星回收舱由防热层与金属壳体套装胶接而成，要求套装胶黏剂不仅具有一定的黏接强度和室温固化特性，还必须具有低的弹性模量、良好的柔性和在高低温范围内足够的伸长率，以调节结构层和防热层之间由于热膨胀系数不同而引起的应力。

思考与习题

1. 分析大分子链的形态对高聚物性能的影响。

2. 高分子材料的聚集态结构有何特点？

3. 高分子材料在不同温度下呈现哪几种物理状态？每种状态下有什么特点及实际意义？

4. 什么是高分子材料的黏弹性？

5. 什么是高分子材料的老化？造成老化的原因是什么？

6. 比较热塑性塑料和热固性塑料的性能特点及应用。

7. 什么是 ABS 塑料？在工程中有哪些应用？

8. 天然橡胶和合成橡胶的性能特点及应用有何区别？

第 10 章　先进陶瓷材料

10.1　先进陶瓷材料概念、分类与特性

10.1.1　引言

一提起陶瓷人们便会自然而然地想到国粹"唐三彩""青花瓷""薄胎瓷"等。无论是色泽靓丽、精美绝伦的工艺美术瓷,还是实用美观的杯盘碟碗等日用陶瓷,它们质脆易碎的特性很难让人将其与工程材料联系到一起。令人欣喜的是,先进陶瓷材料在传统陶瓷基础上实现了华丽的蜕变,在高新技术产业革命中正焕发出璀璨夺目的光彩。

先进陶瓷在 20 世纪末期从传统陶瓷基础之上发展起来,在继承了传统陶瓷化学稳定性好、绝缘性好等特点的基础上,在耐高温、硬度、强度、韧性等方面有了本质提高,耐高温、耐磨损、耐腐蚀、耐氧化、耐烧蚀等特性令其他工程结构材料难以望其项背;有的先进陶瓷材料则因为具有非常优异的电、磁、光、声及其功能耦合与转换、敏感和生物学等功能特性,而成为各类功能元器件的关键基础材料。先进陶瓷材料作为新型无机非金属材料的重要成员,已成为除了钢铁、铝、铜、钛等金属材料,金属基复合材料,有机高分子材料和树脂基复合材料之外的另一种关键工程材料,在国防军工、航空航天、信息、冶金、化工、机械、能源、环保、生物医学等领域发挥着不可替代的作用。

全球及国内业界对于高精密度、高耐磨耗、高可靠度机械零部件或电子元器件要求的日趋严格,对先进陶瓷产品的需求越来越大,其市场成长率颇为可观。先进陶瓷材料是我国战略性新兴产业的重要组成部分和基石,已成为衡量一个国家高技术发展水平和未来核心竞争力的重要标志。本章着重讲述先进结构陶瓷材料,并概述了先进功能陶瓷材料。

10.1.2　先进陶瓷材料概念及其与传统陶瓷的区别

先进陶瓷通常是指以高度精选或人工合成的高纯度超细粉末或前驱体为原料,采用

精细控制工艺成型与高温烧结或高温陶瓷化处理而制成的性能优异的陶瓷材料。

先进陶瓷与传统陶瓷在原料、成型、烧结与加工技术工艺以及最终性能品质和应用领域各个方面的区别详见表 10-1。

因先进陶瓷较传统陶瓷技术含量更高更先进,如制备原料高纯化、制备工艺精细化,而且新品种不断涌现,令其获得了更加优异的力学性能和更加特殊的功能特性,使其在各个工业和民用领域的工程应用中都能大显神威。正是由于先进陶瓷较传统陶瓷增加了"精""新""特""高"等元素,所以,它通常又被称作精细陶瓷、新型陶瓷、特种陶瓷、高技术陶瓷、工程陶瓷。

但不可否认,包括日用陶瓷和工艺美术陶瓷在内的传统陶瓷,也不排除高技术,如坯体的 3D 打印成型、丝网印刷或激光打印印花和上釉、釉料的制备、陶瓷烧成工艺的自动化和精细化等。所以,要注意用发展的眼光看问题。

10.1.3 先进陶瓷材料分类、特性与应用

人们依据陶瓷材料本身所具有的主要性能特点和功能特性,同时考虑工程上所应用的主要性能,一般将先进陶瓷材料分为先进结构陶瓷和先进功能陶瓷两大类。值得指出的是,有的陶瓷不仅力学性能优异,还具有优良的功能特性,且在实际工程中结构与功能的特性都得到应用,于是,便有了第三类所谓的结构-功能一体化陶瓷材料。

表 10-1 先进陶瓷与传统陶瓷的比较

比较项目	传统陶瓷	先进陶瓷
原料	天然矿物,主要成分为黏土、长石、石英等,具体成分因产地而异	高度精选或人工合成原料,各类化合物或单质,一般根据陶瓷最终设计配比来由人工选配
成型技术	以可塑法成型和注浆成型为主,3D 打印技术开始应用	模压、热压铸、轧膜、流延、等静压、注射成型为主,同时包括 3D 打印技术的固体无模成型发展迅速
烧结技术工艺	窑炉常压烧结,温度一般不超过 1350 ℃,过去以特殊木柴、煤为燃料,现在以油和气为主	窑炉和各类特殊烧结炉,分为常压、气压、热压、反应热压、热等静压烧结、微波烧结、放电等离子烧结(SPS)等。烧成温度因陶瓷体系、烧结助剂种类和含量以及所用烧结技术不同而有很大差别,低者烧成温度可在 1200～1300 ℃,高者需达 2000 ℃以上;先进功能陶瓷烧结温度相对较低,但烧成温度窗口较窄。燃料以电、气和油为主
表面施釉	需要	一般不需要,但特殊情况会通过施加轴料等表面封孔处理,达到防止吸潮、改善性能的环境稳定性
加工技术	对尺寸精度要求不高,一般不需加工而直接使用	作为零部件使用,对尺寸精度和表面质量要求高,需要切割、磨削或打孔等,有的表面还需研磨、抛光

（续表）

比较项目	传统陶瓷	先进陶瓷
侧重的性能品质	以外观品质和效果为主,有时关注透光性能,但不太关注力学和热学性能	外观质量和内在品质都重要;具有更加优良的力学和热学性能,还具有传统陶瓷所不具备的电、光、磁、敏感、功能转换、生物学功能等
应用领域	餐具、茶具、墙地砖、卫生洁具等日用陶瓷和工艺美术瓷器	国防、航空航天、机械、能源、冶金、化工、交通、电子信息、家电等行业用先进工程构件或功能元器件

1. 先进结构陶瓷

先进结构陶瓷是指具有优良的力学、热学和化学稳定性等,在工程中以发挥其力学性能为主的先进陶瓷材料。先进结构陶瓷大致分为氧化物、非氧化物和陶瓷基复合材料三大类。

先进结构陶瓷通常具有较低密度、高强度、高刚度、耐磨、耐高温、耐氧化、耐腐蚀等特点,或可兼具抗热震、耐烧蚀、高热导、绝热、透光/微波等功能特性,其中许多特点是其他工程结构材料所不能匹配或根本不具备的,因而在国防军工、航空航天、电子信息、能源、冶金、化工、高端装备制造、环保等领域得到广泛应用,已从最初的陶瓷刀具、模具、阀门、喷嘴、热电偶保护套管、纺织机械配件、高能球磨机磨罐内衬等产品,拓展到高档汽车刹车片、高速与超高速陶瓷轴承、光刻机工件台陶瓷导轨、陶瓷防弹装甲等产品。例如,利用先进结构陶瓷耐高温、抗热震、耐烧蚀、化学稳定性优良等特点,制备高超声速航天航空器鼻锥帽、导弹弹头端帽、机翼前缘、核能热交换器、汽车尾气过滤器、燃气轮机高温部件、冶金化工关键工序热结构件等。先进结构陶瓷的典型代表、特性与应用详见表10-2。

表 10-2　先进结构陶瓷的分类、特性与应用

系列		材料	特性	应用
氧化物	一般氧化物陶瓷	BeO、Al_2O_3、MgO、ZrO_2、SiO_2、$Al_6Si_2O_{13}$ 或 $3Al_2O_3 \cdot 2SiO_2$（莫来石）、$MgAl_2O_4$ 或 $MgO \cdot Al_2O_3$（尖晶石）等	强度、韧性、硬度和耐磨性较高,多数导热性不佳	各种受力构件、汽车、机床零件、拉丝模具、陶瓷刀、测量工具、研磨介质
	低膨胀陶瓷	Fused SiO_2（熔融石英陶瓷）、$2MgO \cdot Al_2O_3 \cdot (5SiO_2$ 董青石）、$Li_2O \cdot Al_2O_3 \cdot 4SiO_2$ 或 LAS［锂辉石（$< 2 \times 10^{-6}℃^{-1}$）］、Al_2TiO_5 或 $Al_2O_3 \cdot TiO_2$ 等		耐急冷急热零部件

（续表）

系列		材料	特性	应用
非氧化物	氮化物	Si_3N_4、BN、AlN、TiN 等	耐高温、硬度高，耐磨性、抗热震性和抗氧化优良	汽车发动机零件、燃气轮机叶片、高温润滑材料、耐磨材料、陶瓷轴承、高超声速鼻锥帽、翼前缘、太空反射镜、飞行器天线窗盖板、防弹装甲等
	碳化物	SiC、B_4C、TiC、TaC 等		
	硼化物	ZrB_2、TiB_2、HfB_2 等		
	硅化物	$MoSi_2$、$TiSi_2$ 等		
	MAX 相	Ti_3SiC_2、Ti_3AlC_2、Ti_2AlC、Ti_2AlN、Nb_4AlC_3 等	可加工，兼具陶瓷和金属特性，导电导热、抗氧化性好	高温结构材料、高温发热材料、电极电刷材料和化学防腐材料
陶瓷基复合材料	颗粒、晶须、晶片、短纤维增韧	TiC_p/Al_2O_3、SiC_p/Al_2O_3、SiC_p/ZrO_2、SiC_w/ZrO_2、C_{sf}/SiO_2、SiC_{sf}/ZrO_2 等	强度和韧性同步提升，但断裂仍为脆性	刀具、模具、高温结构材料等
	连续纤维增韧	C_f/SiO_2、C_f/LAS、C_f/SiC、SiC_f/SiC、SiO_{2f}/Si_3N_4、BN_f/SiO_2 等	强度和韧性同步提升，伪塑性或韧性断裂，高温力学性能优良	火箭发动机喷管、喉衬、导弹或其他高超速飞行器鼻锥帽、翼前缘、天线窗盖板或天线罩、防热瓦、空间相机镜筒、燃气轮机叶片、发动机零部件
	独石结构、仿生层状结构	Si_3N_4/BN、Al_2O_3/BN 等纤维独石复合陶瓷，Si_3N_4/BN、Al_2O_3/Ti_3SiC_2 等层状结构复合陶瓷		

注：p——颗粒；w——晶须；sf——短纤维；f——纤维。

2. 先进功能陶瓷

先进功能陶瓷则是指具有优良的电、磁、光、声、化学和生物学等性能及交叉耦合的一类先进陶瓷材料。先进功能陶瓷大致上可分为电学功能陶瓷、磁性功能陶瓷、光学功能陶瓷、功能耦合与转换功能陶瓷、敏感陶瓷、生物陶瓷等类别。

先进功能陶瓷因其具有的高绝缘性、铁电性、超导电性、压磁性、激光发光特性、热释电性、电光效应等诸多功能特性，已成为各类功能元器件的核心或关键基础材料，在高功率集成电路基片、大容量微小型多层电容器、高密度高可靠性信息记录与存储器、高温超导器件、新型高功率激光器、高效率换能器、高亮度高功率照明、电光快门、高精度声呐探测器、高精度多普勒超声诊断器、高效温差发电与制冷、氧化物燃料电池、高精度高灵敏性传感器等方面获得了广泛应用。先进功能陶瓷产品绝对产量虽然较先进结构陶瓷要小，但附加值更高，其市场份额约占整个先进陶瓷材料市场份额的 70%。

先进功能陶瓷的具体类别、特性与应用详见表 10-3。

表 10-3　先进功能陶瓷的分类、特性与应用

系列		材料	特性	应用
电学功能陶瓷	绝缘陶瓷	Al_2O_3、BeO、MgO、AlN、BN、SiC	高绝缘性	集成电路基片、装置瓷、真空瓷、高频绝缘瓷
	介电陶瓷	TiO_2、$La_2Ti_2O_7$、$MgTiO_3$	介电性	陶瓷电容器、微波陶瓷
	铁电陶瓷	$BaTiO_3$、$SrTiO_3$	铁电性	陶瓷电容器、非易失存储器
	导电陶瓷	$LaCrO_3$、ZrO_2、SiC、$Na\text{-}b\text{-}Al_2O_3$、$MoSi_2$、$LiFePO_4$	离子导电性	钠硫固体电池等
	超导陶瓷	镧系 $La_{2-x}M_xCuO_4$（M——Ba、Sr、Ca 等）、钇系 $RBa_2Cu_3O_7$（R——Y、Nd、Sm 等）、铋系 $Bi_2Sr_2Ca_{n-1}Cu_nO_{2n+4}$（$n=1,2,3$）、铊系 $Tl_2Ba_2Ca_{n-1}Cu_nO_{2n+4}$（$n=1,2,3$）	超导电性	电力系统、磁悬浮、选矿、探矿、电子信息、精确导航
磁学功能陶瓷	软磁	Mn-Zn 铁氧体	软磁性	记录磁头、磁芯、电波吸收体
	硬磁	Ba、Sr 铁氧体	硬磁性	扬声器、助听器、录音磁头
	旋磁	$3M_2O_3 \cdot 5Fe_2O_3$	旋磁性	共振式隔离器、法拉第旋转器、参量放大器、隐身涂料
	矩磁	Mg-Mn 铁氧体	矩磁性	记忆存储器、内存储器
	压磁	Ni-Zn 铁氧体	压磁性	声呐、电-机换能器、传感器、电子器件、敏感元件
	磁泡	$RFeO_3$（R——稀土元素，如 Tb 等）石榴石铁氧体 $R_3Fe_5O_{12}$	磁畴自由移动性	记忆信息元件
光学功能陶	透明陶瓷	Al_2O_3、MgO、BeO、Y_2O_3、ThO_2、PLZT	透光性	高压钠灯、红外输出窗材料、激光元件、光存储元件、光开关
	激光陶瓷	$Y_2O_3\text{-}10mol\%ThO_2$、钕掺杂 YAG	激光发光特性	固体热容激光器
	荧光陶瓷	ZnS：Ag/Cu/Mn	光致发光、电致发光	路标标记牌、显示器标记、装饰、电子工业、国防军工领域

（续表）

系列		材料	特性	应用
功能耦合与转换功能陶瓷	压电陶瓷	PZT、PT、LNN、$(PbBa)NaNb_5O_{15}$	压电性	换能器、谐振器、滤波器、压电变压器、压电电动机、声呐
	压磁陶瓷	Ni-Zn 铁氧体	压磁性	声呐、电-机换能器、传感器
	热释电陶瓷	CaS、$PbTiO_3$、PZT	热释电性	探测红外辐射计数器、温度测定
	热电陶瓷	Ca_3CoO_9、$FeSi_2$	热电性	温差发电、热电制冷
	电光陶瓷	$PLZT$	电光效应	光调制元件、电光快门
	磁光陶瓷	$R_3Fe_5O_{12}$、$CdCr_2S_4$	磁光效应	调制器、隔离器、旋转器
敏感陶瓷	热敏陶瓷	$BaTiO_3$ 系、V_2O_3	介电常数-温度敏感性	热敏电阻(温度控制器)、过热保护器
	压敏陶瓷	ZnO、SiC	伏安特性	压力传感器
	气敏陶瓷	SnO_2、ZnO、ZrO_2	电阻率-蒸汽敏感性	气体传感器、氧探头、气体报警器
	湿敏陶瓷	Si-Na_2O_2-V_2O_5 系、$MgCr_2O_4$	电阻-湿度敏感性	湿度测量仪、湿度传感器

3. 结构-功能一体化陶瓷

还有一些特殊情况,材料或部件必须同时具有优异的力学和某些功能特性,才能胜任苛刻复杂的服役环境要求。例如,新型高精度制导导弹天线罩,既要承受飞行气动载荷、胜任气动加热带来的热震和烧蚀,又要具备优良的热透波性能。这种天线罩用陶瓷便可被称为"承载-防热-透波多功能一体化"陶瓷材料。

结构-功能一体化陶瓷的其他例子也为数不少,比如薄带钢连铸侧封板用 BN 基复合陶瓷,同时需要足够的高温力学性能、抗热震性和抗熔融钢液侵蚀性能;又如空间反射镜用 SiC 陶瓷,既要质轻、高刚度,又要有较低的热膨胀、高导热和良好的反光性能等。

先进结构陶瓷和先进功能陶瓷的范畴并非完全独立,而是存在交叉重叠;而且,随着人们对陶瓷材料功能特性及其本质理解的进一步深入、实际工程应用的不断拓展延伸,交叉重叠的情况还将越来越多。

需要指出,某些陶瓷材料乃"多面手",不仅力学性能优异,还具有优良的电、磁、光、声等功能特性。于是,便出现了一种陶瓷被分别划归为结构陶瓷和功能陶瓷的情况。

例如 Al_2O_3 陶瓷,当利用其高硬度、高耐磨性和高刚度等特性而作为拉丝模具、刀具、陶瓷导轨等使用时,被视为结构陶瓷;而当利用其高绝缘性、较高导热性、透光性等特性而被作为集成电路基片和高压钠灯灯管等使用时,则被视为功能陶瓷。

再如 ZrO_2 陶瓷,当主要利用其力学性能被用于陶瓷轴承等零件时,被视作结构陶瓷;而利用其高温离子导电和耐热特性而被用作固体氧化物燃料电池(SOFC)电解质、高温炉电加热元件,或者利用其氧气敏感特性而被用于氧传感器时,它又被视作功能陶瓷。

4. 先进陶瓷材料的其他分类方法

先进陶瓷材料还有许多其他分类方法,具体见表10-4。

表 10-4   先进陶瓷材料的其他分类方法

分类依据	名称
所含相的数量	单相陶瓷、复合陶瓷(包括复相和多相陶瓷)或陶瓷基复合材料
组织结构	纳米陶瓷、亚微米陶瓷、微米陶瓷、结构陶瓷
物质形态	陶瓷粉体、陶瓷纤维、块体陶瓷、陶瓷涂层或薄膜
气孔形态和类型	致密陶瓷、多孔陶瓷
可加工性	可加工陶瓷、通常硬脆的难加工陶瓷
主要功能特性	低膨胀陶瓷、高热导陶瓷、高绝热陶瓷、超高温陶瓷、透明或透波陶瓷、吸波或微波屏蔽陶瓷
主要服役场合	工程机械陶瓷、防弹陶瓷、激光陶瓷、航空航天防热陶瓷、核防护陶瓷、生物陶瓷

注:可以用加工金属的高速钢或硬质合金刀具进行车、钻、铣刨等加工的陶瓷。

10.2   先进陶瓷材料制备工艺与加工技术

绝大多数先进陶瓷材料系采用粉末冶金法制备,即以粉末为原料。采用该种工艺制备先进陶瓷材料构件或零部件时,整个工艺过程一般可分为粉体制备、坯体成型、烧结和机械加工4个阶段。粉体的质量是决定陶瓷材料构件或零部件最终质量的基础因素。

10.2.1   陶瓷粉体制备工艺

陶瓷粉体的质量特征主要包括化学纯度与相组成、颗粒大小与粒径分布、颗粒形状、颗粒团聚度等。为获得良好的成型与烧结特性,一般期望粉末纯度高、颗粒形状呈球形或等轴状、无团聚、颗粒直径为亚微米级($<1~\mu m$)或纳米级、粒径分布窄等,这些特性均取决于粉末制备方法。陶瓷粉体制备方法纷繁多样,总体上可归结为固相法、液相法、气相法3类。

1. 固相法

固相法是以固态物质为原料,通过热分解或固相物料间的化学反应来制备超细粉体的方法,主要包括高温固相反应法、碳热还原反应法、盐类热分解法、自蔓延高温合成法等(表 10-5)。固相法最大的优点是成本较低,便于批量化生产,但有时存在杂质。该法应用较为广泛。

表 10-5 陶瓷粉体制备工艺方法——固相法

类别	原理	特点	应用
高温固相反应法	高温下固体颗粒之间发生化学反应生成新固体产物	成本低、产量大,但合成粉体粒径有时较粗	氧化物粉末,如 Al_2O_3、ZrO_2、MgO 等
碳热还原反应法	在一定温度下,一种以无机碳为还原剂进行的氧化还原反应	成本低、适合批量生产,温度高,合成种类受限	氮化物、碳化物、硼化物,如 Si_3N_4、ZrC、TiB_2 等
盐类热分解法	在一定温度下,通过无机盐分解获得陶瓷粉体	反应快、过程简单,但是产量低	氧化物粉末,如 Al_2O_3 等
自蔓延高温合成法	反应混合物在一定条件下发生高放热化学反应,所放出热量促使反应自动蔓延,形成新化合物	反应快、生产过程简单、节省能源、成本低	具有较高反应放热量的材料体系如 $TiC-TiB_2$、$TiB_2-Al_2O_3$、Si_3N_4-SiC 等
气流粉碎法	利用高速气流或过热蒸汽的能量使颗粒相互冲击、碰撞和摩擦,获得细化的陶瓷粉料	平均粒度细且分布均匀、颗粒表面光滑、形状规则,效率高	氧化物粉末,如 Al_2O_3、ZrO_2 等
球磨法	采用机械球磨方法,通过磨球与粉体之间的撞击获得均匀混合的陶瓷粉体	操作简单、成本低,但产品纯度低,颗粒分布不均	各种陶瓷粉体
机械合金化法	在高能球磨机中通过粉末颗粒与磨球或磨罐壁之间长时间剧烈冲击、研磨,使其反复产生冷焊、断裂,导致粉末颗粒中原子扩散,从而获得所需陶瓷粉末	可获得纳米级颗粒,且粒度分布均匀	各种陶瓷粉体,尤其适用于多元体系如 Si-B-C-N 等

2. 液相法

液相法可制备高纯超细优质陶瓷粉末,是先进陶瓷粉末制备的一种主要方法。该法的优点有:①成分均匀且便于控制,元素可以在离子或分子尺度上均匀混合,适合添加微量元素掺杂改性;②适应性强,各种单一氧化物和复合氧化物粉末均可以制备;③粉末粒径细小,可制备纳米级和亚微米级粉末;④便于工业化生产,成本相对于气相法较低。例如,由液相法制备氧化物陶瓷粉末的基本过程为:

$$金属盐溶液 \xrightarrow{\text{添加沉淀剂}} 盐或氢氧化物 \xrightarrow{\text{溶剂蒸发,热分解}} 氧化物粉末$$

液相法主要包括化学沉淀法、溶胶-凝胶法、醇盐水解法、水热法、溶剂蒸发热解法等(表 10-6)。

表 10-6　陶瓷粉体制备工艺方法——液相法

类别	原理	特点	应用
化学沉淀法	利用盐的水溶液与沉淀剂反应,生成不溶于水的化合物,再将沉淀物加热分解得到所需陶瓷粉末	反应可控、成分均匀、成本低,但工艺周期长	氧化物粉末,如 $BaTiO_3$、Al_2O_3、$3Al_2O_3 \cdot 2SiO_2$、ZrO_2 等
溶胶—凝胶法	通过液相反应,反应生成物以胶体颗粒形态存在于液相中形成溶胶;通过凝胶化反应使溶胶转成凝胶,经干燥、煅烧后即可得到陶瓷粉末	非常精确的均匀混合、化学成分可精确控制;但产率低、原料价格较贵	氧化物和非氧化物粉体,如 Al_2O_3、$BaTiO_3$、$PbZrO_3$、SiC 等
醇盐水解法	金属醇盐遇水后分解成乙醇和氧化物或其水化物,经干燥或煅烧即可得到陶瓷粉体	产物成分均匀、粉体颗粒尺寸小,但原料价格昂贵	氧化物粉体,如 ZrO_2 等
水热法	在一定温度和压力下,在水、水溶液或蒸汽等流体中反应合成陶瓷粉体	粉体颗粒细小且均匀、纯度高、原料价格低	氧化物粉体,如 ZrO_2、TiO_2、$BaZrO_3$、$PbTiO_3$、TiO_2-C
蒸发溶剂热解法	利用可溶性盐为原料,在水中混合为均匀的溶液,溶剂蒸发后,通过热分解反应获得氧化物粉体	所得粉体颗粒一般为球状、流动性好	复杂多成分氧化物粉末,如 $3Al_2O_3 \cdot 2SiO_2$

3. 气相法

气相法是直接利用气体或通过各种手段先将物质变成气体,再使其发生物理变化或化学反应,最后在冷却过程中凝聚长大形成纳米微粒的方法。气相法合成工艺主要分为化学气相沉积法(CVD 法)、等离子体气相合成法(PCVD 法)和激光诱导气相沉积法(LICVD 法)三类(表 10-7)。

表 10-7　陶瓷粉体制备工艺方法——气相法

类别	原理	特点	应用
化学气相沉积法(CVD 法)	反应物质在气态条件下发生化学反应,生成固态物质沉积在加热的固态基体表面,从而制得陶瓷粉末	纯度高、分散度高、粒径为纳米或亚微米级别,但易引入污染	Si_3N_4、SiC 及各种复合纳米粉体
等离子体气相合成法(PCVD 法)	利用热等离子体的高温,使原料迅速加热熔化、蒸发,使气态反应组分迅速完成所需化学反应,经过淬冷、成核、长大等步骤形成所需陶瓷粉末	反应可控、速度快、产物纯度高,可制备多种超微细粉	高纯超细氧化物、氮化物、碳化物等粉体,如 TiO_2、Si_3N_4、SiC、Si-C-N 等
激光诱导气相沉积法(LICVD 法)	利用反应气体分子对特定波长激光吸收而发生热解或化学反应,经成核、生长形成超细微粒陶瓷粉体	纯度高、无团聚、粉体粒径小且分布窄	氮化物、碳化物陶瓷粉体,如 Si_3N_4、SiC 等

10.2.2 陶瓷成型工艺

所谓"成型"就是将原料粉末直接或间接地转变成具有一定体积形状和强度素坯的过程。成型是为了得到内部均匀和密度高的陶瓷坯体,是陶瓷制备工艺的一个重要环节。成型方法可以概括为干法压制成型、浆料成型、塑性成型和固体无模成型四类,其中前三种较为传统,固体无模成型则是新近发展起来的一种先进的增材制造新技术。

1. 干法压制成型

干法压制成型应用最广泛,是将造粒后的陶瓷粉体填充到模具中,在一定压力下压实、致密,形成具有一定强度和形状生坯的过程。根据加压方式的不同,可将其分为干压成型和冷等静压成型两种(表 10-8)。在压制过程中,颗粒移动与重排会在颗粒之间产生摩擦阻力,从而导致了坯体内的应力梯度和密度梯度,尤其在单面加压中更为明显,如图 10-1(a)。为减小这种密度差,双面加压是比较成功的解决措施,如图 10-1(b)。干压成型特别适合于各种截面厚度较小的陶瓷制品制造,如陶瓷密封环、阀门用陶瓷阀芯、陶瓷衬板、陶瓷内衬等。

表 10-8 各种干法压制成型技术的比较

类别		过程原理	成型用料	制品形状	特点
干压成型	单面加压	将粉料填充到硬质模腔内,通过施压使压头在模腔内位移,实现粉料颗粒重排压实,形成具有一定强度和形状的陶瓷素坯	造粒粉料	扁平形状	效率高、制品尺寸偏差小、成本低,但坯体易分层
	双面加压				
	可动压模				
冷等静压成型	湿袋等静压技术	将粉料封装于胶囊并抽真空后置于高压容器中,利用液体介质从各个方向对试样进行均匀加压,从而使粉料成型为致密坯体	造粒粉料	圆管、圆柱、球状体	产品均匀性好、强度高、效率中等、成本中等
	干袋等静压技术				

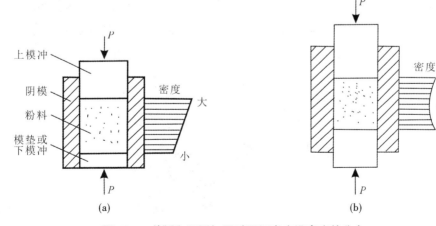

图 10-1 单面和双面加压时压坯密度沿高度的分布

2. 浆料成型

浆料成型是将配制好的具有一定黏度和流动性的陶瓷料浆注入模具中,经过一系列物理或化学反应后硬化得到具有一定强度和形状的陶瓷坯体。浆料成型非常简便灵活,不仅在传统陶瓷工业中应用广泛,而且在先进陶瓷中应用也越来越多。浆料成型可分为注浆成型、流延成型、凝胶注模成型、直接凝固注模成型等(表 10-9)。

表 10-9 各种浆料成型技术的比较

类别		过程原理	成型用料	制品形状	特点
注浆成型	压力注浆	将具有较高固相含量和良好流动性的料浆注入多孔模具,在模具内壁毛细管吸力作用下,浆料失水而沿模壁固化形成坯体	浆料	复杂形状、大尺寸	产品均匀性较好,成本低,但效率低
	真空辅助注浆				
	离心注浆				
流延成型		将陶瓷浆料从流延机浆料槽刀口处流至基带上,利用基带与刮刀相对运动使浆料铺展,在表面张力作用下形成表面光滑的坯膜,烘干后形成具有一定强度和柔韧性的坯片	浆料	<1 mm 厚截面	产品均匀性较好,成本适中,效率高
凝胶注模成型		利用有机单体聚合将陶瓷粉料悬浮体原位固化,之后经过干燥获得坯体	浆料	复杂形状、厚截面、大尺寸	产品均匀性好,成本低,但效率低
直接凝固注模成型		利用生物酶催化作用使浆料中固体颗粒间产生范德瓦耳斯力,使陶瓷料浆产生原位凝固而获得坯体	浆料	复杂形状、厚截面	产品均匀性好,成本低,但效率低

其中流延成型(图 10-2)可制备出从几个微米至 $1000~\mu m$ 平整光滑的陶瓷薄片材料,且具有连续操作、自动化水平高、工艺稳定、生产效率高、产品性能一致等优点,是当今制备单层或多层薄片材料最重要和最有效的工艺,用于生产独石陶瓷电容器、厚膜和薄膜电路 Al_2O_3 基片、压电陶瓷膜片、YSZ 电解质薄片、叠层复合材料等。

图 10-2 流延成型 Al_2O_3 坯带

3. 塑性成型

塑性成型是将具有良好塑性的陶瓷坯料放入模具,在外力作用下形成具有特定形状的坯件,经固化后获得具有一定强度和形状的陶瓷坯体,具有高产、优质、低耗等显著特点。塑性成型可以分为挤出成型、热压铸成型、注射成型和轧膜成型(表 10-10)。

表 10-10　各种塑性成型技术的比较

类别	过程原理	成型用料	制品形状	特点
挤出成型	将陶瓷粉与水等混合并反复混炼,经过真空除气和陈腐等工艺使坯料获得良好的塑性,再通过挤压机机嘴处的模具挤出得到所需形状坯体	塑性料	圆柱圆筒形,长尺寸制品	产品均匀性中等,成本中等,效率高
热压铸成型	将陶瓷粉体与黏结剂及表面活性剂搅拌混炼得到的蜡板破碎后熔化,将熔融料浆通过吸浆管被压入金属模具内,冷却凝固得到坯体	黏塑性料	复杂形状,小尺寸	产品均匀性较好,成本较低,效率高
注射成型	塑性陶瓷坯料在注塑机加热料筒中塑化后,由柱塞或往复螺杆注射到闭合模具模腔形成坯体	黏塑性料	复杂形状,小尺寸	产品均匀性好,成本中等,效率高
轧膜成型	将粉料和有机黏结剂混合均匀后在轧辊上反复混炼,再经折叠、倒向、反复粗轧,以获得均匀一致的膜层,再调整轧辊间距直至获得所需厚度的薄膜生坯	黏塑性料	薄片状	产品均匀性好,成本中等,效率高

4. 固体无模成型

固体无模成型技术是直接利用计算机 CAD 设计结果,将复杂的三维立方体构件经计算机软件切片分割处理,形成计算机可执行的像素单元文件,再通过类似计算机打印输出的外部设备,将要成型的陶瓷粉体快速形成实际像素单元,一个一个单元相叠加即可直接成型出所需要的三维立体构件。与传统成型方法相比,固体无模成型具有以下特点和优势:成型过程中无须任何模具或模型参与,成型体几何形状及尺寸可通过计算机软件处理系统随时改变,无须等待模具的设计制造,缩短周期、提高效率,大大缩短新产品的开发时间;由于外部成型打印像素单元尺寸可小至微米级,可制备生命科学和小卫星用微型电子陶瓷器件。典型陶瓷固体无模成型工艺包括熔融沉积成型技术、喷墨打印成型技术、3D(三维)打印成型技术、激光选区烧结成型和立体光刻成型技术。其中 3D 打印成型技术在工业设计、建筑工程、汽车、航空航天、牙科和医疗产业、枪支等领域都有所应用,该技术打印的陶瓷产品零件实例如图 10-3 所示。

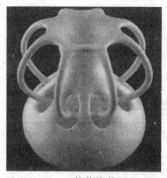
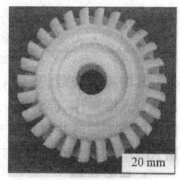

(a)装饰陶瓷　　　　　　　　　　(b)陶瓷涡轮盘

图 10-3　3D 打印陶瓷产品

10.2.3　陶瓷烧结工艺

烧结是将成型后的固态素坯加热至高温(有时亦加压)并保持一定时间,通过固相或部分液相扩散进行物质迁移而消除孔隙,使其在低于熔点的温度下致密化,同时形成特定显微组织结构的工艺过程。烧结过程伴随着密度增大,通常还发生晶粒长大。陶瓷烧结依据是否产生液相分为固相烧结和液相烧结。

固相烧结即烧结过程中不出现液相而是靠原子在固体中的扩散实现。固相烧结最为常见,大多数离子型晶体的多晶陶瓷(如 Al_2O_3、ZrO_2)均可通过固相烧结达到致密化。

液相烧结是通过添加低熔点烧结助剂,高温下使粉体在液相下完成致密化过程。液相烧结的目的主要是提高致密化效率,加速晶粒生长或者获得特殊晶界性能。因为液相在冷却后通常以晶界玻璃相保留下来,这会降低陶瓷材料的高温力学性能,如高温蠕变和抗疲劳特性。液相烧结动力学与液相的性质、数量,以及与液相的润湿特点、溶解-淀析的特点密切相关。

原料确定后,烧结技术工艺,即实现所需烧结热场的技术种类及所采用的升温速率、保持温度、所施加的压力、气氛等参数大小,将直接决定最终陶瓷材料的显微组织结构及其性能。常用的烧结技术工艺主要包括常压烧结、热压烧结(HP)、热等静压烧结(HIP)、气压烧结(GPS)、自蔓延烧结(SHS)、微波烧结、放电等离子烧结(SPS)、六面顶高压烧结、闪烧技术等。

10.2.4　陶瓷的加工技术

先进结构陶瓷一般在常温下抗剪切强度很高,但同时弹性模量大、硬度高、脆性大,难于加工,容易产生裂纹和破坏。因此大多数先进陶瓷产品在粗坯体或部分烧结中间阶段可先进行车削等粗加工,赋予构件初步形状尺寸,或者直接获得近终尺寸坯体。

然而大多数工程陶瓷结构部件,在烧结过程中发生收缩和变形,其尺寸公差和表面光洁度都难以满足要求,因此还需要切、钻、磨等后续加工,具体切割加工技术包括电火花切割加工、激光切割加工等。对形状复杂、精度要求较高的陶瓷部件,则还需要研磨、抛光等精密加工,以实现尺寸精整或去除表面缺陷。例如,对于 Si_3N_4 和 ZrO_2 陶瓷轴承、ZrO_2 和 Al_2O_3 人工髋关节陶瓷球、SiC 光学反射镜、大尺寸 Al_2O_3 导轨工作面等,在对其表面进行精细的研磨和抛光后,可达到镜面甚至超镜面的表面光洁度。除了机械研磨抛光外,陶瓷的精密机械加工方法还包括化学研磨、电泳抛光等。不断开发高效率、高质量、低成本的陶瓷材料精密加工技术已成为国内外陶瓷工程界的热点话题之一。

10.3　先进陶瓷材料性能

10.3.1　力学性能

先进陶瓷材料化学键大多为离子键或共价键,键能高且方向性明显,因而力学性能与绝大多数金属和高分子相比差异显著。陶瓷的强度、硬度、弹性模量、耐磨性、耐蚀性和耐热性比金属和高分子优越,但塑性、韧性、可加工性、抗热震性及使用可靠性较差。因此,搞清陶瓷的性能特点及其控制因素,不论是对设计研发,还是对具体工程应用都具有十分重要的意义。

1. 弹性性能与弹性模量

常温常压条件下,绝大多数先进陶瓷材料的变形行为与图 10-4 中所示 Al_2O_3 陶瓷的相同:在弹性变形后几乎不产生塑性变形就发生断裂破坏,即脆性断裂;不同于典型金属材料——低碳钢的先经历弹性变形,随即发生屈服继而产生明显塑性变形,最后才断裂;更不同于橡皮这类高分子材料在产生极大弹性变形却无残余变形的弹性材料特性。

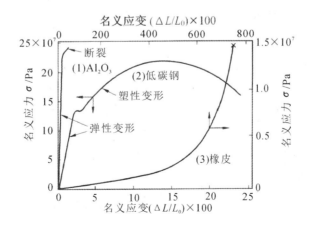

图 10-4　3 种典型材料的应力-应变曲线

$$o = P/A'_0$$

对于各向同性材料,弹性模量 E、剪切模量 G 和体积模量 K 之间存在如下关系:

$$G = \frac{E}{2(1+v)} \tag{10-1}$$

$$K = \frac{E}{3(1-v)} \tag{10-2}$$

式中:v——泊松比。

对各向同性材料,它在数值上等于圆柱体在轴向拉伸或压缩时,横向尺寸变化率 $(\varepsilon_r = \Delta d/d)$ 与轴向尺寸变化率 $(\varepsilon_l = \Delta l/l)$ 的比值,即 $v = \varepsilon_r/\varepsilon_l$。

大多数陶瓷泊松比在 $0.2 \sim 0.25$ 之间,较金属的 $(0.29 \sim 0.33)$ 稍低,例如 Al_2O_3、AlN、$SiAlON$ 陶瓷的泊松比分别为 0.24、0.24 和 0.25。SiC 陶瓷和玻璃陶瓷 $Macor$ 较为例外,分别为 0.14 和 0.29。对于氧化物陶瓷来说,泊松比趋向于随其理论密度增大而增大。

综上,弹性模量在宏观上表示材料抵抗外力作用下发生弹性变形能力的高低;但在微观上,则是原子键合强弱的标志之一,它反应原子间距产生微小变化所需要外力的大小。各种类陶瓷的弹性模量(表 10-11)大体上有如下关系:碳化物＞硼化物≈氮化物＞氧化物。

陶瓷材料的弹性模量一般随温度升高而降低。另外,气孔会显著降低陶瓷材料的弹性模量。一般地,弹性模量 E 与气孔率 p 之间存在如下关系:

$$E = E_0(1 - f_1 p + f_2 p^2) \tag{10-3}$$

式中:E_0——完全致密材料的弹性模量;f_1、f_2——气孔形状决定的常数。

对于球形封闭气孔,$f_1 = 1.9$,$f_2 = 0.9$。当气孔率达 50% 时,上式仍然有效。Frost 指出弹性模量与气孔率之间符合指数关系,即 $E = E_0 \exp(-Bp)$,式中 B 为常数。

表 10-11 一些典型先进陶瓷材料的室温弹性模量

材料	E/GPa	材料	E/GPa
BeO	380	B_4C	$450 \sim 470$
MgO	310	SiC	450
Al_2O_3	400	TiC	379
$MgAl_2O_4$	270	ZrC	348
Fused SiO_2(熔融石英陶瓷)	$60 \sim 75$	TaC	$310 \sim 550$
玻璃	$35 \sim 45$	HfC	352
$3Al_2O_3 \cdot 2SiO_2$(莫来石)	145	WC	$400 \sim 650$
ZrO_2	$160 \sim 241$	TiB_2	570
Si_3N_4	$220 \sim 320$	ZrB_2	500
h-BN	84	HfB_2	530
c-BN	400	多晶石墨	10
AlN	$310 \sim 350$	金刚石	1000

2. 硬度

硬度表示材料表面在承受局部静载压力抵抗变形的能力,它影响材料的耐磨性,是密封环、轴承滚珠等许多应用需考虑的首要因素。陶瓷材料在压头压入区域多数会发生压缩剪断等复合破坏,即伪塑性变形,故与金属硬度主要反映其抵抗塑性变形及形变硬化能力所不同,陶瓷硬度反映的是其抵抗破坏的能力。

表 10-12 列出了一些常用先进陶瓷的维氏硬度值。表 10-13 给出了根据 SiC、Si_3N_4、PSZ 等先进陶瓷材料测定结果归纳的 HRA 与 HV 值的对比。常温下,结构陶瓷的 HV 与 E 之间大体上呈线性关系(图 10-5),其定量关系式为 $E \approx 20\,HV$。

表 10-12　一些常用先进陶瓷的维氏硬度值

材料	HV/GPa	材料	HV/GPa
BeO	11.4	TiN	21
Al_2O_3	23.7	SiC	33
MgO	6.6	TiC	30.0
$MgAl_2O_4$	16.5	B_4C	16
熔融 SiO_2	5.4	HfC	26
$3Al_2O_3 \cdot 2SiO_2$(莫来石)	16	ZrC	27.0
$ZrO_2(Y_2O_3)$	16.5	TaC	18.2
Si_3N_4	20	TiB_2	25～33
AlN	5.9	HfB_2	21.2～28.4
h-BN	2(莫氏硬度)	ZrB_2	25.3～28.0
c-BN	70	金刚石	90

表 10-13　根据 SiC、Si_3N_4 和 PSZ 等测定结果归纳的 HRA 与 HV 值的对比

HRA	90	91	92	93	94
HV/GPa	12	13.2	14.7	16.5	18.9

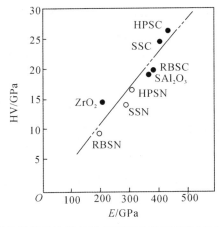

图 10-5　一些先进结构陶瓷的维氏硬度 HV 与弹性模量 E 之间的关系

(HPSC——热压烧结 SiC;SSC——烧结 SiC;RBSC——反应烧结 SiC;SAl_2O_3——烧结 Al_2O_3;

HPSN——热压烧结 Si_3N_4;SSN——烧结 Si_3N_4;RBSN——反应烧结 Si_3N_4)

气孔是影响硬度的首要显微组织因素,它不仅会显著降低硬度,还使数据更加离散。温度则为影响硬度的首要外因。与弹性模量相似,硬度随温度升高明显降低,且硬度对温度的敏感性比弹性模量的更强,图 10-6 为热压烧结和 CVD 制备 Si_3N_4 硬度随温度的变化情况。

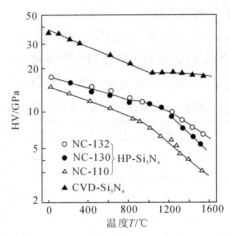

图 10-6　一些典型陶瓷材料的维氏硬度随温度的变化关系

3. 断裂强度

陶瓷材料受其离子键和共价键特性所决定,一般都不能产生滑移或位错运动,因而很难产生塑性变形,在经过极其微小的弹性变形后立即发生脆性断裂,延伸率和断面收缩率都几乎为零。可见,陶瓷材料强度是其弹性变形达到极限程度而发生断裂时的应力。强度取决于成分和组织结构,同时还受温度、应力状态和加载速率等外界因素的影响。

陶瓷材料的实际强度一般仅为理论强度的 $1/100 \sim 1/10$,如 Al_2O_3 的 σ_{th} 为 46 GPa,块状多晶 Al_2O_3 的强度只有 $0.1 \sim 1$ GPa;而表面精密抛光的 Al_2O_3 单晶细棒的强度约为 7 GPa,几乎无缺陷的 Al_2O_3 晶须的强度也仅约为 15.2 GPa。

这是由于实际材料内部存在微小裂纹,所以其受力断裂时并非像理想晶体那样发生原子键的同时断裂破坏,而是既存裂纹扩展的结果。

(1)强度的影响因素。

①晶粒尺寸。与金属材料相同,陶瓷的强度随晶粒尺寸变化也满足 Hall-petch 关系 $\sigma_f = \sigma_0 + kd^{-1/2}$。式中,$\sigma_0$ 为无限大单晶的强度,k 为系数,d 为晶粒直径。晶粒越细小,晶界比例越大。然而,晶界比晶粒内部结合要弱,如 Al_2O_3 陶瓷晶粒内部断裂表面能为 46 J/m^2,而晶界表面能 γ_{int} 仅为 18 J/m^2。那么,结合能低的晶界比例越大,为何强度反而越高呢?分析发现,对于沿晶断裂,晶粒越细,裂纹扩展道路越加迂回曲折,裂纹路径越长;加之裂纹表面上晶粒的桥接咬合作用还要消耗额外能量,因而导致晶粒越细小强度越高。

当晶粒尺寸细小到纳米量级时,材料强度和硬度与晶粒尺寸间的关系变得复杂,归结起来有三种情况:即正 Hall-Petch 关系($k>0$)、反 Hall-Petch 关系($k<0$)和正-反混合 Hall-Petch 关系[即硬度随 $d^{-1/2}$ 的变化不是单调上升或下降,而存在一个拐点 d_c,当 $d>d_c$ 呈正 Hall-Petch 关系($k>0$),反之呈反 Hall-Petch 关系($k<0$)]。对于蒸发凝聚、原位加压纳米 TiO_2,用金属 Al 水解法制备的 $\gamma\text{-}Al_2O_3$ 和 $\alpha\text{-}Al_2O_3$ 纳米陶瓷材料等,它们均服从正 Hall-Petch 关系。

②气孔率。气孔率增加,陶瓷材料断裂强度将呈指数规律降低,最为常用的 Ryske-witsch 经验公式为

$$\sigma_f = \sigma_0 \exp(-np) \tag{10-4}$$

式中:p——气孔率;σ_0——完全致密(即 $p=0$)时的强度;n——常数,一般在 4~7 之间。

该式同弹性模量与气孔率之间关系式一致。图 10-7 为 Al_2O_3 陶瓷的室温弯曲强度与气孔率之间的关系。

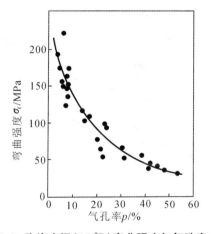

图 10-7　Al_2O_3 陶瓷室温(25 ℃)弯曲强度与气孔率之间的关系

③晶界相。一般地,晶界相因富含杂质或多为非晶,其断裂表面能和强度更低且质脆,故不利于强度。尤其晶界非晶,因熔点较低、耐热性差而非常不利于陶瓷高温强度。所以,应尽量通过热处理使其晶化或固溶,即所谓的晶界工程来改善高温强度。如质量分数为 30% 的 BAS/Si_3N_4 和 $\alpha\text{-}SiAlON$ 陶瓷的室温强度(分别达 1000 MPa 和 600 MPa 以上)可以维持到 1400 ℃ 而不降低,这主要得益于晶界玻璃相的完全晶化或固溶。

④温度。与高分子材料和金属材料相比,陶瓷材料最大的优点之一便是耐热性好、高温强度高。当温度 $T<0.5T_m$(T_m 为熔点)时,陶瓷的强度基本保持不变,温度再高时才明显降低(图 10-8)。

⑤加载速率。加载速率对陶瓷的强度(包括高温强度)也有显著影响,加载速率增高,强度升高。这主要是既存裂纹等缺陷扩展有一定响应时间,即滞后性,加载速率越高,裂纹扩展越来不及响应,即对缺陷敏感性降低(图 10-9)。

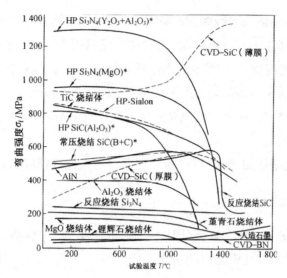

图 10-8 一些陶瓷材料的强度随温度的变化曲线

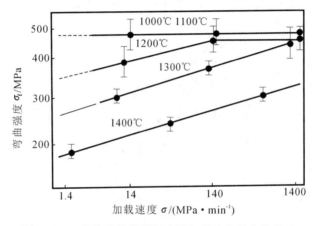

图 10-9 一些陶瓷的高温强度随加载速率的变化关系

　　另外,陶瓷强度对试样尺寸与表面粗糙度也有一定敏感性。试样越长、体积越大,含有临界危险裂纹的概率就越大,断裂强度也趋向偏低;试样表面越光滑,缺陷越少、缺陷尺寸越小,强度则越高。

　　(2)联合强度理论和脆性材料的优化使用。由陶瓷与金属的力学状态图(图 10-10)可见,金属的正断抗力 σ_{KM} 远大于陶瓷的正断抗力 σ_{KC},但陶瓷的切断抗力 τ_{KC} 远大于金属的切断抗力 τ_{KM}。在硬的应力状态下,如单向拉伸,金属还处于弹性变形区内,陶瓷已发生正断,即金属远优于陶瓷。但在软的应力状态下,陶瓷还处于弹性区内,金属已经断裂,即陶瓷优于金属。

　　因此,在考虑陶瓷材料构件的受力状态时,应尽可能在软应力状态下使用,以充分发挥陶瓷的性能优势。例如,在用陶瓷材料制造模具时,为避免陶瓷模套加压时的张应力状态,在外面过盈装配一钢套,给陶瓷施加一个预压应力,如图 10-11(a)所示,这样就能实现陶瓷和金属材料的优势互补。当模具使用时,陶瓷所受的预压应力部分抵消了工作时产生的拉应力。图 10-11(b)所示的是硬质合金刀具常见的装配形式,这样,刀具在车削时,金属刀柄承受了弯矩,陶瓷刀片只承受压应力。

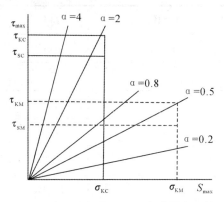

图 10-10 陶瓷材料与金属材料力学状态图的比较

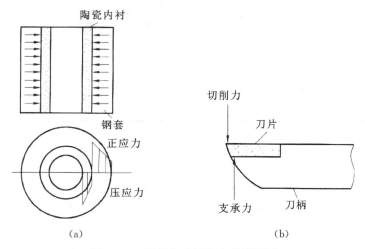

图 10-11 陶瓷与金属组合使用举例

4. 断裂韧性和断裂功

(1)断裂韧性及其影响因素。绝大多数陶瓷材料室温下甚至在 $T \leqslant 0.5T_m$ 的温度范围内都很难发生塑性变形,所以陶瓷材料的裂纹敏感性很强。基于这种特性,断裂力学性能是评价陶瓷材料力学性能的重要指标。断裂韧性的表达式为

$$K_{IC} = \sqrt{2E\gamma_s} \text{(平面应力状态)} \tag{10-5}$$

$$K_{IC} = \sqrt{\frac{2E\gamma_s}{1-v^2}} \text{(平面应变状态)} \tag{10-6}$$

可见,K_{IC} 与材料本征参数 E、γ_s 和 v 等物理量直接相关,它反映了具有裂纹的材料在外载作用下抵抗损毁的能力,也可以说是阻止裂纹失稳扩展的能力,是材料的一种固有性质。因此,它的高低主要取决于具体材料的种类成分、显微组织结构、温度和加载速

率等。表 10-14 给出了一些典型先进结构陶瓷材料同传统金属材料断裂韧性的对比情况。

表 10-14　一些典型先进结构陶瓷材料同传统金属材料断裂韧性的对比

材料	断裂韧性 K_{IC}/(MPa·m$^{1/2}$)	材料	断裂韧性 K_{IC}/(MPa·m$^{1/2}$)
Al_2O_3	4～4.5	B_4C	5～6
ZiO_{2p}/Al_2O_3(ZTA)	4～4.5	ZrC	2～4
ZrO_2	1～2	TiB_2	4～6
$ZrO_2(Y_2O_3)^*$	6～15	ZrB_2	4.5～6.5
$ZrO_2(CeO_2)^*$	～35	HfB_2	5～7
Mullite	2.8	Ti_2AlC	6.5
Si_3N_4	5～6	Ti_3SiC_2	5.8
SiAlON	5～7	马氏体时效钢	100
AlN	2.5～3	碳素工具钢	30～60
h-BN	2～3	Ti_6Al_4V	40
SiC	3.5～6	7075 铝合金	50

注:* Y_2O_3 和 CeO_2 均为四方相 ZrO_2(即 t-ZrO_2)的稳定剂,如 Y_2O_3 摩尔分数为 2% 时即可简写为 ZrO_2(2Y)。

①显微组织结构。与金属相似,晶粒越细小,陶瓷的强度和韧性越高,即存在所谓的细晶强韧化现象。如 Al_2O_3 陶瓷晶粒越细小,强度和断裂韧性越高。

晶粒形状对韧性的影响可归结为晶粒长径比(或长宽比)的影响。一般来说,晶粒长径比增大有利于断裂韧性。如添加 Al_2O_3 的无压烧结 SiC,β-SiC 晶粒的平均长径比由 1.4 增至 3.8 时,断裂韧性从约 2.25 MPa·m$^{1/2}$ 提高至约 6.0 MPa·m$^{1/2}$。

通常情况,气孔率越高,弹性模量和断裂表面能越低,断裂韧性明显下降。细化晶粒、优化晶粒尺寸和形状、改善晶界状况、降低气孔率等均有利于改善断裂韧性。

②温度。温度升高,原子活动能力增加,低温下不可动的位错被激活,使陶瓷具有塑性变形的能力;温度再升高时,二维滑移系开动导致交滑移发生,有利于松弛应力集中、抑制裂纹萌生,甚至产生较大塑性变形而消耗大量能量,因此有利于断裂韧性提高。

③加载速率。一般情况,加载速率增大断裂韧性趋向增大,如 SiC_w/ZrO_2(2Y)、SiC_w/ZrO_2(2Y)-Al_2O_3 和 SiC_w/Al_2O_3 均表现出此变化趋势。

(2)断裂功。断裂功是指材料在抵抗外力破坏时,单位面积上所需吸收的能量,用 γ_{WOF} 表示,其计算公式为

$$\gamma_{WOF} = A_c / BH \tag{10-7}$$

式中：A_c——断裂曲线的特征面积，$N \cdot m$；B、H——试样的宽度和高度，m 或 mm。

故 γ_{WOF} 的单位为 J/m^2 或 J/mm^2。

陶瓷材料通常表现脆性断裂，特征面积即为弯曲试验时载荷-位移曲线上断裂点（载荷最大点）下面的面积。但对于非灾难性断裂的连续纤维增强陶瓷基复合材料来说，当载荷达到最高点后不是突然断裂，而是仍有较大承载能力，载荷随位移增加逐渐下降。此时，人们通常采用载荷-位移曲线上当载荷下降 10% 时曲线与横轴围成区域作为特征面积。

一般来说，断裂韧性 K_{IC} 越高，断裂功 γ_{WOF} 也较高；但二者也并非总是同步变化。这是因为 K_{IC} 表征的是裂纹起始扩展的抗力，而断裂功表征的则是裂纹扩展整个过程的抗力。显微组织结构因素、第二相、温度、加载速率等都会影响断裂功。其中，第二相因素，当采用连续纤维强韧化的复合材料，断裂功改善效果最为显著。同样，采用仿生结构设计思路，制成的仿竹木纤维结构或具有贝壳珍珠层结构特征的复合材料的韧化效果也相当明显，详见 10.4.6 陶瓷基复合材料中有关内容。

5. 先进陶瓷的强韧化

先进陶瓷材料的力学性能虽然较传统陶瓷显著改善，但其质脆的缺点，依然是陶瓷构件在服役过程中容易发生低应力断裂、服役安全可靠性不足的主要症结，使其工程应用受限。通过复合化制备陶瓷基复合材料，实现各组元优势互补，是实现陶瓷强韧化的最有效途径。依据增强相的形状特点及机理不同，陶瓷的强韧化主要包括颗粒强韧化、相变强韧化、短纤维或晶须强韧化、连续纤维强韧化以及独石或层状仿生结构强韧化等多种形式。所得具体复合陶瓷或陶瓷基复合材料的种类及强韧化效果详见陶瓷基复合材料部分。

利用多晶多相陶瓷中某些相在不同温度的相变实现增韧的效果，统称为相变增韧，其中最典型的即为 ZrO_2 相变增韧。与 TRIP（transformation induced plasticity）钢利用其在承载过程中，应力诱发马氏体相变产生异常高塑性的原理相同，ZrO_2 相变增韧则通过承载过程中，应力诱发四方（tetragonal）相（t-ZrO_2）至单斜（monoclinic）相（m-ZrO_2）的马氏体相变，即 t→m 相变，产生的体积膨胀效应（3%～5%）和形状效应吸收大量能量，使断裂韧性得以提高。ZrO_2 相变增韧的示意图如图 9-12 所示。工程上，通常采用 Y_2O_3 和 CeO_2 等为稳定剂掺入 ZrO_2，将四方相 ZrO_2（t-ZrO_2）稳定至较低温区甚至到室温。

晶须或纤维韧化主要是通过晶须或纤维与基体之间的脱粘、纤维的桥接与拔出、裂纹偏转（图 10-13）及高强高模量的纤维本身断裂吸收能量等方式消耗大量的能量，从而提高材料的断裂韧性和断裂功，并遵从复合法则。对于连续纤维增强的陶瓷基复合材料，纤维的韧化机制与晶须的桥接拔出机制相同，只是连续纤维桥接拔出作用更加明显。它桥接主裂纹时，基体中会发生微裂纹增生；同时，伴随着材料的断裂出现大量的纤维拔出,可使材料表现出非线性应力-应变行为,增韧效果良好,甚至可使复合材料表现出类似于金属材料的非灾难性断裂特征。

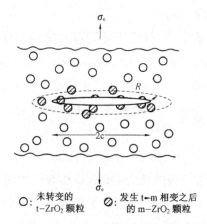

○:未转变的
t-ZrO₂ 颗粒
◐:发生 t→m 相变之后
的 m-ZrO₂ 颗粒

图 10-12　ZrO₂ 相变增韧的示意图

(R 为盘状裂纹附近相变区宽度)

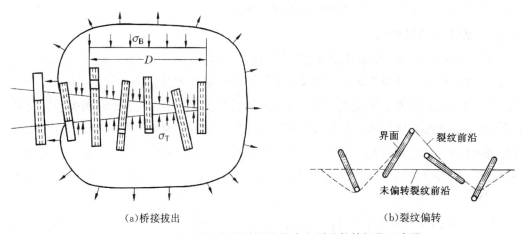

(a)桥接拔出　　　　　　　　　　(b)裂纹偏转

图 10-13　晶须或短纤维的桥接拔出和裂纹偏转韧化示意图

纳米颗粒主要通过弥散强化、细晶强化等机制起作用,这不同于纤维增强复合材料的载荷传递机制,故强化效果不遵从复合法则而具有一些特殊现象。例如,增强相不受临界体积分数的制约,尤其是对纳米颗粒增强相,往往体积分数很低,即可起到显著的强化效果。

6. 塑性和超塑性

(1)塑性。陶瓷材料以较强的离子键或共价键键合,晶体结构复杂,滑移系很少,室温下很难发生塑性变形。当温度升高,原子活动能力逐渐增强,滑移系逐渐开动时,会显示一定的塑性变形能力。同金属一样,陶瓷塑性变形的两种基本机制也是滑移和孪生。在四方多晶 ZrO₂ 陶瓷 TZP 中,应力诱发 t→m 相变会诱发一定塑性,机理如前文所述。

(2)超塑性。当温度和应力条件合适时,陶瓷材料亦可显示超塑性,只是与金属相比,其显示超塑性的温度要高得多。

超塑性可分为相变超塑性和组织超塑性两类。前者是靠陶瓷在承载时的温度循环作用下产生的相变来获得超塑性,后者则是靠特定组织获得超塑性。一般地,陶瓷获得超塑性的临界晶粒尺寸在 200～500 nm,故这种情况也被称为细晶粒超塑性。

关于细晶粒超塑性的机理,最为人们所接受的即为晶界滑移机制,因为绝大多数陶瓷材料在变形时,晶粒的形状几乎不变,如添加了少量 MgO 的 Al_2O_3 超塑性变形后,晶粒尺寸有所增加,但依然保持等轴状。

组织超塑性取决于晶粒尺寸和晶界性质。晶粒尺寸越小,晶界相越多,越容易产生晶界滑动,延展性越好。1986 年 Wakai 等首先在直径 0.3 μm 的细晶粒 TZP 陶瓷中获得了 100% 延伸率的超塑性。另外,TZP 在 1400 ℃下拉伸时,晶粒越小,流变应力越小,超塑延伸率越高。

变形温度和应变速率则是影响组织超塑性的主要外部因素。流变应力随温度升高而降低,但并非温度越高延伸率越大,如 Al_2O_3-ZrO_2 陶瓷延伸率在某一适合温度出现最大值。流变应力趋向随应变速率的增大而升高,如 TZP 陶瓷的情况。变形温度与变形速率相互制约,只有二者协调匹配最佳时,才能获得最为理想的超塑性。

7. 蠕变

常温下陶瓷材料几乎不发生蠕变;温度足够高时,可发生不同程度的蠕变。对于汽轮机转子、叶片等高温结构件,需要考虑蠕变问题。

(1)陶瓷材料蠕变的一般规律。陶瓷的典型蠕变曲线与金属的特征很相似(图 10-14)。在承受恒定载荷作用下,OA 段对应试样的弹性应变;曲线 ABCD 即为试样随加载时间延长而产生的变形过程,即为所谓的蠕变曲线。按蠕变速率的变化情况,可将蠕变过程分为三个阶段:

①减速蠕变阶段(AB)(也称过渡蠕变阶段)。此阶段开始蠕变速率很大,随着时间延长,蠕变速率逐渐减小,到 B 点,蠕变速率降至最低值。

②恒速蠕变阶段(BC)(也称稳态蠕变阶段)。这一阶段蠕变速率几乎保持不变。

③加速蠕变阶段(CD)。在该阶段,蠕变速率随时间的延长而逐渐增大,即曲线变陡,最后到达 D 点产生蠕变断裂。

同一种材料,温度和应力不同时,蠕变曲线各阶段时间及倾斜程度将有所区别。例如,温度或应力较低时,恒速蠕变阶段延长;应力或温度增加时,恒速蠕变阶段缩短,甚至不出现(图 10-15)。应力 σ 对变形速率 ε 的影响很大,二者存在如下关系

$$\varepsilon = K\sigma - n$$

式中:n——应力指数,n 为 2～20,常见的 $n=4$。　　　　　　　　　　　　　　(10-8)

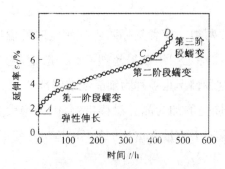
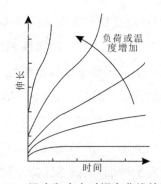

图 10-14　陶瓷材料典型的蠕变曲线　　　图 10-15　温度和应力对蠕变曲线的影响

（2）蠕变机理及蠕变影响因素。陶瓷材料高温蠕变的机理主要为位错运动蠕变、扩散蠕变和晶界黏滞流动蠕变 3 种。陶瓷种类不同、结构形式以及蠕变条件不同,其主要作用机理也有所差别。

（3）蠕变的影响因素。化学键共价性强的陶瓷,原子扩散和位错运动能力降低,蠕变抗力大。此即碳化物和硼化物等强共价性陶瓷具有优异抗蠕变性能的原因。

晶粒越细,蠕变率越大,即蠕变抗力越差。如在 1300 ℃、5.512×10^6 Pa 条件下,晶粒较细（$2\sim5~\mu\mathrm{m}$）的 $MgAl_2O_4$ 的蠕变速率较粗晶（$1\sim3$ mm）$MgAl_2O_4$ 的蠕变速率高 20 多倍。

晶界玻璃相的存在不利于高温蠕变抗力,因此很多陶瓷如 Si_3N_4 或 SiAlON 均通过热处理使晶界残存玻璃相发生晶化或使其固溶于晶粒中,来进一步改善蠕变抗力。

气孔存在由于直接减小了抵抗蠕变的有效截面积,故气孔率增加,蠕变速率增大。例如,气孔率为 12% 的 MgO 陶瓷较气孔率为 2% 的 MgO 蠕变速率快 5 倍。

温度升高,扩散系数增大,位错运动和晶界错动加快,晶界非晶相黏度更低,这些均有利于蠕变。因此,温度升高,蠕变速率增大,例如 SiAlON 和 Si_3N_4 陶瓷随温度升高,蠕变速率增加显著（图 10-16）。

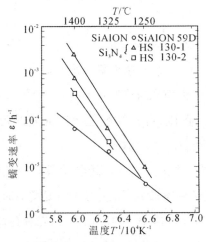

图 10-16　SiAlON 和 Si_3N_4 的稳态蠕变速率与温度的关系（SiAlON 59D 和 Si_3N_4 HS 130-1 的试验在空气中进行;Si_3N_4 HS 130-2 的试验在氮气中进行;试验应力为 69 MPa）

10.3.2　热学性能

热学性能主要包括熔点、比热容、热膨胀系数、热导率等。热学性能是许多工程应用,如叶片、转子等高温发动机部件,高导热集成电路基片,浮法玻璃生产用陶瓷滚杠、陶瓷热交换器、冶金用高温坩埚、热电偶保护管、航空航天防热等构件设计选材需要考虑的核心因素。

1. 熔点

先进陶瓷材料因其原子间以强共价键或离子键键合,熔点多较高,成就了它耐高温的特性。这是它区别于金属和高分子材料的主要特点之一。一般来说,具有 NaCl 型晶体结构的碳化物、氮化物、硼化物和氧化物陶瓷熔点都很高(图 10-17),尤其是碳化物如 HfC、TaC 和 ZrC 等,熔点均超过了 3500 ℃,属熔点最高的一类物质。

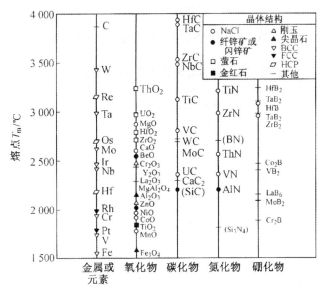

图 10-17　各种材料熔点 T_m 的对照

2. 比热容

绝大多数氧化物和碳化物陶瓷,摩尔热容都是从低温时的一个较低数值增加到 1273 K 左右的近似于 24.9 J/(mol·K),即 3R;温度再升高,热容基本不再变化。一些陶瓷材料的典型摩尔热容曲线如图 10-18 所示。

3. 热膨胀系数

表 10-15 示出了一些典型无机非金属材料的平均线膨胀系数。一般情况下,平均线膨胀系数从小到大的排序为:熔融石英<复杂氧化物<氮化物<碳化物<硼化物≈硅化物<氧化物。对于复合陶瓷,由于两相组元热膨胀系数差别较大,或者单相陶瓷不同结晶学方向热膨胀系数差别较大产生应力裂纹时,如钛酸铝陶瓷(图 10-19),因裂纹在加热过程趋于闭合,故常使其呈现异常低的热膨胀系数,大约在 $(0.5 \sim 1.5) \times 10^{-6}$ ℃$^{-1}$(20 $\sim$ 1000 ℃);另外,微裂纹的存在还会使其热膨胀出现滞后现象(图 10-20)。

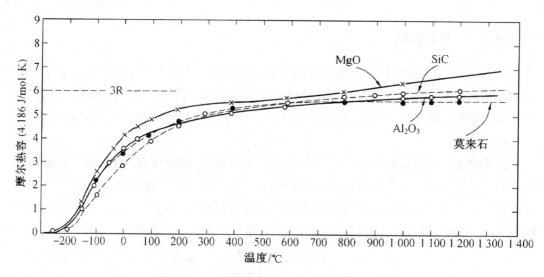

图 10-18　一些陶瓷材料的典型摩尔热容曲线

表 10-15　一些典型陶瓷材料的平均线膨胀系数

材料	线膨胀系数 α_1 / (0~1000 ℃)(×10⁻⁶/K)	材料	线膨胀系数 α_1 / (0~1000 ℃)(×10⁻⁶/K)
BeO	9.0	h-BN	3.3
MgO	13.6	AlN	4.5
Al_2O_3	8.8	β-SiC	5.1
α-SiO_2	19.4(25~500 ℃)	B_4C	4.5~5.5
$MgO \cdot Al_2O_3$	9.0	HfC	6.3
$3Al_2O_3 \cdot 2SiO_2$(莫来石)	5.3	TaC	6.7
Y_2O_3	9.3	TiC	7.8
ZrO_2(2mol% Y_2O_3)	10.4(25~800 ℃)	WC	4.9
$Al_2O_3 \cdot TiO_2$(钛酸铝)	0.5~1.5	ZrC	6.6
$2MgO \cdot 2Al_2O_3 \cdot 5SiO_2$(堇青石)	2.5	$SiBN_3C$ 纤维*	3.5
$Li_2O \cdot Al_2O_3 \cdot 2SiO_2$(锂霞石)	−6.4	HfB_2	5.5
$Li_2O \cdot Al_2O_3 \cdot 4SiO_2$(锂辉石)	1.0	TiB_2	7.5
熔融 SiO_2	0.5	ZrB_2	6.0
β-Si_3N_4	3.2	$MoSi_2$	8.5
β-SiAlON	3	WSi_2	8.2

注:$SiBN_3C$ 纤维为非晶态。

图 10-19　钛酸铝陶瓷内部产生的微裂纹

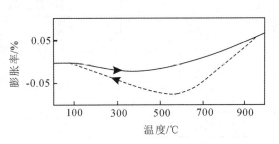

图 10-20　钛酸铝陶瓷的热膨胀滞后现象

4. 热导率

陶瓷材料中绝大多数重要的化合物,在室温以上,热导率 λ 都随温度的上升而下降,在高温范围,由于光子导热的作用,热导率又有所回升。图 10-21 给出了一些典型材料的热导率与温度的关系曲线。热导率的影响因素主要包括以下几个方面:

(1)化学组成与晶体结构。声子导热与晶格振动的非简谐性有关。晶体结构越简单,化学键越强,晶格振动的简谐性程度越高,晶格波越不易受到干扰,声子的平均自由程越大,热导率越高,例如具有高热导率的陶瓷如 BeO、SiC、AlN、BN 等其对应晶体结构都符合此特征;反之,热导率就较低,例如,$MgAl_2O_4$(镁铝尖晶石)和 $3Al_2O_3 \cdot 2SiO_2$(莫来石)的晶体结构较为复杂,其热导率都较低(表 10-16)。由原子量和原子尺寸相似的元素组成的化合物,因对声子的散射干扰小,即平均自由程 l_p 大而易于具有高的热导率,如 BeO、SiC 和 BN;而当阳离子和阴离子的尺寸和原子量均相差很大时,晶格散射大得多,热导率就低,如 UO_2 和 ThO_2,其热导率不及 BeO 的 1/10(表 10-16)。

表 10-16　一些典型陶瓷材料同其他材料的热导率对比

材料	热导率 $\lambda/(W \cdot m^{-1} \cdot K^{-1})$			晶体结构特征
	室温[①]	100 ℃	1000 ℃	
c-BN(立方氮化硼)	1300	—	—	闪锌矿
h-BN(六方氮化硼)	2000($\perp c$ 轴)	—	—	类石墨(层状)
SiC	490(270)[②]	—	—	闪锌矿
Si_3N_4	320(155)[②]	—	—	
AlN	320[③](~260)[②]	—	—	纤锌矿
BeO	370[③]	219.8	20.5	纤锌矿
Al_2O_3	—	30.1	6.3	—
$3Al_2O_3 \cdot 2SiO_2$(莫来石)	—	5.9	3.8	—
MgO	—	37.7	7.1	

（续表）

材料	热导率 $\lambda /(\mathrm{W} \cdot \mathrm{m}^{-1} \cdot \mathrm{K}^{-1})$			晶体结构特征
	室温[①]	100 ℃	1000 ℃	
$MgAl_2O_4$ 或 $MgO \cdot Al_2O_3$	—	15.1	5.9	—
ThO_2	—	10.5	2.9	—
UO_2	—	10.1	3.3	—
ZrO_2（稳定立方相）	—	2.0	2.3	—
TiC	—	25.1	5.9	—
熔融 SiO_2 玻璃陶瓷	—	2.0	2.5	—
钠-钙-硅酸盐玻璃	—	0.4	—	—
瓷器	—	1.7	1.9	—
黏土耐火材料	—	1.1	1.5	—
Cu	400	—	—	面心立方
Al	240	—	—	面心立方
金刚石	2000	—	—	金刚石
石墨	2000（$\perp c$ 轴）	180.0	62.8	石墨（层状）
碳纤维	1120～1950[④]	—	—	无定型结构

注：①该列数据为单晶体的理论预测值；②括号内的数值为陶瓷材料实测最高值；③BeO 和 AlN 的数值为沿 c 轴和 a 轴方向的平均值；④低限值 1120 为美国 Amoco 公司生产的 Pl30X 沥青基碳纤维，高限值为 Heremans 等气相生长的碳纤维（VGCF）。

（2）杂质种类与含量。杂质原子作为晶格波的散射源，其存在也会减小声子的平均自由程，降低热导率。例如，AlN 陶瓷的热导率与其所含杂质 O、Si、C、Fe 等直接相关。另外，杂质存在的形式和位置也对热导率有影响。AlN 中氧杂质固溶于晶格时，对其热导率影响较大；若存在于结合相中则其影响降低。因此，在烧结 AlN 陶瓷时，采用稀土氧化物和碱土氧化物类烧结助剂，如 B_2O_3、Dy_2O_3、Y_2O_3、La_2O_3、CeO_2、CaO 等，减少烧成 AlN 陶瓷中的晶格氧或使 Fe、Si 等杂质进入液相，以提高 AlN 热导率。与 AlN 陶瓷的情况相似，Si_3N_4 陶瓷中，β-Si_3N_4 晶粒中存在杂质氧也会降低其热导率（图 10-22）。

（3）显微组织结构。

①气孔。陶瓷的热导率与气孔的形状、尺寸和含量均有关。在结构状态不变的情况下，气孔率增大，将使热导率降低（图 10-23）。这就是多孔、泡沫硅酸盐、纤维制品、粉末和空心球状陶瓷制品保温隔热的原理。一种具有纳米多孔网络结构的 SiO_2 气凝胶，其固态网络 SiO_2 为非晶态，网络结构单元尺寸为 1～20 nm，典型气孔尺寸为 1～100 nm，气孔率高达 80%～99.8%，热导率非常低，为目前隔热性能最好的固体材料，如在常温常

压下热导率仅为 0.012 W/(m・K)；真空条件下热导率更是低达 0.001 W/(m・K)。同时，它还具有良好的透光性，因此，作为透明保温隔热材料广泛应用于航天、军事、民用等领域，如英国"美洲豹"战斗机机舱隔热、美国 NASA 的"火星流浪者"保温层、航空航天器各种特殊窗口的隔热、电冰箱的绝热保温等。

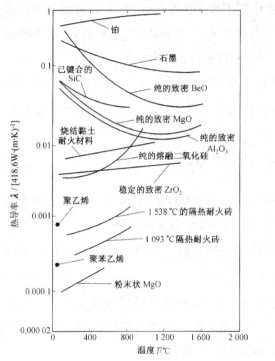

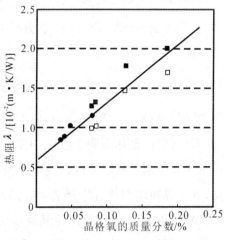

- β-Si$_3$N$_4$-Yb$_2$O$_3$-MGO(Hayashi etal.)
- α-Si$_3$N$_4$-Y$_2$O$_3$hot pressing(Kitayama etal.)
- □ α-Si$_3$N$_4$-Y$_2$O$_3$hot pressing(unpublished)

图 10-21　一些典型材料的热导率与温度的关系曲线　图 10-22　晶格氧含量对 Si$_3$N$_4$ 陶瓷热阻的影响

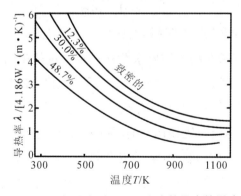

图 10-23　气孔率对 Al$_2$O$_3$ 陶瓷热导率的影响

　　②晶粒大小、形状、晶界、晶体缺陷和第二相。多晶体中晶粒尺寸越小、晶界越多、位错等缺陷越多，晶界处杂质越多，热导率通常越小。例如，Si$_3$N$_4$ 陶瓷中主要第二相——氮氧化硅玻璃的热导率仅约为 1 W/(m・K)，较 Si$_3$N$_4$ 晶体低 1～2 个数量级，且它以包套的形式存在于 β-Si$_3$N$_4$ 晶粒周围，所以会显著降低 Si$_3$N$_4$ 陶瓷热导率。而 AlN 陶瓷中，

以 Y_2O_3 作添加剂时的典型第二相——铝酸钇的热导率约为 10 W/(m·K),虽然也较 AlN 晶体低一个数量级还多,但它以孤立形式分布,所以含量不大时对热导率影响不明显。

10.3.3 抗热震性

抗热震性是表征陶瓷材料抵抗温度变化而不至于破坏的能力,它是材料力学和热学性能的综合表现。陶瓷材料热震破坏可分为两大类,一是热震(或热冲击)作用下的瞬时断裂;二是热震循环作用下的开裂、剥落,终至整体损坏(亦称热疲劳)。

(1)临界应力断裂理论。该理论基于热弹性应力理论,对于急剧受热或冷却的陶瓷材料,其临界温度函数 $P(T)_c$ 就是引起临界热应力的临界温差 ΔT_c,其抗热震参数 R 的表达式为

$$R=\Delta T_c=\frac{\sigma_f(1-v)}{E\alpha_1} \tag{10-9}$$

致密的 Al_2O_3、SiC 和 Al_2O_3-SiC 等陶瓷均适用于该参数 R。根据抗热震参数表达式可知,高的强度、低热膨胀系数、杨氏弹性模量,有利于抗热震断裂能力。

试样几何形状和尺寸也影响试样或构件的抗热震性。如对于 95%Al_2O_3 陶瓷棒状试样,其临界热震温差 ΔT_c 随着直径的增大而急剧减小。

(2)热震损伤理论。该理论从断裂力学观点出发,分析材料在温度变化条件下的裂纹成核、扩展及抑制的动态过程,以热弹性应变能和断裂能作为热震损伤的判据。可以推断出排除试样尺寸影响的陶瓷材料的抗热震损伤参数为

$$R^{IV}=\frac{E\gamma_f}{(1-v)\sigma_f^2} \tag{10-10}$$

据此,抗热震损伤性能好的陶瓷材料应该具有尽可能高的弹性模量和尽可能低的强度。这些要求与高抗热震断裂能力的要求截然相反。抗热震断裂参数与抗热震损伤参数之间的矛盾,非常类似于强度和韧性之间的矛盾。但提高断裂韧性对改善陶瓷材料的抗热震断裂能力和抗热震损伤能力均是有益的。另外,适量气孔、微裂纹,可减小应力集中、钝化裂纹,也有助于改善抗热震损伤性能,例如气孔率为 10%～20% 的非致密陶瓷中,热震裂纹形核往往受到气孔的抑制,因此,在热震作用下不像致密高强的陶瓷易于炸裂。

(3)断裂开始和裂纹扩展的统一理论。基于热弹性力学的抗热震断裂理论强调的是裂纹成核问题,而基于断裂力学的抗热震损伤理论看重的则是裂纹扩展的问题。Hasselman 的断裂开始和裂纹扩展的统一理论则从断裂力学的观点出发,试图将上述两种理论统一起来,处理陶瓷材料在热震环境中从裂纹成核、扩展和抑制,至最终断裂的全过程。

该理论认为,裂纹扩展的动力是弹性应变能,裂纹扩展过程即弹性应变能逐步释放而支付裂纹表面能增量的过程,一旦应变能向裂纹表面能转化殆尽,裂纹扩展就终止了。

细晶致密陶瓷如 Al_2O_3、SiC、Al_2O_3-SiC 和 Si_3N_4 均表现出原始短裂纹的扩展特征〔图 10-24(a)〕；而多孔 SiC 和大晶粒 Al_2O_3 等，均趋向于表现为原始长裂纹的扩展特征〔图 10-24(b)〕。与 SiC 多孔陶瓷出现热震裂纹的准静态扩展方式不同，Si_3N_4 陶瓷无论是致密型（如反应烧结加热等静压烧结 Si_3N_4）还是非致密型，均表现非常明显的非稳态裂纹扩展的特征（图 10-25），其中以反应烧结后再经热等静压烧结制得的致密高强 Si_3N_4 的抗热震断裂能力为最佳，其临界热震温差 ΔT_c 比单纯反应烧结制备的 Si_3N_4 高了近 2 倍。

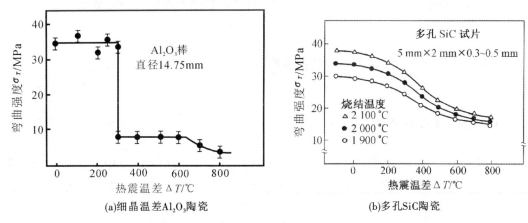

(a)细晶温差Al_2O_3陶瓷　　　　(b)多孔SiC陶瓷

图 10-24　热震剩余强度与热震温差关系的实例

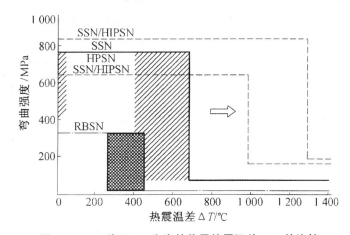

图 10-25　几种 Si_3N_4 陶瓷的临界热震温差 ΔT_c 的比较

纤维尤其是连续纤维补强增韧，是增大断裂韧性和断裂功的有效手段，甚至改变脆性断裂为伪塑性或韧性断裂，故可有效改善陶瓷材料抗热震性，提高构件热结构可靠性。例如，用化学气相渗透或聚合物浸渍热解法制备的 Nicalon™ 和 Nextel™312 连续纤维二维编织体增强的 3 种 SiC 基陶瓷复合材料，均呈准静态裂纹扩展的特征，热震剩余强度下降平缓（图 10-26）。

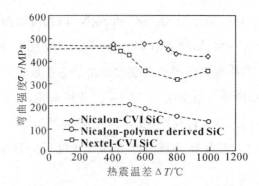

图 10-26   三种 SiC 基陶瓷复合材料热震剩余强度随热震温差的变化趋势

10.4   典型先进结构陶瓷材料

10.4.1   氧化铝陶瓷

氧化铝有 10 余种同质异构晶体,常见的是 α-Al_2O_3、β-Al_2O_3、γ-Al_2O_3,其中 α-Al_2O_3 是氧化铝晶型中唯一的热力学稳定相,应用也最为广泛。典型氧化铝陶瓷主要性能见表 10-17,其主要工业应用如下:

(1)传统机械工业领域。Al_2O_3 陶瓷硬度高(莫氏硬度为 9)和耐磨性好,可以制造切削金属的陶瓷刀具、陶瓷模具、拉丝模、轴承球、研磨介质及各种耐磨瓷件。

表 10-17 Al_2O_3(>99%)陶瓷典型性能

性能	>99.9%	>99.7%[①]	>99.7%[②]	99.9%~99.7%
密度/(g·cm^{-3})	3.96~3.98	3.6~3.89	3.65~3.89	3.89~3.96
硬度/GPa HV$_v$500	19.3	16.3	15~16	15~16
抗弯强度/MPa	550~600	160~300	245~412	500
断裂韧性/(MPa·m$^{1/2}$)	3.8~4.5	—	—	5.6~6
弹性模量/GPa	400~410	300~380	300~380	330~400
抗压强度/MPa	>2600	2000	2600	2600
热膨胀系数/10^{-6}K^{-1}(200~1200 ℃)	6.5~8.9	5.4~8.4	5.4~8.4	6.4~8.2
室温热导率/(W·m^{-1}·K^{-1})	38.9	28~30	30	30.4

注:①为不含 MgO 但再结晶试样;②为含 MgO。

(2)电真空与电子信息产业。Al_2O_3 陶瓷电绝缘性好,可用来制造陶瓷基板、真空开关陶瓷管壳、电真空器件绝缘陶瓷等,并且仍是目前应用最广的陶瓷基板材料[图 10-27(a)和(b)]。

（3）高端装备制造业。高纯 Al_2O_3 陶瓷具有比重小、高刚度、高耐磨性、高尺寸稳定性等特点,可应用于高精度快速运动部件,如光刻机工件台升降台支架［图 10-27(c)］、光刻机工件台大尺寸导轨［图 10-27(d)］、硅晶片吸盘等。

（4）灯光照明工业。透明 Al_2O_3 陶瓷可承受钠蒸气的腐蚀,同时让蒸汽产生的黄色光透过,因而可用于高压钠灯灯管。与普通白炽灯、日光灯、高压汞灯相比,高压钠灯［图 10-27(e)］发光效率高、照明穿透力强,已广泛应用于街道、广场和机场的照明。另外,透明 Al_2O_3 陶瓷还被用在新一代光源"金属卤化物灯"中的"放电管"。

（5）高温工业应用。Al_2O_3 陶瓷耐高温、腐蚀性好,能较好地抗 Be、Sr、Ni、Al、V、Ta、Mn、Fe、Co 等熔融金属的腐蚀,对 NaOH、玻璃、炉渣的侵蚀也有很高的抵抗能力,因此常用作加热元件的热电偶保护管、炉管和熔化物料的坩埚等。

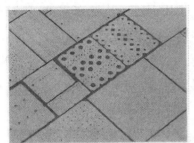
(a)陶瓷基板

(b)电真空器件

(c)光刻机工件台升降台支架

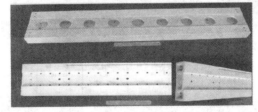
(d)光刻机工件台大尺寸导轨(长度大于1 m)

(e)高压钠灯灯管
(芯部直管为Al_2O_3陶瓷管)

(f)纺织机械配件

(g)人工关节

图 10-27　Al_2O_3 陶瓷产品图片

（6）化工、轻工、纺织和造纸等领域。Al_2O_3 陶瓷作为各种耐磨部件得到广泛使用,特别是 95% Al_2O_3 陶瓷,如用作柱塞泵、机械垫圈、喷嘴、耐磨损衬套、衬板、水阀片、刮水板、除砂器及各种纺织机械配件,如图 10-27(f)。

(7)生物陶瓷方面的应用。迄今为止,作为生物相容性较好的材料,Al_2O_3 陶瓷已在以下医学领域中获得很多应用:外科矫形手术的承重假体,如人体髋关节、人体膝关节[图 10-27(g)];牙科移植物,如假牙、牙槽增强、牙齿矫形用托槽;某些骨头替代物,如人工中耳骨;眼科手术中的角质假体,由 Al_2O_3 陶瓷环和 Al_2O_3 单晶柱组合而成。

10.4.2 氧化锆陶瓷

ZrO_2 结构陶瓷的发展主要经历了全稳定 ZrO_2(fully stabilized zirconia,FSZ)、部分稳定 ZrO_2(partially stabilized zirconia,PSZ)和四方多晶氧化锆陶瓷(TZP)3 个阶段,其性能逐渐得到完善。ZrO_2 密度在先进结构陶瓷中较高,为 $5.68\sim6.10$ g/cm^3。TZP 陶瓷具有最佳的室温力学性能,特别是 Y_2O_3 稳定的 Y-TZP 陶瓷,其抗弯强度可达到 2 GPa,断裂韧性超过 20 MPa·m$^{1/2}$,在现有陶瓷材料中具有最优异的力学性能。

ZrO_2 陶瓷不仅力学性能优异,同时还具有高温导电、气体敏感、插入与回波损耗低等功能特性,因而在现代工业和生活中的各个领域都得到了广泛应用(图 10-28)。典型应用包括:

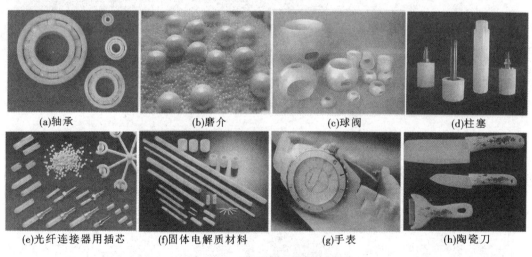

(a)轴承   (b)磨介   (c)球阀   (d)柱塞

(e)光纤连接器用插芯   (f)固体电解质材料   (g)手表   (h)陶瓷刀

图 10-28　ZrO_2 陶瓷产品图片

(1)陶瓷轴承。TZP 陶瓷轴承具有耐磨损、耐酸碱、耐腐蚀、转速高、噪声低、不导电、不导磁、密度较金属低等特点,非常适合在润湿条件恶劣的工况下服役,可应用于石油、化工、纺织、医药等诸多领域。

(2)研磨介质与耐磨构件。Y-TZP 陶瓷同其他研磨介质如氧化铝和玛瑙相比,具有密度高、强度和韧性高、耐磨性优异、研磨效率高,并可防止物料污染等特点,非常适用于湿法研磨和分散的场合。现已广泛应用于陶瓷、磁性材料、涂料、釉料、医药等工业领域。

另外,TZP 陶瓷高强、高韧、耐磨、抗腐蚀的特点,也非常适合制作高压泵用陶瓷柱塞、石油钻井用陶瓷缸套、抽油泵陶瓷阀与球阀、金属线材用陶瓷拉线模具、陶瓷轧辊、研磨环轮和喷嘴等耐磨构件,广泛用于石油、化工、食品、机械、冶金等行业。

(3)光纤连接器陶瓷插芯和套筒。光纤连接器插件广泛应用 Y-TZP 陶瓷插芯和套筒。其中插芯内孔直径为 125 μm、长度为 12~15 mm,精度误差要求高(0.1 μm)。采用高强度和高韧性的数百纳米细晶粒 Y-TZP 陶瓷制备的陶瓷插芯,不仅尺寸精度高,且插入损耗和回波损耗非常低,在光纤网络的用量非常可观,仅 2010 年光纤连接器用量已达 10 亿只。

(4)固体电解质。ZrO_2 陶瓷是一种高温型固体电解质。这是因为在 ZrO_2 中添加 CaO、MgO、Y_2O_3 稳定剂,经高温处理后,低价离子部分地置换了高价 Zr^{4+},便形成了氧缺位型的固溶体。氧离子的缺位以及在氧缺位附近氧离子迁移能的降低,使其具备了传递氧离子的能力,即氧离子导体。同时,ZrO_2 陶瓷还具有不渗透氧气等气体和钢铁一类液体金属的良好特性,因此在高温燃料电池、气体测氧探头及金属液测氧探头等上广泛应用。

(5)高温发热元件。纯 ZrO_2 绝缘性良好,比电阻高达 10^{13} $\Omega \cdot cm$。加入稳定剂(如 CaO、MgO、Y_2O_3)后,则会产生氧缺位形成离子电导,且在高温下这种离子电导增强,因此,ZrO_2 在高温下具有一定电导率。基于这一特性,它是制造高温、超高温空气电炉的理想发热元件,可在空气中使用,最高服役温度达 2100~2200 ℃。

(6)冶金用高温部件。ZrO_2 是一种弱酸性氧化物,它能抵抗酸性或中性熔渣的侵蚀(但会被碱性熔渣侵蚀),采用 PSZ 作为耐火坩埚,用于真空感应熔化或在空气气氛中熔化高温金属,如钴合金或贵金属铂、钯、铑等。与其他耐火材料相比,PSZ 价位较高,一般仅用于特殊场合。

(7)生活装饰与奢侈品。Y-TZP 陶瓷经研磨抛光后表面光洁、质感好、不氧化、耐磨损、耐汗液腐蚀,且颜色可调(黑、白、粉红等),可制作手表表壳、表链和项链珠宝等。

(8)陶瓷刀。氧化锆陶瓷刀不仅外观色泽美观,且硬度大、刀刃锋利、不锈蚀,非常适用于切削水果、蔬菜等,在保持水果口感、味道方面更胜一筹。

10.4.3 氮化硅和赛隆(SiAlON)陶瓷

1. 氮化硅陶瓷

Si_3N_4 有 α-Si_3N_4 和 β-Si_3N_4 两种晶型,都属于六方晶系。通常认为 α-Si_3N_4 为低温晶型,β-Si_3N_4 是高温晶型。二者密度分别为 3.184 g/cm^3 和 3.187 g/cm^3。α-Si_3N_4 到 β-Si_3N_4 的相变约发生在 1420 ℃,属结构重构型相变。该相变通常是在与高温液相接触时发生,α 相溶解后析出长柱状或针状 β 相晶体。$\alpha \rightarrow \beta$ 相变也可以发生在气相状态,它具有

单向性或不可逆性。

Si_3N_4 陶瓷因所用助烧剂种类和烧结技术的不同,性能也会有很大差异(表 10-18)。其外观颜色因纯度、密度和 α 与 β 两相比例不同而异,可呈灰白、蓝灰、灰黑到黑色。表面经抛光后,具有金属光泽。Si_3N_4 陶瓷力学性能、热学性能及化学稳定性优异,是结构陶瓷家族中综合性能最为优良的一类。

(1)力学性能。Si_3N_4 陶瓷是为数不多的几种能将高强度、高韧性和高硬度集于一身的先进陶瓷材料之一。其维氏硬度为 18~21 GPa,仅次于金刚石和立方 BN、B_4C、SiC 陶瓷;室温抗弯强度和断裂韧性通常分别为 800~1460 MPa 和 10~11 MPa·$m^{1/2}$;无压烧结或气氛烧结 Si_3N_4 的抗弯强度和断裂韧性也可达 400~1000 MPa 和 4~7 MPa·$m^{1/2}$。在 Si_3N_4-Y_2O_3-AlN 系统中加入 HfO_2,热压烧结所得陶瓷的强度随测试温度升高却一直增大,1300 ℃时抗弯强度高达 1200 MPa 以上,较 Si_3N_4-Y_2O_3-Al_2O_3 和 Si_3N_4-Y_2O_3-AlN 系 Si_3N_4 陶瓷高温性能更加优异。

表 10-18　不同方法制备 Si_3N_4 陶瓷的典型性能

性能		材料						
		RBSN	HPSN	SSN	SRBSN	HIP-SN	HIP-RBSH	HIP-SSN
相对密度/%		70~88	99~100	95~99	93~99	—	99~100	—
杨氏模量 E/GPa		120~250	310~330	260~320	260~300	—	310~330	0.27
泊松比		0.2	0.27	0.25	0.23	—	0.23	—
断裂强度/MPa	25 ℃	150~350	450~1000	600~1200	500~800	600~1050	500~800	600~1200
	1350 ℃	140~340	250~450	340~550	350~450	350~550	250~450	300~520
断裂韧性 K_{IC}/(MPa·$m^{1/2}$)		1.5~2.8	4.2~7.0	5.0~8.5	5.0~5.5	4.2~7.0	2.0~5.8	4.0~8.0

注:RBSN—反应结合氮化硅;HPSN——热压烧结氮化硅;SSN——气压烧结氮化硅;SRBSN——反应加气压烧结氮化硅;HIP-SN——热等静压烧结氮化硅;HIP-RBSH——反应烧结后热等静压处理氮化硅;HIP-SSN——气压烧结后热等静压处理氮化硅。

(2)热学性能。α-Si_3N_4 的热膨胀系数为 2.8×10^{-6}/℃,β-Si_3N_4 的热膨胀系数为 3.0×10^{-6}/℃。而 Si_3N_4 陶瓷通常为 3.3×10^{-6}/℃(25~1000 ℃),远低于 Al_2O_3 和 ZrO_2 等陶瓷。Si_3N_4 陶瓷导热性优良,通常无压和热压烧结的致密 Si_3N_4 陶瓷室温热导率在 30 W/(m·K)左右。通过提高致密度、获得定向排列晶粒、减少晶界相等可进一步提高热导率。日本研制的高导热 Si_3N_4 陶瓷的热导率已达 200 W/(m·K)以上。

(3)抗热震性。Si_3N_4 陶瓷强度高、热导率高和热膨胀系数小,因而抗热震性优异,在先进结构陶瓷中非常突出,例如 SSN/HIPSN 和 SSN/HIP-RBSN 经受从室温至 1000 ℃甚至 1200 ℃的热冲击不会开裂。

（4）电学性能。Si_3N_4 陶瓷在室温和高温下都是电绝缘材料，室温下干燥介质中的电阻率为 $10^{15} \sim 10^{16}$ $\Omega \cdot m$；介电常数为 9.4～9.5（反应烧结氮化硅的介电常数较低，为 4.8～5.6）；介质损耗角正切值为 0.001～0.1（1 MHz）。Si_3N_4 陶瓷的纯度，如游离硅及碱金属、碱土金属、Fe、Ti、Ni 等杂质含量均影响其绝缘和介电性能。

（5）化学稳定性。Si_3N_4 陶瓷化学稳定性优良，几乎能耐受所有的无机酸和某些碱液与盐的腐蚀，如煮沸的浓盐酸（HCl）、浓硝酸（HNO_3）和水的混合液（HNO_3 与 HCl 的体积比为 1∶3），磷酸（H_3PO_4），85% 以下的硫酸（H_2SO_4），25% 以下的氢氧化钠（NaOH）溶液对 Si_3N_4 均无明显腐蚀作用；Si_3N_4 对多数金属、合金熔体，特别是非铁金属熔体是稳定的，例如不受锌、铝、钢铁熔体、熔融尖晶石（$MgO \cdot Al_2O_3$）等的侵蚀；Si_3N_4 陶瓷的高温抗氧化性优良，因为它在表面生成了无定形致密的 SiO_2 保护层阻碍了氧的扩散。

氮化硅陶瓷综合性能优异，已在机械、航天航空、冶金、化工、能源、汽车、半导体等现代科学技术和工业领域获得越来越多的应用，如高速、超高速或超低温精密陶瓷轴承，耐冷热疲劳高尺寸稳定性的空间相机支架，耐磨红硬性好的切削刀具，集承载-防热-透波多功能一体化的导弹天线罩，抗熔融金属侵蚀的坩埚与热电偶保护管，耐磨耐腐蚀的化工泵和泥浆泵部件，半导体工业用陶瓷基板或衬底，特种陶瓷弹簧，等等（图 10-29）。

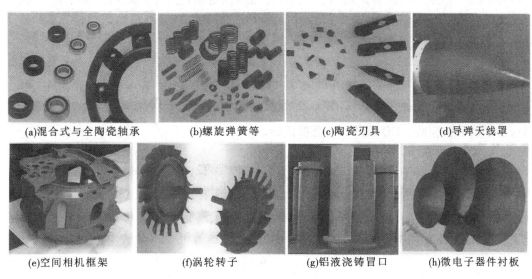

(a)混合式与全陶瓷轴承　　(b)螺旋弹簧等　　(c)陶瓷刃具　　(d)导弹天线罩

(e)空间相机框架　　(f)涡轮转子　　(g)铝液浇铸冒口　　(h)微电子器件衬板

图 10-29　Si_3N_4 陶瓷产品图片

2. 赛隆（SiAlON）陶瓷

Si_3N_4 晶格中溶进 Al_2O_3 后会形成一种范围很宽的固溶体并保持电中性。这种由 Al_2O_3 的 Al、O 原子部分的置换 Si_3N_4 中的 Si、N 原子而形成的固溶体，仍保持六方晶系 Si_3N_4 的结构，只是晶胞尺寸有所增大，形成了由 Si-Al-O-N 元素组成的一系列相同结构的新型陶瓷材料；将组成元素依次排列起来便为 SiAlON，即所谓的"赛隆"。

赛隆陶瓷主要包括柱状晶形的(3-SiAlON、等轴状晶粒的 α-SiAlON、(α+β)-SiAlON 及新近发展起来的新型柱状晶 α-SiAlON 陶瓷。β-SiAlON 强度高、韧性好但硬度较低;等轴晶粒 α-SiAlON 硬度高但韧性较低;柱状晶 α-SiAlON 陶瓷则实现了强度、韧性和硬度同步提高。

赛隆陶瓷保留了 Si_3N_4 陶瓷的优良性能,如低热膨胀系数、优异的抗热震性和透波性质,同时,抗氧化性又得到进一步提高,因此被认为是最有希望的高温结构陶瓷之一,是发动机用热机部件的重要候选材料。如 Lucas 公司已采用赛隆陶瓷来制造柴油发动机中的预燃烧室镶块、挺柱、气门、摇臂镶块和涡轮增压器转子等陶瓷零部件。另外,它还是优异的刀具材料,如 β-SiAlON 陶瓷刀具加工铸铁和镍基高温合金效果非常好,相对于 TiN 涂层硬质合金刀具,切削速度可提高 3 倍,达到 460 m/min。近来,具有透光及透波特性的 SiAlON 透明陶瓷也得到了快速发展。

10.4.4　碳化硅陶瓷

SiC 主要有两种晶型,即立方晶系的 β-SiC 和六方晶系的 α-SiC。β-SiC 为低温稳定型,属于面心立方(fcc)闪锌矿结构。α-SiC 为高温稳定型,它有许多变体,其中最主要的是 4H、6H、15R 等。在 2100 ℃ β-SiC 开始向 α-SiC 转变。

SiC 陶瓷的性能特点主要包括六个方面:

(1)低密度(3.19 g/cm^3)、高弹性模量(>400 GPa);

(2)高硬度(莫氏硬度为 9.2~9.5),仅次于金刚石、立方 BN 和 B_4C 等少数几种材料,且摩擦系数较低,具有优异的耐磨损性能;

(3)高强度,特别是高温强度高、高温蠕变小;

(4)低热膨胀系数[(4~4.8)×10^{-6}/℃]、高热导率[导热率可达 100~250 W/(m·K)],抗热震性优良;

(5)化学稳定性好,耐酸碱、熔融金属和高温水蒸气腐蚀性能优异;

(6)抗氧化能力强,SiC 在 1000 ℃ 以下开始氧化,1300~1500 ℃时反应生成 SiO_2 层,可阻碍 SiC 进一步氧化;

(7)电阻率大小可通过纯度和掺杂来调控,具有半导体特性。

基于上述物性,碳化硅陶瓷可应用于耐磨、耐高温和耐腐蚀密封环,滑动轴承,优质陶瓷防弹板,长寿命喷砂器用喷嘴,大尺寸硅单晶用研磨盘,耐高温、耐腐蚀、抗热震的高效热交换器,耐高温、抗蠕变、抗热震的燃气轮机燃烧室筒体,导向叶片和涡轮转子等高温部件,高温横梁、棍棒、棚板、匣钵等优质高温窑具材料,典型代表如图 10-30 所示。

(a)大尺寸球磨机内衬　　(b)大尺寸片式热交换器　　(c)高温棍棒　　　　(d)高温火焰喷嘴

(e)半导体工业用SiC部件　(f)放置硅片的SiC支架　(g)装有SiC的全陶瓷泵　(h)太空反射镜（背面）

图 10-30　SiC 陶瓷产品零部件图片

10.4.5　其他种类单相先进结构陶瓷

工程上，其他比较重要或有重要潜在应用的单相先进结构陶瓷材料还有氮化硼陶瓷、氮化铝陶瓷、碳化硼陶瓷、硼化物陶瓷、MAX 相陶瓷等。

1. 氮化硼陶瓷

BN 陶瓷通常是指六方氮化硼(h-BN)。六方氮化硼具有与石墨相似的层状结构，但质地为白色，故称"白石墨"。其密度较低，为 2.26 g/cm^3；它质软(莫氏硬度为 2)、可加工性好，容易制成精密和形状复杂的陶瓷部件，制品精度可达 0.01 mm；其热导率较高、热膨胀系数和弹性模量较低，故抗热震性优异，可在 1500 ℃到室温的反复急冷急热条件下使用。

BN 陶瓷电绝缘性能优良，如高纯度 BN 室温条件下最大体积电阻率可达 $10^{16} \sim 10^{18}$ $\Omega \cdot cm$，在 1000 ℃下电阻率仍为 $10^4 \sim 10^6$ $\Omega \cdot cm$；其击穿电压为 950 kV/cm，是 Al_2O_3 的 4～5 倍，介电常数为 4，是 Al_2O_3 的 1/2；介质损耗较低，在很宽温度范围内可保持在 10^{-3} 量级。故 BN 陶瓷可广泛用于高频、低频范围的绝缘和介电透波领域。

BN 对酸、碱、金属和玻璃熔渣的耐侵蚀性优异，对大多数金属熔体如铁、铝、钛、铜、硅，以及砷化镓、水晶石、玻璃熔体等既不润湿也不发生反应。

BN 陶瓷可用于耐熔融钢液侵蚀、抗热震的水平连续铸造分离环，薄带连铸连轧用陶瓷侧封板，陶瓷管和高温容器，航天飞行器和导弹用承载-防热-透波多功能一体化微波或红外透过天线罩和天线窗，深空探测飞行器、卫星等用新型离子体发动机喷管，热电偶保护管，原子反应堆中用作控制中子速度和数量的控制棒和屏蔽材料，电子信息工业用半导体封装散热基板，等等，具体实例如图 10-31 所示。BN 陶瓷在航天与国防、冶金、电子和原子能等工业领域发挥着重要作用。

(a)水平连铸分离环　(b)薄带连铸连轧陶瓷侧封板　(c)陶瓷管与高温坩埚　(d)等离子发动机喷管

图 10-31　各类 BN 陶瓷制品图片

2. 氮化铝陶瓷

AlN 陶瓷导热性优异,其理论热导率为 319 W/(m·K),实际 AlN 陶瓷热导率也可达 230 W/(m·K)以上,是 Al_2O_3 陶瓷的 5~10 倍,不逊于高导热 BeO 陶瓷。而与 BeO 相比,其热导率受温度影响较小,特别是在 200 ℃ 以上;同时它电绝缘性和介电性能优异,其禁带宽度为 6.2 eV,室温电阻率大于 10^{16} Ω·m;介电常数及介电损耗比较适中;热膨胀系数较低,室温至 200 ℃ 为 3.5×10^{-6}/℃,与硅单晶匹配性优于 BeO 和 Al_2O_3 陶瓷。它是高密度封装用大规模集成电路高导热基板的最佳材料,也是重要的红外导流罩及高温窗口材料。此外,它还是优良的真空蒸发和熔炼金属坩埚材料,尤其适合用作真空蒸发 Al 的坩埚,不会污染铝液。

3. 碳化硼陶瓷

B_4C 陶瓷的突出特点是密度小,仅为 2.51 g/cm³,比 SiC 和 Si_3N_4 陶瓷甚至比铝的还低,仅为钢铁的 1/3;同时,它硬度高、模量高,分别高达 30 GPa 和 450 GPa,高于 SiC 和 Si_3N_4 陶瓷。所以,它是防弹背心、防弹头盔和防弹装甲的最佳材料(见图 10-32),尤其适用于武装直升机、陆上装甲车和其他航空器的防弹装甲材料;高硬度、耐磨性好还使它成为飞机、舰船、航天飞行器等惯性导航系统高精度、长寿命陀螺仪气体轴承材料。B_4C 陶瓷中子吸收能力强,中子吸收截面高达 3850 b 以上,非其他陶瓷材料所具备的,因而使其成为核能领域重要的中子吸收和屏蔽材料。

(a)防弹板和防弹头盔　　　　(b)耐磨喷嘴　　　　(c)中子吸收体

图 10-32　工业用 B_4C 陶瓷产品部件图片

4. 硼化物陶瓷

以 TiB_2、ZrB_2、HfB_2、TaB_2 等为代表的硼化物陶瓷因具有高熔点、优异的电导性、高温力学性能、高温抗氧化性能、耐烧蚀、耐腐蚀、耐磨性能等而备受人们的青睐,在超高温、超硬等极限条件下应用前景广阔。它是开发高速超高速航天飞行器的鼻锥帽和机翼前缘等关键防热构件的重要基础材料;在钢铁工业上,主要用于不锈钢涂层,制备轧钢生产线用轧辊、导向辊等,可大幅度提高零件的使用寿命;在航空、汽车和工具等行业,可以用于制备防弹体、各种耐磨耐蚀的辊道、阀门、模具、喷嘴、陶瓷刀具等。

5. MAX 相陶瓷

泛指一般表达式为 $M_{n+1}AX_n$ 的三元碳化物或氮化物材料,式中 M 为过渡金属,A 为 Si、Al、Ge 等,X 为 C 或 N;下标 n 表示摩尔比,如 Ti_3SiC_2、Ti_3AlC_2、Ti_2AlN、Ti_4AlN_3、Nb_4AlC_3 等。MAX 相陶瓷加工性能优异、导电性和导热性良好、抗热震性和抗氧化性能优异,在高温结构、电极电刷、电加热元件等许多领域应用前景良好。

10.4.6　陶瓷基复合材料

与单相陶瓷相比,复合陶瓷或陶瓷基复合材料尤其是以力学性能非常优异的晶须或纤维(表 10-19)为增强相时,陶瓷复合材料的强度和韧性将得到显著提高,因此具有更高的服役安全可靠性。同时陶瓷基复合材料还可赋予单相陶瓷所不具有的新功能特性。例如,为了改善陶瓷的机械加工性能,赋予它可加工性,可适量引入软质相如 h-BN、MAX 或磷酸盐等;为了调控陶瓷导电或介电性能,可引入导电组元如 TiN_p 等。

表 10-19　典型晶须和纤维的力学性能

	种类		直径/μm	密度/(g·cm^{-3})	拉伸强度/GPa	弹性模量/GPa	伸长率/%
晶须	SiC$_w$		0.05～7	3.18	21.0	490	—
	Si$_3$N$_4$w		0.1～0.6	3.20	1.4	350	—
	AlN$_w$		0.05～1	3.3	6.9	340	—
纤维	Al$_2$O$_{3f}$		15～20	3.95	1.4～2.1	350～390	0.29
	SiO$_{2f}$		5～7	2.2	6.0	78	4.60
	3Al$_2$O$_3$·2SiO$_{2f}$		—	3.1	1.72	207～240	1.72
	Si$_3$N$_{4f}$		10	2.39	2.5	300	
	BN$_f$		6	1.8～1.9	0.8～1.4	210	—
	Si-B-C-N$_f$		12～14	1.85	4.0 / 3.8(1400 ℃)	290 / 261(1400 ℃)	1.00
	B$_f$(W 芯)		102～203	2.31	3.24～3.5	378～400	
	SiC$_f$	Hi-Nicalon	14	1.274	3.0 / 2.1(1400 ℃)	280 / 196(1400 ℃)	1.00
		国产	12～15	2.42	2.3～2.4	150～190	—
	C$_f$	T-300	7	1.76	3.5	231	1.40
		T-500	7	1.78	3.8	234	1.62
		T-800	5	1.81	5.49	294	1.90
		T-1000	5	—	4.8	294	2.4

1. 陶瓷基复合材料的分类

根据强韧相的种类及复合材料的结构形式,陶瓷基复合材料可以分为颗粒(微米颗粒、晶片、纳米颗粒)弥散强韧陶瓷基复合材料、晶须/短纤维强韧陶瓷基复合材料、连续纤维强韧陶瓷基复合材料和结构复合陶瓷基复合材料(包括梯度功能复合材料、独石结构复合材料和仿生层状结构)。其具体分类及其典型材料实例见表 10-20。

表 10-20　陶瓷基复合材料的分类及实例

材料	类型	典型例子
颗粒强韧陶瓷基复合材料	相变增韧型	ZrO_2/Al_2O_3(ZTA)、$ZrO_2/Mullite$(ZTM)、ZrO_2/Si_3N_4、$ZrO_2/SiAlON$、ZrO_2/SiC、$ZrO_2/MgAl_2O_4$、ZrO_2/Al_2TiO_5 等
	颗粒复合与弥散韧化型	SiC_p/Al_2O_3、SiC_p/ZrO_2、$SiC_p/Al_2O_3 - ZrO_2$、SiC_p/Si_3N_4、TiC_p/Al_2O_3、$SiAlON/BN$、TiN_p/Al_2O_3、TiN_p/Si_3N_4 等
晶须/短纤维强韧陶瓷基复合材料	晶须补强增韧型	$SiCW/Al_2O_3$、$SiCW/ZrO_2$、$SiCW/Al_2O_3 - ZrO_2$、$SiCW/Si_3ND_4$ 等
	短纤维增韧型	Cs_f、$SiCs_f$、BNs_f、CNTs 等增韧的 SiO_2、Al_2O_3、ZrO_2、Mullite $Al_2O_3 - ZrO_2$、Si_3N_4、$SiAlON$ 等
连续纤维强韧陶瓷基复合材料	连续纤维增韧型	C_f/SiC、C_f/LAS、$C_f/$榴石、SiC_f/SiC、SiC_f/LAS、SiO_{2f}/Si_3N_4、BN_f/SiO_2 等,难熔金属纤维 W_f 等增韧的 CMC
结构复合型陶瓷基复合材料	梯度功能复合陶瓷	$Si_3N_4/\cdots\cdots/BN$、$SiC/\cdots\cdots/BN$、$Al_2O_3/\cdots\cdots/BN$ 等梯度功能复合陶瓷
	仿竹木结构纤维独石陶瓷	Si_3N_4/BN、SiC/BN、Al_2O_3/BN 等纤维独石复合陶瓷
	仿贝壳珍珠岩结构层状陶瓷	Si_3N_4/BN、Al_2O_3/ZrO_2、Al_2O_3/Ti_3SiC_2 等层状结构复合陶瓷

2. 陶瓷基复合材料的制备工艺

陶瓷基复合材料的制备工艺因其增强相的形态、复合形式等的不同而不同。颗粒、晶须和短纤维强韧化陶瓷基复合材料的制备工艺与单相陶瓷材料的基本相同,关键之一是增强颗粒、晶须或短纤维在基体中的均匀分散。简单的制备方法一般直接加入基体粉末中直接球磨干混获得混合粉料。复杂的制备方法一般先在纳米颗粒、晶须或短纤维中加入表面活性分散剂和悬浮剂,并借助单独球磨或超声分散,然后将分散好的增强相与基体料浆混合,继而蒸发烘干获得混合粉料。最后进行成型、烧结。烧结可用热压、气压、热等静压、放电等离子烧结、微波烧结等。

连续纤维增强的陶瓷基复合材料的制备工艺主要有两类,一是先将纤维编织成一定形状的预制体,再采用化学气相渗透(CVI)或化学气相沉积(CVD)技术使陶瓷相填充于纤维骨架和纤维束缝隙中,制得复合材料;二是将纤维浸入陶瓷料浆后进行缠绕,制成一定形状坯体,然后热压烧成复合材料。另外,采用浸渍了铝硅酸盐系无机聚合物料浆的纤维预制体低温养护成型后,再于一定高温下陶瓷化处理的方法,是低成本制备先进陶瓷基复合材料的一种有益尝试。

3. 陶瓷基复合材料的力学性能

表 10-21 和表 10-22 分别给出了代表性 ZrO_2 相变增韧和纳米颗粒增韧复合陶瓷的力学性能。

表 10-21　几种 ZrO_2 相变增韧陶瓷基复合材料强度和断裂韧性与基体材料性能对比

材料	弯曲强度 σ_f/MPa	断裂韧性 K_{IC}/(MPa·m$^{1/2}$)
Al_2O_3	400	4.5
Al_2O_3+20vol.%ZrO_2(2Y)	450	7.2
Mullite	224	2.8
Mullite+ZrO_2(2Y)	450	4.5
Si_3N_4	650	4.8~5.8
$Si_3N_4+ZrO_2$(2Y)	750	6~7

表 10-22　纳米陶瓷颗粒增韧陶瓷基复合材料的室温力学性能

材料	弯曲强度 σ_f/MPa	断裂韧性 K_{IC}/(MPa·m$^{1/2}$)
HP-SiO_2	27.5	0.35
15%SiC_p(0.3 μm)-Si_3N_4/SiO_2	81.1	1.05
2%SiC_p(30 nm)-Si_3N_4/SiO_2	88.5	1.26
Al_2O_3	350	3.5
5%SiC_p(0.3 μm)/Al_2O_3	1050	4.8
TiC_p/Al_2O_3	1100	4.2
10%TiN_p/Al_2O_3	750	5.2
Al_2O_3-ZrO_2(2Y)	1060	3.6
TiC_p/Al_2O_3-ZrO_2(2Y)	1300	6.3
$BaTiO_3$	145	0.86
SiC_p/$BaTiO_3$	350	1.22
MgO	340	1.2
SiC_p/MgO	700	4.5
Mullite	150	1.2
SiC_p/Mullite	700	3.5
Si_3N_4	850~1100	5.5
32%SiC_p/Si_3N_4	1360	7.0
SiAlON	762	4.6
10%SiC_p/SiAlON	746	5.0
C_f/SiAlON	314	9.8
10%SiC_p-C_f/SiAlON	705	23.5

注:表中百分数为体积分数。

在所有强韧方式中,以晶须强化效果最为显著,以连续纤维韧化效果最佳。只要正确地选择基体与纤维搭配、控制好复合工艺,制备出纤维分布合理、界面结合状况适当的复合材料,即可获得强度和韧性均很优良的复合材料,如早期开发的碳纤维增强各种玻璃基复合材料,包括 C_f/Soda 玻璃、C_f/SiO_2、C_f/LAS 玻璃和 C/7740 玻璃等,以及后来开发的 C_f/Si_3N_4、SiO_{2f}/Si_3N_4、C_f/SiC 和 SiC_f/SiC 等陶瓷基复合材料。它们有的断裂功较脆性基体提高了 2~3 个数量级(表 10-23),从本质上保证了复合材料构件服役的可靠性。

表 10-23　某些陶瓷基复合材料与其基体的性能对比

材料	弯曲强度 σ_f/MPa	断裂韧性 K_{IC}/(MPa·m$^{1/2}$)	断裂功 γ/(J·m^{-2})
Soda 玻璃	100	—	3
C_f/Soda 玻璃	570	—	4.3×10^3
SiO_2	51.5	—	5.9~11.3
30Vol%C_f/SiO_2	600	—	7.9×10^3
LAS* 玻璃	100~150	1.5	3
50Vol%Nicalon-SiC_f/LAS 玻璃	1380	17~24	—
C_f/LAS 玻璃	680		3×10^3
7740* 玻璃	40~70	1	3
40Vol%Nicalon-SiC_f/7740 玻璃	700		—
C_f/7740 玻璃	1025	20	3.4×10^3
Al_2O_3	350	3~5	—
SiC_w^*/Al_2O_3	305	9	
RBSN	200~300	2.5	—
SiC_w/RBSN	900	20	
SiC	350	5	
SiC_w/SiC	750	25	
C_f/SiC	250~520	11.4~16.5	—
(CVI*)3D-SiC_f/SiC	860	41.5	28.1×10^3
$Si_3N_4^*$	800	6.5	100
SMZ*-Si_3N_4	473	3.7	19.3
30Vol%C_f/SMZ-Si_3N_4	454	15.6	4.77×10^3
Si_3N_4/BN 纤维独石复合材料	600~800	20~28	4.0×10^3

注:SiO_2 为熔融石英玻璃;LAS 为 Li_2O-Al_2O_3-SiO_2 锂铝硅酸盐;7740 为硅硼系列玻璃;w 代表晶须;RBSN 代表反应烧结氮化硅;CVI 为化学气相浸渍(工艺);SMZ 为烧结 mullite-ZrO_2。

此外,采用仿生结构设计思路,制成具有仿竹木纤维结构或具有贝壳珍珠层结构特征的陶瓷复合材料,通过界面组成和结构的设计与调控,亦能同时获得高韧性和高强度的特征。如 Si_3N_4/BN 纤维独石陶瓷基复合材料(截面和侧向的显微组织及裂纹扩展形貌如图 10-33 所示)和 Si_3N_4/BN 贝壳珍珠层结构层状复合材料,断裂韧性可达 20～28 $MPa \cdot m^{1/2}$,断裂功大于 4000 J/m^2,弯曲强度保持在 600～800 MPa,其典型的载荷-位移曲线见图 10-34。

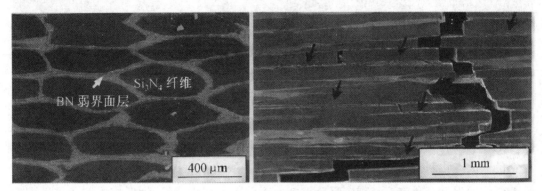

图 10-33　Si_3N_4/BN 纤维独石陶瓷基复合材料的横截面

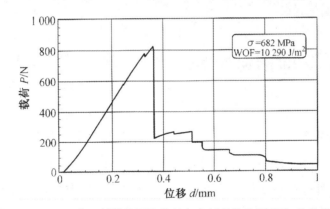

图 10-34　Si_3N_4/BN 纤维独石陶瓷基复合材料的典型载荷-位移曲线

4. 陶瓷基复合材料的应用

多数陶瓷基复合材料的使用场合一般与其对应基体类似,只是服役条件更为苛刻。但是因为复合材料尤其是连续纤维增强的陶瓷基复合材料原料昂贵、生产设备条件投资大、生产周期长,导致最终产品价格不菲,应用多限于国防军工和重点航空航天工程等对成本不太计较的场合,相关技术也是各个国家之间相互封锁的对象。这里只举几个较为特殊的例子:C_f/SiO_2 复合材料一般用于弹头端帽等苛刻热震烧蚀的服役环境,SiO_{2f}/Si_3N_4 和 SiO_{2f}/SiO_2 则多用于具有承载-防热-透波多功能一体化的弹头天线罩,而 C_f/SiC 和 SiC_f/SiC 则多用于超高速飞行器鼻锥、翼前缘甚至整个飞行器舱段、军用飞机刹车片、火箭发动机喷管、太空望远镜轻质高强高刚度高尺寸稳定性的镜筒或支架、跑车车身等(图 10-35)。高分二号卫星即采用了 C_f/SiC 陶瓷基复合材料作为长焦距、大口径、轻型相机的镜筒,它的成功标志着我国遥感卫星进入亚米级"高分时代"。

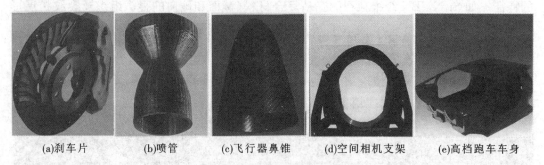

(a)刹车片　　(b)喷管　　(c)飞行器鼻锥　　(d)空间相机支架　　(e)高档跑车车身

图 10-35　一些先进陶瓷基复合材料的工程应用实例图片

高性能先进结构陶瓷正向着复合化、增强体多维化与多尺度化、纤维组织结构仿生化等方向发展。随着民用工业对先进陶瓷基复合材料的需求日益强烈,先进陶瓷基复合材料的低成本化制备也迫在眉睫。我国在以铝硅酸盐系无机聚合物先驱体转化制备高性能纤维增强榴石和霞石基陶瓷复合材料方面取得了初步成果,为低成本制备先进陶瓷复合材料提供了新途径。

10.5　先进功能陶瓷概述

先进功能陶瓷是电子信息材料的重要成员,已在电子通信、集成电路、计算机技术、信息处理、自动控制等方面得到广泛应用。电子信息产品更新换代迅速,如计算机几乎每 5～6 年更新一代,运行速度提高约 10 倍,存储容量增大约 20 倍,可靠性提高约 10 倍,而电子元器件价格要降低,这都以各种新型电子材料涌现和已有材料性能提高为基础,而先进功能陶瓷在其中扮演着重要角色。

在中国,功能陶瓷也属于正在发展中的新兴高技术产业,其产值约占整个先进陶瓷材料产值的 70%,预计"十三五"期间将达到年产值 3000 亿元的产业规模,带动相关产业增加 3 万亿元的产值,社会效益和经济效益明显。发达国家也都对其非常重视,研究开发十分活跃。当前,先进功能陶瓷正向着器件化、集成化、微小型化、大容量化、高可靠性化和多功能化方向发展。

10.5.1　电学功能陶瓷

根据其中电子在电场下的运输行为特性是电传导还是电感应,可将电学功能陶瓷分为电绝缘陶瓷、介电陶瓷、铁电陶瓷、导电陶瓷和超导陶瓷。

1. 介电陶瓷

介电陶瓷指利用电场中介质所产生感应电荷特性的陶瓷,其介电常数和介电常数的温度系数以及其力学与热物理性能可调控,并且介电常数也较大,如采用 CuO 掺杂钛酸钙的介电常数为$(5\sim8)\times10^4$,可用于制造各种电容温度系数的电容器。其中,低电压、大容量、超小和超薄的片式陶瓷介质在迅速地发展并成为技术研究热点,如采用流延工艺可以制备单片层厚度$\leqslant1\ \mu m$、整体厚度 $100\sim700\ \mu m$、介电常数接近 10^5 的高介电陶瓷,在设备中的电磁干扰抑制等方面具有重要应用。

2. 铁电陶瓷

铁电陶瓷指在具有某个温度范围内可以自发极化,而且自发极化方向能够随外电场的反向而反向特性的陶瓷,其特征为具有电滞回线和居里温度,同时介电常数高、在电场作用下产生电致伸缩或电致应变。常见铁电陶瓷多属钙钛矿型结构,如 $BaTiO_3$、$BiFeO_3$ 等系陶瓷及其固溶体,有些已应用于新一代随机存取存储器等。

3. 导电陶瓷

导电陶瓷指当处于原子外层的电子获得足够的能量,克服了原子核对它的吸引力,而成为可以自由运动的自由电子,或者晶体点阵基本离子运动形成离子电导载流子,这时陶瓷就变成导电陶瓷。现在已经研制出多种可在高温环境下应用的高温电子导电陶瓷材料:如 SiC、$MoSi_2$、ZrO_2 和 ThO_2 陶瓷等,它们可以用作高温电阻发热体、磁流体发电机电极和大容量电池等。$LiFePO_4$ 导电陶瓷是锂离子电池的正极材料,其能量重量比约为 190 Wh/kg、能量体积比约为 500 Wh/L、循环寿命约为 2000 次、每月自放电率<5%以及环境友好等诸多优点使其成为最受业界青睐的车载动力电池。

4. 超导陶瓷

超导陶瓷指在一定温度下能够发生零电阻现象的陶瓷材料。它们是典型的高温超导材料。超导陶瓷共有镧系、钇系、铋系和铊系 4 个系列几十种,仅超导温度(T_c)在液氮(沸点 77.3 K)温度以上的就达 34 种之多,如 Y-Ba-Ca-Cu-O、Bi-Sr-Ca-Cu-Q、Tl-Sr-Ca-Cu-O、Ti-Ba-Ca-Cu-O 等。基于其零电阻、迈斯纳效应、约瑟夫逊效应、同位素效应等基本特征,超导陶瓷在诸如磁悬浮列车、无电阻损耗输电线路、超导电机、超导探测器、超导天线、悬浮轴承、超导陀螺、超导计算机等强电和弱电方面均显示出诱人的应用前景。

10.5.2　磁学功能陶瓷

磁学功能陶瓷包括含铁及其他元素的复合化合物即铁氧体陶瓷和不含铁的具有磁性的陶瓷。铁氧体陶瓷俗称磁性瓷,是目前最主要的磁性陶瓷。按性质和用途,他可分为软磁、硬磁、旋磁、矩磁、压磁、磁泡、磁光等铁氧体。

1. 软磁铁氧体

软磁铁氧体指在较弱磁场下易磁化也易退磁,并且具有起始磁导率高、磁导率温度系数小、损耗低、截止频率高的铁氧体。如锰锌铁氧体 $Mn-ZnFe_2O_4$ 和镍锌铁氧体 $Ni-ZnFe_2O_4$,结构为尖晶石型,是目前铁氧体中品种最多、应用最广的一种磁性陶瓷,主要应用于各种天线磁芯、滤波器磁芯、电视机偏转磁轭、磁放大器等。

2. 硬磁铁氧体

硬磁铁氧体指磁化后不易退磁,能够长期保留磁性的铁氧体,又称为永磁材料。硬磁铁氧体的化学式为 $Mo \cdot 6Fe_2O_3$(M 为 Ba^{2+},Sr^{2+})具有六方晶系磁性亚铅酸盐型结构,具有较高的矫顽力和剩磁比。如 $BaO \cdot 6Fe_2O_3$ 是一种重要的硬磁铁氧体,可用于磁路系统中做永磁材料,以产生稳恒磁场,在电信、电声、电表、电机工业中可代替铝镍钴系硬磁金属材料,用作扬声器、助听器、录音磁头等各种电声器件及各种电子仪表控制器件,以及微型电机的磁芯等。

3. 旋磁铁氧体

旋磁铁氧体指在高频磁场作用下,当平面偏振的电磁波在铁氧体中按一定方向传播时,如果偏振面不断绕传播方向旋转,则称此种铁氧体为旋磁铁氧体。如磁铅石型旋铁氧体是良好的吸波材料,具有吸收强、频带较宽及成本低的特点,其次具有片状结构和较高的磁性各向异性等效场,因而有较高的自然共振频率。它已经应用于隐身技术,如用作 B-2A 隐身轰炸机机身和机翼蒙皮最外层涂覆材料,其雷达反射截面不足 $0.1~m^2$,隐身性能优异,使该机型被誉为“20 世纪军用航空器发展史上的一个里程碑”。

4. 矩磁铁氧体

矩磁铁氧体指磁滞回线近似矩形、矫顽力较小的铁氧体,其剩磁比高、矫顽力小、开关系数小、信噪比高、损耗低、对温度振动和时间的稳定性好。大都具有尖晶石结构,如 Mg-Mn 铁氧体是应用最广泛的矩磁铁氧体,主要用于计算机及自动控制与远程控制设备中,作为记忆元件(存储器)、逻辑元件、开关元件、磁放大器的磁光存储器和磁声存储器。

10.5.3 光学功能陶瓷

在不同波长光照射下,会产生多种响应的陶瓷材料统称光学功能陶瓷。其光学性能具有多样性和复杂性,主要包括对光的折射、反射、吸收、散射、透射特性,受激辐射光放大特性、荧光效应等诸多方面,光学功能陶瓷因此可分为透明陶瓷、激光陶瓷等类别。

1. 透明陶瓷

透明陶瓷指能透过光线的陶瓷,由于该系陶瓷的电子被束缚不能被光子激发,从而使光子透过。透明陶瓷既具有陶瓷固有的耐高温、耐腐蚀、高绝缘、高强度等特性,又具有玻璃的光学性能。Al_2O_3、AlN、AlON 等透明陶瓷是其中的典型代表,可应用于高压钠灯灯管、高温红外探测窗等。

2. 激光陶瓷

激光陶瓷专指能作为激光器工作物质的一类透明陶瓷,为作为发光中心的激活离子提供合适的晶格场。其有效吸收光谱带较宽、强荧光效率、长荧光寿命和窄荧光谱线、易于产生粒子数反转和受激发射。激光陶瓷在激光通信、激光信息存储、激光加工、激光核聚变等领域均有重要应用。美国劳伦斯·利弗莫尔国家实验室研制的固体热容激光器,以 Nd^{3+}:YAG 透明陶瓷作基质,用一块尺寸为 10 cm×10 cm×2 cm 的透明陶瓷即实现了 25 kW 的大功率激光输出,可在 2~7 s 内熔穿 2.5 cm 厚的钢板;用 5 块该系透明陶瓷板时,平均输出功率即可达 67 kW,该激光器以电池为激发电源,整个系统很小,可方便安装在车辆或者直升机上。

10.5.4　功能耦合与转换陶瓷

力学、热学、电学、磁学、光学和声学等特性之间并非完全彼此孤立,某种特定条件,上述各种性能之间会出现所谓的功能耦合转换的特性,如压-电(或机-电耦合)效应、压-磁效应、电-光耦合效应、光-弹效应、热释电与逆热释电效应、热-电效应、声-光效应、磁-光效应等,能够实现上述功能转换的陶瓷即为功能耦合与转换陶瓷。

1. 压电陶瓷

压电陶瓷指一种能够将机械能和电能互相转换的功能陶瓷材料。典型压电陶瓷包括 $LiNbO_3$、$PbTiO$ 和 PZT,可用于制造超声换能器、水声换能器、电声换能器、高压发生器、红外探测器、声表面波器件、压电引燃引爆装置、压电陀螺、压电马达等。如美国 AN/BQS-6 型潜艇声呐球壳基阵由 1245 块 PZT 陶瓷单元组成。该声呐能够指挥反潜武器的射击,还能完成水下目标的探测、警戒、识别、测距以及水下通信任务。另外,在医学上压电超声波多普勒诊断可用于诊断急性动静脉阻塞、脉管炎、主动脉瓣及三尖瓣反流,也可用于血流的测定。

2. 热释电陶瓷

指具有因温度变化而引起总电矩变化,从而产生表面荷电效应的一类陶瓷,其关键物性参数有热释电系数、介电常数等。它具有热容量小、灵敏度大、介电常数小、介电损耗低、热扩散系数小等特性。如 $LiTaO_3$ 介电损耗很小且很稳定,可制成单元热释电探测器用于火山爆发预报、地球资源遥测、红外激光探测等领域。

3. 热电陶瓷

指具有由温差而产生热电势或者由于施加电压而产生吸热、放热特性的一类陶瓷,其特征为高电导、低热导。$Ca_3Co_4O_9$ 的热释电效应比普通金属高 10 倍,在温差发电、热电制冷、介电热辐射测量与探测和温敏传感器方面具有重要的应用。

4. 电光陶瓷

指在不同电场强度下具有不同折射率的一类陶瓷材料,具有使用波长范围内对光的吸收和散射小,电光系数、折射率和电阻率大,介电损耗角小的特点。典型代表为 PLZT 陶瓷 $[(Pb_{1-x}La_x)(Zr_{1-y}Ti_y)O_3]$,可用于制造电光快门等光调制元件。

10.5.5　敏感陶瓷

当外部环境或内部状态发生各种非电的物理、化学或生物学变化时,如果陶瓷的电容或电阻等物理性能发生改变,则称这种陶瓷为敏感陶瓷。陶瓷的敏感特性与其化学组成、微观结构和缺陷特征等因素密切相关,按功能分为力敏、热敏、光敏、气敏、湿敏、压敏、磁敏陶瓷等七大类。敏感陶瓷是各类敏感元器件或传感器实现特殊功能的基础,在航空航天、军事、工业、民用及日常生活领域的自动控制与信息反馈方面,发挥着越来越重要的作用,成为现代经济新的增长点。例如,汽车传感器作为汽车电子控制系统的信息源,是汽车电子控制系统的关键部件,主要用于发动机控制系统、底盘控制系统、车身控制系统和导航系统中。目前,一辆普通家用轿车上大约安装几十到近百只传感器,而豪华轿车上的传感器数量可多达 200 余只。

(1)热敏陶瓷。指电阻值随温度改变而显著变化的半导体陶瓷,根据电阻温度系数的正负,可将其分为正/负温度系数热敏陶瓷,主要有 $BaTiO_3$ 和 V_2O_3 两个系列陶瓷,应用领域主要是家用电器的发热体和限流器。

(2)压敏陶瓷。指电阻随电压变化而急剧变化的陶瓷,常用非线性系数、压敏电压、漏电电流、老化时间等性能指标来表征。ZnO 系压敏陶瓷是应用最广泛的压敏电阻器材料,被广泛应用于卫星地面接收站高压稳压用压敏电阻器、电视机视放管保护用高频压敏变阻器、高压真空开关用大功率硅堆压敏变阻器等。

(3)气敏陶瓷。指吸附气体引起的半导体中载流子变化而导致本身电阻变化的陶瓷,是气敏传感器的关键材料。日本首先将掺 Pt、Pd 的 SnO_2 陶瓷气体传感器推向市场,它具有灵敏度高、响应快、体积小、结构简单、使用简单、价格低廉等优点,可用于漏气检测、燃烧控制、防爆、大气污染检测、气体分析实验和酒类检测。

思考与习题

1. 简述先进陶瓷材料概念、分类与特性。

2. 先进陶瓷材料性能有哪些?

3. 什么是敏感陶瓷?

第 11 章 复合材料

复合材料是由两种或两种以上不同性能、不同形态的组分材料通过复合工艺而形成的一种多相材料。复合材料能够在保持各个组分材料的某些特点基础上,具有组分材料间协同作用所产生的综合性能。

11.1 概述

复合材料的目的是使复合后的材料具有最佳的性能组合,其实质是各组分材料之间的结合与协同性。通过有效协同使复合材料性能较组分材料有显著提高,甚至产生组分材料不具备的性能。复合材料各组分的多样性以及体积分数的可变性,使得复合材料的性能可以在较大范围变化,特别有利于工程结构和零件所需的弹性模量、强度和韧性等综合性能控制。通过合理的材料复合设计,可充分发挥各种材料的优点,克服单一材料的不足,以满足工程结构或零件对材料性能的要求。

复合材料使用的历史可以追溯到古代,早期建筑用的土坯砖就是用稻草(或麦秸)和黏土组成的复合材料,稻草起增强黏土的作用。现代的钢筋混凝土是用钢筋、石料、沙子和水泥复合而成,钢筋、石料和沙子均具有增强作用。20 世纪 40 年代,因航空工业的需要,发展了玻璃纤维增强塑料(俗称玻璃钢),从此出现了复合材料这一名称。复合材料对现代科学技术的发展,有着十分重要的作用。目前,复合材料在飞机、航天器、卫星、海上结构、管道、电子、汽车、船艇和体育用品方面得到了越来越广泛的应用。最引人注目的是复合材料在商用飞机制造中的应用得到迅速提升。如图 11-1 所示。波音 787 梦想飞机使用的复合材料约占整机的 50%。波音 787 梦想飞机采用了全复合材料机身,除了减重以外,机身采用整体对接结构,省去了约 50000 个原结构所需的紧固件。

复合材料结构或零件的再生利用是比较困难的,会对环境产生些不利的影响。如目前发展最快、应用最高的聚合物基复合材料中绝大多数属易燃物,燃烧时会放出大量有毒气体,污染环境;成型时基体中的挥发成分即溶剂会扩散到空气中,造成污染。此外,复合材料由多种组分材料构成，难以分解成单一材料，不利于再生利用。随着社会对环境保护要求的不断提高，处理好材料应用与环境问题成为人类生存和发展的关键。因此，绿色材料成为未来的发展趋势，根据循环利用的要求，尽可能是单一品种材料，即便是复合材料也要尽量使用复合性少的材料。

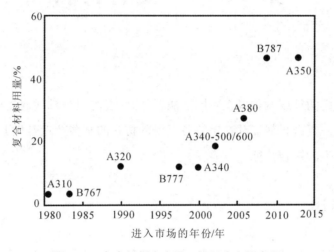

图 11-1　复合材料在商用飞机制造中的应用

11.2　复合材料的结构

复合材料的结构一般由基体与增强相组成，基体与增强相之间存在界面。图 11-2 为复合材料结构示意图。

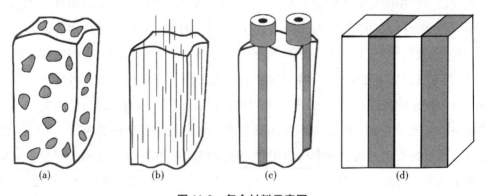

图 11-2　复合材料示意图

11.2.1　增强相

复合材料所采用的增强相主要有纤维、晶须和颗粒三种类型。纤维一般为合成纤维,晶须是含缺陷很少的单晶短纤维,颗粒主要是指具有高强度、高模量、耐热、耐磨、耐高温的陶瓷、石墨等非金属颗粒。

增强相主要用来承受载荷,因此,在设计复合材料时,通常所选择的增强相的弹性模量应比基体高。例如,纤维增强的复合材料在外载作用下,当基体与增强相应变量相同时,基体与增强相所受载荷比等于两者的弹性模量比,弹性模量高的纤维就可承受高的应力。此外,增强相的大小、表面状态、体积分数及其在基体中的分布对复合材料的性能同样具有很大的影响,其作用还与增强体的类型、基体的性质紧密相关。

11.2.2　基体

基体是复合材料的重要组成部分之一,主要作用是利用其黏附特性固定和黏附增强体,将复合材料所受的载荷传递并分布到增强体上。载荷的传递机制和方式与增强体的类型和性质密切相关,在纤维增强的复合材料中,复合材料所承受的载荷大部分由纤维承担。

基体的另一作用是保护增强体在加工和使用过程中免受环境因素的化学作用和物理损伤,防止诱发造成复合材料破坏的裂纹。同时,基体还会起到类似于隔膜的作用,将增强体相互分开,这样即使个别增强体发生破坏断裂,裂纹也不易从一个增强体扩展到另一个增强体。因此,基体对复合材料的耐损伤和抗破坏、使用温度极限以及耐环境性能均起着十分重要的作用。正是由于基体与增强体的这种协同作用,才赋予复合材料良好的强度、刚度和韧性。复合材料的基体主要有聚合物材料、无机非金属材料、金属材料等。

11.2.3　界面

复合材料中的界面起到连接基体与增强相的作用,界面连接强度对复合材料的性能有很大的影响。基体与增强相之间的界面特性决定着基体与增强相之间结合力的大小。一般认为,基体与增强相之间结合力的大小应适度,其强度只要足以传递应力即可。结合力过小,增强体和基体间的界面在外载作用下易发生开裂;结合力过大,又易使复合材料失去韧性。

研究表明,复合材料的界面是具有一定厚度的界面层(或称界面相,如图 11-3 所示),界面层设计是复合材料研制的重要方面。界面层设计就是根据基体和增强体的性质来控制界面的状态,以获得适宜的界面结合力。

此外,基体与增强体之间还应具有一定的相容性,即相互之间不发生反应。例如,在聚合物基复合材料设计中,应重点改善增强体与基体之间的浸润性;金属基复合材料的界面设计时,应注意防止界面反应而生成脆性相;陶瓷基复合材料的界面设计需考虑韧性问题。

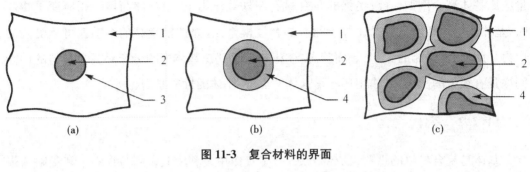

图 11-3　复合材料的界面

1——基体;2——增强相;3——界面;4——界面相

11.3　复合材料的增强原理

根据增强体类型,复合材料的增强原理主要包括颗粒增强原理、纤维增强原理以及晶须增强原理。

11.3.1　颗粒增强原理

颗粒增强复合材料是将粒子高度弥散地分布在基体中,使其阻碍塑性变形的位错运动(金属基体)或分子链运动(聚合物基体)。这种复合材料是各向同性的。

按照增强相颗粒的直径和体积分数,颗粒增强复合材料又可分为弥散颗粒增强复合材料和刚性纯颗粒增强复合材料。

弥散颗粒增强复合材料的颗粒直径范围为 $0.01\sim0.10\ \mu m$,体积分数为 $0.01\sim0.15$,这种材料中基体承受大部分载荷,颗粒的作用是阻碍基体的位错运动或分子链运动,从而使基体被强化,提高材料的强度和刚度。弥散颗粒增强复合材料的强化机理类似于合金的沉淀强化机理,两种材料中,承受载荷的主体均为基体。两者的不同在于,在合金的沉淀强化中,起强化作用的弥散相质点通过相变产生,当超过一定温度时,弥散相会发生重溶,导致强化作用降低,合金强度下降;而弥散颗粒增强复合材料中的增强颗粒随温度升高一般不会发生重溶,在高温下仍然可以保持其增强效果,使得复合材料的抗蠕变性能明显优于基体金属或者合金。该种复合材料的增强效果与弥散增强颗粒的尺寸、形状、体积分布、弥散分布状况以及与基体的结合力因素有关。

刚性纯颗粒增强复合材料的粒径范围为 $1\sim5~\mu m$,体积分数为 $0.25\sim0.90$,这种复合材料的载荷由基体和颗粒共同承担,当颗粒比基体硬时,颗粒通过界面用机械约束方式限制基体变形,产生应力水平较高的流体静应力。随着外载的增加,压力也增大,能达到未受约束基体屈服强度的 3 倍以上,从而产生强化;当外载继续增大时,颗粒将开裂并导致基体发生破坏。

11.3.2　纤维增强原理

纤维增强复合材料是指以各种金属和非金属作为基体,以各种纤维作为增强材料的复合材料。在纤维增强复合材料中,纤维是材料的主要承载组分,它不仅能使材料显示出较高的抗拉强度和刚性,而且能够减少收缩,提高热变形温度和低温冲击强度。相对于纤维而言,基体的强度和弹性模量很低,它的作用主要是把增强体纤维黏结为整体,提高塑性和韧性,保护和固定纤维,使之能够协同发挥作用;当部分纤维产生裂纹时,基体能阻止裂纹扩展并改变裂纹扩展方向,将载荷迅速重新分布到其他纤维上,基体同时保护纤维不受腐蚀和机械损伤,并传递和承受切应力。

纤维增强复合材料中纤维的增强效果主要取决于纤维的特征、纤维与基体间的结合强度、纤维的体积分数、尺寸和分布。纤维增强复合材料的强度和刚性与纤维方向密切相关。纤维无规则排列时,能获得基本各向同性的复合材料。均一方向的纤维使材料具有明显的各向异性。纤维采用正交编织,相互垂直的方向均具有好的性能。纤维采用三维编织,可获得各方向力学性能均优的材料。

11.3.3　晶须增强原理

晶须是以单晶结构生长的直径小于 $3~\mu m$ 的短纤维,长径比为 $10\sim1000$。它的内部结构完整,原子排列高度有序,晶体缺陷少,是目前已知纤维中强度最高的一种,强度接近于相邻原子间成键力的理论值。常用的晶须有金属晶须、陶瓷晶须以及碳晶须。

晶须经表面处理后加入基体中,能够均匀分散,起骨架作用,能克服连续长纤维在复杂模具中难以分布均匀、使材料表面光洁度差、加工时对模具磨损严重等缺点。晶须增强复合材料的强度是基体的强度和晶须的强度按体积的平均值。晶须强化作用主要有载荷传递强合机制和弥散强化机制。晶须还具有增韧作用,通过偏转效应、搭桥效应、微列效应等作用使脆性材料的韧性大增。晶须具有纤维状结构,当受到外力作用时较易产生形变,能够吸收冲击振动能量。同时,裂纹在扩展中遇到晶须便会受阻,裂纹得以抑制,从而起到增初作用。

晶须在复合材料中的承载能力不如连续纤维,但晶须增强复合的强度、刚度和高温性能能够超过基体金属。晶须增强金属基复合材料可以采用压铸、半固态复合铸造以及喷射沉积工艺技术来制备,因而成本较低,应用范围最为广泛。

11.4 复合材料的性能

11.4.1 力学性能

1. 比强度与比模量

复合材料的比强度(强度极限/密度)与比模量(弹性模量/密度)比其他材料高很多,这表明复合材料具有较高的承载能力。它不仅强度高,而且重量轻。因此,将此类材料用于动力设备,可大大提高动力设备的效率。

图 11-4 为传统材料与复合材料的比强度与比模量的对比。由此可见,复合材料的比强度和比模量高于传统材料,复合材料的强度与弹性模量变化的范围较大。表 11-1 给出了典型材料的比强度和比刚度。

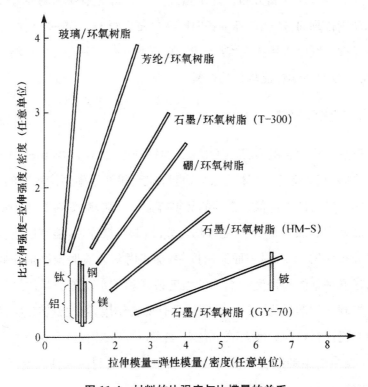

图 11-4 材料的比强度与比模量的关系

表 11-1　各种工程结构材料的性能比较表

工程结构材料	$\rho/(g \cdot cm^{-3})$	σ_b/MPa	E/MPa	比强度$(\sigma_b/\rho)/$ $(m^2 \cdot s^{-2})$	比刚度$(E/\rho)/$ $(m^2 \cdot s^{-2})$
钢	7.80	1010	206×10^3	129×10^3	26×10^6
铝合金	2.80	461	74×10^3	165×10^3	26×10^6
钛合金	4.50	942	112×10^3	209×10^3	25×10^6
玻璃钢	2.00	1040	39×10^3	520×10^3	20×10^6
碳纤维Ⅱ/环氧树脂	1.45	1472	137×10^3	1015×10^3	95×10^6
碳纤维Ⅰ环氧树脂	1.60	1050	235×10^3	656×10^3	147×10^6
有机纤维/环氧树脂	1.40	1373	78×10^3	981×10^3	56×10^6
硼纤维/环氧树脂	2.10	1344	206×10^3	640×10^3	98×10^6
硼纤维/铝	2.65	981	196×10^3	370×10^3	74×10^6

2. 各向异性

纤维增强复合材料在弹性常数、热膨胀系数、强度等方面具有明显的各向异性。通过铺层设计的复合材料,可能出现各种形式和不同程度的各向异性。采用合理的铺层可在不同的方向分别满足设计要求,使结构设计得更为合理,能明显地减轻重量和更好地发挥结构的效能。

3. 抗疲劳性能

复合材料具有高的疲劳强度。例如,碳纤维增强聚酯树脂的疲劳强度为其拉伸强度的 $70\%\sim80\%$,而大多数金属材料的疲劳强度只有其抗拉强度的 $40\%\sim50\%$。

4. 破损安全性

纤维增强复合材料是由大量单根纤维合成,受载后即使有少量纤维断裂,载荷会迅速重新分布,由未断裂的纤维承担,这样可使构件丧失承载能力的过程延长,表明断裂安全性能较好。

5. 减振性能

工程结构、机械及设备的自振频率除与本身的质量和形状有关外,还与材料的比模量的平方根成正比。复合材料具有高比模量,因此也具有高自振频率,这样可以有效地防止在工作状态下产生共振及由此引起的早期破坏。同时,复合材料中纤维和基体间的界面有较强的吸振能力,表明它有较高的振动阻尼,故振动衰减比其他材料快。

11.4.2　理化性能

1. 耐热性能

树脂基复合材料耐热性要比相应的塑料有明显的提高。金属基复合材料的耐热性更显出其优越性(图 11-5)。例如,铝合金在 400 ℃时,其强度大幅度下降,仅为室温时的 6%～10%,而弹性模量几乎降为零。而用碳纤维或硼纤维增强铝,400 ℃时强度和弹性模量几乎与室温下保持同一水平。

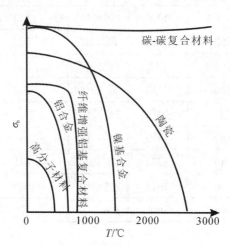

图 11-5　材料强度与温度的关系

2. 耐蚀性能

复合材料对各种化学物质的敏感程度不同,如常见的玻璃纤维增强塑料耐强酸、盐、醋,但不耐碱。复合材料的抗蚀性能可按制件的使用要求和环境条件要求,通过组分材料的选择和匹配、铺层设计、界面控制等材料设计手段,最大限度地达到预期目的,以满足工程设备的使用性能。

11.5　常用复合材料

11.5.1　聚合物基复合材料

聚合物基复合材料(亦称树脂基复合材料)是目前应用最广泛、消耗量最大的一类复合材料。该类材料主要以纤维增强的树脂为主。

1. 玻璃纤维-树脂复合材料

玻璃纤维-树脂复合材料通常称为玻璃钢。玻璃钢具有瞬时耐高温性能,它被用于人造卫星、导弹和火箭的外壳(耐烧蚀层)。玻璃钢不反射无线电波,微波透过性好,是制造雷达罩、声呐罩的理想材料。

按树脂的性质可分为热塑性玻璃钢和热固性玻璃钢两类。

(1)热塑性玻璃钢。它是由 20%～40%的玻璃纤维和 60%～80%的基体材料(如尼龙、ABS 等)组成的,具有高强度和高冲击韧性、良好的低温性能及低热膨胀系数。

(2)热固性玻璃钢。它是由 60%～70%的玻璃纤维和 30%～40%的基体材料(如环氧、聚酯等)组成的。其主要特点是密度小、强度高,比强度超过一般高强度钢和铝合金、钛合金,耐磨性、绝缘性和绝热性好,吸水性低,防磁,微波穿透性好,易于加工成型。其缺点是弹性模量低,只有结构钢的 1/10～1/5,刚性差,耐热性比热塑性玻璃钢好但不够高,只能在 300 ℃以下工作。为提高它的性能,可对它进行改性。例如,以环氧树脂和酚醛树脂混溶做基体的环氧-酚醛玻璃钢热稳定性好,强度更高。

2. 碳纤维-树脂复合材料

碳纤维-树脂复合材料也称为碳纤维增强复合材料。常用的这类复合材料由碳纤维与聚酯、酚醛、环氧、聚四氟乙烯等树脂组成。其性能优于玻璃钢,密度小、强度高、弹性模量高、比强度和比模量高,并具有优良的抗疲劳性能、耐冲击性能、良好的自润滑性、减振性、耐磨性、耐蚀性和耐热性。其缺点是碳纤维与基体的结合力低,各向异性严重。

碳纤维复合材料用作航空航天结构材料,减重效果十分显著,显示出无可比拟的巨大应用潜力。当前先进固体发动机均优先选用碳纤维复合材料壳体。采用碳纤维复合材料可提高弹头携带能力,增加有效射程和落点精度。飞机上的应用已由次承力结构材料发展到主承力结构材料。例如,美国的 F-18、F-22 战斗机大量采用高强度、耐高温的树脂基复合材料。法国的"阵风"机翼大部分部件和机身的一半都采用了碳纤维复合材料。图 11-6 为美国 F-18 战斗机应用复合材料(图中涂黑的部分)的情况。

图 11-6 复合材料在 F-18 战斗机上的应用

3. 碳化硅纤维-树脂复合材料

碳化硅与环氧树脂组成的复合材料,具有高的比强度和比模量,抗拉强度接近碳纤维-环氧树脂复合材料,而抗压强度为其两倍。因此,它是一种很有发展前途的新材料,主要用于航空航天工业。

4. 芳纶(Kevlar)纤维-树脂复合材料

它是由芳纶有机纤维与环氧、聚乙烯、聚碳酸酯、聚酯等树脂组成的。其中,最常用的是芳纶纤维与环氧树脂组成的复合材料,其主要性能特点是抗拉强度较高,与碳纤维-

环氧树脂复合材料相似,延性好,与金属相当;耐冲击性超过碳纤维增强塑料,有优良的疲劳抗力和减振性,其疲劳抗力高于玻璃钢和铝合金,减振能力是钢的 8 倍,是玻璃钢的 4~5 倍。它用于制造飞机机身、雷达天线罩、轻型舰船等。

11.5.2　金属基复合材料

金属基复合材料的基体大多采用铝及铝合金、铜及铜合金、钛及钛合金、镁及镁合金、镍合金等。金属基复合材料的增强材料要求高强度和弹性模量(抵抗变形及断裂)、高抗磨性(防止表面损伤)与高化学稳定性(防止与空气和基体发生化学反应)。

1. 纤维增强金属基复合材料

纤维增强金属基复合材料通常是由低强度、高韧性的基体与高强度、高弹性模量的纤维组成的。常用的纤维有硼纤维、碳化硅纤维、碳纤维、氧化铝纤维、钨纤维、钢丝等,装备结构常用的是铝基复合材料,主要类型有以下几种。

(1)碳纤维增强金属基复合材料。碳纤维-铝复合材料具有高比强度和比模量、较高的耐磨性、较好的导热性和导电性、较小的热膨胀和尺寸变化。碳纤维-铝复合材料在航天和军事方面得到应用。例如,采用碳纤维-铝复合材料制造的卫星用波导管具有良好的刚性和极低的热膨胀系数,比原碳纤维-环氧树脂复合材料轻 30%。

(2)氧化铝纤维增强金属基复合材料。氧化铝纤维-铝复合材料具有高比强度和比模量、高疲劳强度及高耐蚀性,因此,在飞机、汽车工业上得到应用。

(3)碳化硅纤维增强金属基复合材料。碳化硅纤维是一种高熔点、高强度、高弹性模量的陶瓷纤维。它以碳纤维作底丝,用二甲基二氯硅烷反应生成聚硅烷,经聚合生成聚碳硅烷纺丝,再烧结产生碳化硅纤维尼可纶。碳化硅纤维尼可纶-铝复合材料是由于尼可纶的密度与铝十分相近,因此能容易地制造非常稳定的复合材料,并且强度较高,在 400 ℃以下随着温度的升高,强度降低也不大,可作为飞机材料。

(4)硼纤维增强金属基复合材料。硼纤维-铝复合材料具有高比强度和比模量,因此在飞机部件、喷气发动机、火箭发动机上得以应用。早在 20 世纪 70 年代,美国就把硼纤维-铝复合材料用到航天飞机轨道器主骨架上,比原设计的铝合金主骨架减重 44%。这种复合材料用于航空发动机风扇和压气机叶片,飞机和卫星构件,减重效果达 20%~60%。

(5)钨纤维增强金属基复合材料。钨是高熔点金属,钨纤维比其他纤维的密度高,但其抗拉强度/密度却大大超过其他纤维。例如,镍基高温合金在 1090 ℃温度下 100 h 的持久强度为 100 MPa,而用钨、钨-二氧化钍($W-ThO_2$)和钨-铪-碳($W-Hf-C$)纤维增强后,其强度可分别提高至原来的 1.5 倍、2 倍和 3 倍。因此,钨纤维增强高温合金在发动机热端部件制造中有应用前景。图 11-7 为钨纤维增强高温合金叶片制备工艺过程示意图。

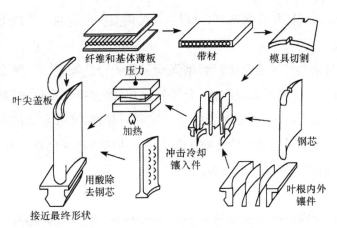

纤维和基体薄板　压力　带材　模具切割

叶尖盖板

加热

冲击冷却镶入件

钢芯

用酸除去钢芯

接近最终形状

叶根内外镶件

图 11-7　钨纤维增强高温合金叶片制备工艺过程示意图

2. 颗粒增强金属基复合材料

颗粒增强金属基复合材料是由一种或多种陶瓷颗粒或金属基颗粒增强体与金属基体组成的先进复合材料。此种材料一般选择具有高模量、高强度、高耐磨和良好的高温性能，并且在物理、化学上与基体相匹配的颗粒为增强体，通常为碳化硅、氧化铝、硼化铁等陶瓷颗粒，有时也用金属颗粒作为增强体。

颗粒增强金属基复合材料具有良好的力学性能、物理性能和优异的工艺性能，可采用传统的成型工艺进行制备和二次加工。颗粒增强金属基复合材料的性能一般取决于增强颗粒的种类、形状、尺寸和数量、基体金属的种类和性质以及材料的复合工艺。

（1）碳化硅颗粒增强铝基复合材料

碳化硅颗粒增强铝基复合材料是目前金属基复合材料中最早实现大规模产业化的品种。此种复合材料的密度仅为钢的 1/3，钛合金的 2/3，与铝合金相近；其比强度较铝合金高，与钛合金相近，模量略高于钛合金，比铝合金高很多。此外，SiC_p-Al 复合材料还具有良好的耐磨性能（与钢相似，比铝合金大 1 倍），使用温度最高可达 300～350 ℃。

碳化硅颗粒增强铝基复合材料目前已批量用于汽车工业和机械工业中，制造大功率汽车发动机和柴油发动机的活塞、活塞环、连杆、刹车片等；同时，还可用于制造火箭、导弹构件、红外及激光制导系统构件。此外，以超细碳化硅颗粒增强的铝基复合材料还是一种理想的精密仪表用高尺寸稳定性材料和精密电子器件的封装材料。

（2）颗粒增强型高温金属基复合材料

这是一种以高强、高模量陶瓷颗粒增强的钛基或金属间化合物基复合材料，典型材料是 TiC 颗粒增强的 Ti-6Al-4V（TC4）钛合金。这种材料一般采用粉末冶金法，由 10%～25% 超硬 TiC 颗粒与钛合金粉末复合而成。

与基体合金相比，TiC/Ti-6Al-4V 复合材料的强度、模量及抗蠕变性能均明显提高，使用温度最高可达 500 ℃，可用于制造导弹壳体、导弹尾翼和发动机零部件。另一种典型材料是颗粒增强金属间化合物基复合材料,其使用温度可达 800 ℃以上。

(3)金属陶瓷

由陶瓷颗粒与金属基体结合的颗粒增强金属称为金属陶瓷。这种金属陶瓷的特点是耐热性好,硬度高。但脆性大的陶瓷(金属氧化物、碳化物和氮化物)颗粒与韧性好的基体烧结黏合在一起后,产生既有陶瓷的高硬度和耐热性,又有金属的耐冲击性等复合效果。工业上应用的金属陶瓷有碳化物增强金属即所谓的超硬合金。例如,WC-Co 已用于制造耐磨、耐冲击的工具或合金刀头。

(4)弥散强化金属

将金属或氧化物颗粒均匀地分散到基体金属中去,使金属晶格固定,增加位错运动的阻力。金属经弥散强化后可使室温及高温强度提高。氧化铝弥散增强铝复合材料就是工业中应用的一例。

11.5.3　无机非金属基复合材料

1. 陶瓷基复合材料

(1)纤维-陶瓷复合材料

纤维-陶瓷复合材料日益受到人们的重视。由碳纤维或石墨纤维与陶瓷组成的复合材料能大幅度地提高冲击韧性和防热、防振性,降低陶瓷的脆性,而陶瓷又能保持碳(或石墨)纤维在高温下不被氧化,因而具有很高的高温强度和弹性模量。例如,碳纤维-氮化硅复合材料可在 1400 ℃温度下长期使用,用于制造飞机发动机叶片;碳纤维-石英陶瓷复合材料的冲击韧性比烧结石英陶瓷大 40 倍,抗弯强度大 5～12 倍,比强度、比模量成倍提高,能承受 1200～1500 ℃高温气流冲击,是一种很有发展前途的新型复合材料。

(2)晶须和颗粒增强陶瓷基复合材料

由于晶须的尺寸很小,从客观上看与粉末一样,因此,在制备复合材料时只需将晶须分散后与基体粉末混合均匀,然后对混合好的粉末进行热压烧结,即可制得致密的晶须增韧陶瓷基复合材料。目前常用的是 SiC、Si_3N_4、Al_2O_3 晶须,常用的基体则为 Al_2O_3、ZrO_2、SiO_2、Si_3N_4 及莫来石。晶须增韧陶瓷基复合材料的性能与基体和晶须的选择、晶须的含量及分布因素有关。

由于晶须具有长径比,因此当其含量较高时,会引起密度的下降并导致性能的下降。为了克服这一弱点,可采用颗粒来代替晶须制成复合材料,这种复合材料在原料的混合均匀化及烧结致密化方面均比晶须增强陶瓷基复合材料要容易。当所用的颗粒为 SiC、TiC 时,基体材料采用最多的是 Al_2O_3、Si_3N_4。目前,这些复合材料已广泛用来制造刀具。

2. 碳/碳复合材料

碳/碳复合材料是由碳纤维增强体与碳基体组成的复合材料,简称碳/碳(C/C)复合材料。这种复合材料主要是以碳(石墨)纤维毡、布或三绝编织物与树脂、沥青等可碳化物质复合,经反复多次碳化与石墨化处理,达到所要求的密度;或者采用化学气相沉积法将碳沉积在碳纤维上,再经致密化和石墨化处理,制得复合材料。根据用途,碳/碳复合材料可分为烧蚀型碳/碳复合材料、热结构型碳/碳复合材料和多功能型碳/碳复合材料。

碳/碳复合材料具有卓越的高温性能、良好的耐烧蚀特性和较好的抗热冲击性能,同时还具有热膨胀系数低、抗化学腐蚀的特点,是目前可使用温度最高的复合材料(最高温度可达 2000 ℃以上)。碳/碳复合材料首先在航空航天领域作为高温热结构材料、烧蚀型防热材料以及耐摩擦磨损等功能材料。

碳/碳复合材料用于航天飞机的鼻锥帽和机翼前缘,以抵御起飞载荷和再次进入大气层的高温作用。碳/碳复合材料已成功用于飞机刹车盘,这种刹车盘具有低密度、耐高温、寿命长和良好的耐摩擦性能。碳/碳复合材料也是发展新一代航空发动机热端部件的关键材料。

思考与习题

1. 什么叫复合材料? 按照增强相的性质和形态可分为哪几种?
2. 如何区分复合材料与金属合金?
3. 复合材料的增强机制是什么?
4. 分析纤维增强复合材料的力学性能。
5. 说明复合材料的比强度与比模量高的优越性。
6. 碳/碳复合材料在航空航天工程中有哪些应用?
7. 调研复合材料在飞机制造中的应用及发展。

第 12 章　新型材料

12.1　稀土金属材料

稀土金属是元素周期表 IIIB 组中的钪、钇、镧系等 17 种元素的总称(常用 R 或 RE 表示),是一类典型的金属。稀土元素除了镨、钕呈淡黄色外,其余均为银白色有光泽的金属。通常稀土易被氧化而呈暗灰色。稀土可以分为轻稀土和重稀土,镧、铈、镨、钕、钷、钐和铕七个元素为轻稀土,钇、钆、镝、铽、钬、铒、铥、镱、镥九个元素为重稀土元素。稀土元素不但能以金属单质的形式存在,而且能以金属间化合物的形式与其他金属形成合金,仅二元金属间化合物就有 3000 种以上。由于稀土元素具有内层 4f 电子的数目从 0 向 14 逐个填满的特殊组态,导致元素间在光学、磁学、电学等性能上出现明显差异,繁衍出多种不同的新材料。因此稀土材料被誉为新材料的宝库,高技术的摇篮。稀土产业,特别是稀土新材料及其在高科技领域中的应用产业,作为朝阳产业,必将在 21 世纪获得更为迅速的发展。稀土金属是稀土材料重要的组成部分。广义来说,稀土金属材料应该包括稀有金属合金、稀土合金钢、稀土铸铁以及稀土有色金属合金(稀土铝、铜、镁、镍和钛合金)。稀土金属材料表现出了优异的力学性能,在各领域得到了广泛的应用。

12.1.1　稀土的基本性质

稀土矿石多以独居石、氟碳铈矿、磷灰石、萤石等形式存在。稀土金属的矿物资源比较丰富,在地壳中的丰度为 153 g/t。目前世界稀土工业储量约为 1 亿吨。我国稀土资源不但储量大,而且品种齐全,资源储量和矿产量均居世界首位。稀土金属冶炼一般采用熔盐电解法和金属热还原法。稀土的基本性质如下:

1. 稀土金属的物理性质

在常温常压下,稀土元素具有 4 种晶体结构:①六方体心结构,如钇和大多数重稀土元素;②立方密排结构(面心),如铈和镱;③双六方结构,如镧、镨、钕等;④斜方结构,如钐等。当温度、压力变化时多数稀土金属发生晶型转变。稀土金属的基本物理性质见

表 12-1。

表 12-1 稀土金属的基本物理性质

元素	原子序数	相对原子质量	密度/$(g \cdot cm^{-3})$	熔点/℃	沸点/℃	电负性	氧化还原电位 $=RE^{3+}+3e^{-1}$	电阻率 $(\mu\Omega \cdot cm)$	硬度 /HB
La	57	138.91	6.166	918	3464	114.10	−2.52	79.8	35~40
Ce	58	140.12	6.773	798	3433	114.12	−2.48	75.3	25~30
Pr	59	140.91	6.475	931	3520	114.13	−2.47	68.0	35~50
Nd	60	144.24	7.003	1021	3074	114.14	−2.44	64.3	35~45
Pm	61	147	7.2	1042	3000	—	−2.42		
Sm	62	150.35	7.536	1074	1794	114.17	−2.41	105.0	45~65
Eu	63	151.96	5.245	822	1529	1.20	−2.41	91.0	15~20
Gd	64	157.25	7.886	1313	3273	114.20	−2.40	131.0	55~70
Tb	65	158.93	8.253	1365	3230	—	−3.39	114.5	90~120
Dy	66	162.50	8.559	1413	2567	1.22	−2.35	92.6	55~105
Ho	67	164.93	8.73	1474	2700	1.23	−2.32	81.4	50~125
Er	68	167.26	9.045	1529	2868	1.24	−2.30	86.0	60~95
Tm	69	168.93	9.315	1545	1950	1.25	−2.28	67.5	55~90
Yb	70	173.04	6.972	819	1196	—	−2.27	25.1	20~30
Lu	71	174.97	9.84	1663	3402	1.27	−2.25	58.2	120~130
Y	39	88.91	4.472	1522	3338	1.22	−2.37	59.6	80~85

2. 稀土金属的化学性质

稀土元素的特点是原子的最外层电子结构相同,都是 2 个电子;次外层电子结构相似,倒数第三层 4f 轨道上的电子数从 0~14,各不相同。即稀土原子的电子层结构为 $[Xe]4f^n 5d^{0-1}6s^2$。$[Xe]$ 为氙原子的电子层结构。稀土原子半径大,易失去外层两个 s 电子和次外层 5d 或 4f 层一个电子而成 3 价离子,某些稀土元素也能呈 2 价或 4 价态。冶金工业利用上述性质在钢、铁和有色金属冶炼中添加稀土金属或其合金以起到变质剂的作用。

稀土元素比较活泼,容易失去外层的 s 电子和 5d 或 4f 电子,其活泼性仅次于碱金属和碱土金属。稀土(特别是轻稀土元素)必须保存在煤油中,否则与潮湿空气接触,会被氧化而变色。

3. 稀土金属的力学性能

稀土金属的力学性能见表 12-2。

表 12-2　稀土金属的力学性能

金属	维氏硬度	抗拉强度/MPa	屈服强度/MPa	抗压强度/MPa	延伸率/%	收缩率/%	弹性模量/×100 MPa	剪切模量/×100 MPa	泊松比
Sc	850	—	—	400	17		—		
La	400	130	130	220	8	33	390	150	0.29
Ce	250	110	90	300	24	18	310	120	0.25
Eu	200								
Er	700	300	300	780	4	22	740	300	0.24
Yb	250	70	70	—	6		180	70	0.28

12.1.2　稀土金属合金

稀土金属合金指含有质量分数为 45% Ce、$22\%\sim25\%$ La、18% Nd、5% Pr、1% Sm 及少量其他稀土金属组分的合金,在冶金工业中可以用作强还原剂。近年来在耐热合金、电热合金中开始使用钇组稀土合金以及钇铈组合金。工业上一般采用熔盐电解法制备。

常见稀土合金的成分见表 12-3。

表 12-3　稀土合金成分(质量分数/%)

合金牌号	稀土总量 (ΣRE_2O_3)	总稀土中质量分数		Si	Al	Ca	Te	注
		Y	Ce					
SIR	20~22	—	—	40~50	—		30~40	苏联
SIRAL	18~20	—	—	40~50	10~15		20~25	苏联
ALR	25~28				70~80			苏联
CuMuW-1	≥25			≤50	≤10		余量	苏联
钇基重稀土合金	30~35	17~28		35		5	余量	中国
硅镧	32~37	—	—	48~50	2.5~4.5	1.5~2.3	余量	苏联
含钇中间合金	10~30			其余	—	15~25	2~5	苏联
Ⅰ级稀土硅钙合金	25		45	—		30		日本
Ⅱ级稀土硅钙合金	30	—	46		8			日本

12.1.3　稀土合金钢和铸铁

对钢进行稀土处理,是提高钢材质量、发展新品种的有效措施,在钢中添加稀土,可以脱氧、脱硫、除气、减少有害元素的影响,具有净化钢液、改变夹杂物形态和分布、细化晶粒、微合金化和抗氢脆作用。

1. 净化钢液

稀土在钢液温度下与硫和氧反应,生成氧化物或硫氧化物。生成的稀土化合物熔点高、密度小、上浮成渣,并且它们微小的质点成为钢液结晶过程的异质晶核,起到细化晶粒的作用。稀土金属在钢、铁中脱氧、脱硫率都在 90% 以上。

2. 改变夹杂物的形态和分布

在铝脱氧的钢中,硫以 MnS 形式存在。MnS 在轧制时沿轧制方向伸长,塑性大而强度低,显著降低了钢的塑性和横向性能。稀土元素与 MnS 反应,破坏了硫化锰夹杂,形成了细小、分散并呈球团状的夹杂物。这些夹杂物在乳制时不变形,从而消除了 MnS 夹杂造成的危害。

3. 细化晶粒

稀土化合物微小的固体质点提供了异质晶核点,同时在结晶界面上具有阻碍晶粒长大的作用,为钢液结晶细化提供了较好的条件。

4. 微合金化作用

稀土在合金中的固溶度很小,没有形成单独的固溶相。因此稀土主要偏聚于晶界,并导致晶界结构、化学成分和能量的变化,并影响其他元素的扩散和析出相的形核与长大,进而改善钢的组织与性能。

5. 抗氢脆作用

稀土金属有很强的吸氢作用,形成稀土氢化物,从而抑制钢中氢引起的脆性。

几乎所有钢都可以通过添加稀土来改善力学性能,如碳素钢、高强度低合金钢、结构钢、高合金钢、耐热钢、各种不锈钢、工具钢、铸钢及磁钢等,其中应用最广的是高强度低合金钢。我国生产和研制的几种稀土钢见表 12-4。此外我国还成功研制了稀土装甲钢601、602,稀土炮钢 701、703 以及高速钢等。

稀土铸铁是稀土重要的应用领域之一。自 1948 年开始人们发明了用铈制取球墨铸铁并实现工业化生产,之后发展了稀土孕育剂,促进灰口铸铁性能的提高,随后相继研究了稀土在白口铸铁、可锻铸铁和球墨铸铁中的应用。稀土金属稀土合金在铸铁生产中能做球化剂、蠕化剂、孕育剂,是其他金属和合金不可比拟的。稀土铸铁详见铸铁一章,在此不再详述。

表 12-4　我国生产和研制的几种稀土钢

钢种	钢号	稀土的作用与效果
低碳钢	14MnVTiRE	提高低温韧性,改善横向性能
合金钢	16MnCuRE	提高断面合格率和横向冲击强度
	10MnPNbRE	提高耐海水腐蚀性
	12MnPKRE	提高强度和韧性
	225R(渣罐铸钢)	消除铸件热裂、提高成品率和使用寿命
	14MnMoVBRE	提高塑性和韧性
合金结构钢	20AlVRE	提高成材率和耐腐性
	65SiMnRE	提高耐磨性和使用寿命
	25MnTiBRE	改善缺口敏感性和韧性
	40MnBRE	改善淬透性
	CrMnMoRE	提高加工性能和韧性,降低脆性转变温度
电热合金	Fe-Cr-Al	提高抗氧化性能,成材率和使用寿命
	CH-36.39(高温合金)	改善抗氧化性能,提高成材率
高强度低合金钢	16MnRE 和 09MnRE	提高连轧钢板横向性能,提高冲压合格率
	09MnTiCuRE	提高低温韧性
	GSiMnVRE	提高耐磨和疲劳性能
工具钢	W14Cr4VMnRE	提高热塑性
	12MoWVBSiRE	提高高温持久强度
耐热不锈钢	Cr18Ni8Si12RE	提高抗应力腐蚀性能
	$P_{74}RE$(重轨钢)	提高耐磨性和使用寿命
弹簧钢	60SiMnRE(弹簧钢)	改善疲劳性能,提高使用寿命

12.1.4　稀土镁合金

传统镁合金存在易氧化、易腐蚀、抗高温蠕变能力差,高温强度低的缺点,稀土元素是克服这些缺点最有效、最实用、最具发展潜力的合金化元素。我国具有丰富的镁资源和稀土资源,研发系列稀土镁合金,对于经济和社会发展具有重要的作用。

1. 稀土在镁合金中的作用

稀土具有独特的核外电子结构,在镁合金领域其突出的净化、强化性能已经被人们认可。稀土元素在镁合金中一般会产生共晶反应,并产生 $Mg_{24}Y_5$、$Mg_{12}Nd$ 等高熔点的镁稀土化合物,具有很高的热稳定性。

已有的理论和生产实践表明稀土可以有效提高镁合金的力学性能、耐蚀抗氧化性能以及摩擦磨损和疲劳性能。和在钢中一样,稀土元素在镁合金中具有净化熔体、细化晶粒的作用。稀土元素可以降低合金在液态和固态下的氧化倾向,提高镁合金熔体的起燃温度,降低合金液的表面张力,减小结晶温度间隔,提高镁合金液的流动性,改善合金的铸造性能。除此之外,稀土元素在镁合金中具有显著的固溶和弥散强化的效果。大部分稀土在使用温度下具有和镁相似的密排六方的晶体结构,并且大部分稀土元素与镁原子半径之差在 15％ 以内,因此稀土元素在镁中具有较大的固溶度,有些高达 10％～20％。稀土原子半径也大于镁原子,故稀土的固溶产生镁基体的晶格畸变,同时稀土原子在镁中扩散系数小,扩散速率低,因此稀土元素在镁合金中具有很强的固溶强化作用。稀土与镁或其他合金化元素在合金凝固过程中形成稳定的高熔点、高热稳定性金属间化合物。这些金属间化合物粒子弥散分布于晶界、晶内、钉扎晶界、抑制晶界滑移、阻碍位错运动。同时稀土元素在镁中具有较高的固溶度,固溶度随温度降低而降低。当处于高温下的单相固溶体快速冷却时形成不稳定的过饱和固溶体。经过时效后形成细小弥散的析出沉淀相,从而有效地提高合金的强度。各稀土元素在镁中的作用效果是有差异的。其中,Nd 能同时提高室温和高温强化效应,综合作用最佳;Ce 和混合 RE 次之,有改善耐热性的作用,但常温强化效果很弱;La 的效果更差,强化效应和改善耐热性都不及 Nd 和Ce。Cd 在镁合金中无限固溶,溶解的 Cd 能起固溶强化作用。

2. 稀土镁合金材料

(1)稀土高强耐热镁合金。镁合金耐热性能差,高温拉伸性能和抗蠕变性能差,限制了其扩大应用。稀土合金化是提高镁合金高温性能的重要手段。现稀土元素在耐热镁合金中的应用已经取得了突破性的进展。稀土高强耐热镁合金主要包括 Mg-RE-Zr 系、Mg-Zn-RE 系、Mg-Ag-RE 系、Mg-Al-RE 系、Mg-Y-RE 系。Mg-RE-Zr 系包括 EK30、EK31、EK41 等,其中高熔点的 Mg-RE 合金相提高了合金的高温性能;Mg-Zn-RE 系包括 ZE33、ZE41、ZE63 等,在 Mg-RE-Zr 基础上添加 Zn,可进一步改善合金的铸造性能和力学性能;Mg-Al-RE 系包括 AE41、AE42、AE21 等,RE 与 Al 不仅形成了高熔点的$Al_{11}RE_3$ 相,并且抑制了低熔点的 $Mg_{17}Al_{12}$ 目的生成,提高了高温力学性能;Mg-Y-RE 系包括 WE33、WE54、WE43 等,通过析出高熔点的稀土化合物相而提高高温强度;Mg-Ag-RE 系则包括 QE21、QE22、EQ21 等,Ag 显著改善了合金的时效特性。稀土镁合金也可以根据稀土含量分为低稀土耐热镁合金(RE 小于 2％)、中等稀土耐热合金(2％＜RE＜6％)、高稀土耐热镁合金(RE 大于 2％)。常用的轻稀土元素为 Ce、La、Pr、Nd,重稀土元素为 Y、Gd、Dy、Ho、Er 等。其生成的镁稀土化合物熔点都在 550 ℃ 以上。部分含稀土高强耐热镁合金的成分和力学性能见表 12-5、12-6。

(2)稀土耐蚀合金。稀土元素加入镁合金,能和镁合金中的强阴极性杂质元素(如 Fe等)形成金属间化合物并形成"沉渣"被清除出合金液,或形成分散分布的阴极性较弱的

AlFeRE 多元金属间化合物,显著减轻了强阴极性杂质元素的有害作用。稀土元素加入 Mg-Al 合金能减少 β 相($Mg_{17}Al_{12}$)的形成。形成更细小分散分布的粒状、针状或片状的弱阴极性的含稀土金属间化合物,降低了析出相和镁基体的电位差,减弱阴极反应,抑制析氢过程;同时稀土元素在表面膜的富集,增加了表面膜的致密性,增强了表面膜的保护性;稀土元素的添加还促进了镁氢化合物的形成,阻碍了氢在镁的溶解。通过以上作用,稀土元素显著提高了镁合金的耐蚀性。对于 Mg-RE 合金,无论是 Mg-RE-Zr 系还是 Mg-Al-RE 系,其耐蚀性远远超过了高纯的不含稀土的镁铝合金。表 12-7 给出了 Mg-RE 合金名义组成和它们在 NaCl 溶液中的腐蚀速率。

表 12-5　部分含稀土高强耐热镁合金的成分

合金牌号	合金成分
EK30	Mg-(2.5%~4.4%)Re-(0.2%~0.4%)Zr
EK31	Mg-(3.5%~4.0%)Re-(0.4%~1%)Zr
WE33	Mg-3% Y-2.5% Nd-1%重稀土-0.5% Zr
MEZ	Mg-2.5% RE-0.35% Zn-0.3% Mn
ML10	Mg-(1.9%~2.6%)Nd-(0.2%~0.8%)Zn-(0.4%~1%)Zr
ML9	Mg-(2.2%~2.8%)Nd-(0.1%~0.7%)In-(0.4%~1%)Zr
MA11	Mg-(2.5%~3.5%)Nd-(1.5%~2.5%)Mn-(0.1%~0.22%)Ni
ZM3	Mg-(2.5%~4.0%)RE-(0.2%~0.7%)Zn-(0.4%~1%)Zr
ZM6	Mg-(2.0%~2.8%)RE-(0.2%~0.7%)Zn-(0.4%~1%)Zr
MB22	Mg-(2.9%~3.5%)Y-(1.2%~1.6%)Zn-(0.45%~0.8%)Zr
WE54-T6	Mg-(4.75%~5.5%)Y-(2.0%~4.0%)Re-(0.4%~1%)Zr
WE43-T6	Mg-(3.75%~4.25%)Y-(2.4%~3.4%)Re-(0.4%~1%)Zr

表 12-6　部分含稀土高强耐热镁合金的力学变性能

	温度/℃	抗拉强度/MPa	屈服强度/MPa	伸长率/%	蠕变强度/MPa	弹性模量/GPa
AE4230	RT	226	139	11	—	—
	121	177	118	23	—	—
	177	135	106	28	—	—
MEZ	RT	—	97	3	—	—
	150	—	78	8	—	—
	175	—	73	5	—	—

（续表）

	温度/℃	抗拉强度/MPa	屈服强度/MPa	伸长率/%	蠕变强度/MPa	弹性模量/GPa
EZ33	RT	160	112	2	—	—
	150	145	—	—	—	—
	205	—	—	—	38	40
	315	83	—	—	6.9	38
QE22	RT	260	195	3	—	—
	150	208	—	—	—	—
	205	—	—	—	55	37
	250	162	—	—	—	—
	315	80	—	—	—	31
WE54	RT	280	172	2	—	—
	150	255	—	—	—	—
	205	—	—	—	132	—
	250	234	—	—	—	—
	315	184	—	—	41	36
WE43	RT	184	186	2	—	—
	150	252	175	—	—	—
	205	—	—	—	96	39
	250	220	160	—	—	—
	300	160	125	—	—	—

表 12-7　**Mg-RE 合金名义组成和它们在 NaCl 溶液中的腐蚀速率**

	w(化学组成)/%						腐蚀速率/
	RE	Mg	Al	Mn	Zn	Zr	（mm·a⁻¹）
WE43A	4.0Y,3.3(Nd+HRE)	余量	—	—	—	0.7	0.4
WE54A	5.2Y,3.3(Nd+HRE)	余量	—	—	—	0.7	0.3
ZE41A	1.2 Mm	—	—	—	4.2	0.7	8.9~12.7
AE42	2.0 Mm	余量	4.0	0.3	—	—	0.9~1.8
AE61	1.1 Mm	余量	6.2	0.01	—	—	0.4
AE81	1.2 Mm	余量	7.9	0.01	—	—	0.3
AZ91D	—	余量	9.0	0.1	—	—	0.3~0.6
AM60B	—	余量	6.0	0.1	—	—	1.3~2.0

注：Mm 表示富 Ce；HRE 表示重稀土元素，主要为 Y,Er,Dy,Gd。

此外稀土元素在镁阻尼合金、镁锂合金中都得到广泛应用,显著提高了合金的综合性能。稀土镁合金研究和生产发展趋势如下:(1)进一步加强稀土在镁合金中的作用机理及规律研究,开发新型稀土镁合金是推广稀土应用的趋势;(2)优化稀土加入工艺、优化稀土种类和稀土加入量、改进稀土加入方式,开发低成本稀土镁合金。

12.1.5 稀土铝合金

稀土合金化是进一步提高铝及其合金性能的行之有效的方法。稀土元素由于其独特的电子结构特性,使稀土铝及铝合金具有多种功能。

1. 稀土在铝和铝合金中的作用机理

稀土在铝合金中固溶度较小,因此稀土在铝合金中的作用不同于镁合金。稀土在铝合金中的作用主要包括净化熔体作用、细化组织作用、变质作用和微合金化作用。其次才是固溶强化、时效沉淀强化和弥散强化作用。

(1)净化作用。净化机理首先为除气作用。稀土与氢具有较大的亲和力,大量吸附和溶解氢,并生成高熔点化合物,降低有效熔体内的溶解氢含量;同时稀土是表面活性元素,使表面熔体的表面张力下降,气泡容易上浮至熔体表面而排出。另一方面,当稀土用于表面覆盖剂时,可以形成稀土复合氧化物,使表面氧化膜更加致密,进一步阻止了熔体的氧化。稀土元素在铝合金中的固溶度比较低,一般在晶界处或固液界面处富集,和夹杂 Al_2O_3 发生反应,生成单质 Al 和高熔点稀土氧化物,后者可以通过静置下沉而除掉,因此稀土可以有效地降低熔体的夹杂物含量。

(2)变质作用。稀土作为变质剂具有长效性、重熔稳定性,无腐蚀作用。稀土作为变质元素可以使铝硅合金中的针、片状共晶硅变为粒状,并减小初晶硅的尺寸;细化 Al-Cu 合金的铸态晶粒,减小二次枝晶间距。对于 Al-Mg、Al-Li 等其他合金系也有显著的变质和晶粒细化效果。

(3)微合金化作用。稀土可以固溶在基体中,也可偏聚在相界、晶界和枝晶界处或固溶在化合物中,以及以化合物的形式存在。偏聚在相界、晶界和枝晶处的稀土元素增加合金的变形阻力、促进位错增殖,形成连续或不连续的网膜,提高了合金的晶界强度和抗蠕变能力,改善合金的热强性;当稀土含量足够高时,形成具有粒子化、球化和细化等特征的金属间化合物,这些新相具有很好的热稳定性和耐热性。

稀土元素在铝合金中具有一定的固溶强化作用,但由于稀土元素在铝中的固溶度不高,故多采用各种快速凝固技术以取得尽可能大的过饱和度。相应的稀土元素在铝合金中具有一定的时效沉淀强化作用。

2. 稀土在铝合金中的应用

稀土对于提高铝合金的性能具有多重功能,为获得高性能的铝合金,往往在铝合金中加入适量的稀土元素。

(1)在铸造铝合金中的应用。铸造铝合金中加入稀土可提高合金性能,提高铸造产品的合格率。如 ZL104 合金加入稀土后合金抗拉强度由 260 MPa 增加到 300 MPa,高温强度提高 16％,该合金已经广泛应用在发动机缸体、缸盖、曲轴等铸件中。

ZL101 加入混合稀土,能明显细化变质合金中的共晶硅,使其形态由长针片状转变为均匀分布的圆点,同时显著细化晶粒。图 12-1 给出了 ZL101 合金加入质量分数为 1％的稀土变质合金(Al-10％La)后合金的组织变化,可以看出稀土对共晶硅有较好的变质作用,在抑制 Si 形核长大的同时促进了较粗大的 α-Al 晶粒的形核,表现出了细化与变质相互促进的作用。

ZL108 中加入稀土添加剂,使针片状的共晶硅细化,也使 α-Al 相得到一定的细化,同时还有明显的除氢作用。稀土合金化显著提高了 ZL108 合金的力学性能,使 ZL108 合金的断口组织由准解理和韧窝相结合的形态转化为韧窝型。表 11-8 为不同变质条件下 ZL108 合金的力学性能。

(a)无稀土

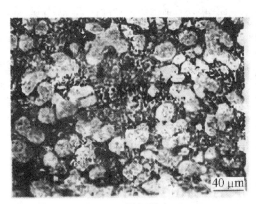
(b)添加稀土

图 12-1　ZL101 合金加入质量分数为 1％的稀土变质合金(Al-10％ La)后合金的组织变化

表 12-8　不同变质条件下 ZL108 合金的力学性能

变质剂	σ_b MPa	$\delta/\%$	硬度/HB
未变质	192	0.8	86
P 变质	221	0.5	97
RE－Ba－P 复合变质	258.7	1.0	100

ZL2O3 合金加入稀土元素后晶粒明显得到细化,同时改善了合金中主要析出相 $CuAl_2$ 相的分布形态,由网状分布变薄,甚至变为不连续分布,显著提高了合金的力学性能。表 12-9 给出了不同稀土加入量对 ZL2O3 合金晶粒尺寸和力学性能的影响。

表 12-9　不同稀土加入量对 ZL2O3 合金晶粒尺寸和力学性能的影响

稀土质量分数/%	0	0.02	0.04	0.08	0.10	0.15
晶粒尺寸/μm	44.5	31.9	29.0	26.2	23.3	29.4
抗拉强度/MPa	209.8	219.6	225.9	269.2	271.8	247.9
伸长率/%	6	16	14.3	18	20	16.7
硬度/HB	61.2	59.2	64.6	70.2	78.3	76.3

稀土元素在 ZL106、ZL109 等其他铝合金中也得到广泛的应用,具体应用效果见表 12-10。

表 12-10　稀土元素在 ZL106、ZL109 等铝合金中的应用

编号	合金种类	合金组分	应用领域及效果
1	ZL106RE 稀土耐磨铸造铝合金	ZAlSi8CulMgRE	稀土耐磨铸造铝合金比 ZL106 合金的耐磨性提高 41.9%,硬度提高 30%～40%,广泛用作飞机、汽车、拖拉机的铸件,机床导轨、压板及其他耐磨件
2	ZL109RE 稀土过共晶铸造铝合金	ZAlSi2Cu2Mg1N1 添加适量稀土	稀土化后线膨胀系数降低 14%～17%;强度提高了 30%～40%,耐磨性提高 4～5 倍
3	AlCuRE 系铸造铝合金,ZL207RE、ZL208RE、ZI209RE 稀土高强度铸造铝合金	Al-5%Cu-RE 合金中稀土质量分数 1%	提高高温持久寿命和断裂韧性,可替代高铁线路的钢制滑轮以及制造轻型起重机的部分零件
4	AlMgRE 系稀土压铸铝合金和光亮铸造铝合金	Al-Zn-Mg-RE 压铸铝合金和 Al-Mg-RE 系光亮铸造铝合金,添加质量分数为 0.1%～0.3%混合稀土	可使铸造铝合金材料获得最好的表面光洁度和光泽持久性,提高了表面质量

（2）在变形铝合金中的应用。稀土在变形铝合金中的应用发展迅速,取得了很好的经济效益和社会效益。稀土在铝电线电缆、铝制品、铝建筑型材中的应用已经很成熟,但在高强耐热合金、超塑性合金、铝锂合金等方面的应用还有待深入。

为提高航空航天和地面交通的工作性能,发展高强铝合金非常迫切。稀土是有效提高铝合金机械性能的合金元素之一,其中最重要的元素是钪。钪在铝合金中具有明显的弥散强化的效应。一般来说,每添加 0.1%Sc(原子分数),强度提高约 97 MPa。同时钪

具有显著的晶粒细化效果。钪与铝基体类质同晶,能与铝形成 Al_3Sc 相,显著细化晶粒。钪的质量分数达到 $0.3\% \sim 1\%$ 时,晶粒可细化到 $1 \sim 10~\mu m$。这些细小的析出相也保证了高温下的力学性能与热稳定性。钪的另外一个作用是抑制或完全防止再结晶。钪还可以起到防止热裂和提高铝合金耐蚀性的效果。表 12-11 给出了 Sc 元素对 Al-Zn-Mg-Cu 合金的力学性能的影响。

表 12-11　Sc 元素对 Al-Zn-Mg-Cu 合金的力学性能的影响

合金成分/%	断裂强度/MPa	屈服强度/MPa	伸长率/%
Al-11.0Zn-3.3Mg-1.2Cu	554	—	0
Al-9.0Zn-3.1Mg-1.2Cu-0.2Zr	786	727	5.0
Al-10.8Zn-3.5Mg-1.2Cu-0.15Zr-0.39Sc	790	748	10.0
Al-10.28Zn-3.1Mg-1.3Cu-0.43Sc	782	721	8.6
Al-12.0Zn-3.3Mg-1.2Cu-0.13Zr-0.4Mn-0.49Sc	820	790	5.8

稀土合金化的另一个作用是提高了铝合金的超塑性成型性能。超塑成型是铝合金重要的成型工艺,可以用来加工成仪器仪表壳罩件等形状复杂的构件以及汽车、飞机制造的零部件。稀土元素可以有效地提高合金的超塑性。Al-Zn-Mg 合金中添加稀土元素可以显著扩大超塑性的温度范围,降低 Al-Zn-Mg 的超塑性变形温度,提高合金超塑成型的速度,降低超塑成型的温度,其原因在于稀土主要以化合物的形式存在于晶界中,具有明显的细化晶粒作用。图 12-2 给出了添加稀土量对 Al-Zn-Mg 合金超塑性变形的温度和速度的影响。可见添加稀土不但增大了铝合金的超塑成型温度区间,增加了超塑成型的速率,而且合适的稀土添加量还会降低铝合金的超塑成型温度。

稀土元素在导电铝材中也得到广泛的应用。我国铝土硅矿含硅量偏高,使得铝导线电阻率偏高。稀土的添加可以有效地提高电导率。原因在于稀土与固溶在铝中的硅形成稳定的 Ce_5Si_3 类化合物,改善了 Si 的存在形态,提高了铝的导电性能。表 12-12 给出了 Al-Mg-Si 合金稀土除杂效果与电阻率的关系。

表 12-12　Al-Mg-Si 合金稀土除杂效果与电阻率的关系

稀土质量分数/%	杂质质量分数/%				电阻率/ $(W \cdot mm^2 \cdot m^{-1})$
	Fe	Si	H_2	O_2	
0.0	0.109	0.109	0.0069	0.019	28.592×10^{-3}
0.5	0.111	0.113	0.0044	0.027	27.898×10^{-3}
1.2	0.121	0.101	0.0052	0.022	28.114×10^{-3}
1.8	0.131	0.100	0.0072	0.031	28.304×10^{-3}

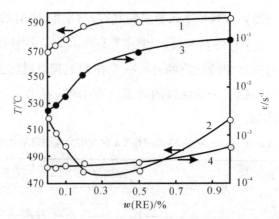

图 12-2　稀土添加量对 Al-Zn-Mg 合金超塑性变形的温度和速度的影响

1、2——超塑成型的上限和下限温度；3、4——超塑成型的上限和下限速度

稀土在铝合金中应用的一个重要领域是铝锂合金。铝锂合金具有低密度、高比强度和高比刚度的特点，是理想的航空航天结构材料，但塑性差、断裂韧性和强度低，力学性能各向异性大。稀土合金化是改善铝锂合金性能的有效措施。国内外都展开了镁锂合金稀土化的研究。稀土元素可以减少杂质元素的影响，增加合金元素的活性，改善析出物的形态，提高合金的力学和工艺性能。其中，稀土钇、铈和钪是最有效果的元素，钇可以提高塑性，铈改善合金的热强性和耐热性，钪作用最好，并可以改善合金的焊接性能。表 12-13 给出了常见稀土铝锂合金成分，表 12-14 为稀土元素对 Al-Li-Cu-Zr 铝锂合金力学性能的影响。

表 12-13　常见稀土铝锂合金成分（$w/\%$）

合金	Li	Cu	Mg	Be	Re	其他
1421	1.8～2.2	—	4.5～5.3	—	Sc0.16～0.21	—
1423	1.7～2.0	—	3.2～4.2	0.02～0.2	Sc0.06～0.10	Mn0.05～0.25
1450	1.8～2.3	2.3～2.6	<0.1	0.01～0.1	Ce0.005～0.03	—
1430	1.5～2.9	1.5～1.8	2.5～3.0	0.02～0.2	Y0.05～0.25 Sc0.02～0.3	—

表 12-14　稀土元素对 Al-Li-Cu-Zr 铝锂合金力学性能的影响

影响因素	$w(\text{Fe}+\text{Si})/\%$	$w(\text{Na}+\text{K})\%$	$w(\text{Ce})/\%$	$\delta/\%$	$K_{\text{Ic}}/(\text{MPa}\cdot\text{m}^{1/2})$
Fe+Si	0.08	0.0039	—	5.5	25.9
	0.42	0.0030		3.2	18.3
Na+K	0.61	0.0023	0.05	5.7	32.0
	0.40	0.0132	0.06	0.9	22.7

（续表）

影响因素	$w(Fe+Si)/\%$	$w(Na+K)\%$	$w(Ce)/\%$	$\delta/\%$	$K_{Ic}/(MPa \cdot m^{1/2})$
Ce	0.42	0.0030	—	3.2	—
	0.61	0.0023	0.05	5.7	75
	0.45	0.0053	0.12	5.6	90
	0.50	0.0038	0.25	5.3	55
Fe+Si 及 Ce	0.08	0.0039	12	5.5	25.9
	0.45	0.0053		5.6	34.7
Na+K 及 Ce	0.42	0.0030	—	3.2	—
	0.40	0.0132	0.06	0.9	24

稀土元素在铝合金绞线、民用建筑铝合金、轴承铝合金等变形铝合金中都得到应用，效果良好。表 12-15 给出了稀土元素在其他变形铝合金中的具体应用及效果。

表 12-15　稀土元素在其他变形铝合金中的应用及效果

编号	合金种类	合金组分	应用领域及效果
1	Ag-Mg-Si-RE 高强度稀土铝合金绞线	Al-Mg-Si-RE 系合金中加入微量稀土制作绞线	提高抗拉强度 40%，抗弯强度提高 1 倍，加工性能和导电性有明显提高，可用于大跨越地段和高寒地区的高压和超压运输变电工程的架线上
2	Al-Cu-Mn-RE 耐热铝合金绞线	Al-Cu-Mn-RE 硬铝合金中，加入 0.5% 以下的混合稀土，可生成耐热性好，热稳定性好，熔点高的化合物 Al8Cu4Ce，Al8MnCe，Al24Cu8MnCe	用制成的绞线在 150 ℃ 以下使用，导电率可以达到 60%IACS，导致载流量为硬铝导线的 1.5 倍，使用寿命为硬铝导线的 1.7 倍。
3	6063RE 民用建筑铝合金	6063 铝合金加入质量分数为 0.15%～0.25% 的稀土	改善铸态组织和加工组织，抗拉强度、屈服强度、延伸率分别由 157 MPa、108 MPa、8% 提高到 245 MPa、226 MPa、13%，耐腐蚀能力提高 20%～40%，建筑型材料得到了广泛应用。

12.1.6　稀土金属的其他应用

除上述的稀土合金、稀土合金钢、稀土铸铁、稀土镁合金和稀土铝合金外，稀土永磁材料、稀土储氢材料、稀土发光和激光材料、稀土催化剂等功能材料方面都得到广泛的应用。事实上，稀土在功能材料应用的规模和作用比其在结构材料的应用更体现了本身的战略意义。对于稀土永磁材料、稀土储氢材料、稀土发光和激光材料、稀土催化剂不再详述,有兴趣的读者可以参阅有关的著作。

稀土金属独特的物理化学性质,为其广泛应用提供了基础。目前世界稀土消费总量的 70% 用于材料方面,涉及了国民经济中冶金、机械、石油、化工、玻璃、陶瓷、轻工、纺织、生物和医疗以及光学、磁学、电子、信息和原子能工业的各大领域 40 多个行业。我国作为稀土资源和生产大国,已经成为世界最大的稀土出口国,在国际稀土市场上占据垄断和主导地位。

稀土应用主要是在传统产业和高技术产业两个方面。稀土在钢铁、有色金属、机械制造、石油化工和农林牧业等传统产业方面用途广泛,用量小,但效果显著,发挥着"维生素"的作用,产生巨大的辐射经济效益。稀土钢和稀土铸铁已被广泛应用于火车车辆、钢轨、汽车部件、各种仪器设备、油气管道、兵器等。具有中国技术特色的稀土铝电线已被大量应用于高压电力输送系统。稀土永磁材料,特别是钕铁硼永磁体,是当今磁性最强的永磁材料,带动机电产业发生革命性的变革,已经广泛应用于汽车、计算机、工业自动化系统、航空航天和军工技术中。

12.2　纳米材料

12.2.1　纳米材料及分类

1. 纳米材料概述

纳米是一种长度单位,用 nm 表示,$1\ nm = 10^{-9}\ m$,即 1 nm 等于十亿分之一米。纳米材料主要以物理、化学等的微观研究理论为基础,以现代高精密检测仪器和先进的分析技术为手段。纳米材料的物理、化学性质既不同于微观的原子、分子,也不同于宏观物体。纳米介于宏观世界与微观世界之间,人们称之为介观世界,其研究范围在 $10^{-9} \sim 10^{-7}\ m$ 之间。纳米材料一般指在空间有一维尺寸在纳米数量级或者组成微粒尺寸在 $1 \sim 10\ nm$ 范围内的材料。纳米材料具有表面效应、小尺寸效应和宏观量子隧道效应。因此,在实际使用过程中,它将显示出许多奇特的特性,即它的光学、热学、磁学、力学以及化学方面的性质与粗晶材料相比将会有显著的不同。例如,一个导电、导热的铜、银导体制成纳米尺度以后,就失去原来的性质,表现为既不导电,也不导热。铁钴合金,把它制成大约 $20 \sim 30\ nm$ 大小,磁畴就变成单磁畴,它的磁性要比原来高 1000 倍。人们就把这类材料命名为纳米材料。

纳米科学技术是 20 世纪 80 年代兴起的高新技术,它的基本涵义是在纳米技术($0.1 \sim 100\ nm$)范围内认识和改造自然,通过直接操作和安排原子、分子来创新物质。

被誉为"21 世纪最有前途的材料"的纳米材料,同信息技术和生物技术一样已经成为 21 世纪社会经济发展的三大支柱之一和战略制高点。

纳米材料可广泛用于高力学性能环境、光热吸收、磁记录、超微复合材料、催化剂、热交换材料、敏感元件、燃烧助剂、医学等众多领域。

目前,纳米技术产业化尚处于初期阶段,但展示了巨大的商业前景。各个纳米技术强国为了尽快实现纳米技术的产业化,都在加紧采取措施,促进产业化进程。

纳米材料、纳米技术是 20 世纪 80 年代末期兴起的,涉及物理学、化学、材料学、生物学、电子学等多学科交叉的新的分支学科。

本教材主要介绍纳米材料、纳米科技的相关新概念、新知识、新理论、新技术,使读者们了解并掌握纳米材料学的相关基础知识、研究热点、应用及研究进展情况。

2. 纳米材料的分类

纳米材料可从维数、组成相数、导电性能等不同角度进行分类。由于纳米材料的主要特征在于其外观尺度,从三维外观尺度上对纳米材料进行分类是目前流行的分类方法(表 12-16),可分为零维纳米材料、一维纳米材料、二维纳米材料和三维纳米材料。其中零维纳米材料、一维纳米材料和二维纳米材料可作为纳米结构单元组成纳米结构材料、纳米复合材料以及纳米有序结构。

表 12-16 纳米材料的分类

基本类型	尺度、形貌与结构特征	实例
零维纳米材料	三维尺度均为纳米级,没有明显的取向性,近等轴状	原子团簇,量子点,纳米微粒
一维纳米材料	单向延伸,二维尺度为纳米级,第三维尺度不限	纳米棒,纳米线,纳米管,纳米晶须,纳米纤维,纳米卷轴,纳米带
	单向延伸,直径大于 100 nm,具有纳米结构	纳米结构纤维
二维纳米材料	一维尺度为纳米级,面状分布	纳米片,纳米板,纳米薄膜,纳米涂层,单层膜,纳米多层膜
	面状分布,厚度大于 100 nm,具有纳米结构	纳米结构薄膜,纳米结构涂层
三维纳米材料	包含纳米结构单元、三维尺寸均超过纳米尺度的固体	纳米陶瓷,纳米金属,纳米孔材料,气凝胶,纳米结构阵列
	由不同类型低维纳米结构单元或与常规材料复合形成的固体	纳米复合材料

12.2.2　纳米材料的特殊效应和性能

1. 纳米材料的特殊效应

(1)量子尺寸效应。所谓量子尺寸效应是指当粒子尺寸极小时,纳米能级附近的电子能级将由准连续态分裂为分立能级的现象。量子尺寸效应可导致纳米颗粒的磁、光、声、电、热以及超导电性与同一物质原有性质有显著差异,即出现反常现象。例如金属都是导体,但纳米金属颗粒在低温时,由于量子尺寸效应会呈现绝缘性。

(2)小尺寸效应。随着纳米尺寸的减少,与体积成比例的能量,如磁各向异性等亦相应降低,当体积能与热能相当或更小时,会发生强磁状态向超顺磁性状态转变。此外,当颗粒尺寸与光波的波长、传导电子德布罗意波长、超导体的相当长度或透射深度等物理特性尺寸相当或更小时,其声、光、电磁和热力学等特性均会呈现新的尺寸效应。将导致光的等离子共振频移、介电常数与超导性能发生变化。

(3)表面与界面效应。众所周知,物质的颗粒越小,它的表面积就越大。同样,纳米材料中颗粒直径越小、界面原子数量越大,界面能越高,使处于界面的原子数越来越多,这极大增强了纳米粒子的活性。表面活性高是由于表面原子缺少近邻配位原子,极不稳定而易于与其原子化合。这种界面原子的活性,不仅引起纳米粒子界面原子输送和构型的变化,也引起界面电子自旋构象和电子能谱的变化,于是与界面状态有关的吸附、催化、扩散、烧结等物理、化学特性也将显著变化。

(4)宏观量子隧道效应。微观粒子具有贯穿势垒的能力称为隧道效应。近年来,人们发现一些宏观量,例如微颗粒的磁化强度、量子相干器件中的磁通量以及电荷等亦具有隧道效应,它们可以穿越宏观系统的势垒而产生变化,故称为宏观的量子隧道效应。宏观量子隧道效应对发展微观电子学器件有着重要的理论和实践意义,是未来微电子器件的基础,它确定了微观电子器件进一步微型化的极限。此外还有介电域效应、库仑堵塞效应等,详见相关资料。

2. 纳米材料的性能

纳米材料具有传统材料所不具备的奇异或反常的物理、化学特性,如原本导电的铜到某一纳米级界限就不再导电,原来绝缘的二氧化硅晶体等,在某一纳米级界限时开始导电。这是由于纳米材料具有颗粒尺寸小、比表面积大、表面能高、表面原子所占比例大等特点,以及特有的效应:表面效应、小尺寸效应、量子尺寸效应、宏观量子隧道效应等。

由于纳米材料粒径的减少(达到纳米级),而产生上述特殊效应,进而对材料的光、电、热、磁等产生特殊性能,见表12-17。

表 12-17 纳米材料的一些特性

分类	纳米材料的特性
力学	高强度、高硬度、高塑性、高韧性、低密度、低弹性模量
热学	高比热、高热膨胀系数、低熔点
光学	反射率低、吸收率大、吸收光谱蓝移
电学	高电阻、量子隧道效应、库仑堵塞效应
磁学	强软磁性、高矫顽力、超顺磁性、巨磁电阻效应
化学	高活性、高扩散性、高吸附性、光催化活性
生物	高渗透性、高表面积、高度仿生

12.2.3 碳纳米管和石墨烯材料

碳是自然界中性质最为独特的一种元素,它通过不同的成键方式形成结构和性质迥异的同素异形体,如石墨和金刚石。

直到 Kroto 等人发现幻数为 60 的笼状 C_{60} 分子,建成富勒烯,人们的这一观念才得以改变。目前,碳纳米材料包括 C_{60}、碳纳米管、石墨烯以及介孔碳材料、复合材料等,这里将主要介绍碳纳米管、石墨烯这两类十分重要的碳纳米材料。

1. 碳纳米管

碳纳米管是 1991 年才被发现的一种碳结构,分为单壁碳纳米管和多壁碳纳米管。碳纳米管是由石墨中一层或若干层碳原子卷曲而成的笼状"纤维",内部是空的,外部直径只有几到几十纳米。这是一种非常奇特的材料,其密度只有钢的 1/6,而强度却是钢的100 倍,轻而柔软又非常结实的材料。

此间最受关注的研究是碳纳米管的制备。在性能研究方面,电子学和光电子学居首位,其次有力学、能源等。可应用在电子、机械、医疗、能源、化工等工业技术领域,称为纳米材料之王。

碳纳米管的特殊结构使得碳纳米管具有许多特殊性能。其性能如下:

(1)力学性能。碳纳米管在轴方向有很大的杨氏模量,由于很长,通常易于弯曲,这种性质使得它能在复合材料方面得到应用,这类材料要求客体材料性能有各向异性。

(2)光学性能。手性碳纳米管具有光学活性,但也有研究显示较大的手性碳纳米管的光学活性消失,用碳纳米管的光学活性可以做成光学器件。

(3)电性能。很细的碳纳米管要么呈金属导电性,要么呈半导体导电性,取决于他们的手性矢量。导电性的不同是由卷曲方式导致的,它导致能带结构的变化和最终的带隙的差别。碳纳米管的电性能差别可以从构成碳纳米管的石墨层性能的不同来理解。导电电阻由量子力学方面的因素决定,与管长无关。这是一个非常活跃的研究领域。

(4)优良的电子发射的性能。碳纳米管顶端锐利,非常有利于电子发射,具有极好的场致电子发射性能,因此,碳纳米管可用作扫描隧道显微镜或原子力显微镜的探针针尖等电场发射器件。碳纤维阵列可用于制作平面显示装置,从而推动壁挂电视和超薄超轻显示器的发展。目前这一领域的研究已接近产业化。

(5)良好的储氢特性(储量大、释放率高)。中国科学院金属研究所研制出了能在室温下存储氢的单壁碳纳米管,合成出了平均直径为 1.85 nm 的大直径单壁碳纳米管,经过酸洗和热处理后,可在室温下储存质量分数约为 4.2% 的氢;最近有报道质量分数已经达到 10% 以上,是稀土金属氢化物的数倍。这种碳纳米管易于制造,能再利用,因此,可望在将来用作氢的储存材料。

(6)优良的微波吸收特性。由于特殊的结构和介电性质,碳纳米管(CNTs)表现出较强的宽带微波吸收性能,同时还具有重量轻、导电性可调变、高温抗氧化性能强和稳定性好等特点,是一种有前途的理想微波吸收剂,有可能用于隐形材料、电磁屏蔽材料或暗室吸收波材料。

(7)高效催化剂特性。纳米材料比表面积大,表面原子比率大(约占总原子数的50%),使体系的电子结构和晶体结构明显改变,表现出特殊的电子效应和表面效应。如气体通过碳纳米管的扩散速度为通过常规催化剂颗粒的上千倍,担载催化剂后极大提高催化剂的活性和选择性。

碳纳米管由于具有独特的力学、电学和化学等性能在很多领域都有潜在的应用,如传感器、器件的内连接导线、晶体管、平板显示、储氢等。例如,碳纳米管储氢在汽车上的应用,碳纳米管储氢应用最广泛的领域可能将是汽车,最理想的是制造出靠氢提供动力的燃料电池汽车。

碳纳米管的储存氢的质量分数可能达到 10% 以上,使汽车以氢能作为动力成为可能。氢燃料储存在碳纳米管中既方便又安全,而且这种储氢方式是可逆的,氢气用完了可以再"充气",把常温下体积很大的氢气储存在体积不大的碳纳米管中,用之作为氢燃料驱动汽车,是未来汽车实现绿色燃料驱动的主要发展方向。

此外,碳纳米管还可做良好的电极材料,如锂离子电池负极材料和电双层电极材料。

2. 石墨烯

石墨烯是碳原子紧密结合而成的具有六角蜂窝晶格的二维单原子层,碳原子之间两两通过 sp^2 共价键结合,实际上相当于有一个大的多环芳香烃。制备单层石墨烯的方法直到 2004 年才被发现。石墨烯是富有多种维度碳材料家族中不可缺少的成员,它可以包裹成零维球状,也可以卷成一维的碳纳米管。这种二维的由碳原子排列成的平面拥有特殊的性质,包括高电导性、高弹性、高机械强度、极大的比表面积以及快速的非均匀电子转移。此外,由于石墨烯很容易被空气中的氧气氧化或者在制备过程中被氧化,石墨烯通常是以石墨烯氧化物的形式出现,边界常常连接有含氧基团。

石墨烯是近几年飞速发展起来的一种碳纳米材料,是迄今为止世界上强度最大的材料,也是世界上导电性最好的材料。它具有超薄、强韧、稳定、导电性好等诸多现有材料无法比拟的优点,可被广泛应用于军事、计算机、微电子等各领域,如超轻防弹衣、超薄超轻型飞机材料等,也被业内人士誉为半导体的终极技术。另外,石墨烯材料还是一种优良的改性剂,应用于在新能源领域如超级电容器、锂离子电池方面。

石墨烯被称为 21 世纪的"神奇材料",自被发现开始就广受关注,尽管如此,石墨烯未来发展还具有很大的不确定性,它存在一个非常严峻的问题——石墨烯目前还处于研发阶段,尚没有出现产业化动向,整个产业链也没有形成。要真正大规模的应用,还需要经过相当长的研究。

石墨烯由于独特的物理和化学性能而在很多领域都有潜在的应用,这里主要介绍电子学和电化学两大领域。

石墨烯凭借其高载流子迁移率、卓越的导电性、稳定的化学性质以及极薄的特性,决定了其在电子学领域的应用前景。主要应用在高频晶体管、透明电极、光电探测器等关键技术领域。

在电化学方面,石墨烯的应用主要作为检测剂、生物燃料电池、能量存储材料等。此外,石墨烯在其他领域也有广泛应用,如光学领域中基于线性光学性质的透明导电电极在太阳能电池方面和基于非线性光学性质的超短脉冲激光应用等,石墨烯的多领域应用潜力已得到广泛认可和研究。

石墨烯尤其适合进行基础科学研究,基于其电学性质和电化学性质的各种潜在应用更受到极大关注,目前已有了一定研究进展。要实现石墨烯高端的应用要求,必须有能够完全控制石墨烯的结构(如面积、层数以及纯度)的制备方法。另外,要揭示石墨烯电化学性质中更多的细节问题,如石墨烯氧化物的结构对电化学的影响等。

目前,关于石墨烯的研究十分热门,进展也很快,加州大学圣巴巴分校的研究人员找到了控制石墨烯面积的方法,这向在电子学及其他技术领域应用迈出了一大步。

12.2.4 纳米材料的应用

纳米材料之所以在全球科技界、产业界和社会公众中获得广泛且高度的关注,关键在于其具有极其重要的应用价值,其应用领域如图 12-3 所示。

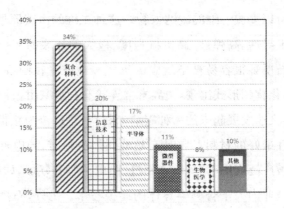

图 12-3　纳米材料的主要应用领域

纳米材料应用研究目前的发展状况大致可分为三种情形:一是有关研究成果已成功实现产业化,产品走向市场;二是有关研究成果有望近期或在不远的将来走向实用阶段;三是有关成果来自应用基础研究,还需要长时间的、更加深入的后续研究作为补充和支撑。

纳米材料和纳米科技在工程上的应用如下所述。

1. 纳米材料在工程材料中的增韧与改性作用

(1)纳米陶瓷增韧作用

纳米陶瓷是指使显微结构中的物相具有纳米级尺度的陶瓷材料。通过高温高压将各种颗粒融合制备而成。

由于纳米材料粒径小、熔点低、相变温度低等特点,添加纳米颗粒能够改善常规陶瓷的综合性能。纳米陶瓷在室温和高温下展现出良好的力学性能,抗弯强度、断裂韧度均有显著的提升。因此利用纳米材料可以在低温低压条件下制备高密度、性能优异的纳米陶瓷,这类陶瓷具有坚硬高、耐磨、耐高温及耐腐蚀等优点。例如,通过混合纳米 Al_2O_3 与 ZrO_3,已研制出高韧性陶瓷材料,烧结温度可降低 100 ℃。此外,纳米陶瓷的高磁化率、高矫顽力、低饱和磁矩、低磁耗、光吸收效应等特性为材料的应用开拓了崭新的领域。

(2)纳米复合高分子材料的改性作用

用无机纳米超微粉,加入高分子材料中(如橡胶、塑料、胶黏剂)纳米材料可以起到增强、增塑、抗冲击、耐磨、耐热、阻燃、抗老化、增加黏结性能等作用。

纳米改性橡胶:北京汇海宏纳米科技有限公司系统研究了一系列无色的纳米材料对橡胶补强及抗老化性能的影响,与此同时又系统研究了纳米材料及其他因素对有机、无机颜料保色性能的影响,从而开辟了具有优异性能的彩色橡胶及其制品的新天地。其中纳米改性彩色三元乙丙防水卷材具有优异的防水功能和装饰功能,使我国防水材料提高到一个新的水平,已被国家建设部列为 2002 年重点推广的科技成果,产业化的步伐已迅速展开。

纳米改性塑料:纳米改性塑料以中国科学院化学所为代表,制成纳米复合塑料,这种材料具有优异的力学性能,其抗冲击性、耐热性等都有显著提高。纳米复合材料可制成管材、板材,产业化进程已开始。例如,用纳米改性的聚丙烯塑料代替尼龙用于铁道导轨的垫块,取得了良好的效果并已推广应用。如果通过纳米改性的途径把普通塑料的性能提高到接近工程塑料的水平,那么传统的塑料产业将得到全面的改造。

2. 纳米材料在光电信息领域的应用

(1)光电领域应用

纳米技术促进微电子和光电子的结合更加紧密,显著提升光电器件在信息传输、存储、处理、运算、显示等方面的性能。使用纳米技术改进雷达信息处理,可提升其能力 10 倍至 100 倍,此外,纳米技术制造的超高分辨率的纳米孔径雷达可用于卫星上进行高精度的对地侦查。

(2)纳米发电机

纳米发电机不通过传统的电磁感应原理发电,而是利用了一种特殊的氧化锌纳米材料制成的纳米点阵芯片。每个芯片上有几百万到上千万根氧化锌纳米线,当每根纳米线受到压力、振动或者任何形变时,就会产生电流。由于芯片的每一个平方厘米上有几百万根相同的纳米线,把这么多微小的电流聚集起来,便成为一台微型发电机,而整个纳米发电机只有一张纸的厚度。

(3)纳米微粒在光学方面的应用

提高发光效率、增加照明度一直是亟待解决的关键问题,纳米微粒的诞生为解决这个问题提供了一个新的途径。20 世纪 80 年代以来,科研人员利用纳米 SiO_2 和纳米 TiO_2 微粒制备出微米级的多层干涉膜,应用于灯泡罩的内壁。这种干涉膜具有高透光率和很强的红外线反射能力,可以有效减少热量损失。在保持灯传统的卤素灯相同亮度时,采用纳米微粒技术的灯泡可节约 15% 的电能。

3. 纳米材料在军工领域的应用

(1)固体火箭推进剂

20 世纪 90 年代,美国 Argonide 公司生产 Alex 纳米铝粉,其粒径为 $50 \sim 100$ nm,比表面积约为 15 m^2/g,比传统铝粉的表面积大几个数量级。这种纳米铝粉的燃烧速度是微米铝粉($20 \sim 35$ μm)的两倍,燃烧速率是微米铝粉的 $40 \sim 60$ 倍。更重要的是,它没有铝微滴凝结现象,从而避免了加入微米铝粉导致的降低燃烧效率、影响火箭飞行特性和增加热红外信号等问题。

因此,在炸药、推进剂和固体燃料配方中添加纳米粉末具有多重优势,包括加快燃烧速度、提升燃烧效率、增强性能,以及防止有害金属微滴的凝结等优点。

(2)纳米隐身材料

隐身,顾名思义就是隐蔽的意思。由于纳米超细粉末具有极大的比表面积,能够有效地吸收电磁波。其粒子尺寸远小于红外及雷达波波长,对波的穿透率很高,因此纳米超细粉末不仅能吸收雷达波,还能吸收可见光和红外线。由这种材料制成的涂层能够在宽频带范围内逃避雷达的侦察,提高舰艇的隐蔽性,同时,这种涂层还具有一定的红外隐身作用。因此,采用纳米碳基铁粉、镍粉、铁氧化体粉末改性的有机涂料涂到飞机、导弹、军舰、通信系统、雷达等武器上,可以使该装备具有隐身性能。

1999 年海湾战争中,美国 F117A 型飞机使用了含有多种超微纳米粒子的蒙皮,这些粒子能够强烈地吸收红外和电磁波,实现隐形效果。在 42 天的战斗中,伊军 95% 的主要军事目标被毁,而美国却无一架战斗机受损。这一隐身材料的应用展示了其显著优势,此后其应用范围逐渐扩大,特别是在武器装备上得到广泛应用。

(3)纳米涂料在军工领域应用

纳米材料被用于制造潜艇的外壳涂层。这种涂层可以灵敏"感知"水流、水温、水压的微小变化,并迅速将信息传递给中央计算机处理器,从而有效降低噪声、节约能源。同时,它还能根据水波的变化预判敌方鱼雷的来袭,使潜艇及时采取规避措施,确保自身安全。

在卫星、宇宙飞船、航天飞机的太阳能发电板上,可涂覆特殊的纳米材料以增强光电转换。在火箭发动机壳体,防静电纳米涂层的使用可以提高火箭工作的可靠性。

4. 纳米材料在能源和环保方面的应用

(1)纳米材料在能源方面的应用

纳米技术和纳米材料的出现为提升现有能源利用、寻找新能源开发提供了全新的思路和前景。纳米粒子因其大表面积、高表面能,成为新的能源使用和制备的关键方向。纳米技催化剂显著提升能源的使用效率。通过使用纳米材料改进能源系统,例如高效保温隔热材料可以提升能源的利用率;利用纳米技术处理含能材料以获得更高比例的能量,例如纳米铁粉、纳米铝粉、纳米镍粉等。纳米技术还能实现不同形式的能源的高效转化和充分利用,如纳米燃料电池将太阳能和氢能转化为人们日常生活可用能源等。虽然纳米材料在能源化工中可单独使用,但更多情况下组成含有纳米粒子的复合材料,如储氢碳纳米管、纳米金属粉复合材料等,主要应用于生物燃料电池、太阳能电池、超级电容器等领域。

(2)纳米材料在环保方面的应用

纳米材料在控制污染源方面可起到关键性作用,主要体现在它能降低能源消耗和有毒物质的排放,减少废物的产生以达到治理环境污染及大气污染的目的。例如:

①纳米 TiO_2。它能吸收太阳光中的紫外线并产生强光化学活性,通过光催化过程降解工业废水中的有机污染物,具有高净化率、无二次污染和适用性广等优点,在环保水处理中展现出良好的应用前景。纳米光催化剂可将水或空气中复杂的有机污染物,包括来自染料、农药和医药废水中难以被微生物降解的有毒物质,完全转化为 CO_2、水和无机酸,已经广泛应用于废水、废气处理。另外,独特的纳米膜能检测和过滤由化学和生物制

剂造成的污染,有效消除污染源。

②工业生产和汽车使用的汽油、柴油在燃烧时产生 SO_2 气体,SO_2 是最大的污染源,新装修房屋中的有机物浓度超标,有些是致癌的。利用纳米材料和纳米技术可解决上述问题。例如,纳米 TiO_2 能高效地降解甲醛、甲苯等污染物,降解效果可达 100%;同时能降解空气中的有机物,杀菌除臭,并在杀死细菌的同时,降解由细菌释放的有毒物质。此外,复合稀土氧化物的纳米级粉体具有极强的氧化还原能力,其汽车尾气净化催化效果超越了其他任何催化剂,应用此类材料能彻底解决汽车尾气污染问题。除此之外,还可应用纳米 TiO_2 加速城市垃圾的降解,其降解速度是大颗粒 TiO_2 的 10 倍以上,从而可缓解大量生活垃圾给城市环境带来的压力。

5. 纳米材料在生物医学领域的应用

随着纳米材料的发展及不断深入生物医学领域,其对疾病的诊断和治疗产生了深远的影响,特别是在重大疾病的早期诊断和治疗领域。

(1)生物导弹

生物导弹指具有识别肿瘤细胞和杀死肿瘤细胞双重功能的药物。主要用于治疗各种细胞层面的疾病,对病变组织和细胞有特异性的杀伤效果。其工作原理如下:药物被装载在磁性纳米颗粒内部,利用药物载体的磁性特性,在外加磁场作用下,磁性纳米载体会富集在病变部位进行靶向给药,从而大大提高药物治疗效果。

我国在纳米药物载体治疗恶性肿瘤技术方面已取得显著成果,已经进入临床试验阶段。此外,日本、美国、挪威等国家也在这一领域进行了相关研究工作。

(2)纳米医用机器人

科学家设计制造比人体红细胞还小的纳米机器人,由蛋白质或基因芯片组装,具有某些酶的功能。这些纳米机械与生物系统的结合体在生物医学工程中可作为微型医生,解决传统医疗难题。纳米机器人注入血管后,其会按照预定程序,直接溶解脑血栓,清洁心脏动脉脂肪沉积物等,以防治心脑血管疾病。此外,不同组合方案还可组装出其他功能的纳米机器人。例如消灭病毒细菌或癌细胞,甚至可代替外科手术,修复心脏、大脑和其他器官等;有的可在人体内来回行走进行定位给药,把药直接送到损伤部位。由于纳米机器人可小到在人体的血管中自由游动,对于像脑血栓、动脉硬化等病灶,它们可以非常容易地予以清理,可避免开颅、开胸等高风险手术。对于糖尿病人,医用纳米机器人可24 小时动态监测血糖水平,医生据此提供实时的健康建议和调整用药策略。

(3)造影剂在核磁共振成像中的应用

核磁共振成像(MRI)是利用原子核在磁场内共振所产生信号经重建成像的诊疗技术。它是继超声波扫描成像、X-CT 之后的新一代断层成像方法,对医学影像学产生了革命性影响。

MRI 通过识别生物体内不同组织中的质子在外加磁场下产生不同的磁共振信号来

成像。为了提升诊断精度和病灶检测能力,常常会使用造影剂。并且通过病灶增强方式和类型的识别帮助诊断。

造影剂的发展很大程度上依赖于纳米尺度的材料或相关纳米技术。目前,MRI 造影剂的研发备受关注,其中又以纳米铁氧体类型的材料居多。此外,在石油、建筑、文物保护及人们日常生活用品和纺织行业皆涉及纳米材料和纳米技术的应用。

总之,上述例子可见,纳米材料已经逐渐进入寻常百姓的生活,渗透到了人们的衣食住行当中。正像科学家们预言的那样,纳米科技和纳米材料在不久的将来,将极大地改变人类的生活和生产方式。

12.2.5　纳米科技的发展前景

经过几十年对纳米技术的深入探索,科学家已在实验室中实现了对单个原子的操作,纳米技术有了飞跃式的发展。当前,纳米技术在半导体芯片、癌症诊断、光学新材料和生物分子追踪四大领域正经历高速发展。预计未来会出现诸如纳米金属氧化物半导体场效应管、平面显示用发光纳米粒子与纳米复合物、纳米光子晶体等新技术。此外,集成电路的单电子晶体管、记忆及逻辑元件、分子化学组装计算机也将投入应用;同时,研究还涉及分子、原子簇的控制组装、量子逻辑器件、分子电子器件、纳米机器人、集成生物化学传感器等领域。尽管目前纳米技术整体上仍处于实验研究和小规模生产阶段,但从历史角度看,20 世纪 70 年代重视微米科技的国家已成为发达国家。因此,当今重视发展纳米技术的国家很有可能在 21 世纪成为先进国家。纳米技术对我们既是严峻的挑战,又是难得的机遇。

纳米安全性是一个值得关注的问题。该领域的研究最早可以追溯到 1997 年,当时英国牛津大学和蒙特利尔大学的科学家发现防晒霜中的二氧化钛/氧化锌纳米颗粒能引发皮肤细胞的自由基破坏 DNA。随后的几年里,纳米材料安全性的研究并没有引起广泛的关注。但在 2002 年,美国斯坦福大学的 Mark Wiesner 博士发现功能纳米颗粒在实验动物的器官中聚集并被细胞所吸收,引起了世界的广泛关注,掀起了纳米材料安全性研究的热潮。在美国化学会的报告中,纽约罗切斯特大学医学和牙科学院的毒物学家 Oberdorster 发现,在含有直径为 20 nm 的"特氟龙"塑料(聚四氟乙烯)颗粒的空气中生活了 15 min 的大多数实验鼠会在随后 4 h 内死亡。而暴露在含直径 120 nm 颗粒(相当于细菌的大小)的空气中的对照组则安然无恙,并没有致病效应。

纳米颗粒对于人类的毒副作用也相继被发现和报道出来。*Nature* 杂志报道了瑞斯大学的生物和环境纳米技术中心科学家 Mason Tomson 的工作,即巴基球可以在土壤中毫无阻碍地穿越。该课题组的实验结果表明,这些纳米颗粒易于被蚯蚓吸收,由此会通过食物链达到人体;2004 年美国科学家 Guunter Oberdorster 博士发现碳纳米颗粒(35 nm)可经嗅觉神经直接进入脑部;Vyvyan Howard 博士发现金纳米颗粒可通过胎盘屏障由母体进入到胎儿体内；2004 年 2 月加州大学圣地亚哥分校的科学家发现硒化镉纳米颗粒(量子点)可在人体中分解,由此可能导致镉中毒；2004 年 3 月 Eva Oberdorster 博士发现巴基球会导致幼鱼的脑部损伤及基因功能的改变。因此,在广泛使用该项新技术之前,需要进一步对其风险和利益进行测试和评估。

2005 年我国科学家赵宇亮等人对几种纳米材料(纳米二氧化钛、单壁碳纳米管、多壁碳纳米管及超细铁粉)进行了系统的研究,目前已取得的部分生物效应及毒理学的研究结果,包括纳米材料在生物体内的分布、作用的靶器官、纳米材料引起的细胞毒性、细胞凋亡等。研究结果表明纳米颗粒的尺寸越小,显示出生物毒性的倾向越大。

12.3　储氢材料

12.3.1　储氢合金概述

当今人类面临能源危机和环境危机,因此,必须寻找和开发新能源。新能源有太阳能、地热能、风能和氢能等。

由于氢能具有热值高、清洁、高效、安全、无污染等优良性能,因此氢能源是 21 世纪最有发展潜力的理想能源。

氢能至今没有大量的商业化,根本制约于氢的储存和运输,即没找到真正的储氢材料。储氢合金不仅是优良的储氢材料,还是新型的功能材料,可用于电能、机械能和化学能的转换和储存,具有广阔的应用前景。国际能源协会规定:低于 373 K,吸氢量 75％这一标准才可作为储氢材料。

储氢合金具有可逆地吸收大量氢气的特征。储氢合金都是金属间化合物,它们都是由一种吸氢元素或与氢有很强亲和力的元素(A)和吸氢小或者根本不吸氢的元素(B)组成的。后者虽不吸氢但却对氢分子的分解起催化作用。例如 Ti、Zr、Ca、Mg、V、Nb、RE(稀土元素)等,它们与氢反应为放热反应($\Delta H/<0$)；过渡金属,例如 Fe、Co、Ni、Cr、Cu、Al 等,氢溶于这些金属时为吸热反应($\Delta H>0$)。

12.3.2　储氢合金的吸氢反应机理

合金的吸氢反应机理可用图 12-4 的模式表示。氢分子与合金接触时,就吸附于合金表面上,氢的 H—H 键解离,成为原子状的氢(H),原子状的氢从合金表面向内部扩散,侵入比氢原子半径大得多的金属原子与金属的间隙中(晶格间位置)形成固溶体。固溶于金属中的氢再向内部扩散,这种扩散必须有化学吸附向溶解转换的活化能。固溶体一被氢饱和,过剩氢原子就与固溶体反应生成氢化物。这时,产生溶解热。一般来说,氢与金属或合金的反应是一个多相反应,这个多相反应由下列基础反应组成:①H_2 的传质；

②化学吸附氢的解离:$H_2 \Longrightarrow 2H_{ad}$;③表面迁移;④吸附的氢转化为吸收的氢:$H_{ad} \Longrightarrow H_{abs}$;⑤氢在 α 相的稀固态溶液中扩散;⑥α 相转变为 β 相:$H_{abs}(\alpha) \Longrightarrow H_{abs}(\beta)$;⑦氢在氢化物(β 相)中扩散。

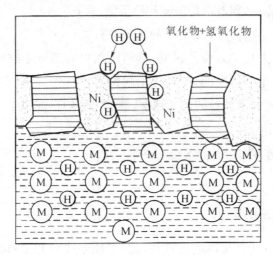

图 12-4　合金的吸氢反应机理

12.3.3　储氢合金的分类及特征

目前正在研究和使用的储氢合金负极材料大致可分为 5 类:稀土基 AB_5 型储氢合金、AB_2 型 Laves 相合金、AB 型钛铁合金、A_2B 型镁基储氢合金以及钒基固溶体型合金等几种类型,其主要特征见表 12-18。

表 12-18　储氢合金的基本特征

合金类型	典型氢化物	吸氢质量/%	电化学容量/(mA·h·g^{-1})	
			理论值	实测值
AB_5 型	$LaNi_5H_6$	3	348	330
AB_2 型 Laves	$Ti_{1.2}Mn_{1.6}H_3$,$ZrMn_2H_3$	8	482	420
AB 型	$TiFeH_2$,$TiCoH_2$	0	536	350
A_2B 型	Mg_2NiH_4	6	965	500
V 基固溶体型	$V0.8Ti0.2H0.8$	8	1018	500

经过 30 多年的研究与发展,上述 5 大系列储氢合金中有的已经成功实现应用化,例如 AB_5 型混合稀土多元储氢合金和 Laves 相储氢合金,另一些则展现了良好的应用前景。

1. AB_5 型稀土镍系储氢电极合金

AB_5 型稀土镍系储氢电极合金具有 $CaCu_5$ 型六方结构,吸氢后晶胞体积显著膨胀。

然而,由于其在放电循环过程中容量快速衰减,不适合用作 Ni/MH 电池的负极材料。为解决这一难题,科研人员开发了多元 LaNi$_5$ 系储氢合金,该合金显著改善了容量衰减问题,成为更适用的负极材料选择。目前,AB$_5$ 型混合稀土系合金是国内外 Ni/MH 电池生产的主要负极材料。近期的研究重点在进于优化合金的化学组成,包括调整合金 A 侧混合稀土元素和优化合金 B 侧组成,进行合金表面改性处理以及结构优化等方面,旨在进一步提升合金的综合性能。

2. AB$_2$ 型 Laves 相储氢电极合金

以 ZrMn$_2$ 为代表的 AB$_2$ 型相储氢合金因其高理论容量(482 mA·h/g)和长循环寿命等优点,成为当前高容量新型储氢电极合金研究和开发的热点。AB$_2$ 型多元合金容量可达 380~420 mA·h/g,已在美国 Ovonic 公司 Ni/MH 电池生产中得到应用。该公司研制的 Ti-Zr-V-Cr-Ni 合金具有多相结构,其电化学容量超过 360 mA·h/g,且循环寿命较长。采用这种合金作为负极材料,该公司已研制出多种型号的圆柱形和方形 Ni/MH 电池。其中,方形电池的容量密度可达 70 W·h/kg,已在电动汽车中试运行。

尽管 AB$_2$ 型合金目前棉铃初期活化难度高、高倍率放电性能不理想以及合金原材料价格相对偏高等问题,但鉴于 AB$_2$ 型合金具有储氢量高和循环寿命长等优势,目前被看作是 Ni/MH 电池的下一代高容量负极材料,对其综合性能的研究改进工作正在取得新的进展。

3. A$_2$B 型镁基储氢合金

以 Mg$_2$Ni 代表的镁基储氢合金具有储氢量高(理论容量近 1000 mA·h)/g、资源丰富、价格低廉等特点,长期以来备受各国关注。然而,由于其作为中温型储氢合金吸收氢动力学性能不佳,限制了其在电化学储氢领域的应用。研究揭示,通过将晶态合金转化为非晶态,利用非晶合金表面的高催化活性,可以显著改善其合金吸放氢的热力学和动力学性质,赋予其良好的电化学吸收氢能力。相较于 AB$_5$ 型和 AB$_2$ 型合金,非晶态系合金展现出更高的放电容量,所以应用开发问题已成为近年来受到广泛关注的一个重要研究方向。该类合金目前面临的主要问题是其在碱液中易受氧化腐蚀,导致电极容量快速衰退,循环寿命与使用要求之间存在较大差距。因此,进一步提高合金的循环稳定性是目前国内外研究的重点领域。

4. AB 型储氢合金,以 TiFe 为例

优点:活化后,在室温下可逆地吸收大量氢,室温平衡压为 0.3 MPa 接近实际应用。价格便宜,资源丰富,便于大规模工业应用。

缺点:活化困难,需要高温高压(450 ℃,5 MPa),抗杂质气体中毒能力差,反复吸氢后性能下降。

5. V 基固溶体型合金

V 基固溶体型合金吸氢后可生成 VH 和 VH$_2$ 两种氢化物,具有储氢量大(按 VH$_2$

计算的理论容量可达 1052 mA·h/g)的特点。V 基合金的可逆储氢量仍高于 AB$_5$ 型和 AB$_2$ 型合金。但由于 V 基固溶体本身不具备电极活性,因而对其电化学反应应用很少研究。新近的研究表明,通过在 V 基固溶体的晶界上析出电催化活性良好的 TiNi 等第二相后,可使 V 基固溶体合金成为一类新型高容量储氢电极材料。例如,日本研制的 V$_3$TiNi$_{0.56}$ 合金电极的容量可达 420 mA·h/g,与 AB$_2$ 型合金电极的容量相当。但该类合金目前也存在循环寿命短等问题,有待进一步研究改进。

12.3.4 储氢合金的应用

1. 做 Ni/MH 电池用

自 1984 年开始,人们实现了利用储氢合金作为负极材料制造 Ni/MH 电池。到目前为止,日本、欧洲及美国等大多数电池厂家在生产 Ni/MH 电池中都利用 AB$_5$ 型混合稀土系储氢合金作为负极材料。美国在 1987 年建成试生产线,日本在 1989 年进行了试生产,我国在"863"计划的支持下研制出我国第一代"AA"型 Ni/MH 电池,目前国内已建成 10 多家年产百吨储氢合金材料和千万只 Ni/MH 电池的生产基地。

与 Ni/Cd 电池相比,Ni/MH 电池具有如下优点:

①能量密度高,同尺寸电池容量是 Ni/Cd 电池的 1.5~2 倍;

②无镉污染,所以 Ni/MH 电池又被称为绿色电池;

③可大电流快速充放电;

④电池工作电压也为 1.2 V,与 Ni/Cd 电池有互换性。

由于以上特点,Ni/MH 电池在小型便携电子器件中获得广泛应用,已占有较大的市场份额。随着研究工作的深入和技术的不断发展,Ni/MH 电池在电动工具、电动车辆和混合动力车上也正在逐步得到应用,形成新的发展动力。

2. 氢的储运与提纯

与其他方法相比,用储氢合金进行氢的储存和运输具有很多优点:①储氢密度大,可长期储存;②安全可靠,无爆炸危险;③可得到高纯度氢。德国奔驰公司制造的可储氢 2000 m^3 的钛系储氢合金氢容器,已投放市场。

利用储氢合金选择性吸收氢的极大能力(形成氢化物 MH),可成功地进行氢的回收和净化。美国已把储氢合金用于宇航器吸收火箭逸出的氢气,中国已用于合成氨洗气中回收氢气,中、日合作也成功地用于氢冷却的火力发电机内,以维持机内氢的纯度达 99.999%。

3. 其他方面的应用

储氢合金在吸收氢过程中的热效应被探索用于制造空调、热泵和储能系统,成为研究开发的另一个热点。

德国、日本、美国在氢动力汽车开发中,利用汽车尾气和冷却水的废热加热储氢合金燃料箱,以提取驱动汽车的燃料氢。已开发出可储氢 11 kg(相当于 45 L 汽油)的燃料箱用于汽车运行。这种无害汽车离投放市场还有一段距离,有很多技术问题尚未解决。

利用金属氢化物不同温度下分解压不同的特点可制作热压传感器。美国 System Donier 公司每年生产 8 万只这样的传感器用于飞机上。

12.4　航空航天材料

航空航天材料包括金属材料、无机非金属材料、高分子材料和先进复合材料四大类,按使用功能又可分为结构材料和功能材料两大类。航空航天材料既是研制生产航空航天产品的物质保障,又是推动航空航天产品更新换代的技术基础。

12.4.1　航空航天材料的工作条件、使用环境及性能要求

航空航天产品受使用条件和环境的制约,对材料提出了严格的要求。对于结构材料,其中最关键的要求是轻质高强和高温耐蚀。从这一点上可以说,把结构材料的能力提高到了极限水平。飞行器的设计准则已经从原始的静强度设计发展到今天的损伤容限设计,设计选材时的重要决定因素是寿命期成本、强度重量比、疲劳寿命、断裂韧性、生存力及可靠性等。

环境问题还包括外层空间的高真空状态,宇宙射线辐照和低地球轨道上原子氧的影响等问题。航空航天飞行器在超高温、超低温、高真空、高应力、强腐蚀等极端条件下工作,除了依靠优化的结构设计之外,还有赖于材料所具有的优异特性和功能。

此外,航天材料还要考虑材料更高的比强度和比刚度、低的膨胀系数,耐超高温和超低温能力,以及在空间环境中的耐久性。

功能材料在航空航天产品的发展中同样具有重要的作用,如微电子和光电子材料、传感器敏感元件材料、功能陶瓷材料、光纤材料、信息显示与存储材料、隐身材料、智能材料等。由此可见,航空航天材料在航空航天产品发展中的极其重要的地位和作用。

12.4.2　材料种类

1. 航空材料

(1)飞机机体材料。20 世纪 90 年代国际上最先进的第四代战斗机以美国的 F22 为代表,最先进的民用飞机以波音公司的 B777 为代表。机体结构用材料的主要特点是大量采用高比强度和高比模量的轻质、高强、高模材料,从而提高飞机的结构效率,降低飞机结构重量系数。树脂基复合材料和钛合金用量的增加,传统铝合金和钢材的用量相应减少。以 F22 战斗机为例,树脂基复合材料的质量分数已达到整体结构质量的 24%,而钛合金的质量分数则达到整机结构质量的 41%。与此同时,铝合金的质量分数下降为占整机结构质量的 15%,而且主要是高纯、高强、高韧先进铝合金,钢的质量分数则下降为

只占整机结构质量的 5%。

先进民用飞机以 B777 为例，树脂基复合材料的质量分数已占整机结构质量的 11%，而钛合金的用量则占整机结构质量的 7%。与此同时，铝合金的质量分数占整机结构质量的 70%，而且大量采用高纯、高韧、高强先进铝合金，钢的质量分数下降为只占整机结构质量的 11%。国外军用飞机机体结构用材料用量对比见表 12-19。

表 12-19　国外军用飞机机体结构用材料用量对比(w%)

飞机型号	设计年代	钛合金	复合材料	铝合金	结构钢
F14	1969	24	1	39	17
幻影 2000	1969	23	12	—	—
B2	1988	26	50	19	6
F22	1989	41	24	11	5

在机体结构材料方面，要重点抓好树脂基复合材料、钛合金、先进铝合金、超高强度钢和隐身材料的研究和应用。军用飞机对材料的需求目标和发展重点见表 12-20。

表 12-20　军用飞机材料的发展需求目标和发展重点

特点	对材料的要求	重点发展的材料
①具备超声速机动和超声速巡航能力 ②具备一定的隐身能力 ③超视距攻击能力和夜战能力 ④高可靠性、可维修性及高耐久性	①大量采用轻质、高比强、高比模材料 ②某些部位的材料需要具有对电磁波和红外隐身特性 ③大量采用损伤容限型材料 ④材料环境适应性高 ⑤高压液压系统要求高	①树脂基复合材料 ②铝锂合金 ③各类钛合金 ④隐身材料 ⑤新型超高强度钢 ⑥高性能透明材料 ⑦新型功能材料

(2)航空发动机材料。航空发动机的性能水平很大程度上依赖于高温材料的性能水平，如发动机推重比的提高有赖于涡轮前进口温度的提高，而涡轮前进口温度的提高又有赖于涡轮转子部件设计结构的改进和材料的更新。我国在研发发动机用材中，高温合金的质量分数约占 60%、钛合金占 25%、其他材料占 15%。

高温合金主要用于涡轮叶片、燃烧室、尾喷管等，其中燃烧室用 GH1140、GH1015、GH99 等。涡轮盘用 GH2036、GH2132、FGH95 等。铸造合金有 DZ4、DZ22 等。金属间化合物 Ni_3Al 在 1100 ℃、100 h 持久强度居国际领先水平。

钛合金主要用于风扇、压气机盘、叶片等。其中变形合金有 TC4、TC11、Ti-1023、Ti-55 等。已研制成功 600 ℃和 700 ℃下 TD-2、Ti_3Al 合金，现正探索 TiAl 合金。

21 世纪对材料的性能要求更高，随之而来的将是陶瓷基和金属基复合材料，未来先进发动机中占主导地位的将是各种耐高温基复合材料。表 12-21 为推重比 15～20 发动机主要部件用材料。

表 12-21 推重比 15～20 发动机主要部件用材料

部件	主要特征	材料
风扇	后掠空心风扇叶片,3级变1级,减重50%	钛合金＋聚合物基复合材料
压气机	鼓筒式叶环转子,减重70%	704～982 ℃钛基复合材料
燃烧室	变几何结构,减少出口温度分布系数	陶瓷基复合材料
涡轮 加力燃烧室 尾喷管 飞机特点	整体叶盘结构,减重30%,2270～2470 K 超气冷涡轮叶片,F119温度为1997 K 单位推力比F100高70%～80% 全方位矢量喷管 $H=21000$ m,$M_a=3\sim4$,作战半径1850 km,隐身,载弹1 t	陶瓷基复合材料,减重80% 1204 ℃陶瓷火焰稳定器-喷嘴环 1538 ℃陶瓷加力燃烧室-喷嘴 982 ℃TiAl复合材料 ＞1538 ℃陶瓷、C-C复合材料

(3)机载设备材料。机载设备是保证飞机正常工作及完成各项飞行和作战任务的机上各系统及设备的总称,它包括飞机保障设备、辅助动力装备设备、电子设备和武器设备四大类。

一架先进军用飞机的机载设备费用已占到整架飞机费用的30%～40%。机载设备中的关键材料主要是各种微电子、光电子、传感器等光、声、电、磁、热的高功能及多功能材料。机载设备材料的发展的目标及重点见表12-22。

表 12-22 机载设备对材料发展的需求

特点	对材料要求	重点发展的材料
①超视距攻击能力 ②近距格斗能力 ③精确性高 ④灵敏反应 ⑤抗干扰能力强	①缺陷密度极低 ②针对不同用途对其物理性能(光、声、电、磁、热)要求高 ③加工、成型、联结、涂覆等技术不能对材料物理性能和装备功能产生有害影响	①高灵敏度红外探测材料 ②高透过率红外头罩材料 ③电致磁致伸缩陶瓷材料 ④双脉冲点火发动机舱隔板材料 ⑤激光倍频材料 ⑥高强度激光材料 ⑦双模制导头罩材料 ⑧零膨胀微晶玻璃材料 ⑨极高反射率镀膜材料及技术

2. 航天材料

(1)导弹运载火箭材料。表12-23列出了我国几种液体地地导弹弹体和运载火箭箭体用主要结构材料。主要为铝合金,此外还有少量的钛合金和结构钢等,在此领域国内外新材料研发的重点如下。

发展新一代大型运载火箭,研发新型高强轻质箭体结构材料,见表12-23和表12-24。

表 12-23　我国几种液体地地导弹弹体和运载火箭箭体用主要结构材料

名称	推进剂贮箱	尾段、箱间段、级间段	增压气瓶
近程	5A030(LF3M)		25CrMnSi
中近程	5A030(LF3M) 5A060(LF6M)	2A12(LY12)	
中程	5A060(LF6M) 5A06H×4(LF6Y2)		—
中远程	5A060(LF6M) 5A06H×4(LF6Y2)	2A12(LY12) 7A09(LC9)	TC4
洲际	2A14(LD10)	2A12(LY12) 7A04(LC4) 7A09(LC9) 30CrMnSi	—

表 12-24　新一代运载火箭对新材料的需求

应用部位	材料	技术要求
箭体结构	①高强轻质铝合金 ②高性能碳-环氧复合材料	比常规铝合金减轻结构质量
推进剂贮箱	①高强可焊 Al-Li 合金(2195 和 1460 合金) ②高性能碳-环氧复合材料	使液氢和液氧贮箱比用常规铝合金减轻结构质量
液氢-液氧火箭发动机	①电铸镍锰合金材料及电铸工艺技术 ②GH4169 合金材料及精铸工艺技术 ③新型高温合金材料 ④低温(−253 ℃)钛合金材料及成型技术 ⑤高强钛合金薄壁管材 ⑥Ti_3Al 及以其为基的复合材料与成型技术	抗拉强度比电铸镍提高 满足泵壳体及涡轮壳体成型要求 性能分别与 Incoloy903 和 Mar-M246 相当,满足高压系统零组件要求满足液氢泵诱导轮成型要求 减轻发动机机架结构质量 比镍基高温合金涡轮盘减轻结构质量
液氧-煤油火箭发动机	①新型不锈钢材料 ②新型铸造不锈钢材料及工艺技术	性能分别与 BHC-25、BHC-16 和 0Cr16Ni6 合金相当,满足导管、涡轮泵轴杆、低温紧固件等要求 性能分别于 BHJI-1 和 BHJI-6 相当,满足涡轮泵壳、液氧泵叶轮要求

　　(2)战略导弹及弹头。为了提高整个武器系统的生存能力、突防能力和综合作战能力,必须解决第二代固体洲际导弹小型化、轻质化、高性能和具有全天候作战能力等问题。为此,对今后新材料的研究,提出了多方面的需求。总的要求可大致归纳如下:实现弹头结构小型化、轻质化,减轻弹头结构质量。固体洲际导弹对新材料的要求见表 12-25。

表 12-25　固体洲际导弹对新材料的要求

应用部位	材料	技术要求
弹头结构	①先进碳-碳复合材料 ②高性能布带斜缠碳/酚醛复合材料 ③新型陶瓷基复合材料 ④高强轻质 Al-Li 合金材料 ⑤高性能抗核爆 X 射线防护材料 ⑥高性能红外、雷达隐身材料 ⑦多功能诱饵材料	实现弹头小型化、轻质化、高性能、全天候、强突防,减轻结构质量
弹体结构	①高性能碳-环氧复合材料 ②高性能碳-双马来酰亚胺复合材料 ③高性能碳-聚酰亚胺复合材料 ④高强轻质金属结构材料(Al-Li 合金、B-Al 金属基复合材料等)	实现弹体结构轻质化,减轻结构质量
固体火箭发动机壳体	①新型芳纶-环氧复合材料 ②高强中模碳-环氧复合材料 ③四向碳-碳喉衬材料和工艺技术 ④碳-碳喷管材料和工艺技术	提高发动机质量比
仪器框架	①高性能碳-环氧复合材料 ②高强轻质铝合金材料	弹上设备小型化、轻质化,减轻结构质量
地面设备	①碳-环氧复合材料 ②高性能金属结构材料	地面设备轻质化,减轻地面设备(如发射筒等)结构质量

　　铝锂合金密度($2.47 \sim 2.49$ g/cm^3)比常用铝合金低 10%,而模量却高 10%,采用铝锂合金取代常规的高强铝合金,能使结构件质量减少 10%～20%,刚度提高 15%～20%,被认为是 21 世纪航空航天器的主要结构材料。

　　应用部门需要解决铝锂合金阳极化、焊接工艺、成型工艺和复合工艺等技术问题。

　　(3)通信卫星材料。航天器长期在高真空状态下工作,对材料有特殊要求,除高比模量和高比强度外,还要求耐空间环境,耐电子、质子辐照,耐氧原子,耐冷热交变。

　　返回式卫星和通信卫星所用材料有所不同,返回式卫星属低轨道卫星(230～

400 km),有两个舱段,即仪器舱和返回舱,返回舱要求密封,内部承力结构主要采用轻金属结构材料,外部为放热结构。通信卫星属高轨道卫星(36000 km),80%以上采用复合材料。

通信卫星主要包括天线结构、太阳电池阵和卫星本体结构。表 12-26 列出了我国通信卫星采用的主要结构材料。

表 12-26 我国通信卫星采用的主要结构材料

结构	材料
天线反射器	碳纤维复合材料
太阳电池阵结构	高模碳纤维、铝蜂窝夹心
承力筒	高模碳纤维
蜂窝夹层板结构	铝蜂窝
桁架结构	高模纤维
返回舱	5A06(LF6)铝镁合金
仪器舱	2A12T4(LY12CZ)高强铝合金
相机支架	ZM5 铸镁合金
气瓶、球底、支架	TC4
表面张力箱	TB2

3. 航空航天关键功能材料

在现代航空航天工程上,功能材料用于制造各种各样的传感器、换能器和信息处理器。它们是飞机、火箭、导弹、卫星、航天器以及星际航行的制导、控制、环境控制、能源供给、电气系统、电子系统、仪表、通信、武器火力控制系统以及生命保障系统中不可缺少的重要材料,在航空航天上占有非常重要的地位,已成为现代航空航天工程先进性的决定因素之一。

为适应航空航天技术发展的需要,需研发的功能材料包括微电子器件材料锗-硅(GeSi)材料、微电子射频元件材料铁氧体和稀土永磁材料、光电子器件量子阱材料、光电子光学晶体材料、传感器用功能陶瓷材料、信息显示发光材料、信息显示液晶材料、智能结构传感、驱动元件材料等。

12.5 超导材料

12.5.1 概述

在一定温度以下,某些导电材料的电阻消失,这种零电阻现象称为超导现象或超导电性;具有超导电性的材料称为超导材料或超导体。

超导材料的研究发展分为两个阶段:第一阶段(1911—1986 年)是低温超导体和材料

的发展阶段,从 1911 年发现汞(Hg)开始,到 1980 年发现有机超导体,在这些低温超导体中,临界转变温度(T_c)最高的 Nb_3Ge,为 23.2 K;第二阶段以 1986 年 K. A 弥勒(Muler)和 J. G. 贝德诺尔茨(Bednorz)在陶瓷氧化物中发现高临界温度超导体为标志,超导材料的研究由液氦温度一下跃升至液氮温度,从而开始了高温超导材料的研究阶段。

评价材料超导电性的三个基本临界参量,这三个临界参数互为变量。

1. 临界温度(T_c)

在电流和外磁场为零的条件下,超导材料出现超导电性的最高温度,称为该超导材料的临界温度(T_c)。

2. 临界磁场强度(H_c)

置于外磁场中的超导体,当外磁场大于一定值时,材料就失去超导电性,回复到正常态。这种使超导体从超导态回复到正常态转变的磁场称为临界磁场(H_c)。

3. 临界电流(I_c)

除了磁场能破坏超导电性外,在超导材料中通过太大的电流,也会使材料从超导态向正常态转变,产生电阻。可流过超导材料而未产生电阻的最大电流称为该超导材料的临界电流(I_c);通过超导材料单位截面积所承载的临界电流称为临界电流密度(J_c)。

从应用领域来看,超导材料可广泛应用于能源、交通、医疗、电子通信、科学仪器、机械工程以及国防工业。

12.5.2　超导材料的分类

超导材料按其磁化特征分为第一类超导体和第二类超导体。

第一类超导体只有一个临界磁场(H_c)。这类超导体的主要特征是在临界转变温度以下,当所加磁场强度比临界磁场强度 H_c 弱时,超导体能完全排斥磁力线的进入,具有完全的超导性;如果所加磁场强度比临界磁场强度强时,这时超导特性就消失了,磁力线可以进入材料体内。也就是说第一类超导体在临界磁场强度以下显示出超导性,越过临界磁场立即转化为常导体。第一类超导体包括除 V、Nb、Tc 以外的其他超导元素。此类超导体电流仅在它的表层内部流动,H_c 和 I_c 都很小,达到临界电流时超导体即被破坏,所以第一类超导体实用价值不大。

第二类超导体有两个临界磁场:上临界磁场 H_{c2} 和下临界磁场 H_{c1}。当外加磁场 H 小于临界磁场 H_{c1} 时,这类超导体处于纯粹的超导态,又称为迈斯纳状态,磁力线完全被排出体外,具有同第一类超导体完全相同的特性。当 H 加大到 H_{c1} 并逐渐增强时,体内有部分磁力线穿过,电流在超导部分流动,并随着 H 的增加透入深度增大,直到 H 等于 H_{c2},磁力线完全穿入超导体内,超导消失转为正常态。第二类超导体的 $H_{c1} < H < H_{c2}$,体内既有超导态部分,又有常态部分,处于混合态。这时第二类超导体仍具有零电阻,但不具有完全抗磁性。第二类超导体包括 V、Nb、Tc 以及大多数合金和化合物超导体。如目

前可以批量生产的铌三锡(Nb_3Sn)、钒三镓(V_3Ga)、铌钛($NbTi$)都属于第二类超导体。

12.5.3 超导材料的应用

超导体的零电阻效应显示了其无损耗输送电流的特性,因此,用于大功率发电机、电动机,将会大大降低能耗和体积小型化。用于潜艇的动力电机系统,会提高潜艇的隐蔽性和作战能力。用于交通运输领域,一种新型的承载能力强、速度快的超导磁悬浮列车和超导磁推进船会给人类带来很大方便。此外,超导技术在科学研究的大型工程上(回旋加速器、受控热核反应装置等)都有很多应用。

超导体在电子学热点领域中,利用超导隧道效应,制造出了最灵敏的电磁信号探测元件和高速运行的计算机元件。超导量子干涉磁强计可以测量地球磁场几十亿分之一的变化,能测量人的脑磁和心磁,可用于地质探矿和地震预报。

总之,21世纪的超导技术如同20世纪的半导体技术,将对人类生活产生积极而深远的影响。超导材料广泛应用于磁体、电子科技、工业技术中,显示出其他材料无法比拟的优越性。下面简单介绍几种超导材料在工程上的应用。

1. 超导材料在电力方面的应用

(1)超导电缆

目前高压输电线的能量损耗高达15%,随着大城市用电量日益增加,常规高压输电电缆受其容量、长度的限制,难以满足需求。而超导电缆输电损耗低、载流能力大、体积小,电力几乎无损耗地输送给用户,即便交流运行状态下存在交流损耗,其输电损耗也将比常规电缆降低20%~70%,可极大地降低输电成本节约能源以缓解能源紧张的压力。

目前高温超导材料 Bi-2223/Ag 长带已可满足高温超导电缆工业应用的需要。2004年4月,在我国云南昆明的普吉变电站安装的、我国自己研究的高温超导电缆开始挂网试运行。

(2)超导储能

超导储能是利用超导线圈将电磁能直接储存起来,需要时再将电磁能返回电网或其他负载。超导储能线圈所储存的电磁能,它可传输的平均电流密度比一般常规线圈要高1~2个数量级,可产生很强的磁场,达到很高的电流密度,约为 10^8 J/m³。与其他的储能方式如蓄电池储能、抽水储能和飞轮储能相比,有很多优点:①超导储能装置可长期无损耗地储存能量,其转换效率高达95%;②超导储能装置可通过采用电力电子器件的变流器实现与电网的连接,因而响应速度快,为毫秒量级;③超导储能装置除了真空和制冷系统外没有转动部分,装置使用寿命长;④超导储能装置建造不受地点限制,且维护简单、无污染。

(3)超导变压器

早在20世纪60年代就开始了超导变压器的研究,但因超导线的交流损耗大,并无进展。随着高温超导带材的开发成功,重新唤起了人们对超导变压器的研究热潮。尤其是美国、日本和欧洲对高温超导变压器的研究作出了突出的贡献。美国 ASC 和 ABB 公司已成功地将高温超导变压器应用于瑞士日内瓦的供电网上。变压器由 BSCCO 高温超导带绕制,输出功率为三相 630 kV·A,它可将 18.7 kV 电压变换为 430 V。这个无油高温超导变压器使用液氮冷却超导线,可无阻地传送电能,减少绕组损耗。高温超导电力变压器比常规变压器的质量轻大约 30%～50%。

我国在牵引变压器、日本在混合变压器、高温超导空心变压器上都取得不少进展。目前,高温超导变压器依然存在诸如成本高、承受故障、电流能力弱等缺点,随着冷却技术的发展和高温超导材料的实用化,超导变压器会成为最理想的常规变压器的替代品。

2. 超导磁体在交通、工业、医学上的应用

(1)超导磁悬浮列车

磁悬浮列车有高速($\geqslant$500 km/h)、安全、噪声低和占地小等优点,是未来理想的交通工具。它利用磁悬浮作用使车轮与地面脱离接触悬浮于轨道之上,并利用直流电机驱动列车前进。超导技术提供的超导线圈可产生强大的磁场,从而为发展高速磁悬浮列车提供了必要条件。

超导磁悬浮列车方案之一是:通过铺设在轨道的悬浮线圈和车体内的超导磁体相互作用产生足够的排斥力,将车体悬浮起来;并在轨道上安装一系列电机电枢绕组,与车体内超导磁体产生的磁场相互作用,推进列车前进。

日本使用低温 NbTi 超导材料,建成山梨县实验线路,长 18 km,磁悬浮高度 10 cm,时速达到 550 km/h。我国于 2000 年年底成功研制世界上第一辆"高温超导磁悬浮"实验车。

(2)核磁共振成像

超导磁体在生物医学领域中的一项主要应用就是核磁共振成像,它是一种医学影像诊断技术。其原理是利用人体组织中原子核与外磁场的共振现象获得射频信号,经过电子计算机处理,重建出人体某一层面的图像,并据此做出诊断。在医学诊断技术中,它与目前采用的 CT 扫描和 X 光照相比较,具有能准确检查发病部位、无损伤和无辐照作用、诊断面广等优点,具有重量轻、稳定性高、均匀度好的明显优势。

目前核磁共振成像装置中有 95% 使用的是超导磁体,核磁共振成像成为超导磁体应用中最有发展潜力的一个领域。据 2004 年报道,全球医用磁共振成像仪一年消耗 NbTi 复合超导线材达 1000 t。

(3)超导磁体在大型科学工程中的应用

大型科学工程是超导技术大规模应用的一个重要方面。早在 20 世纪 60 年代末,美国阿贡国家实验室就为其高能物理实验用的气泡室建造了一个直径为 4.78 m、磁场为 1.8 T 的超导磁体。随着美国费米国家实验室的 Tevatron 加速器和德国汉堡同步电子加速器实验室的 HERA 质子-电子对撞机,也成功地采用超导磁体做其聚焦和偏转磁体,超导磁体数量达上千块。核聚变研究也必不可少地要采用大型高场超导磁体。

12.5.4 展望

超导科学技术是 21 世纪具有战略意义的高新技术,在能源、信息、交通、科学仪器、医疗技术、国防、重大科学工程等方面都有重要应用。其中高温超导电力技术被认为是 21 世纪电力工业唯一的高技术储备。

2023 年,全球超导体市场规模同比增长 2.35%,达到 69.6 亿欧元,这一增长得益于超导技术在电力、交通、医疗等领域的广泛应用。随着技术的突破与创新,超导技术在量子计算、可控核聚变等前沿领域也取得显著进展,为超导技术发展提供了广阔空间。预计到 2024 年,市场规模将增至 71.3 亿欧元,同比增长 2.44%,呈现持续稳健增长趋势。

目前,中国在超导材料领域研究与国际同步,技术不断进步,市场规模从 2018 年的 237.1 吨增至 2022 年的 1303.2 吨。低温超导材料、超导电子学应用、超导电工学应用等领域研究达到或接近国际先进水平,NbTi 线材性能和性价比优于发达国家,Nb3Sn 线材综合水平与发达国家相当。

人类已经切实感受到了超导电技术带来的好处,如医用超导核磁共振成像仪、大型高能物理加速器、高精度电压基准测量和各种实验用强磁场磁体等。同时在微波通信、无损耗输电、磁浮输送、地磁和脑磁诊断测量等许多方面也已看到光明前景。特别是超导技术在受控热核反应中的应用,为人类解决未来能量提供了希望。

然而超导技术的广泛应用还要解决超导材料和应用技术方面的很多实际问题。在超导材料方面主要是提供载流能力、降低交流损耗、研究新成型技术、降低制造成本等。在应用技术方面的一个重大课题是低温技术,需要设计可靠廉价的低温系统和方便适用的维护技术。

室温超导体一直是人们期望和谈论的问题。无论怎样,室温或较高温度的超导体仍将是人们下一步关注和探索的重大课题。科学家需要从多种角度去寻找它们,金属的、非金属的、无机物、有机物和生物等。同时还需要采取各种先进手段去研究它们,包括常规条件和极端条件的合成制造方法。

超导材料和超导技术作为现代高新科学技术研究的一个热点,将会不断取得新的进展和成就造福人类。

12.6 核能材料

12.6.1 概述

核能即原子核能,通常也称原子能。核能是原子能结构发生变化时释放出来的能量。核反应中的能量变化要比化学反应大几百万倍。例如:1 kg 标准煤燃烧释放能量

2.929×10^4 kJ；1 kJ 石油燃烧释放能量 4.184×10^4 kJ；1 kg 铀-235 裂变释放能量 6.862×10^7 kJ；1 kg 铀-235 约相当于 2400 t 标准煤。一座 10^6 kW 的大型火电站，每年需要 3×10^6 t 原煤，相当于每天 8 列火车的运输量。同样容量的核电站，每年仅需铀-235 质量分数为 3‰ 的浓缩铀燃料 28 t 或天然铀 130 t，这相当于每年开采铀矿石 $10^4 \sim 2 \times 10^5$ t。因此，核电站燃料的开采、运输和贮存要远比火电站便利、经济。

作为能源用的核反应，有重元素原子核的裂变反应和轻元素原子核的聚变反应两种。关于核聚变发电的问题，目前正在研究之中，可控制的核聚变尚未实现。

现在公认核聚变与太阳能是人类解决能源问题的最终途径。因此，从长远来看，应当十分重视核聚变的研究工作。至于核裂变发电，已经是成熟的技术，世界上现有的原子能电站，都是利用裂变能的核电站。

核燃料裂变后，生成裂变产物，它们大多数是强放射性废物，还有半衰期长的钚-239 等长寿命放射性同位素，但所产生的裂变产物数量少，一座 10^6 kW 核电站，每年不到 1 t，而且处于严密的封闭状态。核电站在运行期间既不排出灰渣，也不排放烟尘，实际上是一种清洁能源。

核电站与火电站的区别仅仅在于热源的不同。火电站靠烧煤、石油或天然气来取得热量，用以把锅炉里的水变成蒸汽，驱动汽轮发电机组发电。核电站反应堆一次回路中的冷却水流过核燃料元件表面，把裂变产生的热量带出来，在通过蒸汽发生器时，又把热量传给二次回路中的水，把它变成蒸汽，驱动汽轮发电机组发电。

12.6.2　核能材料

核能材料指各类核能系统主要构件用的材料。核反应堆结构材料可分为堆芯结构材料和堆芯外结构材料。堆芯结构材料有原子能所特有的辐照效应问题，而堆芯外结构材料则无辐照效应问题而与一般结构材料相同。核反应堆可分为裂变反应堆和聚变反应堆两大类，裂变反应堆已大量应用，聚变反应堆仍需数十年的研究发展才能进入商业应用。

以压水堆核电站为例，其主要由核岛、常规岛及其他辅助系统构成。核岛包括核反应堆、主循环泵、稳压器、蒸汽发生器组成的一回路系统。常规岛包括汽轮机、冷凝器、凝结水泵、给水泵、给水加热器等组成的二回路系统。核电中的容器、泵阀、管道均为核电的关键设备，其用材及制造尤为重要。由于这些部件在核岛内的位置、作用和工况不同，故材料的使用要求和环境也不尽相同，不同程度地存在辐照或酸腐蚀等。因此，不仅要考虑常规的一些要求（如强度、韧性、焊接性能和冷热加工性能），而且要考虑辐照带来的组织、性能、尺寸等变化，如晶间腐蚀、应力腐蚀、低应力脆断、材料间的相容性、与介质的相容性以及经济可行性等。因此，与常规压力容器相比核电材料具有以下主要特点：

①核电关键设备通常在高温、高压、强腐蚀和强辐照的工况条件下工作，对材料的要求极高，通常要满足核性能、力学性能、化学性能、物理性能、辐照性能、工艺性能、经济性等各种性能的要求。

②核电设备制造过程中应对各流程进行记录和监察,其过程要求具有可追溯性。做到凡事有章可循,凡事有据可查,凡事有人负责,凡事有人监督。

③化学成分要求更严格。受压元件的 S、P 的质量分数一般都要求在 $1.5 \times 10^{-4}\%$ 以下。某些特定残余元素严格规定,如对奥氏体不锈钢硼的质量分数不得超过 $0.18 \times 10^{-4}\%$;与堆内冷却剂接触的所有零件(一般采用不锈钢或合金制造),其钴、铌和钽质量分数严格限定为 $Co \leqslant 0.20\%$,$Nb + Ta \leqslant 0.15\%$。某些接触辐照的承压容器,要求限制材料的铜、磷含量。

④力学性能试验项目多,指标要求严格,并对取样位置也有严格要求。

⑤无损检测要求更严格。超声波探伤的验收要求比常规压力容器高得多,对于所有受压部件都有严格的表面质量要求,需经过 VT 和 PT 探伤,精密超声波、涡流探伤,制造难度极大。

⑥核电用材的规格大、单重重,甚至有表面光洁度要求。核电设备用钢板厚度达到 300 mm,最大锻件重达 300 t 以上。

核电常用的关键材料大体可以分为碳钢、不锈钢和特殊合金,若进一步细分,则有碳(锰)钢、低合金钢、不锈钢、锆合金、钛铝合金和镍基合金等,按品种则有锻铸件、板、管、圆钢、焊材等。

压水堆零部件用金属材料如下。

(1)包壳材料

包壳是指装载燃料芯体的密封外壳。其作用是防止裂变产物逸出和避免燃料受冷却剂的腐蚀以及有效地导出热能,在长期运行的条件下不使放射性裂变物逸出。

适宜作为包壳的材料主要有:铝及铝合金、镁合金、锆合金和奥氏体不锈钢以及高密度热解碳。包壳材料应有以下性能:热中子吸收截面小、感生放射性小、半衰期短、强度高、塑韧性好、抗腐蚀性强、对晶间应力腐蚀和吸氢不敏感;热强性能、热稳定性和抗辐照性能好;导热率高、热膨胀系数小,与燃料和冷却剂相容性好;易于加工、便于焊接和成本低。

在压水堆中,主要采用了锆合金。这是因为其热中子吸收截面小、导热率高、力学性能好,具有优良的加工性能以及与二氧化铀有较好的相容性,尤其对高温水及水蒸气也有较好的抗腐蚀性和热强性。

(2)堆内构件

堆内构件如压紧板、导向筒、吊篮围板、流量分配板、上下栅格组件等。工作环境:面向活性区、受到冷却剂冲刷和高温、高压作用。性能要求:堆内构件用材应具有强度高、塑韧性好、高温性能好、中子吸收截面和中子俘获截面以及感生放射性小;抗腐蚀性、抗辐照性能好并与冷却剂相容好;导热率高、热膨胀系数小,易于焊接、便于加工和成本低。可采用奥氏体不锈钢,12Cr2MoIR 钢板及部分镍基合金。

(3)反应堆回路材料

压水反应堆的回路管道是维持和约束冷却剂循环流动的通道。其作用为封闭高温、高压和带强辐射性的冷却剂,保障反应堆安全和正常运行。回路管道材料应具备以下功能:抗应力腐蚀、晶间腐蚀、均匀腐蚀的能力强,基体组织稳定,夹杂物少,具有足够强度、韧性和热强性能;铸锻造和焊接性能好、生产工艺成熟、成本低、有类似的使用经验、Co含量尽量低。适合于压水堆回路管道的主要材料为奥氏体不锈钢。

(4)反应堆压力容器材料

反应堆压力容器是装载堆芯、支撑堆内所有构件和容纳回路冷却剂并维持其压力堆本体承压壳体。对反应堆压力容器用材要求:强度高、塑韧性好、抗辐照性能和抗腐蚀性能强、与冷却剂相容性好;纯净度高,偏析和夹杂物少,晶粒细小,组织稳定;易于进行冷热加工(包括焊接和淬透性好);成本低,高温高压下使用经验丰富。反应堆压力容器,目前国内外广泛采用的 A508Ⅲ(Gr. 3 C1.1)16 MND5、18 MND5 和内壁堆焊不锈钢。目前我国核电材料标准体系并未完全建立(正逐渐建立之中),主要采用了引进技术中所列的一些国外牌号材料,如表 12-27 中所列的 RCC-M、ASME 等体系材料。

表 12-27 各主要核电国家压水堆用材体系

国家/部件与系统	反应堆压力容器	反应堆冷却剂系统的其他部件	RPV 堆内构件	核辅助外围系统	蒸汽发生器用管	安全壳	水-蒸汽循环	耐磨部件和表面硬化
德国	20MnMoNi55 22NiMoCr37 奥氏体堆焊层 X6CrNiNb18-10	X6CrNiNb18-10 G-X5 CrNiNb189 Alloy 718 Alloy X750		Alloy800	15MnNi63 19MnAl6V	15MnNi63	硬质合金、无 Co 的替代物
法国	16MnD5 18MnD5 奥氏体堆焊层 3080/3091	Z3CN20.09M Z2CN19.10 Z2CND18.12		Alloy600 Alloy690	混凝土	TU42C TU48C	硬质合金
美国	SA-533Gr. BCl. I SA508Gr. 2 SA-508Gr-3	AISI 304L AISI 316NG AISI 316L		Alloy600 Alloy690	—	SA-350Gr. LF. 2 SA-516Gr. 70 SA-333Gr. 6 SA-352Gr. LCB	硬质合金、无 Co 的替代物
日本	SFV	SUS304L SUS316L	SUS304L SUS316L	Alloy600 Alloy690	JIS SGV 49	M41 SPC H2	硬质合金、无 Co 的替代物
	Q1A	SFV Q1A	SCS16/SCS19	—	—		

中国核电事业自 20 世纪 80 年代起步,从引进技术到自主研发,已形成完整的核电工业体系。秦山核电站的建成标志着中国核电"零的突破"。目前,中国已成功研发具有自主知识产权的三代核电技术"华龙一号"。2022 年末,我国建核电装机容量达 25.5 GW,位居全球第一。中国政府高度重视核电安全,核电站运行水平实现从跟跑、并跑到领跑的跨越。同时,中国积极参与国际核电合作,推动核电技术和装备"走出去"。展望未来,中国核电发电量占比预计将达 10%,核电事业发展前景广阔,有望为全球核能发展贡献中国智慧和力量。

思考与习题

1. 稀土的基本性质有哪些?
2. 简述纳米材料及分类。
3. 简述储氢合金的分类及特征。
4. 超导材料的分类有哪些?

参考文献

[1]蔡珣．材料科学与工程基础[M]．2版．上海：上海交通大学出版社，2010．

[2]陈敬中．纳米材料科学导论[M]．2版．北京：高等教育出版社，2010．

[3]堵永国．工程材料学[M]．北京：高等教育出版社，2015．

[4]关长斌，郭英奎，赵玉成．陶瓷材料导论[M]．哈尔滨：哈尔滨工业大学出版社，2005．

[5]李成功，傅恒志，于翘．航空航天材料[M]．北京：国防工业出版社，2002．

[6]李贺军，齐乐华，张守阳．先进复合材料学[M]．西安：西北工业大学出版社，2016．

[7]沙桂英．材料的力学性能[M]．北京：北京理工大学出版社，2015．

[8]翁端，冉锐，王蕾．环境材料学[M]．2版．北京：清华大学出版社，2011．

[9]徐跃，张新平．工程材料及热成型技术[M]．2版．北京：国防工业出版社，2015．

[10]张留成，瞿雄伟，丁会利．高分子材料基础[M]．3版．北京：化学工业出版社，2012．

[11]张彦华．工程材料与成型技术[M]．2版．北京：北京航空航天大学出版社，2015．

[12]赵忠魁．金属材料学及热处理技术[M]．北京：国防工业出版社，2012．

[13]朱张校，姚可夫．工程材料学[M]．北京：清华大学出版社，2012．

[14]吴承建，陈国良，强文江．金属材料学[M]．北京：冶金工业出版社，2000．

[15]黄伯云，李成功，石力开，等．有色金属材料手册[M]．北京：化学工业出版社，2009．

[16]谭树松．有色金属材料学[M]．北京：冶金工业出版社，1993．

[17]张宝昌．有色金属及其热处理[M]．西安：西北工业大学出版社，1993．

[18]田荣璋，王祝堂．铜合金及其加工手册[M]．长沙：中南大学出版社，2002．

[19]王祝堂，田荣璋．铝合金及其加工手册[M]．3版．长沙：中南大学出版社，2005．

[20]崔崑．钢铁材料及有色金属材料[M]．北京：机械工业出版社，1981．

[21]王笑天．金属材料学[M]．北京：机械工业出版社，1987．

[22]师昌绪，李恒德，周廉．材料科学与工程手册（上、下）[M]．北京：化学工业出版社，2004．

[23]唐定骧，刘余九，张洪杰，等．稀土金属材料[M]．北京：冶金工业出版社，2011．

[24]师昌绪，钟群鹏，李成功．中国材料工程大典：第1卷[M]．北京：化学工业出版社，

2006.

[25]黄伯云,李成功,石力开,等.中国材料工程大典:第4卷[M].北京:化学工业出版社,2006.

[26]谢志鹏.结构陶瓷[M].北京:清华大学出版社,2011.

[27]贾德昌,宋桂明.无机非金属材料性能[M].北京:科学出版社,2008.

[28]陈大明.先进陶瓷材料的注凝技术与应用[M].北京:国防工业出版社,2011.

[29]刘维良.先进陶瓷工艺学[M].武汉:武汉理工大学出版社,2004.

[30]IOAN D. MARINESCU.先进陶瓷加工导论[M].田欣利,张保国,吴志远,译.北京:国防工业出版社,2010.

[31]ASHBY M F. Material Selection in Mechanical Design[M]. 3rd ed. Oxford：Butterworth-Heinemaim, 2005.

[32]ASHBY M F. Materials and the Environment：Eco-Informed Material Choice[M]. 2nd ed. Amsterdam：Elsevier Inc，2013.

[33]ASHBY M F, JONES D R H. Engineering materials 2：An Introduction to Microstructures, Processing and Design[M]. 3rd ed. Oxford：Butterworth-Heinemann, 2006.

[34]CALLISTER W D. Materials Science and Engineering：An introduction[M]. 9th ed. New Jersey：John Willey & Sons，Inc，2013.

[35]DOWLING N E. Mechanical Behavior of Materials[M]. 4th ed. New Jersey：Pearson Education Limited，2013.

[36]MARTIN J W. Materials for engineering[M]. 3rd ed. Cambridge：Woodhead Publishing Limited，2006.

[37]TJONG S C. Recent progress in the development and properties of novel metal matrix nanocomposites reinforced with carbon nanotubes and graphene nanosheets[J]. Materials Science and Engineering：R，2013，74(10)：281-350.

[38]TJONG S C，MA Z Y. Microstructural and mechanical characteristics of in situ metal matrix composites[J]. Materials Science and Engineering：R，2000，29：49-113.